普通高等院校计算机类专业规划教材・精品系列

# Oracle 12c 云数据库备份与恢复技术

姚世军　主编

## 内 容 简 介

Oracle 12c 是 Oracle 公司推出的基于云计算的云数据库系统。本书根据作者应用 Oracle 数据库管理系统的经验，在参考 Oracle 12c 原版手册和国内外同类图书的基础上，从应用者的角度由浅入深地介绍数据库备份与恢复的原理及各种备份恢复技术，使读者通过本书的学习，了解 Oracle 12c 云数据库的备份与恢复的基础理论，掌握各种 Oracle 云数据库备份与恢复方法。

本书共分 9 章，包括 Oracle 12c 云数据库基础、数据库备份与恢复概述、RMAN 备份、管理 RMAN 备份、RMAN 的数据库恢复、闪回技术与数据库时间点恢复、用户管理的数据库备份与恢复、逻辑备份与恢复、用 RMAN 迁移数据等内容。

本书内容新颖全面，知识体系完备，条理清楚，理论适中，实例丰富，适合作为普通高等院校信息管理、数据库管理和计算机等专业的教材，也可作为 Oracle 认证培训教材，以及系统管理从业人员自学 Oracle 数据库系统的参考用书。

**图书在版编目（CIP）数据**

Oracle 12c 云数据库备份与恢复技术/姚世军主编. — 北京：中国铁道出版社，2018.1（2018.11 重印）
普通高等院校计算机类专业规划教材·精品系列
ISBN 978-7-113-23954-1

Ⅰ. ①O… Ⅱ. ①姚… Ⅲ. ①关系数据库系统－高等学校－教材
Ⅳ. ①TP311.132.3

中国版本图书馆 CIP 数据核字（2017）第 267865 号

书　　名：Oracle 12c 云数据库备份与恢复技术
作　　者：姚世军　主编

策　　划：周海燕　　　　读者热线：（010）63550836
责任编辑：周海燕　徐盼欣
封面设计：穆　丽
封面制作：刘　颖
责任校对：张玉华
责任印制：郭向伟

出版发行：中国铁道出版社（100054，北京市西城区右安门西街 8 号）
网　　址：http://www.tdpress.com/51eds/
印　　刷：三河市兴达印务有限公司
版　　次：2018 年 1 月第 1 版　　2018 年 11 月第 2 次印刷
开　　本：787mm×1092mm　1/16　印张：19.5　字数：419 千
书　　号：ISBN 978-7-113-23954-1
定　　价：56.00 元

# 前　言

数据库备份与恢复是管理员的重要工作之一。Oracle 数据库采用多项技术和方法来实现数据库的备份与恢复。因此，作为数据库管理员，掌握 Oracle 云数据库备份与恢复技术是必备的要求。

目前，市场上专门介绍关于 Oracle 12c 备份与恢复的书籍并不多。从原理上说，数据库的备份与恢复是相对复杂的技术之一。Oracle 12c 数据库采用多种技术，提供了多种数据库备份与恢复的解决方案，从而使数据库管理员更加轻松地实现数据库的备份与恢复，最终保证数据库的可靠性和安全性。

本书主要在参考 Oracle 12c 备份与恢复原版手册和国内外有关 Oracle 12c 数据库的同类书籍基础上，根据作者应用 Oracle 数据库管理系统的经验，从应用者的角度通过案例由浅入深地介绍数据库备份与恢复的基本原理和技术，使读者能通过本书的学习了解 Oracle 数据库备份与恢复的基本理论，掌握多种 Oracle 12c 数据库的备份与恢复技术。

本书共分 9 章，包括 Oracle 12c 云数据库基础、数据库备份与恢复概述、RMAN 备份、管理 RMAN 备份、RMAN 的数据库恢复、闪回技术与数据库时间点恢复、用户管理的数据库备份与恢复、逻辑备份与恢复、用 RMAN 迁移数据等内容。

本书的主要特点如下：

- 内容新颖，在编写过程中主要参考 Oracle 12c 的原版手册，包括最新的 2017 年 5 月出版的内容。
- 知识体系完备，相关内容全面。以 Oracle 12c 数据库的多种备份与恢复技术为主要内容，全面介绍了相关基本原理与技术。
- 逻辑结构合理，技术路线清晰，写作风格上深入浅出，语言通俗易懂，理论适中并与实践紧密结合。
- 从应用者角度，通过详细介绍各种方法步骤，很好地将备份与恢复的原理与实际应用结合起来，实例丰富，操作性强。

本书虽然是介绍 Oracle 12c 的备份与恢复技术，但由于 Oracle 的上下兼容性很好，因此，本书适用于使用 Oracle 各版本数据库管理系统的管理员，可作为普通高等院校信息管理、数据库管理和计算机等专业的教材，也可作为 Oracle 认证培训教材，以及系统管理从业人员自学 Oracle 数据库系统的参考用书。

作为大学教材，建议有 60 学时理论讲授，同时要有不少于 20 学时的上机实习。在实验环境中建议每台计算机都能安装 Oracle 12c 的企业版，以使学生能自由、全面地了解 Oracle 12c 的全部内容，并能很好地实习分布式数据库的基本知识。

在本书的编写和出版过程中，沈建京、陈楚湘、尹祖伟、吴善明、郭晓峰、肖文强、李曜奇、马小峻、刘慧宇参与了收集资料、资料整理等工作，在此致以诚挚的谢意；中国铁道出版社为本书的出版提供了很大的帮助，在此表示衷心的感谢。本书在编写过程中参考了一些学者关于云计算、云数据库、Oracle 数据库管理等相关理论的论文及书籍，在此一并向其作者表示感谢。

由于编者水平有限，本书难免存在疏漏或不足之处，敬请广大读者批评指正。

编　者

2017 年 6 月

# 目　录

第 1 章

# Oracle 12c 云数据库基础 <<<

学习目标：

- 理解云数据库、实例、SGA、PGA、服务进程和后台进程等概念；
- 理解数据库的结构及其各部分的功能和关系；
- 理解多租户容器数据库的结构和 CDB、PDB、根等基本概念。

## 1.1 云数据库概述

随着大数据和云计算技术的不断升温，它对数据库等各个技术领域的影响已经显现。传统关系型数据库在一定程度上满足了目前传统的应用需求，但是由于其自身的缺陷和信息技术的发展，特别是在云计算平台上海量数据的管理和应用，云数据库成为新一代数据库应用和发展方向。

传统的数据库厂商，比如 Oracle、IBM、Microsoft 等都已经推出了基于云计算环境的数据库产品。原来没有从事数据库产品开发的公司，如 Amazon 和 Google 等也发布了 SimpleDB 和 BigTable 等云数据库产品。

### 1.1.1 云数据库的概念

随着信息化应用中海量非结构化数据的存储需求及应用动态变化的资源需求，导致企业要有大量虚拟机器的增加或减少。对于这种情形，传统的关系数据库已经无法满足要求，云数据库成为必然的选择。换言之，海量的非结构化数据存储催生了云数据库。

云数据库是在 SaaS（Software as a Service，软件即服务）成为应用趋势的大背景下发展起来的云计算技术，它极大地增强了数据库的存储能力，消除了人员、硬件、软件的重复配置，让软件、硬件升级变得更加容易，同时也虚拟化了许多后端功能。

目前，对于云数据库的概念界定不尽相同，本书采用的云数据库（Cloud DataBase）定义是：云数据库是部署和虚拟化在云计算环境中的数据库。在云数据库应用中，客户端不需要了解云数据库的底层细节，所有的底层硬件都已经被虚拟化，对客户端而言是透明的，就像在使用一个运行在单一服务器上的数据库一样方便和容易，同时又可以获得理论上近乎无限的存储和处理能力。

### 1.1.2 云数据库的特性

云数据库具有以下特性：

（1）动态可扩展

理论上，由于云数据库是基于云计算的环境，所以云数据库具有无限可扩展性，可满足不断增加的数据存储需求。在面对不断变化的条件时，云数据库表现出很好的弹性。

（2）高可用性

云数据库不存在单点失效问题。如果一个结点失效了，剩余的结点就会接管未完成的事务，而且在云数据库中，数据通常是复制的，在地理上也是分布的，如 Google、Amazon 和 IBM 等大型云计算供应商具有分布在世界范围内的数据中心，通过在不同地理区间内进行数据复制，可以提供高水平的容错能力，因此，即使整个区域内的云设施发生失效，也能保证数据继续可用。

（3）较低的使用代价

云数据库通常采用多租户（Multi-tenancy）的形式，这种共享资源的形式对于用户而言可以节省开销，而且用户采用按需付费的方式使用云计算环境中的各种软、硬件资源，不会产生不必要的资源浪费。云数据库底层存储通常采用大量廉价的商业服务器，这也大幅度降低了用户开销。

（4）易用性

使用云数据库的用户不必控制运行原始数据库的机器，也不必了解它身在何处。用户只需要一个有效的链接字符串就可以开始使用云数据库。

（5）大规模并行处理

云数据库几乎支持实时的面向用户的应用、科学应用和新类型的商务解决方案。

## 1.2 Oracle 12c 云数据库简介

随着 Oracle 公司战略转移到面向应用系统集成，所提供的产品越来越多，产品内容十分广泛，支持从单机、网络、网格和互联网，到最新的云计算的云数据库平台。Oracle 云数据库管理系统只是其众多产品中的基础性平台。Oracle 云数据库管理系统的基本组成有数据库服务器、客户端服务、网络通信、开发工具和其他服务等。

### 1.2.1 Oracle 云计算模型

Oracle 的战略是提供一系列软件、硬件和服务来支持公有云、私有云和混合云，帮助客户选择适合于自身的云计算方法。Oracle 针对所有层次的云系统（SaaS、PaaS、IaaS），为客户提供涵盖云开发、云管理、云安全和云集成等功能的私有云和公有云解决方案。

1. Oracle 云应用程序

Oracle 云应用程序是一套模块化企业应用程序，它们建立在 Oracle 云中间件基础之上，可以是从零开始设计，也可以用于云环境并与其他 Oracle 应用程序无缝连接。Oracle 云中间件是一种基于标准的平台，提供各种常用组件，让开发人员能够轻松地进行应用程序扩展。

2. Oracle PaaS

Oracle PaaS（Platform as a Service）是一种以公有云或私有云服务形式提供的弹性可伸缩的共享应用程序平台。Oracle PaaS 基于 Oracle 行业领先的数据库和中间件产品，可运行从任务关键型应用程序到部门应用程序的所有负载。

Oracle PaaS 包括基于 Oracle 云数据库和 Oracle 数据库云服务器（Exadata）的数据库即服务（DataBase as a Service），以及基于 Oracle WebLogic 和 Oracle 中间件云服务器（Exalogic）的中间件即服务。Oracle Exadata 是数据库服务器，而 Oracle Exalogic 是为在中间件或应用程序层执行 Java 而优化的服务器。Oracle PaaS 还包含开发和配置云应用程序、管理云、云安全、跨云集成和云协作等功能。

3. Oracle IaaS

Oracle 提供了基础架构即服务（Infrastructure as a Service，IaaS）所需的计算服务器、存储、网络结构、虚拟化软件、操作系统和管理软件。Oracle 针对 IaaS 提供以下产品：一系列机柜式、机架式和刀片式安装的 SPARC 和 x86 服务器；包括闪存、磁盘和磁带在内的网络存储；聚合的网络结构；包括 Oracle VM for x86、Oracle VM for SPARC 和 Oracle Solaris Containers 在内的虚拟化选件；Oracle Solaris 和 Oracle Linux 操作系统；以及 Oracle Enterprise Manager。

4. Oracle 私有云

对于私有云，Oracle 提供以下内容：

① 广泛的横向和行业特定 Oracle 应用程序，这些应用程序在基于标准的、共享的、可灵活伸缩的云平台上运行。

② 用于私有 PaaS 的 Oracle 数据库云服务器和 Oracle 中间件云服务器，支持客户整合现有应用程序并且更加高效地构建新应用程序。

③ 用于私有基础架构即服务（IaaS）的硬件产品。Oracle 的服务器、存储和网络硬件与虚拟化和操作系统相结合，共同用于私有 IaaS。

④ Oracle 支持跨公有云和私有云集成一系列的身份和访问管理产品，同时还支持 SOA 和流程集成以及数据集成。

### 1.2.2 Oracle 12c 新增功能

Oracle 12c 除了传统的关系型数据库管理功能外，特别新增了有关云计算的支持功能，主要表现在以下六大新特性：

1. 云端数据库整合的全新多租户架构

作为 Oracle 12c 数据库的一项新功能，Oracle 多租户技术可以在多租户架构中插入任何一个数据库，就像在应用中插入任何一个标准的 Oracle 数据库一样，对现有应用的运行不会产生任何影响，并实现了多个数据库的统一管理，提高了服务器资源利用，节省了数据库升级、备份、恢复等所需要的时间和工作。

**2. 数据自动优化**

为帮助客户有效管理更多数据、降低存储成本以及提高数据库性能，Oracle 12c 添加了数据自动优化功能。

**3. 深度安全防护**

相比以往的 Oracle 数据库版本，Oracle 12c 推出了更多的安全性创新，可帮助客户应对不断升级的安全威胁和严格的数据隐私要求。

**4. 面向云数据库的最大可用性**

Oracle 12c 加入了多项高可用性功能，并增强了现有技术，以实现对企业数据的不间断访问。全球数据服务为全球分布式数据库配置提供了负载平衡和故障切换功能。数据防护远程同步不仅限于延迟，并延伸到任何距离的零数据丢失备用保护。

**5. 高效的数据库管理**

Oracle 12c 企业管理器云控制的无缝集成，使管理员能够轻松实施和管理新的 Oracle 12c 数据库功能，包括新的多租户架构和数据校订。

**6. 简化大数据分析**

Oracle 12c 通过 SQL 模式匹配增强了面向大数据的数据库内 MapReduce 功能。这些功能实现了商业事件序列的直接和可扩展呈现，例如金融交易、网络日志和点击流日志。借助数据库内预测算法，以及开源 R 语言与 Oracle 12c 的高度集成，数据专家可更好地分析企业信息和大数据。

## 1.3　Oracle 实例

Oracle 数据库服务器由数据库和实例两部分组成。数据库是由一组用于保存数据的磁盘文件组成，它们可独立于实例而存在。数据库实例（简称实例）是管理数据库文件的内存结构和若干进程，它由共享内存结构（系统全局区 SGA）和一组后台进程组成。实例可独立于数据库文件而存在。

一个数据库可以被多个实例访问（在 Oracle 的 RAC（Real Application Clusters）结构中）。每个用户进程直接连接到数据库实例，实例中有相应的服务进程为其提供服务。服务进程有自己专有的称为 PGA（程序全局区）的私有会话内存。实例管理与其相关的数据为数据库用户提供服务。数据库实例存在于内存，数据库存在于磁盘，二者可以独立存在。

### 1.3.1　Oracle 实例结构

每当启动实例时，Oracle 数据库就分配一个称为 SGA（System Global Area，系统全局区）的内存区域，并启动一个或多个后台进程，然后由实例加载并打开数据库（即将数据库与实例联系起来），最后由这个实例来访问和控制硬盘中的数据库文件。

用户与数据库建立连接时，实际上是连接到数据库实例中，然后由实例负责与数

据库通信，并将处理结果返回用户，实例在用户和数据库之间充当中间层的角色。

数据库与实例之间可以是一对一的，即一个实例管理一个数据库；也可以是一对多的，即一个数据库由多个实例访问（如 Oracle RAC）。同一台计算机可以并行运行多个实例，每个实例访问自己的物理数据库。在大型簇系统中，Oracle RAC 允许多个实例加载到同一个数据库上。不管是一对一还是一对多的，数据库实例在同一时间只与一个数据库关联，可以先启动实例然后加载（MOUNT）一个数据库，但不能同时加载多个数据库。

系统标识符（System Identifier，SID）是 Oracle 数据库实例在指定计算机的唯一标识。SID 默认用作定位参数文件的位置，而参数文件中又包含数据库其他文件（如控制文件、数据文件等）的位置。SID 对应的环境变量为 ORACLE_SID。客户在连接实例时可以在网络服务名中指定要连接的 SID，数据库将服务名转换为 ORACLE_HOME 和 ORACLE_SID。

Oracle 实例组成结构如图 1-1 所示。关于图 1-1 中的系统全局区的介绍参见本章 1.3.2 节，关于后台进程的详细介绍参见本章 1.3.3 节。

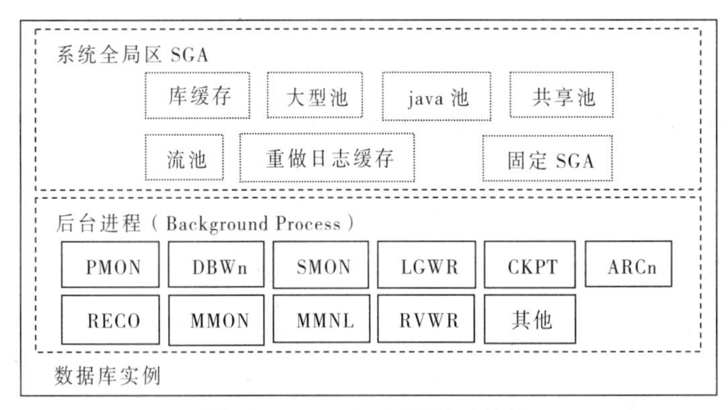


图 1-1　Oracle 实例组成结构

注意：只有数据库管理员才可以启动或关闭实例，从而打开或关闭数据库。

如果用户具有管理员权限并连接到数据库，有多种方式可以查询到当前数据库名称和当前实例名称。

#### 1. 查询初始化参数值

数据库名和实例名称分别对应着 DB_NAME 和 INSTANCE_NAME 两个初始化参数，可以通过显示这两个初始化参数的值来查看当前的数据库名和实例名称。

当连接到数据库时，用 SQL * Plus 的 SHOW 显示初始化参数 INSTANCE_NAME 和 DB_NAME 的值，如：

```
SQL> SHOW PARAMETER DB_NAME;
SQL> SHOW PARAMETER INSTANCE_NAME;
```

#### 2. 查询动态性能视图

查询数据库名称或实例名称的另一种方法是查询 V$DATABASE 和 V$PARAMETER 动态性能视图。

### 1.3.2 内存结构

当数据库实例启动时，Oracle 数据库服务器分配内存并启动若干后台进程。Oracle 实例在启动时创建的内存结构用来保存数据库实例在运行过程中所需要处理的数据，主要记录如下内容：

① 被执行的程序代码，即解析后的 SQL 或 PL/SQL 程序代码。

② 用户连接会话信息，包括不活动的会话信息。

③ 缓存的数据，如用户查询和修改过的数据块以及重做记录等。

④ 程序运行时所需的各种信息，如查询状态等。

⑤ 进程之间共享和通信时所需的信息，如数据加锁信息等。

根据内存中存放的内容将数据库基本内存结构分为软件代码存储区、系统全局区（System Global Area，SGA）、程序全局区（Program Global Are，PGA）和用户全局区（User Global Are，UGA）四部分。

软件代码区存放正在运行或可以运行的程序代码。Oracle 数据库代码是与用户程序分开的，存储在更加受保护的区域。SGA 是由所有服务进程和后台进程所共享的内存段，它包含数据库实例的数据与控制信息。PGA 是存放每个 Oracle 进程（如服务进程和后台进程）私有的数据和控制信息的非共享内存，它是在 Oracle 进程启动时由 Oracle 数据库创建的。Oracle 中每个进程都拥有自己的 PGA 区。用户全局区 UGA 存放的是用户会话相关的内容。

Oracle 的实例内存结构如图 1-2 所示。

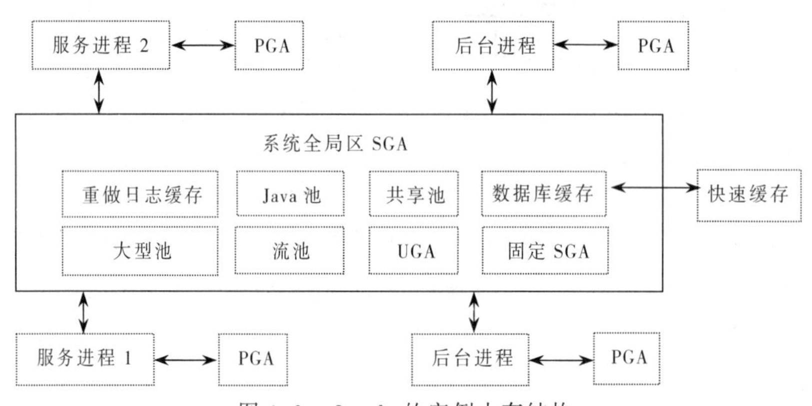


图 1-2 Oracle 的实例内存结构

从图 1-2 可以看出，SGA 中的数据被所有进程所共享，PGA 中的数据只能由每个进程访问。

#### 1. 系统全局区 SGA

SGA 是一组可读写共享内存结构，包含一个 Oracle 数据库实例的数据和控制信息。如果多个用户并发连接到同一个实例，那么 SGA 中的数据由多个用户共享。每个 Oracle 实例只有一个 SGA，SGA 区中的信息能够被所有 Oracle 进程共享使用。数据库的各种操作主要都是在 SGA 区中进行的。

SGA 区中保存着在进行数据管理、重做日志管理以及 SQL 程序分析时所必需的

共享信息，主要包括数据库缓存、重做日志缓存、共享池、Java 池和大型池等缓存块。这里主要介绍数据库缓存和重做日志缓存的概念。

（1）数据库缓存（Database Buffer Cache）

数据库缓存是 SGA 中保存最新从数据文件中读取的数据，所有连接到实例中的用户都共享数据库缓存。当用户向数据库请求数据时，如果所需的数据已经位于数据库缓存中，则将直接从数据库缓存中提取数据并将其返回用户；如果不在数据库缓存中，则将从数据文件中读取数据到数据库缓存。

（2）重做日志缓存（Redo Log Buffer）

重做日志缓存是存储对数据库所做修改信息的缓存区，这些重做信息以重做记录的形式存放。重做记录包含重做构造变化所需的各种信息。每当用户执行 INSERT、UPDATE、DELETE 等语句对表进行修改时，或者执行 CREATE、ALTER、DROP 等语句创建或修改数据库对象时，Oracle 都会自动为这些操作生成重做记录。重做记录是由 Oracle 服务进程将它们从用户内存空间复制到 SGA 的重做日志缓存，然后由 LGWR 后台进程把重做日志缓存中的内容写入联机重做日志文件中。

重做日志缓存是一个循环缓存区，在使用时从顶端向底端写入数据，然后返回到缓冲区的起始点循环写入。重做日志缓存占用缓存区中的连续存储空间。

（3）查询 SGA

所有数据库后台进程和服务进程都可以读 SGA 中的信息，数据库操作期间服务进程也可以写入 SGA 中。如果系统使用共享服务结构，那么请求队列和响应队列及 PGA 中的部分内容也在 SGA 中。

如果要了解 SGA 内存的大小，可以在 SQL * Plus 中执行 SHOW SGA 命令或查询动态性能视图 V$SGA。如果要显示 SGA 更详细的信息，可以查询动态性能视图 V$SGASTAT。

### 2. 程序全局区 PGA

（1）PGA 的概念

程序全局区 PGA 是在用户进程连接数据库并创建会话时由 Oracle 为服务进程分配的，专门用来保存服务进程的数据和控制信息的内存结构。只有服务进程本身能够访问它自己的 PGA 区。每个服务进程都有自己的 PGA 区，各个服务进程 PGA 区的总和即为实例的 PGA 区的大小。PGA 的大小由操作系统决定，并且分配后保持不变。

（2）查询 PGA 信息

在 Oracle 数据库中，可以从下面几个动态性能视图中查询 PGA 区内存分配信息：

- V$SYSSTAT　　系统统计信息和用户会话统计信息。
- V$PGASTAT　　显示内存使用统计信息。
- V$SQL_WORKAREA　　SQL 游标所用工作区的信息。
- V$SQL_WORKAREA_ACTIVE　　当前系统工作区的信息。

### 3. 用户全局区

用户全局区（UGA）是会话内存区，即为登录信息等数据库会话所需的会话变量分配的内存，它本质是存储的会话状态。UGA 由会话变量和 OLAP 池两部分组成。

UGA 在整个会话生命周期内必须都可以使用。因此，在共享服务器连接时不能将 UGA 存储在 PGA 中，因为 PGA 是单个进程专用的，即在共享服务器连接时，UGA 存储在 SGA 中，从而保证每个共享服务器进程都可以访问它。当使用专用服务器连接时，UGA 存储在 PGA 中。

### 1.3.3 进程管理

进程是操作系统中一组用于完成指定任务的动态执行的程序。进程是一个动态概念，可以动态地创建，完成任务后即会消亡。每个进程都有自己的专用内存区。所有 Oracle 用户访问 Oracle 数据库实例都会执行两类代码：一类是应用程序代码或 Oracle 工具代码；另一类是 Oracle 服务器代码，这些代码由进程来执行。

#### 1. 进程分类

Oracle 使用多个进程来运行 Oracle 代码的不同部分，并为用户创建服务进程。每个连接用户各有一个服务进程或多个用户共享一个或多个服务进程。Oracle 中每个进程完成指定的工作。根据每个进程所完成的任务，在 Oracle 系统中将进程分为用户进程和 Oracle 进程。Oracle 数据库可以根据不同的配置工作在专用服务模式（一个用户进程对应一个服务进程）和共享服务模式（一个服务进程被多个用户进程共享）。

（1）用户进程

用户进程（User Process）运行应用程序或 Oracle 工具代码，它在用户方（如客户端）工作。当用户执行应用程序或工具软件（如 SQL * Plus）等连接数据库时，由 Oracle 创建用户进程运行应用程序。用户进程向服务进程请求信息，但它不是实例的组成部分。用户进程通过 SGA 区与服务器中的 Oracle 进程进行通信。

（2）Oracle 进程

Oracle 进程（Oracle Process）在创建实例时由 Oracle 本身产生，执行的是 Oracle 数据库的服务器端的代码，用于完成特定的服务功能。在多线程结构，Oracle 进程可以是操作系统进程，也可以是操作系统进程中的一个线程。

Oracle 进程又分为服务进程（Server Process）和后台进程（Background Process）。服务进程是 Oracle 数据库自身在服务器端创建，用于处理连接到实例中的用户进程所提出的请求；后台进程是与数据库实例一起启动的进程，它们用来完成实例恢复、写数据库、写重做日志到磁盘文件等功能。

#### 2. 服务进程

Oracle 通过创建服务进程为连接到数据库实例中的用户进程提供服务，用户进程总是通过服务进程与 Oracle 数据库进行通信。

为每个用户建立的服务进程主要完成如下任务：

① 解析并执行应用程序所提交的 SQL 语句，包括创建和执行查询计划。

② 如果所需数据不在缓存中，就从数据文件中读出必要的数据块到 SGA 区的数据库缓存中。如果数据在缓存中，那么直接将数据返回用户。

③ 按应用程序能够处理的方式将数据返回用户进程。

④ 执行 PL/SQL 程序代码。

根据数据库提供服务的方式，服务进程可分为专用服务进程和共享服务进程。在专用服务进程中，Oracle 为每一个连接到实例的用户进程启动一个专用的服务进程。一个专用服务进程仅为一个用户进程提供服务。在专用服务进程下，用户进程数量与实例中的服务进程数量是一样的。因此，当同一时刻存在大量的用户进程时，专用服务进程的效率可能会很低。

如果想用少量服务进程为大量用户进程提供服务，使这些服务进程始终处于繁忙状态，那么可以使用 Oracle 数据库提供的共享服务进程。在共享服务进程中，Oracle 在创建实例时启动指定数目的服务进程（由初始化参数决定），在调度进程的管理下，这些服务进程可以为任意数量的用户进程提供服务。每个共享服务进程可以为多个用户进程提供服务。

### 3. 后台进程

Oracle 数据库可以处理多个并发用户请求并进行复杂的数据操作，同时还要维护数据库系统使其始终具有良好的性能。为了完成这些任务，Oracle 数据库将不同的工作交给多个系统进程专门进行处理。每个系统进程的大部分操作都相互独立并且完成指定的一类任务，这些系统进程称为后台进程。图 1-3 描述了常用后台进程与 Oracle 数据库的不同部分进行交互的过程。

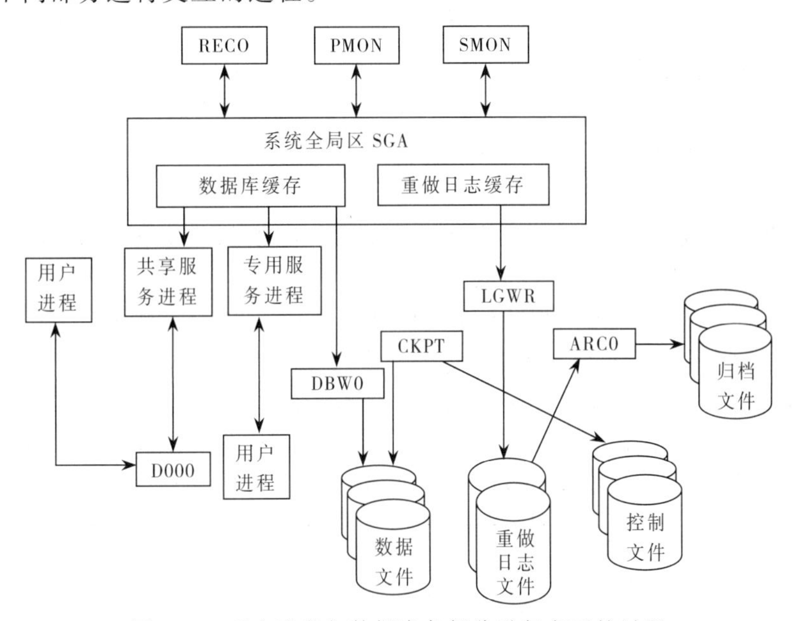


图 1-3　后台进程与数据库各部分进行交互的过程

RECO—恢复进程；ARC0—归档进程；CKPT—检查点进程；DBW0—数据库写进程；
D000—调度进程；LGWR—日志读写进程；PMON—进程监控进程；SMON—系统监控进程

后台进程的主要作用是以最有效的方式为并发建立的多个用户进程提供 Oracle 的系统服务，如进行 I/O 操作、监视各个进程的状态、维护系统的性能和可靠性等。

Oracle 12c 有多个后台进程，根据后台进程启动的时机可分成三类：

强制后台进程（Mandatory Background Processes）：它们是所有常用数据库配置都必须有的，在数据库启动时必须在实例中启动，主要有数据库写进程 DBWn、日志写进程 LGWR、检查点进程 CKPT、系统监视进程 SMON、进程监视进程 PMON、可管理性监控进程 MMON 和 MMNL、恢复进程 RECO 和监听程序注册进程 LREG。

可选后台进程（Optional Background Processes）：强制后台进程以外的所有进程都是可选后台进程，它们专门针对某项任务，如归档进程 ARC0、作业调度进程 CJQ0 和 Jnnn、闪回数据归档进程 FBDA 和空间管理合作进程 SMCO 等。

从进程（Slave Processes）：它是代替其他进程完成任务的后台进程。Oracle 数据库使用的从进程有：I/O 从进程模拟系统与不支持设备间的异步操作，并行执行的服务进程和查询协调进程。

（1）数据库写进程（DBWn）

DBWn 负责将数据库缓存中的脏缓存块成批写入数据文件中。通常 Oracle 只在创建实例时启动一个 DBWn 进程（称为 DBW0）。如果数据库中的数据操作十分频繁，管理员可以启动更多的 DBWn 进程以提高写入能力。DBWn 进程写入数据库的过程参见图 1-3。

（2）日志写进程（LGWR）

日志写进程 LGWR 负责将重做日志缓存中的重做记录写入联机重做日志文件。在 LGWR 进程将缓存中的数据写入重做日志文件的同时，Oracle 还能够继续向缓存中写入新的数据。LGWR 进程将缓存中的数据写入重做日志文件之后，相应的缓存内容将被清空。LGWR 进程除了要将重做日志缓存中的内容写入重做日志文件外，它还在实例没有启动 CKPT 进程时来完成检查点任务。此时在配置 LGWR 进程时，需要对一些与检查点相关的初始化参数进行配置。

（3）检查点进程（CKPT）

检查点是一个数据库事件，当该事件发生时 CKPT 进程通知 DBWn 进程将所有 SGA 数据库缓存中修改过的数据写入数据文件，同时将对数据库控制文件和数据文件的头结构进行更新，以记录下当前的数据库结构的状态。启动 DBWn 写操作将会产生重做日志，从而导致 LGWR 进程启动写入重做日志，此时数据库处于一个完整状态，即所有控制文件、数据文件、重做日志文件都有相同的 SCN。

检查点是一种数据结构，包括检查点位置、SCN、恢复时的重做日志中的位置等。图 1-4 显示了检查点发生时 DBW0、LGWR 和 CKPT 三个进程的写操作过程。

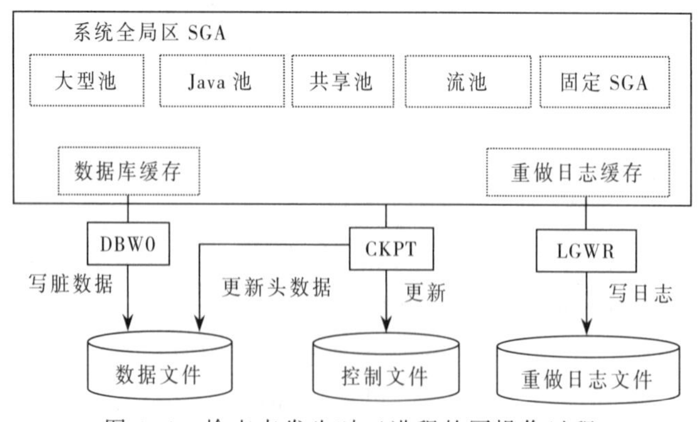


图 1-4　检查点发生时三进程的写操作过程

在发生数据库崩溃后，只需要将数据恢复到上一个检查点执行时刻即可。因此，缩短检查点执行的间隔，可以缩短数据库恢复所需的时间。Oracle 数据库利用检查点可以减少实例或介质故障后恢复所需的时间；保证数据库缓存中脏数据能定期写到磁盘；保证所有一致性关闭时已提交数据都写到磁盘。

管理员可以根据实际应用为检查点选择合适的执行间隔，因为检查点执行间隔太短，将会产生太多的 I/O 操作；执行间隔太长，数据库的恢复将耗费太多的时间。通过设置初始化参数 LOG_CHECKPOINT_TIMEOUT 可指定检查点执行的最大时间间隔。

在要进行数据库备份时，为了使脏缓存数据都写入数据文件以保证数据库的一致性，管理员通常要手工进行检查点执行，即通过 SQL 命令强制后台进程 CKPT 产生检查点。手工检查点的命令为 ALTER SYSTEM CHECKPOINT。

（4）归档进程（ARCn）

当数据库运行在归档模式下时，归档进程 ARCn 负责在日志切换后将已经写满的重做日志文件复制到归档重做日志文件中，以防止写满的联机重做日志文件被覆盖。

只有数据库运行在归档模式下并激活自动归档，ARCn 进程才能被启动。要启动 ARCn 进程，需要将初始化参数 ARCHIVE_LOG_START 设置为 TRUE。ARCn 进程启动后，数据库将具有自动归档功能。但即使数据库运行在归档模式下，如果初始化参数 ARCHIVE_LOG_START 设置为 FALSE，ARCn 进程也不会被启动。这时，当重做日志文件全部被写满后，数据库将被挂起，等待 DBA 进行手工归档。

默认情况下，实例启动时仅启动一个归档进程 ARC0。当 ARC0 进程在归档重做日志文件时，任何其他进程都无法访问这个重做日志文件。

如果 LGWR 进程要使用的下一个重做日志文件正在进行归档，数据库将被挂起，直到该重做日志文件归档完毕为止。如果当前 ARCn 的数量不能处理负载时，为了加快重做日志文件的归档速度，避免发生等待，LGWR 进程会自动启动更多的归档进程。当 LGWR 启动新的 ARCn 进程时，会在警告文件中生成一条记录。

Oracle 最多可以启动 10 个归档进程，从 ARC0 到 ARC9。可以用 ALTER SYSTEM 命令来动态修改初始化参数 LOG_ARCHIVE_MAX_PROCESSES 以增加或减少归档进程的数量。

## 1.4 数据库结构

Oracle 数据库存储结构描述的是数据的组织方式。根据不同层次的数据组织方式，将数据库存储结构分为逻辑存储结构（或称为逻辑数据库）与物理存储结构（或称为物理数据库）。关系型数据库管理系统的特性之一是将逻辑数据结构（如表、视图和索引）与物理存储结构分离，这样就可以保证物理结构的变化不会影响对逻辑结构的访问。

### 1.4.1 物理结构与逻辑结构的关系

从物理上讲，一个 Oracle 数据库是由若干物理文件组成，即物理数据库主要由数据文件、控制文件、联机重做日志文件和归档重做日志文件等操作系统文件组成。每个物理文件由若干操作系统数据块组成。

逻辑存储结构用于描述在 Oracle 内部组织和管理数据的方式，而物理存储结构定义了操作系统中组织和管理 Oracle 数据文件的方式。Oracle 对二者的管理是分开进行的，两者之间不直接影响，但二者相互独立又密切相关，二者之间的联系如图 1–5 所示。

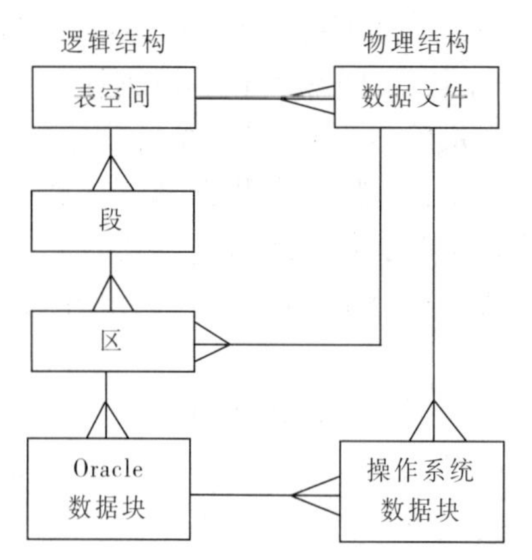


图 1–5　逻辑结构与物理结构之间的关系

从图 1–5 可以看出，逻辑数据库由若干表空间组成，每个表空间由若干段组成，每个段由若干区组成，每个区由若干连续的数据块组成，每个 Oracle 数据块由若干操作系统数据块组成。一个表空间由若干数据文件组成。物理数据库由若干数据文件（Data File）组成，一个数据文件又由多个操作系统数据块组成。

### 1.4.2　数据文件

Oracle 数据库逻辑上由一个或多个表空间组成，每个表空间在物理上由一个或多个数据文件组成，而一个数据文件只能属于唯一的表空间或数据库。Oracle 通过为表空间创建数据文件来从硬盘中获取物理存储空间。Oracle 的数据逻辑上存储在表空间中，而物理上存储在表空间所对应的数据文件中。

#### 1. 数据文件概述

数据文件是由 Oracle 数据库创建的物理文件，它用来存储表、索引和视图等数据结构。临时文件是属于临时表空间的数据文件。Oracle 数据库将数据以其他程序不可读的专用格式写入数据文件。

在创建数据库对象时，用户不能指定将对象存储在哪一个数据文件中，而由 Oracle 负责为数据库对象选择一个数据文件并为其分配物理存储空间。一个数据库对象的数据可以全部保存在一个数据文件中，也可以分布在同一个表空间的多个数据文件中。数据文件与表空间的关系如图 1–5 所示。

#### 2. 数据文件结构

通过为表空间分配指定的磁盘空间来创建表空间的数据文件，磁盘空间中也包括数据和数据文件头信息。数据文件头信息包括数据文件大小、检查点 SCN、绝对文件号和相对文件号等元数据。绝对文件号在数据库中唯一标识数据文件，相对文件号在一个表空间中唯一标识数据文件。

3. 查询数据文件信息

如果要查看数据文件的信息，那么可以查询动态性能视图 V$DATAFILE 和 V$DATAFILE_HEADER 或数据字典 DBA_FREE_SPACE、DBA_DATA_FILES、DBA_EXTENTS、USER_EXTENTS 和 USER_FREE_SPACE。

（1）DBA_DATA_FILES 视图

DBA_DATA_FILES 视图包括数据库中所有数据文件的信息,包括数据文件所属的表空间、数据文件编号等。只有管理员权限的用户才可以查询该视图。

（2）DBA_FREE_SPACE 视图

DBA_FREE_SPACE 视图包括所有表空间中空闲区所属的数据文件和空闲区大小等信息。

（3）USER_FREE_SPACE 视图

USER_FREE_SPACE 视图包括当前用户可访问表空间的空闲区的信息。它的结构信息与 DBA_FREE_SPACE 相同。

（4）V$DATAFILE 动态性能视图

V$DATAFILE 动态性能视图中是从控制文件中得到的关于数据文件的信息，包括数据文件大小、建立时间、所属表空间、最后 SCN 等。

### 1.4.3 控制文件

控制文件（Control File）是一个记录数据库结构的二进制文件，它是数据库正常启动和使用时所必需的重要文件。每个数据库必须只能拥有一个控制文件，但可同时拥有同一个控制文件的多个备份，一个控制文件只能属于一个数据库。

1. 控制文件记录

控制文件中记录着启动和正常使用数据库时实例所需的各种数据库信息，主要包括下面的内容：控制文件所属的数据库名、数据库建立的时间；数据文件的名称、位置、联机/脱机状态信息；重做日志文件的名称和路径；表空间名称等信息；当前日志序列号、日志历史记录；归档日志信息；最近检查点信息；数据文件副本信息；备份数据文件和重做日志信息。

实例在加载数据库时读取控制文件，以找到自己所需的操作系统文件（数据文件、重做日志文件等）。如果控制文件中记录了错误的信息，或者实例无法找到一个可用的控制文件，则数据库将无法加载和打开。

在数据库运行的过程中，每当数据库中的数据文件或重做日志文件被增加、改名或删除时，或者是数据库物理结构发生变化（如执行 ALTER DATABASE 命令）时，都要更新控制文件以记录这些变化。因此，控制文件必须在整个数据库打开期间始终保持可用状态。

控制文件中的内容只能够由 Oracle 本身来修改，任何 DBA 或者数据库用户都不能编辑控制文件中的内容。如果由于某种原因导致控制文件不可用，那么数据库将会崩溃。

由于控制文件的重要性，Oracle 建议每个数据库至少有两个完全镜像的控制文件，并将它们保存在不同磁盘中。

**2. 查询控制文件信息**

控制文件的信息记录在下面三个数据字典视图和动态性能视图中。

（1）V$CONTROLFILE 动态性能视图

该数据字典中包括所有控制文件的名称和状态信息。

（2）V$CONTROLFILE_RECORD_SECTION 动态性能视图

该视图中包含控制文件中每个记录段的信息，包括记录文档段类型、文件段中每条记录的大小、记录文档段中能够存储的条件数量、当前已经存储的条件数量等。

（3）V$DATABASE 动态性能视图

V$DATABASE 是从控制文件读出关于数据库的信息。该动态性能视图有许多列，如数据库名等内容。

### 1.4.4 联机重做日志文件

Oracle 联机重做日志文件（Online Redo Log File）中以重做记录的形式记录了用户对数据库进行的所有修改操作。重做记录由一组变更向量组成，每个变更向量中记录了事务对数据库中某个数据块所做的修改。

利用重做记录，在系统发生故障而导致数据库崩溃时，Oracle 可以恢复丢失的数据修改操作信息；同时能够恢复对撤销段所做的修改操作。在进行数据库恢复时，Oracle 会读取每个变更向量，然后将其中记录的修改信息重新应用到相应的数据块上。因此，重做日志文件不仅能够保护用户数据，还能够保护回滚（或撤销）数据。

**1. 联机重做日志的结构**

重做记录包含对数据库修改时的元数据信息：SCN 号和变化的时间戳（Time Stamp）；修改事务的事务 ID；如果事务提交了，提交时的 SCN 和时间戳；产生变化的操作类型；被修改数据段的名称和类型。

**2. 写入联机重做日志文件**

数据库实例的联机重做日志也称重做线程。在单实例配置中，只有一个实例访问数据库，所以只有一个重做线程。在 Oracle RAC 配置中，有两个或多个实例并行访问数据库，每个实例都有独立的重做线程。每个实例中的重做线程读写各自的联机重做日志文件。

每个数据库至少有两个联机重做日志文件，一个用于记录重做记录，一个用于归档（在 ARCHIVELOG 模式下）。在任何时刻，Oracle 只使用一个联机重做日志文件。当前正在被 LGWR 进程所用的联机重做日志文件称为活动重做日志文件或当前重做日志文件（Active Online Redo Log Files）。

Oracle 是以循环方式来使用联机重做日志文件的。重做记录以循环方式在 SGA 区的重做日志缓存中进行缓存，然后由 Oracle 实例的后台进程 LGWR 以循环方式写入联机重做日志文件中。如果当前重做日志文件已被写满，那么 LGWR 进程继续使用下一个可用的重做日志文件。如果最后一个可用的重做日志文件也被写满，那么 LGWR 进程将重新写入第一个重做日志文件。

当一个事务被提交时，LGWR 进程把与该事务相关的所有重做记录全部写入当前

重做日志文件中，同时生成一个系统变更号（System Change Number，SCN）。系统变更号与重做记录一起保存在重做日志文件中，用来标识与重做记录相关的事务。只有当某个事务所产生的重做记录全部被写入重做日志文件之后，Oracle 才认为这个事务已经成功提交。SCN 是数据库状态是否一致的标志。

在非归档模式（NOARCHIVELOG）下，写满的重做日志文件在其中的修改信息全部写入数据文件后就立即变成可重新使用；而在归档模式（ARCHIVELOG）下，写满的重做日志文件只有将其中的修改全部写入数据文件并且归档完成后才可以重新使用。

重做记录中记载的是事务对数据修改的结果。回滚条目中记录的是事务进行修改之前的数据。如果用户在事务提交之前想撤销事务，Oracle 将通过回滚条目来撤销事务对数据所做的修改，也可以使用闪回技术来恢复某些操作。

### 3. 日志切换和日志序列号

（1）日志切换

日志切换是指 LGWR 进程结束当前重做日志文件的使用，开始写入下一个重做日志文件的过程。通常只有在当前重做日志文件被写满时才会发生日志切换，但是，管理员可以设置在指定时间进行日志切换，甚至在必要时还可以用手工方式强制进行日志切换。

（2）手工日志切换

进行手工日志切换的用户必须具有 ALTER SYSTEM 系统权限，然后执行带 SWITCH LOGFILE 子句的 ALTER SYSTEM 命令即可：

```
SQL> ALTER SYSTEM SWITCH LOGFILE;
```

（3）日志序列号

每当日志切换发生时，数据库就会生成一个新的日志序列号，并将这个号码分配给即将开始使用的重做日志文件。如果数据库处于归档模式中，在归档重做日志文件时，日志序列号将随同重做日志文件一同保存在归档日志文件中。

日志序列号不会重复，同一个重做日志文件在不同的写入循环中使用时，将赋予不同的日志序列号。

每个联机或归档的重做日志文件通过分配给它的唯一日志序列号来进行标识。进行数据库恢复时，Oracle 通过识别日志文件的序列号，能够按照先后次序正确地使用这些重做日志文件。

### 4. 多路重做日志文件

多路重做日志文件是指同时保存一个重做日志文件的多个镜像文件，这样可以防止重做日志文件被破坏。这些完全相同的重做日志文件构成一个重做日志文件组，组中每个重做日志文件称为一个日志组成员，每个组有一个编号。重做日志组中的所有成员必须具有相同的大小和完全相同的内容。同一组中的不同重做日志文件通常分别存放在不同磁盘上。

在使用多路重做日志文件的情况下，LGWR 进程同步地写入相互镜像的一个日志组中的多个重做日志文件，这样就能保证某个重做日志文件被破坏后，数据库仍然能够不受影响地继续运行。

5．查询重做日志信息

在管理数据库或恢复数据库的过程中，经常要了解日志文件的状态、SCN号等信息。记录重做日志信息的动态性能视图有V$LOG、V$LOGFILE和V$LOG_HISTORY。

（1）V$LOG动态性能视图

V$LOG中记录从控制文件中读取的所有重做日志文件组的基本信息。

```
SQL> SELECT group#,bytes,members,status FROM v$log;
```

（2）V$LOGFILE动态性能视图

V$LOGFILE包括每个成员日志文件的基本信息，包括成员日志文件的状态、重做日志组号、成员文件名称等信息。

```
SQL> SELECT group#,status,type,member FROM v$logfile;
```

### 1.4.5 归档重做日志文件

Oracle以循环方式将数据库修改信息保存到重做日志文件中，在重新写入同一重做日志文件时，原来保存的重做记录将被覆盖。如果能够将所有重做记录永久地保留下来，就可以完整地记录数据库的全部修改过程，从而可以用它们进行数据库恢复。

归档（Archive）是指在重做日志文件被覆盖之前，Oracle将已经写满的重做日志文件复制到指定的位置以文件形式存放的过程。归档后的日志文件称为归档重做日志文件（Archived Redo Log Files）。归档重做日志文件是已经写满的重做日志组的成员的一个精确复制文件，其中不仅包括所有的重做记录，而且包含重做日志文件的日志序列号。

归档重做日志文件主要用于进行数据库恢复和更新备份数据库，同时借用LogMiner工具可以得到数据库操作的历史信息。

1．归档过程

只有数据库处于归档模式中，才会对重做日志文件执行归档操作。归档操作可以由后台进程ARCn自动完成，也可以由管理员手工通过命令来完成。

LGWR后台进程负责写入联机重做日志文件，当联机重做日志文件写满后，由ARCn后台进程将联机重做日志文件的内容复制到归档重做日志文件中。如果联机重做日志组中第一个文件损坏，那么ARCn会将同组中的另一个文件进行归档。

2．数据库的归档模式

数据库的归档模式是指数据库是否进行归档的设置。数据库可以运行在归档模式（ARCHIVELOG）或非归档模式（NOARCHIVELOG）下。数据库的归档模式记录在控制文件中。

如果将数据库设置为非归档模式，Oracle将不会对重做日志文件进行归档操作。当发生日志切换时，LGWR进程直接写入下一个可用的联机重做日志文件，联机重做日志文件中原有的重做记录将被覆盖。

由于在非归档模式下没有保留被覆盖的重做日志，因此对数据库操作有如下限制：

① 数据库只具有从实例崩溃中恢复的能力，而无法进行介质恢复。

② 只能使用在非归档模式下建立的完全备份来恢复数据库，并且只能恢复到最近一次进行完全备份时的状态下，而不能进行基于时间的恢复。因此，在非归档模式下，管理员必须经常定时地对数据库进行完全备份。

③ 不能够进行联机表空间备份操作，而且在恢复时也不能够使用联机归档模式下建立的表空间备份。

如果数据库设置为归档模式，Oracle 将对重做日志文件进行归档操作。LGWR 进程在写入下一个重做日志文件之前，必须等待该联机重做日志文件完成归档，否则 LGWR 进程将被挂起，数据库也停止运行。

在归档重做日志文件中，记录了自从数据库置于归档模式后，用户对数据库所进行的所有修改操作。

数据库处于归档模式下具有以下优点：

① 当发生介质故障时，使用数据库备份和归档重做日志，能够恢复所有提交的事务，保证不会丢失任何数据。

② 利用归档重做日志文件，可以使用在数据库打开状态下创建的备份文件来进行数据库恢复。

③ 如果为当前数据库建立了一个备份数据库，通过持续地为备份数据库应用归档重做日志，可以保证源数据库与备份数据库的一致性。

### 3. 切换数据库的归档模式

改变数据库的归档模式要有管理员的权限，即以 AS SYSDBA 连接数据库。改变数据库归档模式之前，数据库必须先关闭并且停止相关的实例。如果有数据文件需要介质恢复，就不能进行从 NOARCHIVELOG 到 ARCHIVELOG 的转换。数据库改变到归档模式后通常要重新关闭，然后对数据库进行备份。

（1）从非归档模式到归档模式的切换

手工从非归档模式到归档模式的切换步骤如下：

① 关闭数据库。

```
SQL> SHUTDOWN;
```

② 备份数据库。

③ 编辑初始化参数文件中与归档相关的初始化参数。通常主要是设置归档位置和归档文件名的格式，也可以直接使用这些参数的缺省值。

④ 重新启动实例到加载状态，但是不打开数据库。

```
SQL> STARTUP MOUNT;
```

⑤ 切换数据库到归档模式，然后再打开数据库。

```
SQL> ALTER DATABASE ARCHIVELOG;
SQL> ALTER DATABASE OPEN;
```

（2）切换数据库到非归档模式

① 关闭数据库。

```
SQL> SHUTDOWN;
```

② 启动数据库实例到装载状态，但不打开数据库。

```
SQL> STARTUP MOUNT;
```

③ 切换数据库到非归档模式并打开数据库。

```
SQL> ALTER  DATABASE  NOARCHIVELOG;
SQL> ALTER  DATABASE  OPEN;
```

#### 4. 手工归档

在归档模式下，无论是否激活自动归档功能，管理员都可以执行手工归档操作。在下面情况下可能要进行手工归档：

① 如果自动归档功能被禁用，管理员必须定时对填满的联机重做日志组进行手工归档。如果所有的联机重做日志文件被填满而没有归档，那么LGWR无法写入处于不活动状态的联机重做日志文件，此时数据库将被暂时挂起，直到完成必要的归档操作为止。

② 虽然启用了自动归档功能，但管理员想将处于INACTIVE状态的重做日志组重新归档到其他位置。

如果要将所有未归档且写满的重做日志文件进行归档，那么可以执行下面的语句：

```
SQL> ALTER SYSTEM ARCHIVE LOG ALL;
```

如果要将当前的联机重做日志文件进行归档，并进行日志切换，那么可以执行下面的语句：

```
SQL> ALTER SYSTEM ARCHIVE LOG CURRENT;
```

如果在上面的语句中指定NOSWITCH子句，那么仅归档但不进行日志切换。

如果要将指定的重做日志文件进行归档，那么可以执行下面的语句：

```
SQL> ALTER SYSTEM ARCHIVE LOG
2  LOGFILE  'd:\oradata\archive\log6.log'  TO  'e:\archive\l6.log';
```

如果要将包含指定日志记录（SCN号为9356083）的重做日志文件进行归档，那么可以执行下面的语句：

```
SQL> ALTER SYSTEM ARCHIVE LOG CHANGE 9356083;
```

在上面的几个例子中，都可以指定“TO 路径\文件名”来表示归档的位置。如果没有TO子句，那么将归档到初始化参数LOG_ARCHIVE_DEST或LOG_ARCHIVE_DEST_n指定的位置。

手工归档也可以使用SQL * Plus的ARCHIVE LOG命令来完成。下面的命令将所有未归档的联机重做日志进行归档，归档位置由初始化参数决定：

```
SQL> ARCHIVE  LOG  ALL;
```

下面的命令将所有未归档的联机重做日志文件归档到指定位置：

```
SQL> ARCHIVE  LOG  ALL  TO  d:\student;
```

#### 5. 查看归档日志信息

可以通过数据字典视图和动态性能视图或者ARCHIVE LOG LIST命令来查询有关归档的信息。记录有归档信息的动态性能视图有V$DATABASE、V$ARCHIVED_LOG、V$ARCHIVE_DEST、V$ARCHIVE_PROCESSES、V$BACKUP_REDOLOG、V$LOG和V$LOG_HISTORY。

（1）ARCHIVE LOG命令

ARCHIVE LOG LIST是SQL * Plus环境中的命令，可以显示当前连接实例的归档重做日志文件信息。

（2）V$DATABASE动态性能视图

通过查询V$DATABASE动态性能视图可以显示数据库是否处于归档模式。

（3）V$ARCHIVED_LOG 动态性能视图

该动态性能视图从控制文件中获取已归档日志的信息，包括归档目标名称等。

（4）V$ARCHIVE_DEST 动态性能视图

该动态性能视图显示所有归档目标的位置和状态等信息。

（5）V$LOG_HISTORY 动态性能视图

该动态性能视图从控制文件中获得重做日志历史信息。

### 1.4.6 表空间

表空间（Tablespace）是 Oracle 数据库内部最高层次的逻辑存储结构，在逻辑上数据库数据是存储在表空间里，而物理上是存储在表空间对应的数据文件。一个 Oracle 数据库至少由两个表空间（SYSTEM 和 SYSAUX）组成，TEMP 表空间是可选的。

在逻辑上，Oracle 数据库是由一个或多个表空间组成的，表空间被划分为一个个独立的段，数据库中创建的所有对象都必须保存在指定的表空间中。

#### 1. 表空间分类

根据表空间存放的内容可将表空间分成用户定义表空间、SYSTEM 表空间等。

（1）用户定义表空间

用户定义表空间是用于存储用户数据的普通表空间，它是根据实际应用由用户自己来建立的。

（2）SYSTEM 表空间

Oracle 数据库必须至少具有一个默认的 SYSTEM 表空间。在创建新数据库时，Oracle 将自动创建 SYSTEM 表空间。在打开数据库时，SYSTEM 表空间自动打开。

SYSTEM 表空间中存储整个数据库的数据字典、所有 PL/SQL 程序的源代码和解析代码（如存储过程和存储函数、包、数据库触发器等）、数据库对象的定义（如视图、对象类型说明、同义词和序列的结构定义）和 SYSTEM 撤销段。

SYSTEM 表空间对于 Oracle 数据库来说是至关重要的。一般在 SYSTEM 表空间中应该仅保存属于 SYS 模式的对象，即与 Oracle 自身相关的数据，而用户的对象和数据都应当保存在非 SYSTEM 表空间中。

（3）撤销表空间

撤销表空间是用来在自动撤销管理方式下存储撤销信息的专用表空间。在撤销表空间中只能建立撤销段（回滚段）。任何数据库用户（包括管理员）都不能在撤销表空间中创建数据库对象。如果需要也可以建立大文件撤销表空间。

如果使用手工撤销管理方式，则只需要使用回滚段而不需要使用撤销表空间。如果数据库使用撤销表空间，那么可以为数据库创建多个撤销表空间，但是每个实例同时最多只能使用一个撤销表空间。撤销表空间只能使用本地管理方式。

在使用 DBCA 创建数据库时，自动建立一个默认的撤销表空间 UNDOTBS。

（4）临时表空间

Oracle 运行过程中要使用临时空间来保存 SQL 语句（如排序）执行过程中产生的临时数据，包括中间排序结果、临时表、临时索引、临时 LOB 和临时 B 树。当 SYSTEM

表空间是本地管理方式时，就必须至少建立一个默认的临时表空间，因为本地管理方式的 SYSTEM 表空间不能存放临时数据。如果数据库的 SYSTEM 表空间是字典管理方式，那么 SYSTEM 表空间可以存储临时数据。

不能在临时表空间中建立永久对象，并且临时表空间中的数据在故障后不能恢复。

（5）SYSAUX 表空间

SYSAUX 表空间是从 Oracle10g 开始引进的表空间，它是 SYSTEM 表空间的辅助表空间，许多数据库组件（如 Oracle Spatial、Oracle Streams、Oracle Data Mining 和 Oracle interMedia 等）都使用 SYSAUX 表空间作为默认存储位置，因此建立数据库时总是创建 SYSAUX 表空间。

#### 2. 查询表空间信息

表空间信息存储在多个数据字典视图和动态性能视图中，主要有 V$TABLESPACE、DBA_TABLESPACES、USER_TABLESPACES、DBA_SEGMENTS, USER_SEGMENTS、V$DATAFILE、V$TEMPFILE、DBA_DATA_FILES 等。

（1）V$TABLESPACE 动态性能视图

该动态性能视图从控制文件中读取表空间名称和编号信息。只有以 SYSDBA 或 SYSOPER 的身份连接数据库时才可以访问该动态性能视图。

（2）DBA_TABLESPACES 视图

该视图它包含数据库中所有表空间的描述信息。只有管理员身份的用户才可以访问该数据字典视图。

（3）USER_TABLESPACES 视图

当前用户有配额的所有表空间信息，其中的内容与 DBA_TABLESPACES 一样。

## 1.5 多租户容器数据库

Oracle 12c 推出多租户（Multitenant）的新特性，这是 Oracle 公司向云计算或者云数据库迈出的一大步。多租户架构通过对不同租户中的数据库内容进行分别管理，既可保障各租户之间的独立性与安全性，保留其自有功能，又能实现对多个数据库的统一管理，从而提高服务器的资源利用率、减少成本、降低管理复杂度。

### 1.5.1 多租户概念

在一个大型企业的信息管理中，100 台服务器上可能有 100 个数据库，但每个数据库可能只使用 10%的硬件资源和 10%的管理时间，而 DBA 却必须管理每个服务器的数据文件、SGA、账号、安全等内容，系统管理员可能必须维护 100 台不同的计算机。当出现故障时，要检查每个服务器的数据库，并且多个数据库实例不能共享后台进程、系统和内存。

多租户技术正是为解决上面的应用问题而产生的。多租户技术是指一个单独的实例可以为多个组织服务，可以在共用的数据中心的单一系统架构中为多客户端提供相同甚至可定制化的服务，并且保障客户数据的隔离。一个支持多租户技术的系统需要将它的数据和配置进行虚拟分区，从而使系统的每个租户都能够使用一个单独的系统实例，并且每个租户都可以根据自己的需求对租用的系统实例进行个性化配置。

作为 Oracle 的核心业务，Oracle 12c 在云端的基础上发展为多租户架构，Oracle 数据库可以在单一物理机器中部署多个数据库，而且每个数据库都能以动态插拔的方式，在多租户架构下扩充、整合、升级与备份。Oracle 全新的多租户架构也开启了传统关系数据库的数据库即服务（DB as a Service，DBaaS）的新时代。

Oracle 多租户功能是 Oracle 12c 数据库企业版中额外付费的选件。如果要使用多租户环境，必须安装 Oracle 12c，并且要将数据库兼容级别设置为 12.0.0 以上。

### 1.5.2 CDB 结构

#### 1. Oracle 多租户数据库的基本概念

（1）CDB

多租户结构使得 Oracle 数据库可成为容器数据库（Container DataBase，CDB）。多租户容器数据库是指能够容纳一个或多个插接式数据库的数据库。Oracle 12c 中的每个数据库要么是 CDB，要么是非 CDB（no CDB），即传统的数据库。CDB 的结构如图 1-6 所示。

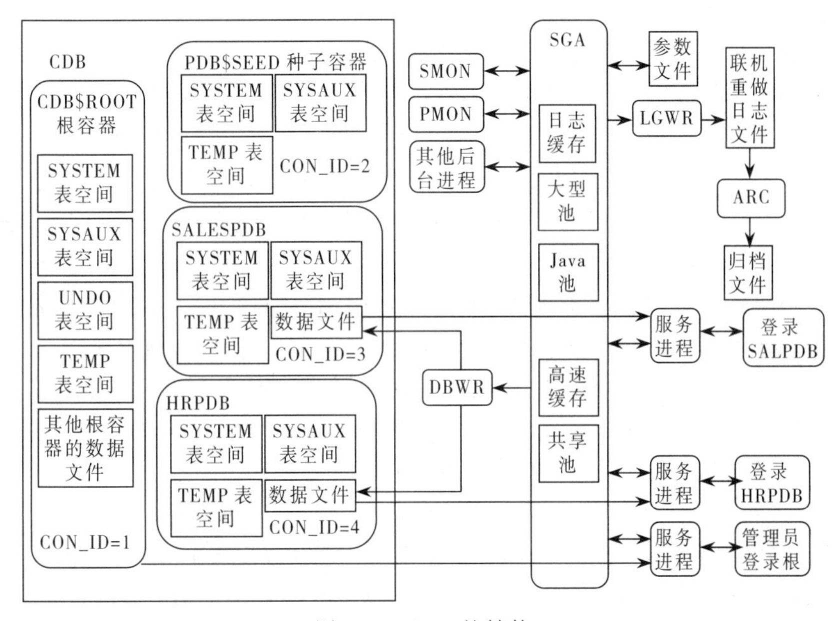


图 1-6 CDB 的结构

（2）容器

容器是指 CDB 中的数据文件和元数据的集合。CDB 中的根、种子和 PDB 均称为容器。CDB 中的每个容器有唯一的容器编号（ID）和名称。每个 CDB 都由一个根容器、一个种子容器和多个（0～N）插接式数据库构成。

（3）根容器

根容器（简称为根）是每个 PDB 的对象、模式对象和非模式对象的集合。每个 CDB 只能有一个名字为 CDB$ROOT 的根容器，在根中存储管理 PDB 所需的元数据和公共用户。根中不存储用户数据，即不能在根中添加数据或修改根中的系统模式。可以建立管理数据库的公共用户，具有权限的公共用户可在 PDB 之间切换。

（4）种子容器

每个 CDB 只能有一个名称为 PDB$SEED 的种子容器，它是创建 PDB 的模板。不能修改种子容器中的对象，也不能向种子容器中添加对象。

（5）PDB

插接式数据库（Pluggable DataBases，PDB）由一组可插拔的模式、模式对象和非模式对象组成，包含数据和应用的代码，如支持人力资源或销售应用的 PDB。PDB 可以通过复制另一个数据库来创建。如果有必要，也可以将 PDB 从一个 CDB 传送到另一个 CDB。每个 CDB 都有一个用于创建其他插接式数据库的种子容器。所有 PDB 都属于某个 CDB。

PDB 完全兼容 Oracle 12c 以前的 Oracle 数据库。可根据应用需求将 PDB 添加到某个 CDB 中。PDB 与非 CDB 的兼容性保证了客户程序可以像以前一样通过 Oracle Net 连接到 PDB 上。基于 CDB 上的应用与基于非 CBD 应用在安装过程和运行后的结果都完全一样。像 Oracle 数据保护、数据库备份与恢复这样对整个数据库的操作，在整个非 CDB 上进行的操作也与整个 CDB 上的一样。

（6）公共用户和本地用户

插接式数据库环境中有公共用户和本地用户。

① 公共用户。公共用户（Common User）是在 Oracle 12c 中引入的新概念，仅存在于多租户数据库环境中。公共用户是指存在于根容器和所有插接式数据库中的用户，即在根和每个 PDB 中都有同一标识的用户。初始时必须在根容器中创建这种用户，然后它们会在所有现存的插接式数据库和将来创建的插接式数据库中被自动创建。

公共用户可以登录到根和任何有权限的 PDB 中，然后根据相应的权限完成指定操作。建立 PDB 或从 CDB 中拔出 PDB 必须由公共用户来完成。如果在连接根容器时为公共用户赋予权限，那么该权限不会传递到插接式数据库中。如果需要为公共用户赋予能够传递到插接式数据库的权限，可创建公共角色并将之分配给公共用户。

数据库管理员以公共用户连接到 CDB 可管理整个 CDB 和根的属性，也可管理 PDB 的部分属性。管理员可建立、插接（Plug in）、拨出（Unplug）和删除 PDB，也可指定整个 CDB 的临时表空间和根的默认表空间，也可以改变 PDB 的打开模式。

公共用户或公用角色的名称必须以 C##开头。SYS 和 SYSTEM 用户是 Oracle 在 CDB 中自动创建的公共用户。

② 本地用户。本地用户（Local User）是指在插接式数据库中创建的普通用户。在插接式数据库中使用本地用户的方法，与在非 CDB 数据库中使用用户的方法相同。本地用户的管理方法中没有特殊内容。可以使用非 CDB 数据库中管理用户的方法管理本地用户。

### 2. CDB 的结构

CDB 的结构与非 CDB 数据库的结构不同。图 1-6 显示一个 CDB 数据库，它含有一个根容器、一个种子容器和两个插接式数据库（SALEPDB 和 HRPDB）。

下面将就图 1-6 中所示的内容进行说明。

（1）图 1-6 展示了一个非 RAC 配置，因此，仅有一套内存分配方案和一组后台进程，即仅使用了一个实例。这个 CDB 中的所有 PDB 都使用同一个实例和同一组后台进程。

（2）具有权限的用户可连接 CDB。连接 CDB 就是连接 CDB$ROOT 根容器。可通过 SYS 用户访问根容器，就像访问非 CDB 数据库一样。

（3）种子容器（PDB$SEED）只是用于创建插接式数据库的模板。可以连接只读的种子容器，但不能使用它执行任何事务。

### 1.5.3 查询 CBD 和 PDB

在 CDB 中，关于 CDB 整体的数据字典表和视图定义的元数据只存储在根中。但每个 PDB 中存储有关 PDB 中数据库对象的视图和数据字典表的元数据。当前容器是根时，公共用户通过查询容器数据对象可查询根和 PDB 的数据字典视图信息。容器数据对象是一个表或视图，它们包括有一个或多个容器信息或 CDB 容器的信息。容器数据对象包括 V$、GV$和 CDB_视图。

查询视图 V$DATABASE 的列可确定数据库是 CDB 或非 CDB。通过 V$CONTAINERS 视图可查询 CDB 中所有容器的信息，包括根和所有 PDB。

如果用户是公共用户，且它的当前容器是根，查询 CDB_PDBS 视图和 DBA_PDBS 视图将提供一个 CDB 中的所有 PDB 信息，包括每个 PDB 的状态。如果当前容器是 PDB，所有查询不返回任何结果。查询 DBA_PDBS 和 CDB_DATA_FILES 视图显示 CDB 中所有 PDB（包含种子容器）的每个数据文件的位置和名称。查询根中的 DBA_PDBS 视图和 CDB_USERS 视图将显示每个 PDB 中的用户。

## 1.6 示例数据库

为了在教材中进行数据库备份与恢复的案例，建立了名称为 ORADEMO 的目标数据库和恢复目录数据库 CATDB。后续所有命令的示例都是基于这个数据库。

### 1.6.1 示例数据库 ORADEMO

示例数据库 ORADEMO 的逻辑结构与物理结构如图 1-7 所示。

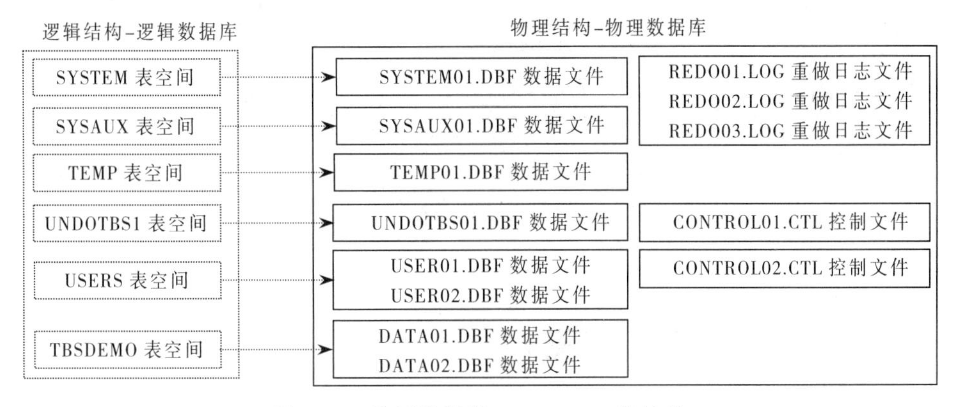


图 1-7 示例数据库 ORADEMO 的结构

假设用 DBCA 创建数据库，数据库的相关的文件存储在 e:\app\orauser\oradata 的 ORADEMO 子文件夹，即在文件夹 e:\app\orauser\oradata\orademo 会看到如图 1-7 所示的物理结构中列出的所有文件名。

如果在创建过程中给表空间增加有其他数据文件或重做日志文件，将在该文件夹下有更多的文件名称。

本数据库是运行在归档模式，并且有两个 PDB 插拔式数据库。

在 SQL * Plus 环境执行下面的查询语句将显示 ORADEMO 数据库中所有数据文件编号（FILE#列）、表空间编号（TS#列）、表空间名称（TSNAME 列）和数据文件位置及名称（DATANAME 列）。

```
SQL> SELECT d.file#,t.ts#,t.name tsname,d.name dataname
  2  FROM v$datafile d,v$tablespace t
  3  where t.ts#=d.ts#;
FILE#   TS#   TSNAME     DATANAME
-------------------------------------------------------------------
1       0     SYSTEM     E:\APP\ORAUSER\ORADATA\ORADEMO\SYSTEM01.DBF
2       1     SYSAUX     E:\APP\ORAUSER\ORADATA\ORADEMO\SYSAUX01.DBF
3       2     UNDOTBS1   E:\APP\ORAUSER\ORADATA\ORADEMO\UNDOTBS01.DBF
4       4     TBSDEMO    E:\APP\ORAUSER\ORADATA\ORADEMO\DATA01.DBF
5       4     TBSDEMO    E:\APP\ORAUSER\ORADATA\ORADEMO\DATA02.DBF
6       5     USERS      E:\APP\ORAUSER\ORADATA\ORADEMO\USERS01.DBF
7       5     USERS      E:\APP\ORAUSER\ORADATA\ORADEMO\USERS02.DBF
```

或者在 RMAN 环境连接到目标数据库后执行下面 RMAN 命令也能显示类似信息：

```
RMAN> report schema;
```

### 1.6.2 恢复目录数据库 CATDB

RMAN 资料库可以存储在一个独立的 Oracle 数据库中（如 RMAN 恢复目录），也可以完全保存在目标数据库的控制文件中。本节描述的是在备份时使用的恢复目录数据库 CATDB 结构，如图 1-8 所示。

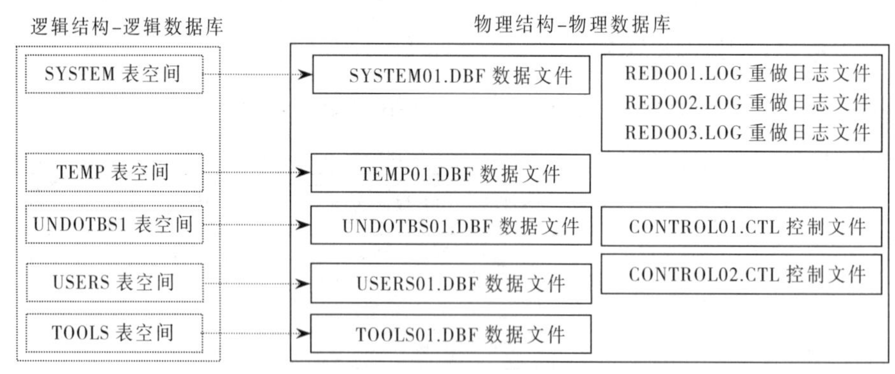


图 1-8　恢复目录数据库 CATDB 的结构

## 小　结

在进行数据库备份与恢复操作时，必须了解实例和数据库结构等。实例由内存结

构和数据库后台进程组成。SGA 是所有进程可以共享的内存块。PGA 是进程专用的内存块。服务进程是 Oracle 数据库自身在服务器端创建，用于用户进程所提出的请求；后台进程用来完成实例恢复、写数据库、写重做日志到磁盘文件等功能。后台进程有 DBWn、LGWR、ARC0 等，有的后台进程必须启动，而有的可在需要时启动。

Oracle 物理数据库主要由数据文件、控制文件、联机重做日志文件和归档重做日志文件等操作系统文件组成，物理存储结构定义了操作系统中组织和管理 Oracle 数据文件的方式。逻辑数据库是由表空间组成，用于描述在 Oracle 内部组织和管理数据的方式。

多租户容器数据库是指能够容纳一个或多个插接式数据库的数据库。Oracle12c 中的每个数据库要么是 CDB，要么是非 CDB（no CDB），即普通数据库。

## 习　　题

1. 解释下列名词：实例、SGA、PGA、服务进程、检查点、后台进程、SCN、日志序列号、CDB 和 PDB。

2. Oracle 主要有哪些后台进程？每个后台进程主要完成什么任务？DBWn、LGWR 和 ARC0 进程主要对 SGA 的哪部分数据和物理文件进行操作？

3. 逻辑数据库与物理数据库的概念、组成及其关系。

4. 检查点事件发生时哪些进程需要做哪些动作？设置检查点的作用是什么？

5. 描述 CDB 的结构。

# 第2章 数据库备份与恢复概述 «

学习目标：

- 理解数据库故障类型、备份类型、数据库还原、修复和恢复等概念；
- 理解 RMAN 的配置环境和基本构成；
- 掌握 RMAN 的启动方法和常用命令的使用。

在任何一个数据库系统中，计算机网络故障、硬件故障、系统软件错误、应用软件错误或用户的误操作等情况都是不可避免的，这些故障轻则造成事务非正常中断，影响数据库中数据的正确性；重则破坏数据库，使数据库中的数据部分或全部丢失。要保证在故障发生后，数据库系统必须能从错误状态恢复到某种逻辑一致的状态，数据库管理系统必须提供备份和恢复功能。数据库管理系统中所采用的备份和恢复技术，不仅决定了系统的可靠性，而且影响系统的运行效率。

Oracle 提供了完善的备份和恢复机制，只要管理员采用科学的备份和恢复策略，就会保证数据库的安全性和完整性。

## 2.1 数据库故障类型

有许多类型的错误与故障都可能导致 Oracle 数据库无法正常运行。在开始进行数据恢复之前，首先要确定引发数据库错误的故障类型，然后根据不同类型的故障，采取不同的备份与恢复策略。

### 2.1.1 语句故障

语句故障（Statement Failure）是指 Oracle 程序中处理一条 SQL 语句时发生的逻辑故障，如分配给表的空间不够、表空间配额不够、向表中插入一条违反了完整性约束的记录和试图执行一些权限不足的操作等都会引起语句故障。

发生语句故障时，Oracle 软件或操作系统将返回用户一个错误消息。Oracle 通过回滚 SQL 语句所做的修改，并将控制权交给应用程序来改正语句故障。用户只需根据错误提示信息修改相应内容后重新执行即可。数据库不会因为语句故障而产生任何不一致，因此语句故障通常不需要 DBA 干预进行恢复。

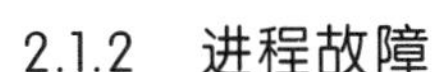

### 2.1.2 进程故障

进程故障（Process Failure）是指数据库实例的用户进程、服务进程或数据库后台进程由于某种原因意外终止而产生的故障。进程故障会导致进程无法继续工作，但不会影响数据库实例中的其他进程。

后台进程 PMON 自动监测到存在故障的 Oracle 进程。如果是用户进程或服务进程发生故障，PMON 进程将通过回滚故障进程的当前事务和释放故障进程所占用的资源自动对它们进行恢复。如果后台进程出现故障，那么实例很可能无法继续正常工作。此时，必须先关闭数据库实例，然后再重新启动数据库以进行进程恢复。

### 2.1.3 用户错误

用户错误（User Errors）是指普通用户在使用数据库时所产生的错误，如用户错误地删除了表或表中的记录、提交了对表的错误修改等。在应用程序逻辑出错或人工操作出错时都会发生用户错误，此时数据库中的数据会不正确改变或删除。

通过对数据库人员进行培训可以减少这类用户错误，也可以正确分配权限尽可能避免用户错误。另外，提前做好有效的备份是减轻由于用户错误而带来的损失的有效方法。用户错误需要 DBA 的干预来进行恢复。

### 2.1.4 实例故障

实例故障(Instance Failure)是指由于硬件故障、应用程序错误或执行 SHUTDOWN ABORT 语句而导致数据库实例非正常停止运行的情况。

如果数据库因为实例故障而停止运行，在下一次启动实例时，Oracle 会自动对实例进行崩溃恢复，不需要 DBA 的干预。

### 2.1.5 介质故障

介质故障（Media Failure）是指 Oracle 数据库在读写数据库文件时发生的物理问题，通常是因为存储数据库文件的介质发生了物理损坏而导致所有或部分数据库文件（如数据文件、联机重做日志文件、控制文件或归档重做日志文件）丢失或被破坏。有时应用程序的软件故障也可能会损坏数据块。

介质故障没有用户错误或应用程序错误常见，但这样故障的危害较大，所以备份和恢复策略应该考虑到它们。介质故障的恢复方法会因损坏数据库文件的不同而不同，它是备份和恢复策略中主要关心的数据库故障。

综上所述，语句故障、进程故障和实例故障可能需要数据库管理员的介入（如重新启动数据库实例、修改程序等），但通常不会造成数据丢失，因此也不需要从备份中进行恢复。用户故障和介质故障是管理员进行恢复的主要故障类型，而处理这两类故障的有效方法是制定合适的备份和恢复策略。

## 2.2 备份的类型

备份（Backup）就是数据库中部分或全部数据文件或内容的复制。备份的目的是为了防止意外的数据丢失和应用错误。当出现数据丢失情况时可用备份的数据进行某种恢复工作。在 Oracle 数据库中需要备份的内容有控制文件、数据文件、归档日志文件等。

### 2.2.1 物理备份与逻辑备份

根据数据库备份的对象，可将备份分为物理备份与逻辑备份。

物理备份是指对数据库物理文件的备份，其中包括数据文件、控制文件、归档重做日志文件和其他初始化文件等。物理备份中通常不包含联机重做日志文件，因为联机重做日志文件的保护主要是通过多路重做日志文件来完成的。在归档模式下，Oracle 自动对联机重做日志文件进行归档；另外，错误的应用联机重做日志文件反而会破坏数据库的内容。

逻辑备份是指将数据库中的数据导出到一个二进制文件中。利用 Oracle Export 和 Import 工具或数据泵工具，可以将 Oracle 数据库中的数据在同一个数据库或多个数据库之间进行导出（相当于备份）或导入（相当于恢复）操作。

### 2.2.2 完全备份与部分备份

根据物理备份的内容，可将物理备份分为数据库完全备份和部分备份。

数据库完全备份是包含了数据库当前控制文件和所有数据文件的备份。数据库完全备份可以是一致性备份，也可以是不一致性备份。在归档模式下，既可以建立一致的数据库完全备份，也可以建立不一致的数据库完全备份；但是在非归档模式下，只能建立一致的数据库完全备份。

完全备份的各种情况如图 2-1 所示。图 2-1 中的虚线表示不能进行的备份。

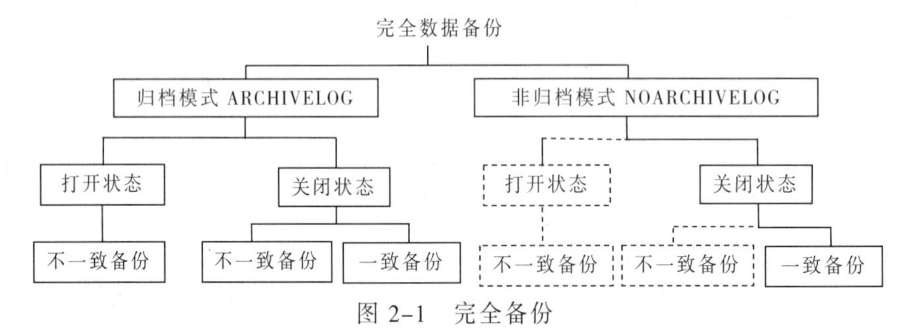


图 2-1 完全备份

部分备份是指单独对部分表空间或数据文件所做的备份。表空间备份是指对组成表空间的所有数据文件的备份，不管是联机状态或脱机状态都可以进行。由于表空间备份在恢复时需要日志文件，所以它只有在归档模式（ARCHIVELOG）下才可以进行。数据文件备份是指对单个数据文件的备份，也只能在归档模式下进行。

### 2.2.3 一致备份与不一致备份

根据备份时数据库的一致状态，可以将数据库备份分为一致性备份和不一致性备份。

一致性备份是指数据库以干净的方式（SHUTDOWN NORMAL、IMMEDIATE 或 TRANSACTIONAL 方式）关闭后，对整个数据库进行的备份。一致性备份中的所有数

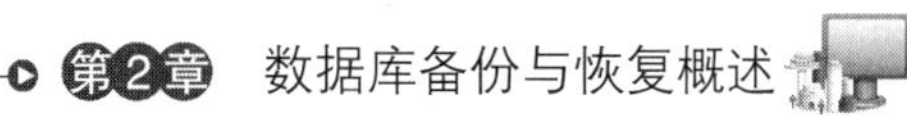

据文件都已经完成了一次检查点，即都具有相同的 SCN，并且与控制文件中的 SCN 相同，同时不包含检查点以后的变化。

一致备份是指整个数据库备份，还原后可以使用 RESETLOGS 选项打开数据库而不需要执行介质恢复，也不需要对此备份应用重做日志来实现一致性。除非应用自一致备份以来生成的重做日志，但是从一致备份的时间起的所有事务丢失。

不一致性备份是指备份文件中包含检查点以后所做变化的备份，它通常是在数据库打开状态下进行的，或者在数据库非正常关闭（执行 SHUTDOWN ABORT）后进行的备份，这样不能保证所有数据文件和控制文件在同一个检查点上，即它们可能有不同的 SCN 号，因此这些备份的数据是不一致的。

由于利用不一致性备份恢复的数据库的各个数据文件和控制文件具有不同的 SCN，所以无法直接打开，而必须为它们进行修复（Recovery）。修复使它们具有相同的 SCN 之后才能够打开数据库。因此，只有在归档模式下才能进行不一致备份。Oracle 数据库利用归档日志和联机重做日志文件来修复不一致的备份，从而使数据库处于一致状态。

### 2.2.4 冷备份与热备份

根据备份时数据库的状态，可将物理备份分为冷备份和热备份。

热备份是在数据库处于打开状态下对数据库进行的备份，所有的数据文件和表空间都是处于联机状态的，建立的备份是不一致备份，因此必须要求数据库处于归档模式且联机重做日志可以手工或自动归档。

根据热备份时备份内容的状态，可以将它分为脱机备份和联机备份。

联机热备份期间用户仍然可以访问数据库，包括正在进行备份的表空间。不需要同时备份所有的表空间，可以仅对一个表空间进行备份，或者在不同的时刻对不同的表空间进行备份。只有保留有完整的归档重做日志，在不同时刻备份的表空间才可以组成一个数据库完全备份。

由于热备份中所包含的数据文件和控制文件并不一定是一致的，所以在利用联机备份还原数据库之后，需要对数据库进行修复。

热备份的优点：在备份期间仍然处于可用状态，这对于要求每周 7 天每天 24 小时的应用尤其重要；备份可以在表空间级或数据文件级进行，而不必每次都对整个数据库进行备份；在发生介质故障时可以保证不丢失任何数据。但热备份的缺点是概念和操作都比较复杂，并且由于必须对数据库进行归档，或者还需要启动额外的后台进程，需要占用较多的系统资源。

冷备份是指在数据库完全正常关闭（SHUTDOWN NORAML、IMMEDIATE 和 TRANSACTION）的状态下所进行的备份。冷备份是用操作系统命令进行备份，操作起来比较简便，不容易产生错误；但是备份期间数据库必须处于关闭状态，此时数据库可能长时间不可用，并且利用这个备份只能将数据库恢复到备份时刻的状态，备份时刻之后所有的事务修改都将丢失。

### 2.2.5 备份与归档模式的关系

以上介绍的各类备份方式是从不同观点来描述备份的。在归档模式下，可以进行完全备份和部分备份，备份可能是一致性也可能是不一致性，可以进行热备份也可以进行冷备份。

在非归档模式下，只能进行完全的、一致的冷备份。参见图 2-1。

## 2.3 恢复的基本概念

当数据库系统出现数据丢失或状态不一致时，要通过数据库系统的恢复功能将数据库恢复到某个正确状态或一致状态。恢复的前提是事先对数据库已做过相应的备份。通常要进行数据库还原和数据库修复两个步骤，才能使数据库恢复到一致状态。

### 2.3.1 数据库还原、数据库修复和数据库恢复

数据库还原（Database Restore）是指利用物理备份的数据库文件来替换已经损坏的数据库文件，从而使 Oracle 数据库服务器可以访问这些文件。

数据库修复（Database Recovery）是指利用归档重做日志和联机重做日志或数据库文件的增量备份来更新已还原的数据文件，即将备份以后对数据库所做的修改反映在还原后的数据文件中，从而使数据库处于一致状态。

数据库恢复是指通过还原和修复操作将数据库返回到一致状态，通常包括数据库还原和数据库修复两个过程。在不引起混淆时，有时不严格区分数据库恢复和数据库修复的概念。

对数据库进行物理备份时，保留的只是数据库在备份时刻的一个精确副本，因此，如果要将数据库恢复到当前时刻状态，第一步将数据库还原到备份的那个时刻；第二步进行数据库修复，从而将数据库恢复到故障发生之前的状态。

在归档模式下，数据库恢复的过程如图 2-2 所示。Oracle 数据库使用 SCN（System Change Number）作为数据库的唯一时间戳，即用 SCN 唯一标识某个时刻的数据库状态，只有所有数据库文件和控制文件都有相同的 SCN 时才可以正常打开数据库。

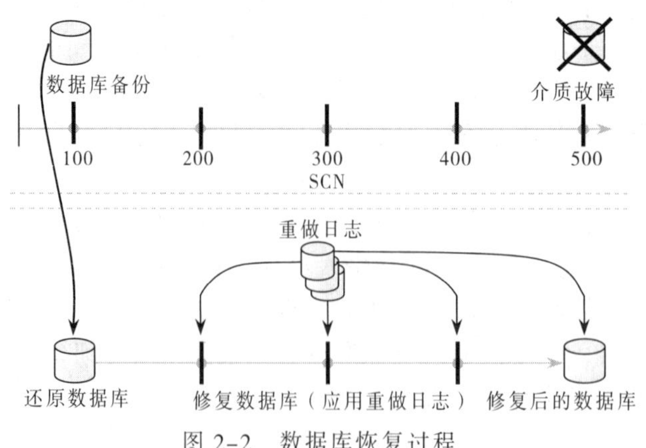


图 2-2 数据库恢复过程

图 2-2 中假设数据库运行在归档模式下，在 SCN 为 100 时对数据库进行物理备份，而在 SCN 为 500 时数据库发生了介质损坏而中止。为了将数据库恢复到故障发生的时刻，首先利用备份的数据库文件来替换由于介质损坏而丢失的数据库文件（数据库还原）；还原数据库之后，数据库处于 SCN 为 100 的一致状态，即处于备份时刻的状态；然后，进行数据库修复，即对还原的备份数据库应用 SCN 在 100 ~ 500 之间的归档重做日志和联机重做日志记录，将应用所有重做日志重现这段时间内所有的数据修改操作。在完成数据库修复之后，数据库将处于 SCN 为 500 的状态，即发生介质损坏时的状态。

通常在非归档模式下运行的数据库，只能进行数据库还原操作，因为此时不能保证有完整的重做日志文件可以利用。

### 2.3.2 崩溃恢复与介质恢复

崩溃恢复是指单个实例的数据库在发生实例故障后进行恢复的过程。崩溃恢复的主要目标是恢复由于实例崩溃而丢失的位于缓存中的数据。

在进行崩溃恢复时，Oracle 利用联机重做日志中的信息来恢复已经提交的事务对数据库所做的修改，而不需要使用归档重做日志文件。崩溃恢复是由 Oracle 在打开数据库时自动完成的，不需要 DBA 进行任何干预。

介质恢复根据恢复的对象可以分为数据文件介质恢复和数据块介质恢复。数据块的介质恢复只在 RMAN 中通过特殊的方式来进行。数据文件的介质恢复是指对数据库中丢失或损坏的数据文件（或控制文件）进行恢复，其主要特点如下：

① 需要利用备份来对丢失或损坏的数据文件进行还原。

② 需要使用归档重做日志文件或联机重做日志文件进行修复。

③ 需要用户以手工方式进行操作，而不能完全由 Oracle 自动完成。

如果数据库中存在需要进行介质恢复的联机数据文件，那么在完成介质恢复之前，数据库是无法打开的。介质恢复一般是在打开数据库之前进行的，在完成介质恢复之后，如果数据库还需要进行崩溃恢复，那么将在打开数据库时自动进行崩溃恢复。

数据块的介质恢复只能在一些特殊的情况下采用。如果数据库中所有的联机数据文件都没有问题，只是有少数数据块发生了损坏，这时只对损坏的数据块进行介质恢复，而不是对包含这些数据块的数据文件进行介质恢复。RMAN 提供了数据块的介质恢复功能。

### 2.3.3 完全介质恢复和不完全介质恢复

在进行介质恢复时，可以把还原后的数据库修复到当前的状态（故障发生时的状态），也可以将它修复到备份创建后的某个时刻的状态；既可以选择恢复整个数据库，也可以恢复某个表空间或某个数据文件。

根据恢复的内容可将介质恢复分为完全介质恢复和不完全介质恢复，但无论进行哪一种介质恢复，在进行介质恢复之前都必须利用备份对数据库进行还原。

完全介质恢复是从一个热备份或冷备份中还原一个或全部数据文件，然后对还原的内容重新应用归档重做日志或联机重做日志，即对还原后的数据文件重做备份以来发生的所有变化。数据库可以恢复到故障发生时的状态，在进行完全介质修复后不会丢失任何已有的数据。

不完全介质恢复是指应用部分归档重做日志或联机重做日志将数据库恢复到一个非当前时刻的状态，不需要对备份应用自从备份时刻起所有的重做日志，而只需要应用一部分归档重做日志文件。不完全介质恢复可将数据库恢复到从备份建立时刻开始到当前时刻之间任意一个时刻的状态。

在进行不完全介质恢复时，必须利用备份对所有的数据文件进行还原，即使只有几个数据文件被损坏或丢失；并且在完成修复后必须以 RESETLOGS 方式打开数据库。

## 2.4 Oracle 备份与恢复解决方案

在 Oracle 实施备份和恢复策略时，有以下解决方案可用：

（1）RMAN

RMAN（Recovery Manager，恢复管理器）是与 Oracle 数据库完全集成以执行备份和恢复活动的工具，包括维护有关备份的历史数据的 RMAN 资料库。可以通过命令行或 Oracle 企业管理器（Oracle Enterprise Manager）访问 RMAN。这是本书主要介绍的内容。

（2）Oracle 企业管理器云控制

Oracle 企业管理器云控制（Oracle Enterprise Manager Cloud Control）为 RMAN 提供了图形化前端和调度工具。管理员输入作业参数并指定工作进度后，云控制运行 RMAN 进行备份和恢复操作。

（3）零数据丢失恢复工具

零数据丢失恢复工具（Zero Data Loss Recovery Appliance）是提供保护企业中的所有 Oracle 数据库的云计算工程化系统。Recovery Appliance 与 RMAN 和 Cloud Control 集成，为多个数据库的备份提供一个单独的资料库。

（4）用户管理的备份和恢复

可以使用主机操作系统命令和 SQL * Plus 恢复命令的结合来执行备份和恢复。管理员负责确定备份和恢复的时间和方式等所有方面。

Oracle 支持的这些解决方案中，RMAN 是数据库备份和恢复的首选解决方案。RMAN 为不同主机操作系统提供了一个公共的备份界面，并提供几种通过用户管理的方法无法使用备份技术。

因此，本书将重点介绍 RMAN 的备份与恢复技术，作为特殊情况的补充，本书也介绍用户管理的备份与恢复。

## 2.5 RMAN 概述

RMAN 恢复管理器（以下简称 RMAN，Recovery Manager）是随 Oracle 服务器软件一同安装的 Oracle 工具软件，是以客户服务器方式运行的备份与恢复工具。它专门用于对数据库进行备份、还原以及修复操作，同时自动管理备份。

如果使用 RMAN 作为数据库备份与恢复工具，那么所有的备份、还原以及修复操作都可以在 RMAN 环境中利用 RMAN 命令来完成，这样可以减少管理员在进行数据库备份与恢复时产生的错误，使备份与恢复过程中出现错误与故障的可能性降低到最小，同时提高备份与恢复的效率。

使用 RMAN 恢复管理器除了可以完成用户管理的所有备份和恢复操作外，还可以进行增量备份、双工备份、多线程备份、存储备份信息等。

### 2.5.1 RMAN 配置环境

RMAN 运行环境由 RMAN 客户端、目标数据库、RMAN 资料库（Repository）、恢复目录（Recover Catalog）、恢复目录数据库、备用数据库和介质管理器等组件组成。每个配置环境中的组件可能各不相同，每次数据库备份或恢复操作也并不是需要所有组成部件，但至少要有目标数据库和 RMAN 客户端。

图 2-3 给出了一种可能的 RMAN 配置运行环境中主要组件及其关系。

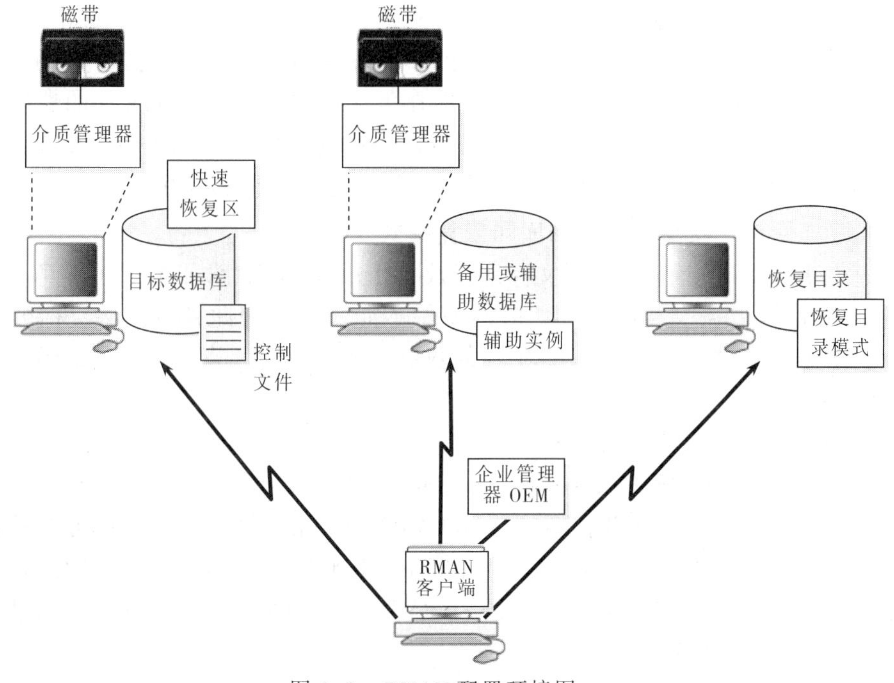


图 2-3　RMAN 配置环境图

#### 1. 目标数据库

目标数据库（Target Database）是要用 RMAN 进行备份与恢复操作的数据库，RMAN 用 TARGET 关键字指定要连接的目标数据库。RMAN 将使用目标数据库的控制文件来收集关于数据库文件的相关信息，并且利用控制文件来存储 RMAN 的操作信息。实际的备份、还原和恢复操作也是由目标数据库中的服务进程来完成的。

#### 2. RMAN 客户端程序

RMAN 客户端（RMAN Client）是目标数据库的客户端应用程序，它解释执行 RMAN 命令，然后利用 Oracle 的网络服务将命令传输给目标数据库服务器执行，并调用服务进程来完成实际的备份与恢复操作，同时把操作记录在目标数据库的控制文件中。RMAN 客户端是引导数据库服务进程完成备份与恢复，客户端本身并不进行备份、还原和恢复操作。

RMAN 的客户端执行程序在安装数据库系统时自动安装，并与数据库的其他可执行程序安装在同一目录下，默认时安装在%ORACLE_HOME\bin 文件夹下，如 e:\app\orauser\product\12.2.0\dbhome_1\bin。

3. RMAN 资料库

RMAN 元数据是指 RMAN 在备份、还原和修复操作中所使用的数据。把 RMAN 的元数据的集合称之为 RMAN 资源库（RMAN Repository）。资料库中主要包括如下信息：RMAN 从目标数据库的控制文件中收集到的关于目标数据库的物理结构信息；利用 RMAN 进行目标数据库的备份与恢复操作时生成的信息；对 RMAN 进行维护过程中生成的信息。

RMAN 资料库可以存储在一个独立的 Oracle 数据库中（如 RMAN 恢复目录），也可以完全保存在目标数据库的控制文件中。

如果资料库保存在目标数据库的控制文件中，那么 RMAN 不能进行下面的操作：无法使用 RMAN 来存储 RMAN 脚本，不能在丢失或损坏所有控制文件的情况下进行还原或修复，不能利用 PUT FILE 命令备份操作系统文件（口令文件、参数文件、网络配置文件等）。这些功能只有在创建了恢复目录之后才能够使用。

4. 恢复目录、恢复目录数据库和恢复模式

如果使用目标数据库的控制文件来存放 RMAN 元数据，可能会由于时间过久导致以前的元数据被覆盖，从而导致相应的备份不能使用。为此，可以将目标数据库的 RMAN 元数据等相关信息写入一个单独的数据库永久保存。关于恢复目录的详细介绍参见第 4 章 4.8 节。

（1）RMAN 恢复目录

RMAN 恢复目录（RMAN Recovery Catalog）是用于存放 RMAN 元数据的可选设置。通过使用恢复目录，可以永久保留需要的 RMAN 元数据。恢复目录的内容通常包括数据文件、归档日志备份集、备份片、镜像副本、RMAN 存储脚本、永久的配置信息等元数据。RMAN 恢复目录实际上是一组由 RMAN 用来存储 RMAN 资料库信息的表和视图。恢复目录结构如图 2-4 所示。

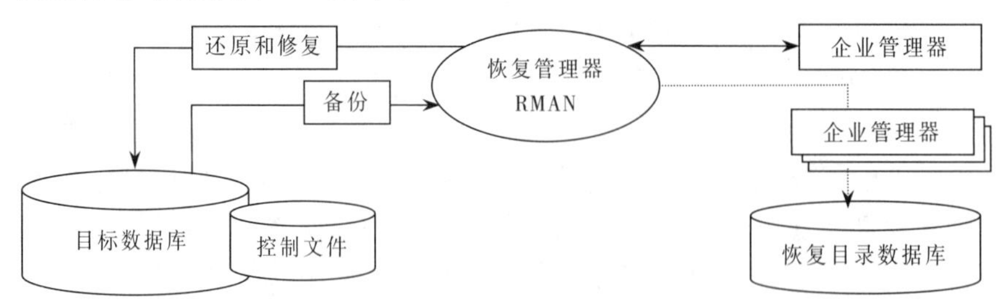


图 2-4 恢复目录结构

在 RMAN 中不管是否使用恢复目录，RMAN 元数据总是会存放到目标数据库的控制文件。如果使用恢复目录，那么 RMAN 定期根据目标数据库的控制文件中的资

料库信息来更新 RMAN 恢复目录。不论是否使用恢复目录，RMAN 都可以正常运行。如果遇到了需要使用恢复目录的业务需求，就应该实现它，因为配置和维护恢复目录的工作并不困难，Oracle 公司推荐使用该功能。关于恢复目录的管理参见第 4 章 4.8 节。

（2）恢复目录数据库

恢复目录数据库（Recovery Catalog Database）是指包含恢复目录的数据库，即包含 RMAN 执行备份和恢复操作的元数据。可以创建一个恢复目录包含多个目标数据库的 RMAN 元数据。除非正在 RMAN 中使用物理备用数据库，否则恢复目录是可选的，因为 RMAN 可将其元数据存储在每个目标数据库的控制文件中。

（3）恢复目录模式

恢复目录模式（Recovery Catalog Schema）是包含恢复目录表和视图的恢复目录数据库模式，即恢复目录数据库中拥有 RMAN 元数据表的用户。RMAN 定期将元数据从目标数据库控制文件传输到恢复目录。如果要使用恢复目录存放 RMAN 元数据，那么一定要将恢复目录模式放在与目标数据库不同的数据库中。

**5. 备用数据库**

备用数据库（Standby Database）是目标数据库的一个精确副本，通过不断地对备用数据库应用目标数据库生成的归档重做日志来保持它和目标数据库的同步。当主数据库出现故障时，可以切换到备用数据库使其成为新的目标数据库。

RMAN 可以创建、备份或恢复备用数据库。备用数据库的备份对主数据库或另一个物理备用数据库非常有用。在使用 RMAN 备份备用数据库时需要恢复目录。

**6. 介质管理器**

介质管理器或介质管理程序（Media Manager）是由 Oracle 或第三方集成到 RMAN 中的软件库，其目的是使数据库备份可直接写到 SBT（System Backup to Tape，系统备份到磁带）设备中，它是用于像磁带一样的串行设备进行接口的应用程序，在备份和恢复期间控制这些设备，管理它们装载、标识和卸载。介质管理的设备也称 SBT 设备。

RMAN 需要使用介质管理器直接将备份存储到磁带中。许多磁带产品都提供了该功能。介质管理器适用于大型数据库环境（如数据仓库），这类环境中可能没有足够的磁盘空间用于备份数据库。用介质管理器将备份直接存储到磁带上可以满足灾难恢复的需求。

如果使用介质管理器，就应该购买介质管理软件包并实现它，否则就无须实现介质管理器。介质管理器的工作原理如图 2-5 所示。

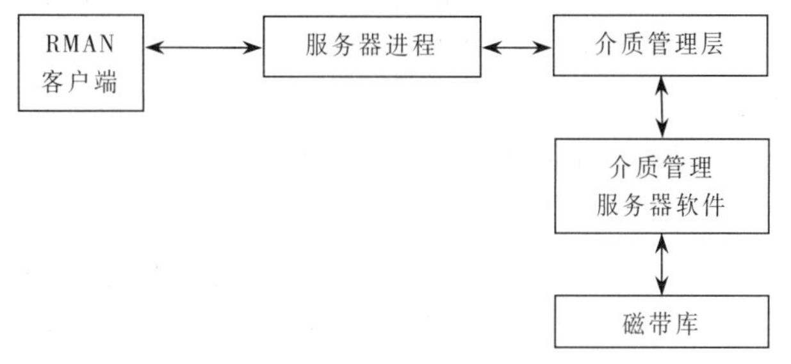


图 2-5　介质管理器的工作原理

7. 快速恢复区

FRA（Fast Recovery Area，FRA）是用于存储和管理 RMAN 备份与恢复数据的可选磁盘区域。在此位置主要存储控制文件副本、联机重做日志副本、归档重做日志、闪回日志及 RMAN 备份，也可以用来实现控制文件和联机重做日志文件的多路复用。在 FRA 文件夹下每个数据库有一个文件夹，每个数据库文件夹有 datafile 文件夹（存放镜像副本）、backupset（按日期分目录的备份集）和 autobackup（按日期分目录的备份集）。关于快速恢复区的配置与维护参见第 3 章的 3.4 节。

### 2.5.2 RMAN 组成结构及关系

图 2-6 显示了 RMAN 配置环境中可能组件的内容及组件之间的关系。除了在 2.5.1 节中介绍的组件外，下面将介绍其中的有关概念。

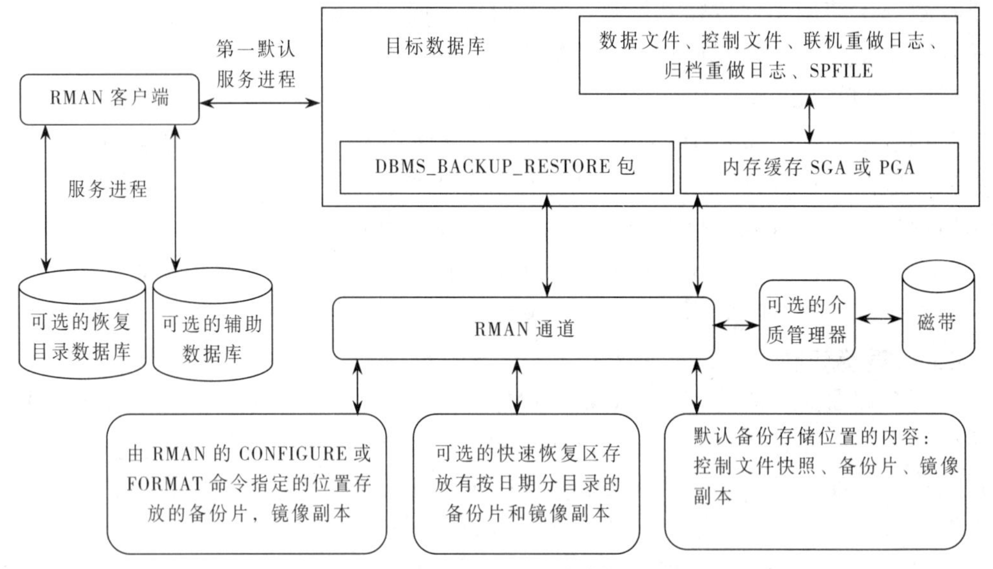


图 2-6　RMAN 组成结构

1. 备份

备份是指存储数据库文件的物理文件副本，由备份集和备份片或镜像副本组成。备份也可指复制和存储文件的操作，即进行文件备份的操作过程。

2. RMAN 服务进程

当运行 RMAN 客户端程序并连接到目标数据库时，系统会启动两个后台服务进程。一个用于与 PL/SQL 软件包相互配合，从而执行备份和恢复操作，该进程会在备份和恢复期间协调通道进程的工作。另一个是轮询进程，用于检查备份、还原或修复操作是否完成，并会定时更新 Oracle 数据字典的结构。

3. PL/SQL 软件包

RMAN 使用内部 PL/SQL 软件包 DBMS_BACKUP_RESTORE、DBMS_RCVMAN 和 DBMS_RCVCAT 来执行备份、恢复和管理等任务，它们归用户 SYS 所有。

DBMS_BACKUP_RESTORE 包是在创建数据库时由 catproc.sql 调用 dbmsb_krs.sql

和 prtbkrs.sql 两个脚本来创建，它存储在目标数据库中，RMAN 将使用它来与目标数据库进行交互操作，完成对目标数据库的备份、还原以及修复操作。

DBMS_RCVCAT 与 DBMS_RCVMAN 两个包只有在使用恢复目录的情况下才存在，它们是在执行 CREATE CATALOG 命令创建恢复目录时被创建。RMAN 将利用它们来执行各种管理和维护操作，如从控制文件中获取信息对恢复目录进行更新。

#### 4. 辅助数据库

辅助数据库（Auxiliary Database）是为复制数据库、传输表空间、表空间时间点恢复（TSPITR）等特定任务而创建的一个物理备用数据库（Physical Standby Database）或数据库实例（Auxiliary Instance），即辅助数据库是用 RMAN DUPLICATE 命令从目标数据库备份中创建的数据库；或者是还原到新位置并在表空间时间点恢复（TSPITR）期间用新实例名称启动的临时数据库。TSPITR 辅助数据库包含恢复集和辅助集。

对于用辅助数据库的任务，RMAN 在任务期间使用创建一个自动辅助实例，然后连接到它并执行任务，在任务完成时销毁它。不需要给出明确命令连接到自动辅助实例。

#### 5. 通道

一个 RMAN 通道（Channel）表示了一个从 RMAN 到存储设备的数据流，并对应于目标数据库中的一个服务进程会话。在进行备份和恢复操作时，通道将数据读到自己的 PGA，在处理完后写到相应的设备上。通道的工作原理如图 2-7 所示。

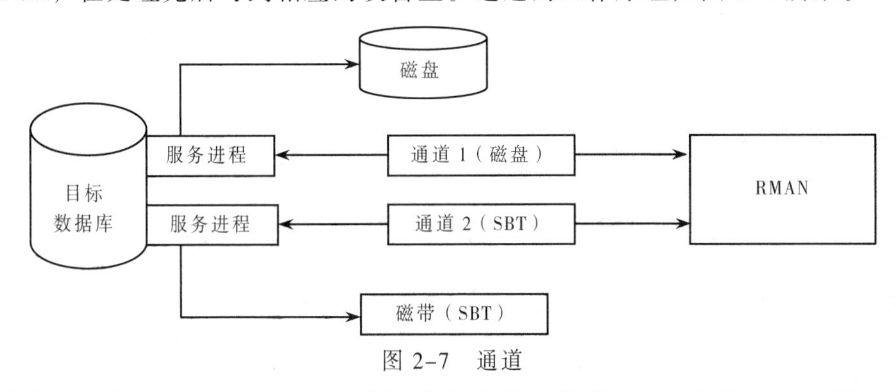


图 2-7 通道

通道通常有两种：一种是用于读写磁盘的磁盘通道；另一种是 SBT 通道，它通过第三方的介质管理软件完成 I/O 操作。每个分配的通道将启动一个新的 Oracle 数据库会话，该会话完成备份、还原和修复操作。

通道是服务进程与 I/O 设备之间的读写途径，一个通道将对应一个服务进程。在分配通道时，需要考虑 I/O 设备的类型、I/O 并发处理能力、I/O 设备创建文件的大小、数据库文件最大的读速率和打开文件最大数目等因素。

## 2.6 RMAN 命令

RMAN 命令执行器是一个命令行方式的工具，它具有自己的命令。在 RMAN 环境中，所有的备份、恢复或配置等操作都是通过 RMAN 命令来完成的。

### 2.6.1 RMAN 的启动与退出

#### 1. RMAN 命令行参数

在操作系统提示符下，执行 RMAN 命令的命令行格式：

```
C:\> RMAN [TARGET 连接串| CATALOG 连接串| LOG [']文件名['] [APPEND]…
```

其中的参数说明如下：

- TARGET 连接串　　按连接串指定的连接目标数据库。
- CATALOG 连接串　　按连接串指定的连接恢复目录。
- AUXILIARY 连接串　　按连接串指定的连接辅助数据库。
- NOCATALOG　　不使用恢复目录。
- CMDFILE '文件名'　　执行“文件名”指定的命令文件。
- LOG '字符串'　　输出消息日志文件的名称。
- TRACE '字符串'　　输出调试信息日志文件的名称。
- APPEND　　如果已指定该项，日志将以附加模式打开。
- DEBUG　　可选的参数，用于激活调试。
- MSGNO　　对全部消息显示 RMAN-NNNN 前缀。
- SEND '字符串'　　将命令发送到介质管理器。
- PIPE 字符串　　管道名称的构建块。
- SCRIPT 字符串　　要执行的目录脚本的名称。
- USING 参数列表　　RMAN 变量的参数。
- TIMEOUT 整数　　等待管道输入的秒数。
- CHECKSYNTAX　　检查命令文件中的语法错误。

如果在连接串或字符串中包含空格，那么必须用引号（单引号或双引号）将其括起来。

#### 2. RMAN 的启动

在使用 RMAN 时，必须要以 SYSDBA 身份建立 RMAN 客户端与目标数据库的连接，但不能显式用 AS SYSDBA，而是隐式的 SYSDBA 身份。在需要时也可以建立到恢复目录数据库或其他辅助数据库的连接。

在命令行提示下输入 RMAN，将启动 RMAN 客户端并显示如图 2-8 所示的提示符 RMAN>。

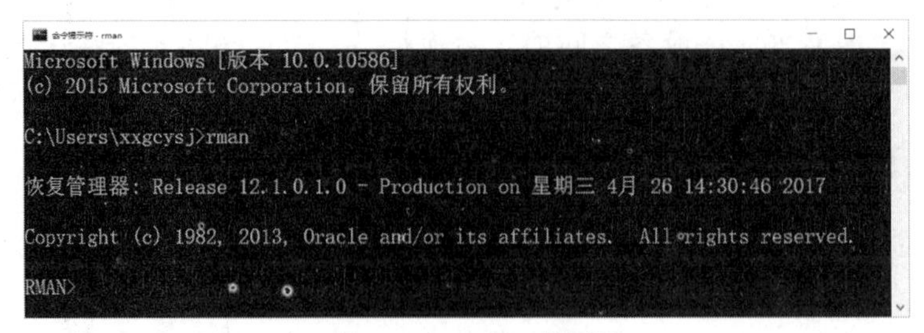


图 2-8　RMAN 界面

RMAN>　#可在此处输入 RMAN 的命令。

3. 退出 RMAN

在 RMAN 提示符下执行 EXIT 命令或 QUIT 即可退出 RMAN。

```
RMAN> EXIT;
```

### 2.6.2 RMAN 命令格式

在操作系统中启动 RMAN，然后显示 RMAN 提示符后（RMAN>），可在该提示符下输入 RMAN 命令并执行。RMAN 命令执行器可执行独立命令（Standalone Command）和作业命令（Job Command）。独立命令是指直接在 RMAN 提示符下输入并以分号结束的命令，包括 CHANGE、CONNECT、CREATE CATALOG、RESYNC CATALOG、CREATE SCRIPT、DELETE SCRIPT 与 REPLACE SCRIPT 等命令。

作业命令是指以 RUN 命令开头并包含在一对花括号“{...}”中的一系列 RMAN 命令。如果作业命令中的任何一条命令执行失败，则整个作业命令停止执行，也就是说执行失败的命令之后的其他命令都不会再继续执行。

【例 2.1】一个作业命令的示例。该作业命令首先分配一个磁盘通道，然后对整个数据库进行备份。备份集中只生成一个备份片保存在 e:\oraback 文件夹。

```
RMAN > RUN {
    2>  ALLOCATE CHANNEL d1 DEVICE TYPE disk
    3>  FORMAT = 'e:\oraback\%u';
    4>  BACKUP DATABASE;
}
```

RMAN 命令输入都是以命令关键字开始，后跟有关的参数，最后以分号结束。关键字之间要用空格分开，一个命令可以写在多行，也可在多行中或行尾插入以#号开头的注释信息。执行完上面作业命令后，将在 e:\oraback 文件夹生成一个备份文件（备份片）。

### 2.6.3 RMAN 常用命令

RMAN 提供了许多命令可在 RMAN 提示符下运行。这里只介绍几个简单的常用命令，关于复杂的 BACKUP、RESTORE 等命令将在有关章节中详细介绍。

1. 连接数据库命令

（1）连接到目标数据库

当使用 RMAN 执行备份和恢复等各类操作时，必须连接到目标数据库，命令格式：

```
CONNECT  TARGET 连接标识符;
```

如果要在 RMAN 提示符下连接到目标数据库，那么就用 CONNECT 命令并指定 TARGET 选项：

```
RMAN> CONNECT TARGET  sys/Oracle12c;
```

如果要连接到远程数据库或同一台计算机有多个 Oracle 数据库，可以使用下面的命令，myoracle 为网络服务名：

```
RMAN> CONNECT  TARGET  sys/mypass@myoracle;
```

或：

```
RMAN> CONNECT TARGET 'sys/Ysj639636@myoracle as sysdba';
```

（2）连接到恢复目录数据库

如果要使用恢复目录存放 RMAN 元数据，那么必须连接到恢复目录数据库，此时使用下面的命令格式：

```
CONNECT  CATALOG 连接标识符;
RMAN> CONNECT CATALOG rman/rman@catdb;
```

如果不使用恢复目录，可以在操作系统提示符下启动 RMAN 时指定 NOCATALOG 选项，如下所示：

```
C:\> RMAN TARGET sys/Oracle12c  NOCATALOG
```

上面命令启动 RMAN，不使用恢复目录，而以 SYS 用户（口令为 Oracle12c）连接到目标数据库。

在 RMAN 中使用下面的命令格式可以同时连接到目标数据库和恢复目录：

```
C:\> RMAN TARGET sys/Oracle12c@myoracle CATALOG rman/rman@catdb;
```

（3）连接到辅助数据库

如果要使用辅助数据库（例如复制数据库、表空间时间点恢复等），那么不仅需要连接到目标数据库，而且需要连接到辅助数据库。通过指定 AUXILIARY 选项，可以连接到辅助数据库，其命令格式如下：

```
CONNECT  AUXILIARY 连接标识符;
```

如果在 RMAN 提示符下连接到目标数据库和辅助数据库到库，那么分别使用 CONNECT 命令连接目标数据库和辅助数据库。例如：

```
RMAN> CONNECT TARGET sys/Oracle12c@myoracle;
RMAN> CONNECT AUILIARY sys/Auxpass@auxoracle;
```

如果要在命令行连接，则直接指定 TARGET 和 AUXILIARY 选项。示例如下：

```
C:\> RMAN TARGET sys/Oracle12c@myoracle AUILIARY sys/Auxpass@auxoracle
```

正如上面例子所示，可以在一个命令中同时连接到目标数据库、恢复目录数据库或辅助数据库，也可以分开执行 CONNECT 命令；既可以直接在命令行连接，也可以在 RMAN 提示符下使用 CONNECT 命令进行连接。

#### 2．退出 RMAN 命令

EXIT 命令可关闭 RMAN 工具，返回操作系统提示符。EXIT 与 QUIT 是等价的。

```
RMAN> EXIT;
```

#### 3．改变数据库命令

```
ALTER DATABASE  [OPEN[RESETLOGS]  |  MOUNT]
```

该命令用于打开数据库或加载数据库，它可以运行在单独命令行或在 RUN 命令块的括号内。它要求目标数据库实例必须已经启动。它等价于 SQL 命令 ALTER DATABASE MOUNT | OPEN。如果指定 RESETLOGS 选项来打开数据库，那么将当前重做日志归档并清空它，同时将日志序列号重置为 1。

#### 4．显示配置命令

在 RMAN 中利用 SHOW 命令可以查看由 CONFIGURE 命令定义的参数值。如果行尾标识#default，那么表示当前使用的是 RMAN 默认配置。SHOW 命令只能在单独命令方式下执行。

SHOW [DEFAULT] DEVICE TYPE　　显示默认或设置的设备类型。

SHOW CHANNEL [FOR DEVICE TYPE 设备描述符]　　显示指定设备通道。

SHOW MAXSETSIZE　　显示备份集的最大大小。

SHOW DATAFILE BACKUP COPIES　　显示配置的数据文件备份份数。

SHOW ARCHIVELOG　BACKUP COPIES　　显示归档日志文件备份份数。

SHOW BACKUP OPTIMIZATION　　显示备份优化功能是 ON 或 OFF。

SHOW CONTROLFILE　AUTOBACKUP　[FORMAT]　显示控制文件自动备份功能 ON 或 OFF。指定 FORMAT 将显示控制文件的备份格式。

SHOW ALL　　显示所有设置。

### 5. 执行操作系统命令 HOST

```
HOST  [操作系统命令]
```

在 RMAN 中执行操作系统的命令或进入操作系统提示符状态。执行 HOST 命令后将返回到操作系统提示符，EXIT 返回到 RMAN 环境中。

```
RMAN> HOST;
```

执行上面命令后，将显示如图 2-9 所示的窗口。

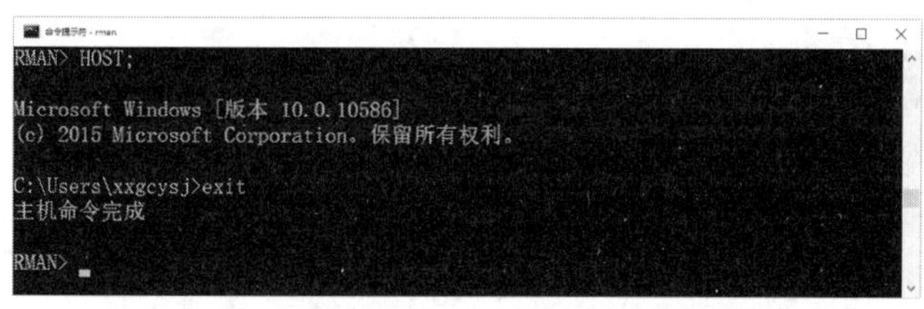


图 2-9　操作系统界面与 RMAN 环境转换

在操作系统提示符下执行 EXIT 命令又返回到 RMAN 环境，如图 2-9 所示。

### 6. 启动和关闭数据库命令

可以在 RMAN 环境中启动和关闭目标数据库。启动命令等价于 SQL * Plus 中的 STARTUP 命令，但不能用该命令来启动恢复目录数据库。RMAN 环境中的 STARTUP 命令可以在没有任何初始化参数时启动实例到 NOMOUNT 状态。

STARTUP　　启动数据库实例并打开数据库。

STARTUP MOUNT　　启动数据库实例，并加载，但不打开。

STARTUP NOMOUNT　　启动数据库实例，但不加载。

STARTUP DBA　　启动数据库到限制状态，只有 DBA 可以访问数据库。

STARTUP PFILE=初始化文件

为目标数据库指定初始化参数文件，默认时初始化参数文件为 init.ora。

管理员可以在不退出 RMAN 的情况下来关闭数据库，这等价于 SQL * Plus 中的 SHUTDOWN 命令。但不能用该命令关闭恢复目录数据库。

```
SHUTDOWN NORMAL | ABORT | TRANSACTIONAL | IMMEDIATE
RMAN> SHUTDOWN NORMAL;
```

### 7. SET 命令

RMAN 的 CONFIGURE 命令可将配置信息保存下来，它对所有 RMAN 与目标数据库的会话连接都有效。如果仅配置对本次会话有效的设置，应该使用 SET 命令。SET 命令可以在 RMAN 提示符或 RUN 命令中使用。在 RMAN 提示符下，SET 命令有三种格式：

① SET ECHO ON|OFF　控制 RMAN 命令是否显示在信息框中。

② SET DBID n　其中 n 为 32 位的二进制整数，它是数据库建立时自动分配的，可通过查询动态数据库视图 V$DATABASE 来得到数据库的 DBID。在几种情况下使用 SET DBID 命令，如：没有连接到恢复目录但要还原控件文件；或者要还原服务器参数文件等。

③ SET　CONTROLFILE AUTOBACKUP FORMAT FOR DEVICE TYPE 设备描述符 TO　'格式串'

指定控制文件自动备份时所用的设备名称和文件名格式。其中，设备描述符指定备份存储设备，如 DISK（磁盘），SBT（磁带）等；格式串指定备份文件名称，详细介绍参见第 3 章 3.1.4 节。

在 RUN 命令块中，SET 命令完成下面几种功能：

```
SET NEWNAME FOR DATAFILE  '文件名'  TO  '文件名';
SET ARCHIVELOG DESTINATION TO 归档位置;
SET BACKUP COPIES = n
SET AUTOLOCATE ON|OFF
SET  CONTROLFILE AUTOBACKUP FORMAT FOR DEVICE TYPE
设备描述符 TO  '格式串'
```

### 8. 执行 SQL 语句的命令 SQL

在 Oracle 12c 以后的版本中，在 RMAN 中可以直接执行大多数 SQL 语句。为了与 Oracle 11g 以前版本的兼容，Oracle 12c 在 RMAN 仍然提供 SQL 命令，从而可以在 RMAN 中执行 SQL 命令或 PL/SQL 存储过程。它可以在 RMAN 提示符下或 RUN 块中执行。如果用指定文件来表示 PL/SQL 存储过程，文件名必须用单引号括起来。这里不能使用 SELECT 命令。

```
SQL  "SQL 命令或存储过程文件名"
```

**【例 2.2】**假设有表空间 tbs_1 和存储过程 update_log，那么下面的命令将在 RMAN 中执行 SQL 语句，每个 SQL 语句的功能与其在 SQL * Plus 环境中执行一样。

```
RMAN> SQL "ALTER SYSTEM ARCHIVE LOG CURRENT";
RMAN> SQL "ALTER TABLESPACE tbs_1 ADD DATAFILE
  2>  'e:\oracle\oradata\student\tbs_7.f ' NEXT 10K MAXSIZE 100k;"
```

或者在 RUN 命令块中执行，如下面语句：

```
RMAN> RUN
{
   SQL  'BEGIN scott.update_log; END;'; --存储过程
}
```

在 Oracle 12c 的 RMAN 中可直接执行下面命令，而不用 RMAN 的 SQL 命令。下面命令在 RMAN 中执行命令向 users 表空间增加数据文件：

```
RMAN> ALTER TABLESPACE users ADD DATAFILE
  2>  'd:\oradata\users03.dbf' SIZE 1M
  3>  AUTOEXTEND ON NEXT 10K MAXSIZE 2M;
```

### 9. SPOOL 命令

利用 RMAN 中的 SPOOL 命令可以将 RMAN 的命令输出（包括命令出错信息）写入到一个文本文件中，这样可以研究输出文件内容以查看命令执行结果。SPOOL 命令的格式如下：

SPOOL LOG OFF　　　　　　　　　　关闭写入文件的功能。

SPOOL LOG TO <文件名> [APPEND] 将输出写入指定的文件名。如果利用APPEND 选项，将输出结果添加到指定的现有文件中，否则将重写指定文件的内容。

【例 2.3】假设已连接到目标数据库 ORACLEDEMO，将 SHOW ALL 命令的结果写入 d:\oratest\showall.txt 文件中，将 BACKUP DATABASE 命令的结果保存到文件 d:\oratest\backdb.txt 中。

```
RMAN> CONFIGURE DEFAULT DEVICE TYPE TO sbt;
RMAN> SPOOL LOG TO 'd:\oratest\showall.txt';
RMAN> SHOW ALL;
RMAN> SPOOL LOG OFF;
RMAN> SPOOL LOG TO 'd:\oratest\backdb.txt';
RMAN> BACKUP DATABASE;
RMAN> SPOOL LOG OFF;
```

执行上面一组命令后，将在 d:\oracle 文件夹下生成文件 showall.txt 和 backdb.txt，可用任何文本编辑工具查看文件内容。

10. @命令

使用@命令执行存储在指定路径的操作系统文件中的一系列 RMAN 命令，该文件中必须包含完整的合法 RMAN 命令，否则会生产语法错误。

如果在 RUN 命令块中使用@命令，则@命令必须写在一行。RMAN 工具处理@命令文件的过程与命令是从键盘输入其内容一样。

@命令的格式如下：

```
@<文件名>;
```

如果文件名前没有指定绝对路径名，那么就在当前工作目录中查找指定文件名。一般是任何文件扩展名（或没有文件扩展名）都有效。不要使用引号字符串或在@关键字和文件名之间留空格。

【例 2.4】在 RMAN 提示符下运行命令文件。假设在 d:\oratest 文件夹下有 RMAN 的命令文件 SHOWA.RMAN，其内容为：

```
RMAN> spool log to d:\oratest\a.txt;
RMAN> show all;
RMAN> spool log off;
```

在 RMAN 提示符执行该命令文件后将把当前的所有配置信息存储在文件 d:\oratest\a.txt 中，而 a.txt 文件的内容就是 SHOW ALL 命令的结果：

```
RMAN> @ d:\oratest\showa.rman
```

或在 RUN 命令块中执行命令文件：

```
RMAN> RUN {
   2> @ d:\oratest\showa.rman;
   3> **end-of-file**
   5> }
```

可以在中指定替换变量命令文件，然后在执行期间将值传递到命令文件。

【例 2.5】在命令文件中指定替换变量。假设在 d:\oratest 文件夹下创建命令文件 full_db.rman，文件内容如下：

```
# name: full_db.rman
BACKUP TAG &1 COPIES &2 DATABASE;
EXIT;
```

在操作系统提示符启动 RMAN 并连接到目标数据库，然后运行@命令并将变量传递给命令文件，结果创建两个带有标签 Q106 的数据库备份：

```
RMAN> @d:\oratest\full_db.rman Q106  2
```

## 小　　结

数据库运行过程中会出现语句故障、进程故障、用户错误、实例故障和介质故障等故障，只有用户错误和介质故障需要 DBA 的干预才能恢复。在 Oracle 数据库中可以进行物理备份与逻辑备份、完全备份与部分备份、一致备份与不一致备份，以及冷备份与热备份。利用备份可以还原数据库到备份时间点，利用备份和重做日志可修复数据库到指定时间点，从而完成数据库的恢复。

Oracle 提供了多种备份和恢复方法，其中 RMAN 是数据库备份和恢复的首选解决方案。RMAN 运行环境由 RMAN 客户端、目标数据库、RMAN 资料库（Repository）、恢复目录（Recover Catalog）、恢复目录数据库、辅助数据库和介质管理器等组件组成。在 RMAN 环境中，所有的备份、恢复或配置等操作都是通过 RMAN 命令来完成的。

## 习　　题

1. 数据库常见故障有哪些？其中哪些故障需要管理员干预才能恢复？
2. 常用的数据库备份类型？哪些备份必须在归档模式下才是有用的？
3. 解释数据库还原、数据库修复和数据库恢复的含义及它们的关系。
4. 简述 RMAN 的主要组成部分及其关系。
5. 简述 RMAN 的命令格式种类及格式。

# 第3章 RMAN 备份 <<<

学习目标：

- 理解 RMAN 备份的目的、过程及其基本概念；
- 掌握 RMAN 备份的配置，包括基本配置、备份保留策略配置和快速恢复区配置；
- 掌握用 RMAN 备份数据库、表空间、数据文件、控制文件、CDB 和 PDB 的方法；
- 掌握用 RMAN 进行增量备份的方法；
- 了解用 RMAN 进行加密备份、压缩备份、控制备份集大小等高级备份技术。

RMAN 是进行数据库备份和恢复的主要工具，它通过在目标数据库中启动 Oracle 服务进程来完成备份任务。在数据库已加载或已打开的情况下，可以用 RMAN 中的 BACKUP 命令完成对整个数据库、表空间、数据文件、归档重做日志文件、控制文件和备份集等内容的备份操作。Oracle 运行时所需的其他重要文件，如口令文件、参数文件等可以利用操作系统命令或第三方备份工具进行备份。

利用 RMAN 可以进行完全备份、增量备份、联机备份、脱机备份、一致备份和不一致备份。

## 3.1 RMAN 备份概述

RMAN 是 Oracle 备份恢复方案中使用最方便的一个。本节将介绍备份中的基本概念、一般步骤、基本配置等有关 RMAN 备份的基础知识。

### 3.1.1 RMAN 备份的基本概念

用 RMAN 可以生成备份集和镜像副本两类备份。每类备份的组成与结构各不相同。

#### 1. RMAN 备份

RMAN 备份是指使用恢复管理器（Recover Manager）备份的数据文件、控制文件、归档日志文件和 SPIFLE 文件的方法，这是为了与用户管理的备份方法相区别。在不引起混淆的情况下，RMAN 备份有时也指利用 RMAN 工具产生的备份文件的总称。用户管理的备份需要借助操作系统命令完成备份操作，而 RMAN 备份则是由目标数据库的服务进程来进行备份操作。

2．备份集

备份集（Backup Set）是指在 RMAN 中执行 BACKUP 命令备份一个或多个数据文件、控制文件、服务器参数文件和归档重做日志文件时所创建备份的逻辑结构。每个备份集是由一个或多个备份片（Backup Piece）组成的逻辑备份对象，即每个备份集可以对应着一个或多个物理的备份文件（备份片）。每个备份集中可以包含有多个数据库文件（如数据文件、控制文件、归档日志文件等）的数据，但实际备份数据是存储在组成备份集的一个或多个备份片中。通过限制备份片的大小，RMAN 可以将备份集中的数据分布到多个备份片中。

备份集的数据只能通过 RMAN 创建和访问，也是 RMAN 可以将备份写入介质管理器（如磁带驱动器或磁带库）的唯一形式。

根据备份集中包含的数据库文件类型，可以将备份集分为数据文件备份集和归档重做日志备份集。数据文件备份集是包含数据文件与控制文件的备份集，但是不包含任何归档重做日志文件。归档重做日志备份集是包含归档重做日志文件的备份集，但是不包含任何数据文件或控制文件。

3．备份片

备份片是用来存储备份集数据的 RMAN 专有格式的二进制磁盘文件，只能由 RMAN 创建和访问。每个逻辑备份集在物理上由一个或多个备份片组成。如果不进行任何备份配置，一个备份集只会创建一个磁盘文件，即只有一个备份片。如果存储介质容量有限制，用户可配置备份片对应的磁盘文件的大小。

4．备份集与备份片的关系

图 3-1 说明了备份集与备份片之间的关系。假设要建立了一个包括 10 个数据文件的备份集，每个数据文件的实际大小（不包括空白数据块）为 500 MB，那么可以用两个 250 MB 的备份片来存储这个备份集，即备份集在物理上就是两个 250 MB 的磁盘文件。

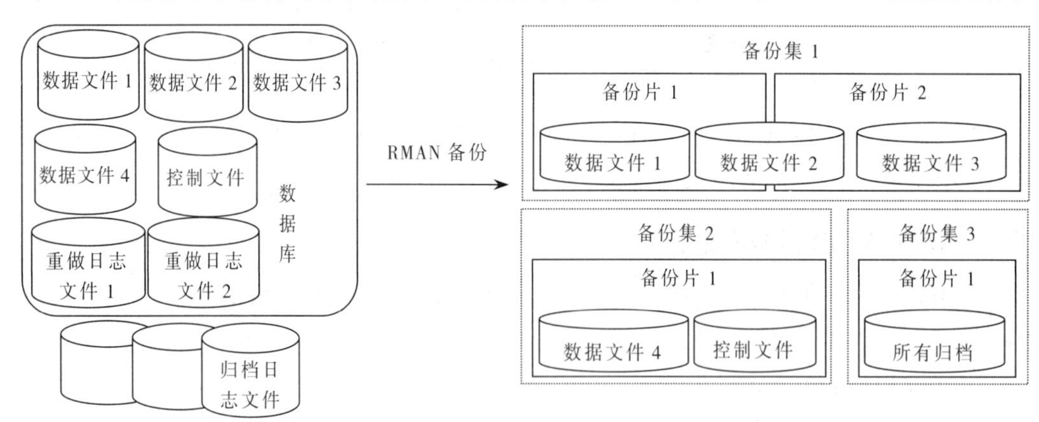


图 3-1　数据库、备份集和备份片关系

从图 3-1 中可以看出，目标数据库的 4 个数据文件、1 个控制文件和 3 个归档日志文件利用 RMAN 进行完全数据库备份后生成 3 个备份集。备份集 1 由两个备份片组成，即分别对应着两个物理磁盘文件，而目标数据库中的数据文件 2 的一部分数据存储在备份片 1 中，另一部分数据存储在备份片 2 中。备份集 2 由一个备份片组成，即有一个对应的磁盘文件。备份集3是归档日志备份集，由一个备份片组成，即所有归档日志文件备份到一个磁盘文件（备份片）中。

从上面可看出：备份集与备份片的关系类似于表空间和数据文件的关系，备份集是逻辑结构（类似于表空间），备份片是实际存储备份的物理结构（即操作系统物理文件）。备份集与备份片之间是一对多的关系，即一个备份集可由多个备份片组成，但每个备份片只能属于一个备份集。

5. 镜像副本

镜像副本（Image Copy）是单个数据文件、归档重做日志文件或控件文件的精确副本，它是RMAN可以创建的另一种备份。镜像副本不是以RMAN特定的格式存储，它们与用操作系统复制文件命令的复制结果相同。RMAN可以在还原和修复操作期间使用镜像副本，也可以与非RMAN还原和修复技术一起使用镜像副本。

6. 镜像副本与备份集的不同

镜像副本与备份集有两点不同：一是镜像副本保持要备份文件的原有格式，而备份集是采用RMAN专用格式；二是备份集采用未用块压缩技术以减少备份片的大小，而镜像副本与原文件保持精确一致（即每位都一样，不进行未用块压缩）。

### 3.1.2 备份的一般步骤

虽然完成不同的备份策略的步骤会有所不同，也会有不同的配置或选择，但利用RMAN进行备份一般会遵循以下基本步骤。

1. 备份策略的选择

备份管理员的主要任务是设计、实施和管理备份恢复策略。备份恢复策略的目的是保护数据库免遭数据丢失或损坏，并能在数据丢失或损坏后重建数据库。备份管理任务包括以下内容：规划和测试对不同类型故障的响应方法；配置进行备份和恢复的数据库环境；制定备份计划；监控备份和恢复环境；解答备份过程的疑难问题；在需要时恢复丢失数据；数据归档为长期存储创建数据库副本；数据传输，将数据从一个数据库移动到另一个主机或另一个数据库。

在备份前还要选择是否使用恢复目录，是否使用介质管理器，是否要重新设置初始化参数CONTROL_FILE_RECORD_KEEP_TIME等。

2. 备份前的配置工作

在执行BACKUP命令之前，必须保证目标数据库已经加载或打开，同时必须进行通道分配。如果不想通过手工方式来分配通道，那么必须对RMAN中的自动通道分配相关的预定义配置。详细介绍参见本章3.2节。

3. 配置备份保留策略

根据具体备份恢复策略，可以设置备份保留策略，即配置用户进行介质恢复时保留所需备份和归档重做日志文件的时间。详细介绍参见本章3.3节。

4. 执行备份命令

RMAN 的所有备份操作都是由 BACKUP 命令完成的，该命令可以备份整个数据库、备用数据库、表空间、数据文件、控制文件、服务器参数文件、归档日志文件、镜像副本备份和备份集等内容。详细介绍参见本章3.1.4、3.5到3.14节。

### 3.1.3 RMAN 的配置命令

在进行配置前，可以使用 SHOW 命令查看 RMAN 的配置参数，在确定需要修改参数时使用 CONFIGURE 命令更改。CONFIGURE 命令把目标数据库的配置信息存储在目标数据库的控制文件中。如果 RMAN 使用恢复目录，那么 RMAN 也把恢复目录中每个注册数据库的配置信息存储在该目录中。

在许多命令执行时都会用到 CONFIGURE 命令来配置参数，RMAN 的配置信息在对同一目标数据库的任何 RMAN 会话都是有效的，直到显式地清除或改变该配置信息。

除非在配置命令中使用 FOR DB_UNIQUE_NAME 子句，否则 RMAN 必须连接到目标数据库，并且目标数据库必须是加载（MOUNT）或打开（OPEN）状态。在容器数据库 CDB 中，只有连接到根才能建立或修改配置信息，即连接到插接式数据库 PDB 时不能修改配置信息。

如果要想查看当前配置信息，可以在 RMAN 环境中执行 SHOW 命令，如 SHOW ALL 将显示所有设置。关于 SHOW 命令的使用方法和示例参见第 2 章 2.6.3 节。

CONFIGURE 命令格式：

```
CONFIGURE 配置项 [值 | CLEAR]
```

在上述命令中指定配置项的“值”可将配置项在 RMAN 中的值改变为新的“值”，指定 CLEAR 将配置项的值恢复到默认值。

利用 CONFIGURE 可以配置自动化通道、控制文件自动备份、备份策略、备份集的最大值、备份优化参数、恢复目录和共享服务器下的 RMAN 配置等内容。关于具体命令的应用将在本章 3.2 节、3.3 节和 3.4 节中进行详细介绍。

### 3.1.4 RMAN 的 BACKUP 命令

在 RMAN 中执行 BACKUP 命令来创建备份，即可以创建备份集及组成备份集的对应文件（即备份片），也可以创建镜像副本。在 RMAN 中执行 BACKUP 命令的格式为：

```
RMAN> BACKUP  [选项表];
```

[选项表]根据不同备份配置和内容来设置。在执行 BACKUP 命令时可以指定许多选项，利用这些选项可以进行各类备份操作，并对备份集的创建进行全面控制。下面对 BACKUP 命令中常用的选项进行介绍，每个选项的具体应用案例将在 RMAN 备份的例子中介绍。

（1）FULL

指定 FULL 选项后 RMAN 将把数据文件中所有的数据块都复制到备份集中，仅仅忽略完全空白的数据块。如果在 BACKUP 命令中既没有指定 FULL 选项也没有指定 INCREMENTAL 选项，那么 RMAN 默认以 FULL 方式建立备份集。一个以 FULL 方式建立的备份集对以后的增量备份并不会产生任何影响，因此不能将它作为增量备份策略的一部分。

（2）INCREMENTAL LEVEL n

选择此项，RMAN 将对数据文件进行增量备份，其中 n 是 0、1 等。在进行增量备份时，RMAN 仅仅将那些自从上一个级别为 m 的增量备份之后发生变化的数据块复制到新的备份集中。

（3）SKIP OFFLINE | READONLY | INACCESIBLE

指定在备份集中排除某些数据文件或归档重做日志文件。SKIP 选项可以设置为如下几种方式：

OFFILINE：将备份对象中所有处于脱机状态的数据文件排除于备份集之外。

READONLY：将所有属于只读表空间的数据文件排除在备份集之外。

INACCESIBLE：将备份对象中所有由于 I/O 错误而无法访问的数据文件（或归档重做日志文件）排除在备份集之外。

（4）FILESPERSET n

指定建立的每个备份集中所能包含的备份片（即磁盘文件）的最大数量，其中 n 是一个整数，默认值为 64。如果备份集的文件数超过该参数的值，RMAN 将把超出的文件分配到另一备份集中。

（5）MAXSETSIZE n

指定每个备份集的最大大小（默认以字节为单位），可以用 KB、MB 或 GB 作为单位。RMAN 生成的每个备份集的大小不会超过 MAXSETSIZE 的值。

如果备份文件是存储在一个单独的硬盘中,并不涉及任何 I/O 的负载均衡的问题，那么用 MAXSETSIZE 选项来控制备份集的大小要比利用 FILESPERSET 选项方便；FILESPERSET 选项更适合于将备份文件分布存储到多个硬盘中的情况。

（6）DELETE [ALL] INPUT

指定在成功创建备份集之后删除输入文件；这个选项仅仅在备份归档重做日志文件、数据文件镜像或备份集时才有用，即在成功备份之后，RMAN 会将所有备份过的文件从操作系统中删除。ALL 选项只适用于归档重做日志。

（7）INCLUDE CURRENT CONTROLFILE

指定这个选项后将在一个备份集中包含一份当前控制文件的快照。这个选项不能与 AS COPY 选项一起使用，否则会出错。

（8）BACKUP DEVICE TYPE DISK DATABASE

指定自动分配通道的一个设备类型，而不能在手工分配通道时使用，利用这个选项可以覆盖自动通道的默认设备类型。

（9）FORMAT formatstring

指定输出的备份片段的位置和名称，其中在格式串（Formatstring）中同时包含了位置和名称格式字符串。在名称格式字符串中可以使用如下替换变量：

① %c 如果以双工方式建立备份集，%c 表示备份集的副本编号（从 1 开始编号）。

② %p 表示备份集中备份片段的编号（从 1 开始编号）。

③ %n 表示数据库名称，并且会在右侧用 x 字符进行填充，使它保持长度为 8。

④ %s 指定控制文件中的计数器号，从 1 开始，每建立一个备份集增加 1。每个备份文件的生命周期内是唯一的。当恢复一个备份的控制文件时，可能出现重复。执行 CREATE CONTROLEFILE 命令将重新设置为 1。

⑤ %t 表示备份集建立的时间，它是从一个固定参考时刻开始计算的经历过的秒数；将%s 和%t 组合使用可以为每个备份集生成一个唯一的名称。

⑥ %T 按照 YYYYMMDD 的格式显示年、月和日。

⑦ %u 是一个由备份集编号和建立时间压缩后组成的 8 字符名称。利用%u 可以为每个备份集生成一个惟一的名称。

⑧ %U 是%u--%P--%c 的简写形式，利用它可以为每一个备份片段（即磁盘文件）生成一个惟一的名称，这是最常用的命名方式。如果没有在 BACKUP 命令中指定 FORMAT 选项，那么 RMAN 默认使用%U 为备份片段命名。

（10）DATABASE | DATAFILE 数据文件列表 | SPFILE | TABLESPACE 表空间列表

这组选项指定备份命令将要备份的对象，每次只能选择一个：

DATABASE：备份整个数据库。

DATAFILE 数据文件列表：备份指定的若干数据文件，文件名中间用逗号分开。

SPFILE：备份服务器参数文件。

TABLESPACE 表空间列表：备份指定的若干表空间，表空间名中间用逗号分开。

CURRENT CONTROLFILE：备份当前控制文件。

（11）AS [COMPRESSED] BACKUPSET | AS COPY

指定建立的备份输出是备份集（BACKUPSET）还是镜像副本（COPY）。如果指定 COMPRESSED 选项，表示建立二进制压缩备份集。备份集是默认的备份类型。

BACKUP 命令是 RMAN 完成备份的主要命令，有很多选项，这里只介绍一些基本的选项，其他复杂的选项及应用将在使用时再介绍，这里不一一列出。

## 3.2 RMAN 备份基本配置

RMAN 环境有一组默认配置，它们被自动应用于所有的 RMAN 会话，但这些设置适用于小型数据库或测试数据库。在建立 RMAN 会话时，如果用户没有设置选项值，RMAN 会根据预定义配置参数中的设置自动使用这些选项，也可以将 RMAN 的预定义配置参数看作 RMAN 的环境设置。如果在 BACKUP 命令中使用最小的选项设置，RMAN 可自动确定备份目标设备、备份输出的位置等选项。

在处理关键业务数据库时，可能要指定备份文件的位置或存储时间等，此时可以在会话中显式地设置指定的选项，以覆盖相应的预定义配置。为了简化 RMAN 的使用，可以为每个目标数据库设置多个持久配置，例如，可以配置备份保留策略、默认值备份目标、默认备份设备类型等。如果将所有预定义配置的参数都按照需要进行设置，那么在 RMAN 中执行备份、还原、复制、修复等操作时就可以省去许多指定选项的工作，大大提高工作效率。

对于大多数备份参数，RMAN 为执行基本的备份和恢复提供默认值。当实现基于 RMAN 的备份策略时，如果能理解最常见的配置，可以更有效地使用 RMAN。

要注意的是，虽然可以用 CONFIGURE 命令配置持久的备份选项，但在执行备份命令 BACKUP 时可指定对应的选项来覆盖持久选项，即 BACKUP 命令中指定的选项优于持久的备份选项。

### 3.2.1 初始化参数 CONTROL_FILE_RECORD_KEEP_TIME 设置

如果仅使用控制文件存储 RMAN 的元数据，那么其中存储的 RMAN 元数据最终会因控制文件的大小限制而被新记录覆盖,因为RMAN的元数据是存储在控制文件的可重用区域。利用初始化参数 CONTROL_FILE_RECORD_KEEP_TIME 可以设置控制文件中可重用区域的记录在被覆盖前必须保留的最少天数 n，即可重用区域中的记录在 n 天后才能被新记录覆盖。

执行下面命令可查看 CONTROL_FILE_RECORD_KEEP_TIME 参数当前的值：

```
SQL> SHOW  PARAMETER CONTROL_FILE_RECORD_KEEP_TIME;
NAME                                 TYPE        VALUE
------------------------------------ ----------- ------------------------
control_file_record_keep_time        integer     7
```

要修改 CONTROL_FILE_RECORD_KEEP_TIME 初始化参数的值，可以在 SQL * Plus 或 RMAN 中执行下面的语句：

```
SQL> alter system set control_file_record_keep_time=10;
```

重新执行SHOW　PARAMETER CONTROL_FILE_RECORD_KEEP_TIME将显示如下结果：

```
NAME                                 TYPE        VALUE
------------------------------------ ----------- ------------------------
control_file_record_keep_time        integer     10
```

可以将该参数设置为 0～365 之间的任何值，参数设置为 0 时表示 RMAN 元数据可能随时被覆盖。

CONTROL_FILE_RECORD_KEEP_TIME 参数的默认值为 7。如果备份时间间隔为 1 天，建议使用默认值 7。如果每个月仅备份 1 次数据库，或者使用大于 7 天的保留策略，而且没有使用恢复目录，那么就需要设置该参数为更大的值。但此时因为执行了大量的 RMAN 备份操作，会使控制文件占用更大的空间。

如果在 RMAN 备份时使用恢复目录，那么就无须设置该参数，因为 RMAN 元数据会永久存储在恢复目录中。理论上在用恢复目录时可访问 RMAN 元数据所有历史记录。

### 3.2.2 配置备份的默认设备类型

RMAN 预定义配置中将本地硬盘设置为默认设备类型。如果在备份中未指定目标设备类型,那么将备份存储到默认设备类型上。如果需要将数据库备份到其他设备上,那么就要进行相应的配置工作。

默认情况下，BACKUP 命令只为默认设备类型分配通道，即如果同时为设备类型 DISK（磁盘）和 SBT（磁带）配置自动通道，并且将默认设备类型设置为 SBT，那么当运行 BACKUP DATABASE 命令时，RMAN 仅分配磁带通道。当然可以在 RUN 命令块中手动分配通道或利用 BACKUP 命令的 DEVICE TYPE 子句来覆盖此设置。

#### 1. 配置磁盘为默认设备类型

利用 CONFIGURE 命令的 DEFAULT DEVICE TYPE TO 子句可以指定自动通道的默认设备类型。默认情况下，DISK 是默认设备类型。CLEAR 子句将默认设备类型返回到 DISK。将默认设备指定为本地硬盘的操作步骤如下：

① 启动 RMAN 并连接到目标数据库。如果用恢复目录，也连接到恢复目录数据库。

② 运行 SHOW　命令显示当前配置的默认设备类型。

```
RMAN> show default device type;
```

也可执行下面命令显示所有配置信息：

```
RMAN> SHOW ALL;
```

然后从显示结果中查看 CONFIGURE DEFAULT DEVICE TYPE 行的内容。

③ 执行 CONFIGURE 命令。

```
RMAN> CONFIGURE DEFAULT DEVICE TYPE TO DISK;
```

执行命令后显示默认设备从磁带（SBT_TAPE）改为磁盘（DISK）。

如果启用快速恢复区域，则默认的备份位置为快速恢复区。否则，备份默认位置为操作系统特定的磁盘目录。

如果要将默认设备类型返回到系统默认的类型，即 DISK 磁盘类型：

```
RMAN> CONFIGURE DEFAULT DEVICE TYPE CLEAR;
```

#### 2．配置默认的设备类型为磁带

当 RMAN 可以与介质管理器通信时，可以配置 RMAN 备份到磁带并指定 SBT 作为默认设备类型。关于 RMAN 中的介质管理器的配置可参考相应磁带设备提供商和 ORACLE 的说明书。

在启动 RMAN 并连接到目标数据库和恢复目录后，执行下面命令将指定默认设备类型为磁带 SBT：

```
RMAN> CONFIGURE DEFAULT DEVICE TYPE TO SBT;
```

#### 3．覆盖默认的设备类型

尽管可以使用 CONFIGURE 命令预先配置对各备份命令都有效的默认设备类型，但也可随时在 BACKUP 等命令中使用 DEVICE TYPE 子句覆盖默认设备类型，如下所示：

```
RMAN> BACKUP DEVICE TYPE sbt DATABASE;
```

或者：

```
RMAN> BACKUP DEVICE TYPE DISK DATABASE;
```

上面的命令将在默认位置或快速恢复区生成备份集的文件（备份片）。假设使用快速恢复区，则文件夹为 e:\app\orauser\fast_recovery_area\orademo\orademo\backupset\2017_03_27。

#### 4．查看支持的设备类型

通过查询 V$BACKUP_DEVICE 视图可查看当前数据库所支持的备份设备类型。因为 DISK 备份设备类型始终可用，所以此视图不返回 DISK 设备类型。设备类型名称为空表示当前服务器不支持磁带。在 SQL * Plus 环境下执行下面的命令：

```
SQL> select  *  from  v$backup_device;
DEVICE_TYPE          DEVICE_NAME          CON_ID
-------------------- ---------------- --------------------
SBT_TAPE                                  0
```

### 3.2.3 备份类型的配置

BACKUP 命令可以创建备份集或镜像副本两种备份。对于磁盘，可以用配置命令 CONFIGURE DEVICE TYPE DISK BACKUP TYPE TO 创建备份集或镜像副本作为其默认备份类型。磁盘的默认备份类型是未压缩的备份集。因为 RMAN 只能将镜像副本写入磁盘，所以磁带的默认备份类型只能是备份集。

1．配置默认备份类型

按照下面的步骤可配置磁盘的默认备份类型：

① 启动 RMAN 并连接到目标数据库。如果使用恢复目录，也连接到恢复目录。

```
RMAN> CONNECT TARGET sys/Oracle12c;
```

② 配置备份集或镜像副本为默认备份类型。

要配置默认备份类型为镜像副本，可执行下面的命令：

```
RMAN> CONFIGURE DEVICE TYPE DISK BACKUP TYPE TO COPY;
```

要配置默认备份类型为未压缩的备份集，可执行下面的命令：

```
RMAN> CONFIGURE DEVICE TYPE DISK BACKUP TYPE TO BACKUPSET;
```

2．配置备份位置及文件名称

如果要在自动分配通道所创建的备份片或镜像副本中指定存储位置与文件名称，可以在 CONFGIURE CHANNEL 语句中指定 FORMAT 选项：

```
RMAN > CONFIGURE CHANNEL DEVICE TYPE DISK
2>  FORMAT  'e:\oraback\%U.mir';
```

上面的语句配置自动通道的位置为 e:\oraback，按%U.mir 格式串生成备份片文件名。关于 FORMAT 选项的%U 说明参见本章 3.1.4 节。

3．备份片的大小

可以在 CONFIGURE CHANNEL 语句中使用 MAXPIECESIZE 选项设置自动分配通道创建的备份片大小的最大值：

```
RMAN>CONFIGURE CHANNEL DEVICE TYPE DISK MAXPIECESIZE 2G;
```

### 3.2.4 通道分配配置

在 RMAN 中进行任何类型的备份、还原或修复操作时，都需要先为这些操作分配通道。在分配一个通道时，RMAN 命令执行器将建立一个到目标数据库的连接，并且在目标数据库的实例中启动一个服务进程。RMAN 中所有的备份、还原与恢复操作都将由这个服务进程来完成。RMAN 会话将通过为它分配的通道独享这个服务进程。

由于每个通道都表示一个到存储设备的数据流，因此通常对应于一种特定类型的存储设备。可以通过手工和自动两种方式来为备份、还原或修复等操作分配通道。

在 RMAN 中，如果执行的命令要求使用一个通道，但是又没有为这条命令手工分配通道，那么 RMAN 将使用预定义的配置来为这条命令自动分配通道，自动分配通道的设置也是由相关的预定义配置决定的。

1．手工分配通道

手工分配通道是指在运行 BACKUP 等命令之前，利用 ALLOCATE CHANNEL 命令进行分配通道，这个命令必须放在一个 RUN 命令块中，它分配的通道也只用于本 RUN 块内的命令，即手工分配通道只用于本次连接的会话中。手工通道参数设置将覆盖用 CONGIFURE 命令自动通道分配的设置。

手工分配通道的命令格式如下：

```
ALLOCATE CHANNEL 通道名 DEVICE TYPE 设备描述符 FORMAT 格式串
```

其中，通道名是目标数据库实例与 RMAN 连接的标识，可以是字符串，但区分大小写；设备描述符指定物理存储设备的类型，常用的有 DISK（磁盘）和 SBT（磁带）；格式串指定通道对应的磁盘位置及文件命名规则。格式串的定义参见本章 3.1.4 节。

当执行 ALLOCATE CHANNEL 命令时，它对通道的设备类型（DISK 或 SBT）、磁盘备份位置（TO DESTINATION）、每秒读取的最大字节数（RATE）等进行设置。手动分配通道优先于自动分配的通道。每个通道每次只能为一个备份集服务。

**【例 3.1】**为整个数据库备份分配不同通道，把备份集的不同备份片放在不同的磁盘上。

```
RMAN> RUN {
    ALLOCATE CHANNEL d1 DEVICE TYPE DISK FORMAT 'd:\oraback\%u';
    ALLOCATE CHANNEL d2 DEVICE TYPE DISK FORMAT 'e:\oraback\%u';
    BACKUP DATABASE;
  }
```

例 3.1 中手工分配了两个通道 d1 和 d2，分别将整个数据库的备份集存放在两个不同的磁盘上的 d:\oraback 和 e:\oraback 两个文件夹，备份片的文件名由系统按%u 格式串自动生成。

在 RMAN 中执行的每一条 BACKUP、COPY、RESTORE、DELETE 或 RECOVER 命令至少要求使用一个通道。为 RMAN 命令分配的最大通道数量决定了这些操作在执行时可能具有的最大并行度。完成操作所需的存储设备类型必须与分配的通道的设备类型相同。在 RMAN 中最多可以分配 255 个通道，每个通道可并行读写 64 个文件。管理员可以根据任务的通道数量来控制它的并行度。

**2. 自动分配通道**

自动分配通道是指在 RMAN 中用 CONFIGURE 命令完成通道配置，此后的备份、还原和修复等操作时不需要分配通道而使用已配置的通道。系统默认的设置已经定义了一个使用本地硬盘作为存储设备的 DISK 通道，因此，不需要进行任何配置，就可以直接使用这个自动分配的通道进行备份。

在下面两种情况下，由于没有用手工方式为 RMAN 命令分配通道，RMAN 将利用预定义的设置来为命令自动分配通道：一是在 RUN 命令块外部执行 BACKUP、RESTORE 等 RMAN 命令时；二是在 RUN 命令块内部执行 BACKUP 等命令之前没有使用 ALLOCATE CHANNEL 命令手工分配通道。

如果要查看自动分配通道的配置信息，可以使用下面的命令：

```
RMAN> SHOW CHANNEL;
```

如果要配置自动分配通道为本地磁盘的指定位置，可以使用下面的命令：

```
RMAN> CONFIGURE CHANNEL DEVICE TYPE DISK
   2> FORMAT 'e:\backup\%u';
```

如果要配置自动分配通道的备份片的最大值，可以使用下面的命令：

```
RMAN>CONFIGURE CHANNEL DEVICE TYPE  DISK  MAXPIECESIZE 2G;
```

如果要配置自动分配多个通道，可以使用下面的命令：

```
RMAN> CONFIGURE CHANNEL 1 DEVICE TYPE DISK FORMAT 'e:\backup\%U';
RMAN> CONFIGURE CHANNEL 2 DEVICE TYPE DISK FORMAT 'f:\backup\%U';
```

如果要清除自动分配通道的配置，那么使用 CLEAR 选项返回默认值：

```
RMAN> CONFIGURE CHANNEL 1 DEVICE TYPE DISK CLEAR;
```

3. 通道并行数设置

如果数据库服务器拥有支持多通道的硬件,那么可以大幅度提高 RMAN 备份与恢复操作的性能。如果服务器拥有多块 CPU 和多个存储设备(磁盘和磁带设备),那么就可以通过启用多个备份通道来提高性能。

利用 CONFIGURE DEVICE TYPE…PARALLELISM 命令可以改变默认的自动分配通道的并行度。默认情况下，自动分配通道的并行度为 1。

在执行 BACKUP 等命令前执行下面命令，RMAN 将为它分配三个到指定设备类型(本地硬盘)的通道：

```
RMAN> CONFIGURE DEVICE TYPE DISK PARALLELISM 3;
```

如果服务器拥有多块 CPU，但仅有一个存储位置，也可以启用多个通道对一个存储位置执行读写操作。例如，如果将备份存储到快速恢复区 FRA 中，仍旧可以通过启用并行机制利用多通道功能。如果服务器拥有 4 块 CPU，可启用相应的并行度：

```
RMAN> CONFIGURE DEVICE TYPE DISK PARALLELISM 4;
```

配置与多个备份位置关联的多个通道时可以并行方式向不同的存储位置写入数据，如：

```
RMAN> CONFIGURE DEVICE TYPE DISK PARALLELISM 4;
RMAN> CONFIGURE CHANNEL 1 DEVICE TYPE DISK FORMAT 'd:\bk1\%U.bk';
RMAN> CONFIGURE CHANNEL 2 DEVICE TYPE DISK FORMAT 'e:\bk2\%U.bk';
RMAN> CONFIGURE CHANNEL 3 DEVICE TYPE DISK FORMAT 'f:\bk3\%U.bk';
RMAN> CONFIGURE CHANNEL 4 DEVICE TYPE DISK FORMAT 'g:\bk4\U.bk';
```

这段代码配置了 4 个通道分别向磁盘上的 4 个不同存储位置写入数据。当为多个存储位置配置单独的通道时，应确保启用的并行度与已配置的通道数相匹配。如果分配的通道数量大于已设置的并行度，那么 RMAN 仅会向与并行度匹配的通道写入数据，并且会忽略超出并行度的其他通道。

4. 清除通道并行数

执行下列命令将要清除并行度，并返回默认值 1：

```
RMAN> CONFIGURE DEVICE TYPE DISK CLEAR;
```

要清除指定通道的设备类型，也应使用 CLEAR 命令。下面的例子清除了 4 号通道：

```
RMAN> CONFIGURE CHANNEL 4 DEVICE TYPE DISK CLEAR;
```

## 3.3 配置 RMAN 备份保留策略

随着时间的推移，产生的备份会越来越多，而有些旧的备份可能在以后的恢复中永远不会用到。RMAN 可以根据备份保留策略识别这些不再需要的文件，但不会自动删除它们。配置备份保留策略就是为 RMAN 认定不再需要的备份提供依据或标准。

### 3.3.1 备份的保留策略概述

备份保留策略(Backup Retention Policy)是指用户为了完成介质恢复，要将所需的备份和归档重做日志文件保留的最少天数。RMAN 将根据当前保留策略的要求，保证完成这些数据文件的恢复所需的数据文件备份以及归档重做日志保留下来。

备份保留策略仅适用于数据文件的完全备份（或 0 级备份）和控制文件备份。对于数据文件镜像副本和代理副本，如果 RMAN 确定不需要副本或代理副本，那么可以手工删除它们。对于数据文件备份集，只有备份集内的所有数据文件备份都已过时，RMAN 才会允许删除这些备份集。

当备份保留策略生效时，RMAN 根据 CONFIGURE 命令中指定的标准，将满足标准的数据文件备份或控制文件备份认定为过时备份。过时备份（Obsolete Backup）是指为满足当前备份保留策略不再需要的备份。可以用 REPORT OBSOLETE 命令查看过时备份文件或用 DELETE OBSOLETE 命令删除它们。有关删除过时备份的方法参见第 4 章 4.7.5 节。

保留策略不负责删除或显示过时的归档重做日志和 1 级增量备份。相反，当没有完全备份需要它们时，这些文件变得过时。保留策略除了影响数据文件完全备份或 0 级增量备份和控制文件备份外，也会影响归档重做日志和 1 级增量备份。RMAN 首先决定哪个数据文件备份和控制文件备份已过时，然后将把修复最旧的数据文件或控制文件备份不需要的所有归档日志和 1 级增量备份视为已过时。

如果配置了快速恢复区，那么当新文件需要更多的恢复区空间时数据库会自动删除其中已过时的备份文件或已备份到磁带的文件。保留策略规则不同于磁盘配额规则，数据库从不会为了满足磁盘配额的要求而违反保留策略去删除文件。

如果备份被非 RMAN 工具删除，那么 RMAN 不能实施自动保留策略。可以使用 CONFIGURE RETENTION POLICY 命令创建持久性的备份冗余或恢复窗口的自动备份保留策略。

### 3.3.2 恢复窗口保留策略的配置

#### 1. 恢复窗口概述

恢复窗口（Recovery Window）是从当前时间开始向后延长到可恢复点的这个时间段。可恢复点是假设基于时间点恢复的最早时间，即在介质故障后可以完成恢复的最早时间点。例如，如果定义了恢复窗口为 7 天，那么 RMAN 将保留完全备份、所需的增量备份和归档重做日志以使数据库可以最多恢复到 7 天前的时间点。

如果在保留策略中定义恢复窗口为 7 天，那么对于每个数据文件总是要有一个备份必须总是满足以下条件：当前时间减去备份检查点时间应不小于 7（SYSDATE - BACKUP CHECKPOINT TIME >= 7），比满足上述条件的最新备份还早的备份将视为过时备份。图 3-2 显示了恢复窗口为 7 天的示意图。

图 3-2 所示的恢复窗口为 7 天，每两周备份一次数据库（1 月 1 日、1 月 14 日、1 月 28 日、2 月 11 日等），并且数据库运行在 ARCHIVELOG 模式。备份保留策略所需的归档日志都保存在磁盘上。

图 3-2 所示当前时间为 1 月 23 日，可恢复点是 1 月 16 日。因此，恢复时需要 1 月 14 日的备份和日志序列号在 500～850 的归档日志。因为要恢复到该恢复窗口内的任一时间点时都不需要日志序列号小于 500 的备份和 1 月 1 日前的备份，所以它们都是过时备份。

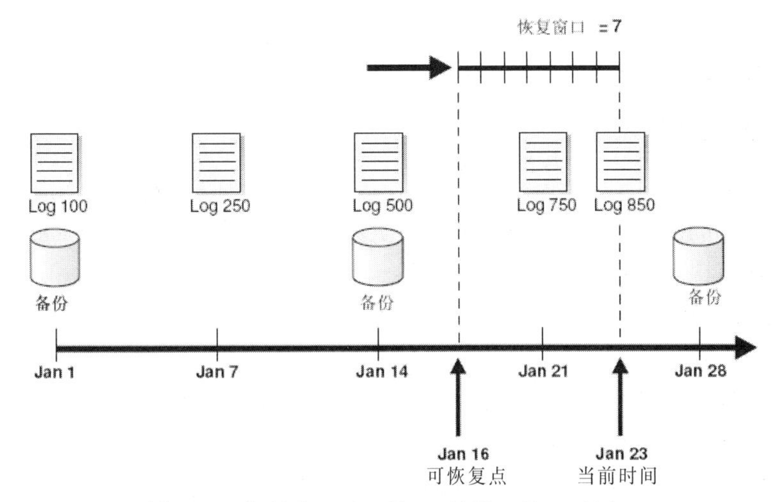


图 3-2 恢复窗口（1 月 16 日到 1 月 23 日）

假设一周后出现如图 3-3 所示相同的情况，当前时间为 1 月 30 日，可恢复点为 1 月 23 日。

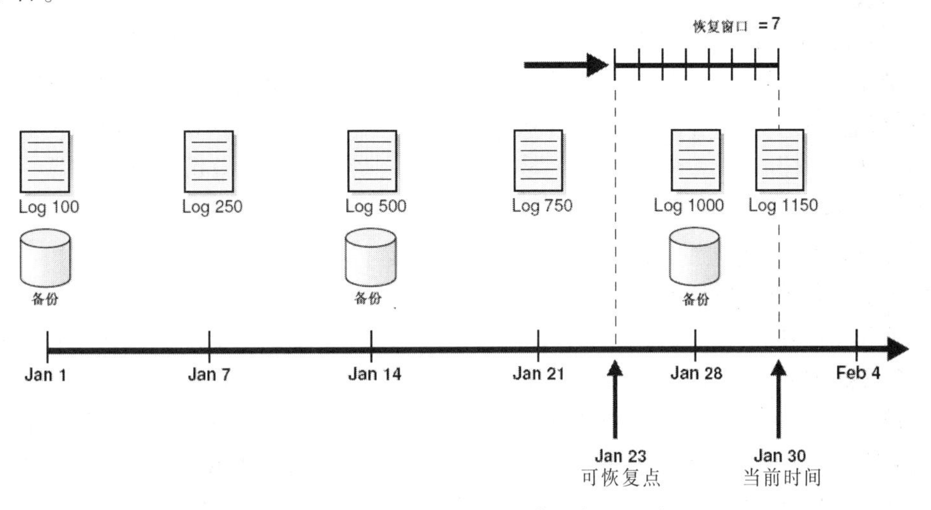


图 3-3 恢复窗口（1 月 23 日到 1 月 30 日）

因为还原 1 月 28 日的备份不能修复到恢复窗口的最早时间（1 月 23 日），所以此时 1 月 14 日备份不是过时的，即使恢复窗口中有更新的备份（1 月 28 日）。要确保可恢复到此窗口中的任何一时间点，可恢复点（1 月 23 日）最近的备份是 1 月 14 日的备份，所以必须保存 1 月 14 日的备份和日志序列号在 500～1150 的所有归档日志。

### 2. 恢复窗口保留策略设置

用 CONFIGURE RETENTION POLICY 命令的 RECOVERY WINDOW 选项可设置恢复窗口保留策略。RECOVERY WINDOW 选项指定从当前时间和最早恢复点之间的天数。如果完全备份或 0 级增量备份时间落在恢复窗口内，那么 RMAN 不会把它们标记为过时。此外，RMAN 将保留可恢复点到窗口内任一时间点所需的所有归档日志和 1 级增量备份。

在 RMAN 提示符下运行下面命令可以设置 7 天的恢复窗口，即将备份或归档日志至少保留 7 天，所以可将数据库恢复到上周内的任何时间点：

```
RMAN> CONFIGURE RETENTION POLICY TO RECOVERY WINDOW OF 7 DAYS;
```

### 3.3.3 冗余保留策略的配置

在某些情况下，使用恢复窗口可能会使磁盘空间规划复杂化，因为必须保留的备份数量是不确定的，而是取决于备份计划。使用冗余保留策略可以使管理工作更轻松，并更易于预测保留备份的时间。

#### 1. 冗余保留策略概述

基于冗余的保留策略（Redundancy-Based Retention Policy）指定每个数据文件必须保留的备份数量。当生成多个备份时，RMAN 会跟踪需要保留的备份和已经过时的备份。RMAN 将为完全修复保留所需的归档重做日志备份和增量备份。

假设在星期一、星期二、星期三和星期四对数据文件 datafile7 进行完全备份，此时数据文件 datafile7 有 4 个完全备份。如果在配置命令中 REDUNDANCY 参数值为 2，那么星期一和星期二的完全备份就已经过时了。如果星期五进行另一个备份，那么星期三的数据文件 datafile7 的完全备份就变得过时了。

假设 REDUNDANCY 为 1 的不同情况。在星期一中午进行 0 级数据库备份，在星期二中午和星期三中午进行 1 级累计增量备份，然后在星期四中午进行 0 级备份。每次备份后立即运行命令 DELETE OBSOLETE。在星期三执行 DELETE 命令没有删除星期二的 1 级备份，因为这个备份不是冗余的；星期二的 1 级备份可以将星期一的 0 级备份恢复到星期二中午和星期三中午之间的任何时间。但是，在星期四执行 DELETE 命令删除以前的 0 级和 1 级备份。

#### 2. 冗余保留策略设置

使用 CONFIGURE RETENTION POLICY 命令的 REDUNDANCY 选项指定 RMAN 中每个数据文件的完全备份或 0 级备份和控制文件备份必须保留的副本数。如果特定数据文件的完全备份或 0 级备份数或控制文件的备份数超过 REDUNDANCY 设置的值，那么 RMAN 把额外的备份视为过时的。默认冗余保留策略配置 REDUNDANCY 的值为 1。

在 RMAN 提示符下运行下面命令可设置冗余保留策略的副本数：

```
RMAN> CONFIGURE RETENTION POLICY TO REDUNDANCY 2;
```

上面的语句将冗余度设置为 2，那么 RMAN 就不会将最新创建的 2 个数据文件备份和归档重做日志备份的文件标记为过时文件。

### 3.3.4 管理备份保留策略的配置

#### 1. 显示备份保留策略

执行下面的命令可查看备份保留策略的当前设置，结果会显示恢复窗口或冗余保留策略其中之一：

```
RMAN> SHOW RETENTION POLICY;
```

#### 2. 禁用备份保留策略

当禁用保留策略时（Disabling the Retention Policy），RMAN 不会将任何备份视为过时。运行以下命令禁用保留策略：

```
RMAN> CONFIGURE RETENTION POLICY TO NONE;
```

将保留策略设置为 NONE 后，任何备份都不会被标记为过时文件，因而也无法通过 DELETE OBSOLETE 命令删除它们。通常不会禁用保留策略，因为需要 RMAN 根据保留策略（时间窗或冗余度）删除过时备份文件。

如果正在使用快速恢复区，那么运行数据库时不要禁用备份保留策略。如果文件从不被认为是过时的，那么一个数据文件只有在已经备份到其他磁盘或磁带时才能从快速恢复区中删除。这样可能会用完所有的快速恢复区的空间，因此会干扰数据库正常运行。

#### 3. 清除保留策略

默认的冗余保留策略是将冗余度设置为 1。使用 CONFIGURE RETENTION POLICY 命令的 CLEAR 选项可将保留策略的冗余度设置为默认值：

```
RMAN> CONFIGURE RETENTION  POLICY  CLEAR;
```

将保留策略配置为 NONE 与清除保留策略是不同的。清除保留策略是将冗余度设置为默认值 1（REDUNDANCY 1），而配置为 NONE 时将禁用保留策略。

如果禁用保留策略后运行 REPORT OBSOLETE 或 DELETE OBSOLETE 命令，同时又没有向该命令传递保留策略选项，那么 RMAN 会出现错误，因为不存在保留策略来确定哪些备份是过时的。

### 3.3.5 配置归档重做日志的删除策略

归档重做日志可以由数据库自动删除或用户执行 RMAN 命令删除。对于快速恢复区中的归档重做日志文件，数据库尽可能长时间保留它们，并在需要附加磁盘空间时自动删除符合条件的归档日志。当执行 BACKUP DELETE INPUT 或 DELETE ARCHIVELOG 命令时，可以手工删除任何位置的符合条件的日志，包括快速恢复区内部或外部的日志。

归档重做日志删除策略是管理归档重做日志删除时间的可配置的永久性 RMAN 策略。这种删除策略适用于包括快速恢复区在内的所有归档目的地，但归档重做日志删除策略不适用于备份集中的归档重做日志文件。可以使用 CONFIGURE ARCHIVELOG DELETION POLICY 命令指定归档重做日志合适的删除时间。

#### 1. 查看归档重做日志删除策略

用下面的命令可查看归档重做日志删除策略的当前设置：

```
RMAN> SHOW ARCHIVELOG DELETION POLICY;
```

#### 2. 激活归档重做日志删除策略

可以使用 CONFIGURE ARCHIVELOG DELETION POLICY BACKED UP n TIMES TO DEVICE TYPE 命令启用归档日志删除策略。此时，只有当指定设备上存在指定数量的归档日志备份时，归档重做日志才可以删除。

如果用 BACKED UP n TIMES 子句配置删除策略，那么执行 BACKUP ARCHIVELOG 命令将复制归档日志文件，除非在指定设备上已有 n 个日志备份。如果已存在 n 个日志备份，那么 BACKUP ARCHIVELOG 命令将跳过这些归档日志。归档日志删除策略相当于在 BACKUP ARCHIVELOG 命令中把 NOT BACKED UP n TIMES 子句作为默认值。可以通过在 BACKUP 命令指定 FORCE 选项以覆盖 CONFIGURE 配置的删除策略。

如果在删除命令中未指定 FORCE 选项，那么删除命令服从归档日志删除策略。如果指定 FORCE，那么删除命令会忽略归档日志删除策略。

按下面步骤可激活归档重做日志删除策略：

① 启动 RMAN 并连接到目标数据库。如果使用恢复目录，也要连接到恢复目录。

② 用指定的选项运行 CONFIGURE ARCHIVELOG DELETION POLICY 命令。以下示例指定当归档重做日志已经至少 2 次备份到磁带后，归档重做日志可以从快速恢复区和所有本地归档目的地中删除：

```
RMAN> CONFIGURE ARCHIVELOG DELETION POLICY
  2> TO BACKED UP 2 TIMES TO SBT;
```

**3. 禁用归档重做日志删除策略**

执行下面的命令可禁用归档日志删除策略，这也是归档重做日志删除策略的默认设置：

```
RMAN> CONFIGURE ARCHIVELOG DELETION POLICY TO NONE;
```

归档重做日志文件可以位于快速恢复区的内部或外部。任何位置的日志都可以通过手动命令删除。只能快速恢复区的归档日志才可以由数据库自动删除。

禁用归档日志删除策略设置为 NONE 时，RMAN 会考虑同时满足下面条件的归档重做日志文件是可以删除的：一是已被转移到 LOG_ARCHIVE_DEST_n 参数指定的远程目的地，无论是在快速恢复区还是在外部；二是快速恢复区中的归档重做日志文件至少备份一次到磁盘或 SBT，或者根据备份保留策略而过时的日志。

只有当保证恢复点和 Oracle 闪回数据库都不再需要的日志，备份保留策略才将其视为过时日志。如果归档日志是在 SYSDATE-'DB_FLASHBACK_RETENTION_TARGET'之后创建，闪回数据库会需要这些归档重做日志。

如果删除策略设置为 NONE，并且对在快速恢复区之外的归档重做日志文件执行删除命令，那么 RMAN 仅服从删除命令指定的条件。

## 3.4 配置快速恢复区

在 Oracle 数据库中，建立不同备份和恢复的组件通常不知道存储数据的文件系统的大小。可以创建快速恢复区（Fast Recovery Area，也称恢复区）来自动管理备份的相关文件。

### 3.4.1 快速恢复区概述

快速恢复区是 Oracle 数据库管理的可选磁盘位置，可用于存储与备份恢复相关的文件，如控制文件、联机重做日志、归档重做日志文件、闪回日志和 RMAN 备份等。在多数情况下，Oracle 数据库和 RMAN 自动管理快速恢复区中的文件。

在快速恢复区的文件可以是永久或临时的。永久文件可以是数据库实例使用的活动文件，如当前控制文件的多路副本或联机重做日志文件；不是永久的文件都是临时文件，如归档重做日志文件、数据文件和控制文件的镜像副本、备份片和闪回日志等。如果根据保留策略临时文件被记过时或已备份到磁带上，那么 Oracle 数据库将自动删除它们。

利用快速恢复区可使手动管理备份文件磁盘空间的需求最小化，并能平衡不同类型文件之间的空间使用。Oracle 建议启用快速恢复区以简化备份管理。

创建恢复区时，可以在磁盘上选择一个位置并设置存储空间的上限，也可以设置备份保留策略以管理进行恢复时需要备份文件保留的时间。数据库负责管理存储备份、归档重做日志以及其他与恢复相关的文件的空间。当 RMAN 必须为新文件回收空间时，不再需要的文件可以删除。

### 3.4.2 快速恢复区大小的估值

通常快速恢复区的空间越大越好用，它至少有足够的空间存储控制文件、归档重做日志文件、外部的归档重做日志文件、所有数据文件、控制文件、镜像副本、备份集及闪回日志等，即快速恢复区要能够存储所有数据文件的副本及增量备份。

如果不能为快速恢复区提供最大的空间，那么恢复区至少能保存最重要表空间的备份和所有没有备份到磁带上的归档日志文件。在最低限度下，快速恢复区必须能保存所有还没有备份到磁带上的归档重做日志。如果恢复区域没有足够空间存储新的闪回日志并满足其他备份保留策略要求的空间，那么为了腾出空间，可以从恢复区中删除较旧的闪回日志。

预估快速恢复区大小取决于以下内容：数据库中经常更改的数据块的数量；备份是只存储在磁盘上还是同时存储在磁盘和磁带上；是使用基于冗余的备份保留策略还是基于恢复窗口保留策略；在逻辑错误时是否用闪回数据库或保证恢复点而不是时间点恢复。

假设在下面条件下要确定快速恢复区的大小：备份保留策略设置为 REDUNDANCY 1，遵循 Oracle 建立的使用永久增量的策略。此时可使用以下公式来估计磁盘配额，其中 n 是增量更新间隔的天数，y 是应用在逻辑备用数据库上的外部归档重做日志的延迟天数。快速恢复区的大小应该不小于下面 DISK_QUOTA 的值：

DISK_QUOTA = 数据库所有文件大小 + 增量备份的大小 + (n+1)天归档日志大小+
(y+1)天外部归档日志文件的大小（逻辑备用数据库）+
控制文件大小+
联机重做日志文件大小 * 日志组的数量+
闪回日志大小（DB_FLASHBACK_RETENTION_TARGET）

### 3.4.3 启用和禁用快速恢复区

#### 1. 查看快速恢复区配置

在 SQL * Plus 环境中使用 SHOW PARAMETER 命令可查看当前快速恢复区的配置。

下面的语句显示快速恢复区的大小：

```
SQL> SHOW PARAMETER DB_RECOVERY_FILE_DEST_SIZE;
```

下面的语句显示快速恢复区的磁盘位置：

```
SQL> SHOW PARAMETER DB_RECOVERY_FILE_DEST;
```

#### 2. 启用快速恢复区

通过设置 DB_RECOVERY_FILE_DEST_SIZE 和 DB_RECOVERY_FILE_DEST 两个初始化参数来启用快速恢复区。利用这两参数设置来启用快速恢复区，无须关闭并重新启动数据库实例。

首先使用 DB_RECOVERY_FILE_DEST_SIZE 参数设置快速恢复区的大小（参见本章的 3.4.4 节），然后设置 DB_RECOVERY_FILE_DEST 参数指定恢复文件的物理位置（参见本章的 3.4.5 节）。

3. 禁用快速恢复区

禁用快速恢复区之前，必须先删除所有保证恢复点，然后关闭闪回数据库。满足这些先决条件后，可以通过设置初始化参数 DB_RECOVERY_FILE_DEST 为空字符串来禁用快速恢复区。

如果使用闪回数据库或用快速恢复区进行归档，那么按下面的步骤可以禁用快速恢复区；否则跳到下面的第③步：

① 如果闪回数据库激活，那么在禁用快速恢复区之前要先禁用闪回数据库：

```
SQL> ALTER DATABASE FLASHBACK OFF;
```

② 如果使用快速恢复区进行归档，那么要将归档位置改变到非快速恢复区的位置，如下所示：

```
SQL> ALTER SYSTEM SET
   2 LOG_ARCHIVE_DEST_1='LOCATION=USE_DB_RECOVERY_FILE_DEST';
SQL> ALTER SYSTEM SET
   2 LOG_ARCHIVE_DEST_1='LOCATION=e:\oracle\dbs';
```

③ 禁用快速恢复区。

```
SQL> ALTER SYSTEM SET DB_RECOVERY_FILE_DEST='';
```

数据库不再对存储在旧 DB_RECOVERY_FILE_DEST 位置的文件提供快速恢复区的空间管理功能。RMAN 资料库仍然记录这些文件的信息，但是，这些只可用于备份和恢复活动。

### 3.4.4 设置快速恢复区的大小

可以设置初始化参数 DB_RECOVERY_FILE_DEST_SIZE 的值来确定快速恢复区大小，具体步骤如下：

① 如果要用闪回日志或保证恢复点，可查询 V$ARCHIVED_LOG 视图了解数据库当前产生了多少重做日志。

② 设置 DB_RECOVERY_FILE_DEST_SIZE 的值。

如果要通过修改初始化参数文件来修改 DB_RECOVERY_FILE_DEST_SIZE 的值，必须先关闭数据库，然后编辑初始化参数文件，并修改或增加下面的行：

```
DB_RECOVERY_FILE_DEST_SIZE = 10G
```

如果数据库处于打开状态，可执行下面的 ALTER SYSTEM SET 命令或者用数据库配置助手（DBCA）来设置快速恢复区的大小：

```
SQL> ALTER  SYSTEM  SET
   2  DB_RECOVERY_FILE_DEST_SIZE = 10G  SCOPE=BOTH  SID='*';
```

### 3.4.5 设置或改变快速恢复区的位置

快速恢复区默认位置{ORACLE_BASE}\fast_recovery_area\{DB_UNIQUE_NAME}。如果要通过修改初始化参数文件来确定 DB_RECOVERY_FILE_DEST 的值，必须先关

闭数据库，然后编辑初始化参数文件，并修改或增加下面的行：

```
DB_RECOVERY_FILE_DEST = 'e:\oraback\rcv_area'
```

此时要求 e:\oraback\rcv_area 文件夹已经存在。

如果数据库处于打开状态，可执行下面的 ALTER SYSTEM SET 命令或者用数据库配置助手（DBCA）来设置快速恢复区的大小：

```
SQL> ALTER SYSTEM SET
  2  DB_RECOVERY_FILE_DEST = ' e:\oraback\rcv_area '
  3  SCOPE=BOTH  SID='*';
```

此时要求 e:\oraback\rcv_area 文件夹已经存在，否则命令将显示错误信息。更改此参数后，所有新的快速恢复区的文件都在新的位置创建。

根据需求，可以保留或移动在原位置的永久文件、闪回日志和临时文件。如果要保留现有文件在原来的快速恢复区，那么数据库会在临时文件可以删除时从旧的快速恢复区中删除它们。如果必须将老文件移动到新的快速恢复区的位置，可按照数据文件移动的方法进行。

### 3.4.6　快速恢复区的删除规则

如果配置有快速恢复区，那么数据库将自动维护其中不需要的文件，但有时也可能需要数据库管理员进行维护，如快速恢复区空间占满了，就需要为它增加自由空间。

当文件可以从快速恢复区删除时，要遵守以下删除规则：

① 永久文件是永远不能删除。

② 按保留策略已过时的文件均可删除。

③ 已复制到磁带上的临时文件可以删除。

④ 归档重做日志只有在所有的日志消费者都满足了要求后才可以删除。

控制从快速恢复区删除的最安全和可靠的方式是配置保留策略和归档日志删除策略。如果想将移动到磁带的文件尽可能保留在磁盘上，就要增加快速恢复区的磁盘配额。

### 3.4.7　监控快速恢复区空间使用情况

可以使用 V$RECOVERY_FILE_DEST 和 V$RECOVERY_AREA_USAGE 视图确定是否已为快速恢复区分配足够的空间。

如果以管理员身份连接到目标数据库，那么在 RMAN 中查询 V$RECOVERY_FILE_DEST 视图可得到当前位置、磁盘配额、正在使用的空间、删除文件回收的空间和快速恢复区中的文件总数：

```
SQL> SELECT * FROM v$recovery_file_dest;
```

查询 V$RECOVERY_AREA_USAGE 视图可得到整个磁盘中不同类型文件使用的百分比，同时也可以确定通过删除过时、冗余、或备份到磁带上的文件后释放的空间。输入下面的查询：

```
SQL> SELECT * FROM v$recovery_area_usage;
```

当数据库中定义了还原点时，必须监控在快速恢复区文件使用的空间量以满足还原点的需求。

## 3.5 备份整个数据库

按照备份的一般步骤，在用 CONFIGURE 命令配置自动分配通道或手工分配通道等相关备份配置后，就可在 RMAN 命令提示符下或在 RUN 命令块中执行 BACKUP 命令进行数据库等内容的备份。

### 3.5.1 非归档模式下备份整个数据库

如果数据库运行在非归档模式下，那么只能进行整个数据库的完全一致性备份，此后在恢复操作时只需要还原数据库，而不需要修复数据库，但也只能将数据库恢复到建立备份的时刻。

如果要利用 RMAN 建立一致性备份，目标数据库必须处于加载状态或关闭状态，但不能是打开状态，同时目标数据库上一次不能是以 ABORT 方式或由于意外崩溃而关闭的，即数据库要处于一致状态。

【例 3.2】在非归档模式下的完全一致性数据库备份。假设已经禁用快速恢复区，将整个数据库备份到默认位置。

① 启动 RMAN 并连接到目标数据库。

```
C:\> RMAN TARGET sys/Oracle12c
```

② 关闭并重新启动数据库。首先要一致地关闭数据库，然后再加载数据库。这项工作可以用 SQL * Plus 命令或 RMAN 的命令来完成。输入下面的命令可以保证数据库一致性地关闭：

```
RMAN> SHUTDOWN IMMEDIATE;
RMAN> STARTUP FORCE DBA;
```

或者执行下面的命令：

```
RMAN> SHUTDOWN IMMEDIATE;
RMAN> STARTUP MOUNT;
```

③ 执行 BACKUP DATABASE 命令。

```
RMAN>BACKUP DATABASE;
启动 backup 于 21-2月 -17
分配的通道: ORA_DISK_1
通道 ORA_DISK_1: SID=5 设备类型=DISK
通道 ORA_DISK_1: 正在启动全部数据文件备份集
通道 ORA_DISK_1: 正在指定备份集内的数据文件
输入数据文件: 文件号=00002 名称=E:\APP\ORAUSER\ORADATA\ORADEMO\SYSAUX01.DBF
输入数据文件: 文件号=00001 名称=E:\APP\ORAUSER\ORADATA\ORADEMO\SYSTEM01.DBF
输入数据文件: 文件号=00003 名称=E:\APP\ORAUSER\ORADATA\ORADEMO\UNDOTBS01.DBF
输入数据文件: 文件号=00005 名称=E:\APP\ORAUSER\ORADATA\ORADEMO\DATA02.DBF
输入数据文件: 文件号=00009 名称=E:\APP\ORAUSER\ORADATA\ORADEMO\USERS03.DBF
输入数据文件: 文件号=00010 名称=E:\APP\ORAUSER\ORADATA\ORADEMO\USERS04.DBF
输入数据文件: 文件号=00006 名称=E:\APP\ORAUSER\ORADATA\ORADEMO\DATA03.DBF
输入数据文件: 文件号=00004 名称=E:\APP\ORAUSER\ORADATA\ORADEMO\DATA01.DBF
输入数据文件: 文件号=00007 名称=E:\APP\ORAUSER\ORADATA\ORADEMO\USERS01.DBF
输入数据文件: 文件号=00008 名称=E:\APP\ORAUSER\ORADATA\ORADEMO\USERS02.DBF
通道 ORA_DISK_1: 正在启动段 1 于 21-6月 -16
```

```
    通道 ORA_DISK_1: 已完成段 1 于 21-6月 -16
    段句柄=E:\APP\ORAUSER\PRODUCT\12.1.0\DBHOME_1\DATABASE\0HR8N2B6_1_1
标记=TAG2016
    0621T142541 注释=NONE
    通道 ORA_DISK_1: 备份集已完成, 经过时间:00:01:25
    通道 ORA_DISK_1: 正在启动全部数据文件备份集
    通道 ORA_DISK_1: 正在指定备份集内的数据文件
    备份集内包括当前控制文件
    备份集内包括当前的 SPFILE
    通道 ORA_DISK_1: 正在启动段 1 于 21-6月 -16
    通道 ORA_DISK_1: 已完成段 1 于 21-6月 -16
    段句柄=E:\APP\ORAUSER\PRODUCT\12.1.0\DBHOME_1\DATABASE\0IR8N2DS_1_1
标记=TAG2016
    0621T142541 注释=NONE
    通道 ORA_DISK_1: 备份集已完成, 经过时间:00:00:01
    完成 backup 于 21-6月 -16
```

为了更好地理解备份操作，对于上面的备份命令输出的结果将做如下详细说明，在以后的备份命令中将不显示备份的输出。

（1）备份的配置

在 RMAN 提示符下输入 BACKUP DATABASE 命令前没有配置相关参数，从上面结果看出，备份命令只分配一个通道，仅创建一个备份集，使用的设备类型为磁盘（DISK）。一个备份集中包含所有的数据文件、控制文件和服务器参数文件。

（2）备份的内容

该命令将对整个数据库的备份，即备份所有数据文件（与第 1 章 1.6.1 节的图 1–7 中的文件名对应的 10 个数据文件，除临时文件 TEMP01.DBF 外）、控制文件、服务器参数文件。

（3）备份的位置

如果在备份期间快速恢复区是激活状态，没有指定 FORMAT 选项，那么 RMAN 将自动在快速恢复区建立备份集文件。快速恢复区的位置由初始化参数 db_recovery_file_dest 的值确定，如：E:\APP\ORAUSER\FAST_RECOVERY_AREA\ORADEMO\BACKUPSET。在此文件夹下，会根据备份的日期建立文件夹。关于快速恢复区概念与设置参见本章 3.4 节。

如果没有激活快速恢复区，也没有指定 FORMAT 选项，默认的备份集存储位置为 %ORACLE-HOME%\database，如上例中就是在安装文件夹。E:\APP\ORAUSER\PRODUCT\12.1.0\DBHOME_1\DATABASE。

（4）备份集的名称

在没有指定 FORMAT 选项时，备份集将在备份位置自动生成备份集文件名，如 0IR8N2DS_1_1。

可用 LIST BACKUP 或 LIST BACKUPSET 命令显示备份集的信息。

**【例 3.3】** 使用快速恢复区，在非归档模式下的完全一致性数据库备份。

① 查询快速恢复区的使用状态。

```
SQL> show parameter recovery
```

如果显示 DB_RECOVERY_FILE_DEST 参数值为空，表示快速恢复区已禁用；如果该值为空，就要执行第②步激活快速恢复区（如 e:\oraback\rcv_area）。

② 激活快速恢复区。快速恢复区的位置为 e:\oraback\rcv_area。

```
SQL> ALTER SYSTEM SET DB_RECOVERY_FILE_DEST='e:\oraback\rcv_area';
```

③ 启动 RMAN 并将数据库启动到装载状态时（参见例 3.1），执行下面的 RMAN 命令：

```
RMAN> BACKUP  DATABASE;
启动 backup 于 21-6月 -16
使用通道 ORA_DISK_1
通道 ORA_DISK_1: 正在启动全部数据文件备份集
通道 ORA_DISK_1: 正在指定备份集内的数据文件
输入数据文件: 文件号=00002 名称=E:\APP\ORAUSER\ORADATA\ORADEMO\SYSAUX01.DBF
输入数据文件: 文件号=00001 名称=E:\APP\ORAUSER\ORADATA\ORADEMO\SYSTEM01.DBF
输入数据文件: 文件号=00003 名称=E:\APP\ORAUSER\ORADATA\ORADEMO\UNDOTBS01.DBF
输入数据文件: 文件号=00005 名称=E:\APP\ORAUSER\ORADATA\ORADEMO\DATA02.DBF
输入数据文件: 文件号=00009 名称=E:\APP\ORAUSER\ORADATA\ORADEMO\USERS03.DBF
输入数据文件: 文件号=00010 名称=E:\APP\ORAUSER\ORADATA\ORADEMO\USERS04.DBF
输入数据文件: 文件号=00006 名称=E:\APP\ORAUSER\ORADATA\ORADEMO\DATA03.DBF
输入数据文件: 文件号=00004 名称=E:\APP\ORAUSER\ORADATA\ORADEMO\DATA01.DBF
输入数据文件: 文件号=00007 名称=E:\APP\ORAUSER\ORADATA\ORADEMO\USERS01.DBF
输入数据文件: 文件号=00008 名称=E:\APP\ORAUSER\ORADATA\ORADEMO\USERS02.DBF
通道 ORA_DISK_1: 正在启动段 1 于 21-6月 -16
通道 ORA_DISK_1: 已完成段 1 于 21-6月 -16
段句柄=E:\ORABACK\RCV_AREA\ORADEMO\BACKUPSET\2016_06_21\O1_MF_NNNDF_
TAG20160621T
151311_CPKT896H_.BKP 标记=TAG20160621T151311 注释=NONE
通道 ORA_DISK_1: 备份集已完成, 经过时间:00:01:25
通道 ORA_DISK_1: 正在启动全部数据文件备份集
通道 ORA_DISK_1: 正在指定备份集内的数据文件
备份集内包括当前控制文件
备份集内包括当前的 SPFILE
通道 ORA_DISK_1: 正在启动段 1 于 21-6月 -16
通道 ORA_DISK_1: 已完成段 1 于 21-6月 -16
段句柄=E:\ORABACK\RCV_AREA\ORADEMO\BACKUPSET\2016_06_21\O1_MF_NCSNF_
TAG20160621T
151311_CPKTC217_.BKP 标记=TAG20160621T151311 注释=NONE
通道 ORA_DISK_1: 备份集已完成, 经过时间:00:00:02
完成 backup 于 21-6月 -16
```

例 3.2 与例 3.3 的差别在于备份集存储的位置、自动生成的备份集位置及备份片的文件名称不同。如果想自己配置备份集存储位置或文件名称以及备份集数量等内容，就需要执行备份命令进行相关的配置操作。

**【例 3.4】**同时将整个数据库备份到指定的 d:\oraback 和 e:\oraback 位置（假定文件夹已存在），备份集的文件名分别是 demobk1.bck、demobk2.bck、demobk3.bck、……，每个备份集中的文件数为 3。

分析：根据要求，存储位置为指定的磁盘文件夹，不使用快速恢复区，所以要用手工方式或自动方式来配置备份位置；每个通道对应着一个位置，所以要配置两个通道。每个备份集的文件数可以通过 BACKUP 命令的 FILEPERSET 选项设置。

由于数据库是在非归档模式下，因此只能进行一致性的完全备份。或者说在非归档模式下打开状态的备份是不能用于恢复的，因为恢复完全不能保证数据库的一致性。

在进行备份之前，必须将数据库启动到加载状态，参见例 3.2。

① 手工分配通道。

```
RMAN> RUN {
   2> ALLOCATE CHANNEL disk1 DEVICE TYPE DISK FORMAT 'd:\oraback\%U';
   3> ALLOCATE CHANNEL disk2 DEVICE TYPE DISK FORMAT 'e:\oraback\%U';
   4> BACKUP DATABASE FILEPERSET=3;
}
```

上面命令的显示结果如下：

```
分配的通道: disk1
通道 disk1: SID=5 设备类型=DISK
分配的通道: disk2
通道 disk2: SID=123 设备类型=DISK
启动 backup 于 21-6月 -16
通道 disk1: 正在启动全部数据文件备份集
通道 disk1: 正在指定备份集内的数据文件
输入数据文件: 文件号=00002 名称=E:\APP\ORAUSER\ORADATA\ORADEMO\SYSAUX01.DBF
通道 disk1: 正在启动段 1 于 21-6月 -16
通道 disk2: 正在启动全部数据文件备份集
通道 disk2: 正在指定备份集内的数据文件
输入数据文件: 文件号=00001 名称=E:\APP\ORAUSER\ORADATA\ORADEMO\SYSTEM01.DBF
输入数据文件: 文件号=00007 名称=E:\APP\ORAUSER\ORADATA\ORADEMO\USERS01.DBF
输入数据文件: 文件号=00008 名称=E:\APP\ORAUSER\ORADATA\ORADEMO\USERS02.DBF
通道 disk2: 正在启动段 1 于 21-6月 -16
通道 disk1: 已完成段 1 于 21-6月 -16
段句柄=D:\ORABACK\0BR8MG05_1_1 标记=TAG20160621T091236 注释=NONE
通道 disk1: 备份集已完成, 经过时间:00:01:09
通道 disk1: 正在启动全部数据文件备份集
通道 disk1: 正在指定备份集内的数据文件
输入数据文件: 文件号=00003 名称=E:\APP\ORAUSER\ORADATA\ORADEMO\UNDOTBS01.DBF
输入数据文件: 文件号=00006 名称=E:\APP\ORAUSER\ORADATA\ORADEMO\DATA03.DBF
输入数据文件: 文件号=00004 名称=E:\APP\ORAUSER\ORADATA\ORADEMO\DATA01.DBF
通道 disk1: 正在启动段 1 于 21-6月 -16
通道 disk1: 已完成段 1 于 21-6月 -16
段句柄=D:\ORABACK\0DR8MG2B_1_1 标记=TAG20160621T091236 注释=NONE
通道 disk1: 备份集已完成, 经过时间:00:00:15
通道 disk1: 正在启动全部数据文件备份集
通道 disk1: 正在指定备份集内的数据文件
输入数据文件: 文件号=00005 名称=E:\APP\ORAUSER\ORADATA\ORADEMO\DATA02.DBF
输入数据文件: 文件号=00009 名称=E:\APP\ORAUSER\ORADATA\ORADEMO\USERS03.DBF
输入数据文件: 文件号=00010 名称=E:\APP\ORAUSER\ORADATA\ORADEMO\USERS04.DBF
通道 disk1: 正在启动段 1 于 21-6月 -16
通道 disk2: 已完成段 1 于 21-6月 -16
段句柄=E:\ORABACK\0CR8MG05_1_1 标记=TAG20160621T091236 注释=NONE
通道 disk2: 备份集已完成, 经过时间:00:01:23
通道 disk2: 正在启动全部数据文件备份集
通道 disk2: 正在指定备份集内的数据文件
通道 disk1: 已完成段 1 于 21-6月 -16
段句柄=D:\ORABACK\0ER8MG35_1_1 标记=TAG20160621T091236 注释=NONE
```

```
通道 disk1: 备份集已完成, 经过时间:00:00:03
通道 disk1: 正在启动全部数据文件备份集
通道 disk1: 正在指定备份集内的数据文件
备份集内包括当前的 SPFILE
通道 disk1: 正在启动段 1 于 21-6月 -16
通道 disk1: 已完成段 1 于 21-6月 -16
段句柄=D:\ORABACK\0GR8MG39_1_1 标记=TAG20160621T091236 注释=NONE
通道 disk1: 备份集已完成, 经过时间:00:00:01
备份集内包括当前控制文件
通道 disk2: 正在启动段 1 于 21-6月 -16
通道 disk2: 已完成段 1 于 21-6月 -16
段句柄=E:\ORABACK\0FR8MG36_1_1 标记=TAG20160621T091236 注释=NONE
通道 disk2: 备份集已完成, 经过时间:00:00:01
完成 backup 于 21-6月 -16
释放的通道: disk1
释放的通道: disk2
```

从上面的显示结果可以看出，在 D:\ORABACK（通道 1）文件夹存储了 4 个备份片，在 E:\ORABACK（通道 2）存储了 2 个备份片。每个备份集不超过 3 个数据文件。

显示关于数据库所做的备份信息：

```
RMAN> list backup of database;
```

② 自动分配通道。

自动分配通道与手工分配通道的区别在于通道作用的时间。手工分配通道只作用于本次作业命令会话，而自动分配通道一直作用到改变或清除前。参见 3.2.4 节。

```
RMAN> CONFIGURE CHANNEL 1 DEVICE TYPE DISK FORMAT 'd:\oraback\%U';
新的 RMAN 配置参数:
CONFIGURE CHANNEL 1 DEVICE TYPE DISK FORMAT   'd:\oraback\%U';
已成功存储新的 RMAN 配置参数
释放的通道: ORA_DISK_1
RMAN> CONFIGURE CHANNEL 2 DEVICE TYPE DISK FORMAT 'e:\oraback\%U';
新的 RMAN 配置参数:
CONFIGURE CHANNEL 2 DEVICE TYPE DISK FORMAT   'e:\oraback\%U';
已成功存储新的 RMAN 配置参数
```

如果到将备份文件存储到指定位置的指定文件名，可用下面的语句：

```
RMAN>BACKUP DATABASE FORMAT   'f:\backdb\%u.bdb';
```

③ 查看备份集和备份片信息，然后重新打开数据库。

```
RMAN> LIST BACKUP OF DATABASE;
RMAN> ALTER DATABASE OPEN;
```

### 3.5.2 归档模式下备份整个数据库

如果数据库运行在归档模式下，在 RMAN 中备份时数据库可以处于打开状态也可以处于关闭状态，因此在 RMAN 中可以对整个数据库进行一致性备份和不一致性备份。如果数据库处于归档模式下，不一致备份也是正确的备份，此时利用该备份还原数据库需要利用归档日志文件进行修复。

**【例 3.5】**采用自动分配通道备份打开状态的整个数据库。

由于数据库是在归档模式下，并且数据库是打开状态，因此这时进行的备份是不一致备份。

① 启动 RMAN 并连接到目标数据库。

```
C:\> RMAN TARGET sys/Oracle12c
```

② 确保数据库运行在加载状态（MOUNT）或打开状态（OPEN）。

```
RMAN> SELECT open_mode FROM v$database;
```

显示结果为 MOUNTED 或 READ WRITE（表示打开）。

③ 备份数据库和所有归档日志到默认的磁盘。

```
RMAN> BACKUP  DATABASE  PLUS  ARCHIVELOG;
```

也可以只备份数据库文件，但不备份归档重做日志：

```
RMAN> BACKUP  DATABASE;
```

④ 数据库归档。

由于进行的是不一致备份，即在数据库打开状态下进行备份，所以必须在完成备份后对当前的联机重做日志进行归档，因为在利用这个备份还原数据库后需要使用归档重做日志中的重做记录进行修复操作。

```
RMAN > SQL  "ALTER SYSTEM ARCHIVE LOG CURRENT";
```

在 Oracle 12c 以后的版本中，可在 RMAN 中直接执行下面的语句进行归档：

```
RMAN > ALTER SYSTEM ARCHIVE LOG CURRENT;
```

如果在归档模式下进行一致性备份，则步骤与例 3.2 一样。

## 3.6 备份表空间和数据文件

可以使用 BACKUP TABLESPACE 命令备份一个或多个表空间，或用 BACKUP DATAFILE 命令备份一个或多个数据文件。在备份中指定表空间名称时，RMAN 将表空间名称内部转换为数据文件列表。

### 3.6.1 备份表空间

备份表空间时，数据库必须是加载或打开状态，而表空间可以是读/写状态或只读的。在 RMAN 中对一个或多个表空间进行备份的步骤如下：

① 启动 RMAN 并连接到目标数据库。如果使用恢复目录，也要连接到恢复目录。

② 如果数据库实例未启动，那么要启动数据库到加载或打开状态。

③ 在 RMAN 提示符下输入 BACKUP TABLESPACE 命令即可。下面的 RUN 命令块同时备份 system 和 users 表空间，并将其备份到不同磁盘上。

```
RMAN> RUN
{
   ALLOCATE CHANNEL dev1 DEVICE TYPE DISK FORMAT 'd:\back\%U';
   ALLOCATE CHANNEL dev2 DEVICE TYPE DISK FORMAT 'e:\back\%U';
   BACKUP  TABLESPACE system,users;
}
```

假设数据库服务器支持磁带介质管理器，则下面的命令可将表空间 users 和 tools 备份到磁带上：

```
RMAN> BACKUP DEVICE TYPE sbt TABLESPACE users, tools;
```

④ 如果要查看表空间的备份信息，可以在 RMAN 提示符下执行 LIST 命令：

```
RMAN> LIST BACKUP OF TABLESPACE users, system;
```

如果 SYSTEM 表空间或文件号为 1 的数据文件包含在备份中，但是未配置 CONTROLFILE AUTOBACKUP，那么 RMAN 将在备份集包括控件文件和服务器参数文件副本。

同备份数据库一样，可以指定备份位置、分配备份通道等。参见本章 3.5 节中的例子。

### 3.6.2 备份数据文件

如果数据库运行在归档模式下，无论数据库是在关闭状态还是打开状态，都可用 RMAN 的 BACKUP DATAFILE 命令对数据文件或数据文件镜像副本进行备份。

如果要使用数据文件的文件号进行备份，可执行 RMAN 的 REPORT SCHEMA 命令查看表空间、数据文件名、数据文件位置和数据文件编号。在 RMAN 中执行下面的查询语句也可得到相关信息：

```
    RMAN> SELECT d.file#,t.ts#,t.name,d.name FROM v$datafile d,
v$tablespace t
      2  WHERE t.ts#=d.ts#;
```

【例 3.6】备份数据库中 4～6 号数据文件。

```
    RMAN> BACKUP DATAFILE 4,5,6;
```

如果将数据文件备份到指定位置，可以用 FORMAT 子句：

```
    RMAN> BACKUP DATAFILE 1,2 FORMAT  'd:\backup\%u ';
```

下面的命令将数据文件 E:\APP\ORAUSER\ORADATA\ORADEMO\DATA01.DBF 备份到 d:\back\data1.bk:

```
    BACKUP DATAFILE 'E:\APP\ORAUSER\ORADATA\ORADEMO\DATA01.DBF'
    FORMAT ':\back\data1.bk';
```

查看数据文件的备份信息可使用命令 LIST BACKUP OF DATAFILE。例如：

```
    RMAN> LIST BACKUP OF DATAFILE 1,2;
```

## 3.7 备份控制文件和服务器参数文件

无论数据库是处于打开状态还是关闭状态，都可以对当前的控制文件进行备份。在 RMAN 中，备份控制文件可以采用手工备份和自动备份等多种方法。

### 3.7.1 手工备份控制文件

手工备份可以将控制文件包含在一个数据文件备份集中，此时 RMAN 将会把控制文件写入备份集结尾的部分。手工备份控制文件有两种方法：一种是在 BACKUP 命令中添加 INCLUDE CURRENT CONTROLFILE 选项；另一种是使用 BACKUP CURRENT CONTROLFILE 命令。还可以指定 CONTROLFILECOPY 参数备份磁盘上的控制文件副本。

【例 3.7】在备份表空间或数据文件时备份当前控制文件。

```
    RMAN> BACKUP TABLESPACE users INCLUDE CURRENT CONTROLFILE;
    RMAN> BACKUP DATAFILE 1,2  INCLUDE CURRENT CONTROLFILE;
```

【例 3.8】用 BACKUP CURRENT CONTROLFILE 命令备份控制文件。

```
RMAN> BACKUP CURRENT CONTROLFILE FORMAT 'd:\backup\bk.ctl';
```

以下示例将当前控制文件作为备份集备份到快速恢复区：

```
RMAN> BACKUP CURRENT CONTROLFILE;
```

以下示例将当前控制文件作为镜像副本备份到默认磁盘设备：

```
RMAN> BACKUP AS COPY
   2> CURRENT CONTROLFILE FORMAT 'd:\tmp\control01.ctl';
```

CONTROLFILECOPY 为备份指定一个或多个控制文件副本。可以使用备份 AS COPY CURRENT CONTROLFILE 命令创建控制文件副本或 SQL 语句 ALTER DATABASE BACKUP CONTROLFILE TO '...'命令。以下示例将上一个例子创建的控制文件副本备份到磁带：

```
RMAN> BACKUP DEVICE TYPE sbt CONTROLFILECOPY 'd:\tmp\control01.ctl';
```

如果要查看控制文件的备份信息，可以使用命令 LIST BACKUP OF CONTROLFILE：

```
RMAN> LIST BACKUP OF CONTROLFILE;
```

### 3.7.2 控制文件的自动备份

控制文件自动备份是在 RMAN 进行备份后自动备份当前控制文件和服务器参数文件。如果数据库处于 ARCHIVELOG 模式，那么在数据库结构变化之后也会自动备份它们。控制文件自动备份具有默认文件名。即使控制文件和恢复目录丢失，RMAN 也可用默认文件名称还原控制文件，当然可以覆盖默认文件名称。控制文件自动备份中包含以前的备份元数据，这对于灾难恢复至关重要。

使用命令 CONFIGURE CONTROLFILE AUTOBACKUP 可以激活或中止控制文件的自动备份功能。当对控制文件进行自动备份时，可以在不使用 RMAN 资料档案库的情况下直接对控制文件进行恢复。

激活控制文件自动备份的命令：

```
RMAN> CONFIGURE CONTROLFILE AUTOBACKUP ON;
```

此时备份文件的名称是由 RMAN 自动以%U 格式生成的，默认位置在目录%ORACLE-HOME%\DATABASE。如果需要对自动备份的控制文件的命名方式进行修改，可以执行下面的命令：

```
RMAN> CONFIGURE CONTROLFILE AUTOBACKUP FORMAT
   2> FOR DEVICE TYPE DISK TO  'f:\backup\ctr01.bck';
```

中止控制文件自动备份功能的命令是：

```
RMAN> CONFIGURE CONTROLFILE AUTOBACKUP OFF;
```

### 3.7.3 备份服务器参数文件

如 3.7.2 节所述，当设置控制文件自动备份时，RMAN 也将自动备份当前的服务器参数文件（SPFILE）。使用 BACKUP SPFILE 命令可手工备份服务器参数文件。备份的服务器参数文件是当前实例正在使用的服务器参数文件。

备份服务器参数文件的步骤：

① 启动 RMAN 并连接到目标数据库和恢复目录（如果使用）。

② 确保目标数据库已加载或打开。必须使用服务器参数文件启动数据库。如果实例是使用客户端初始化参数文件启动，那么 RMAN 会发生错误。

③ 执行 BACKUP ... SPFILE。下面的命令将服务器参数文件备份到磁带上：

```
RMAN> BACKUP DEVICE TYPE sbt SPFILE;
```

服务器参数文件的备份位置与控制文件自动备份的位置一样。默认情况下，如果没有使用快速恢复区，并且没有用通道配置存储位置，那么这些备份文件的存储位置为服务器上的%ORACLE_HOME%\DBS 文件夹，如在 Windows 操作系统的文件夹 e:\app\orauser\product\12.1.0\dbhome_1\dbs。当然，也可以像备份数据库时一样，在备份或通道设置时指定 FORMAT 选项来设置备份存储位置。

## 3.8 备份归档重做日志文件

归档重做日志文件是成功进行介质恢复的关键，因此必须经常对归档重做日志文件进行备份，并且归档重做日志文件只能包含在归档重做日志备份集中。在 RMAN 中可以有多种方式备份归档重做日志文件。

### 3.8.1 BACKUP ARCHIVELOG 备份归档重做日志文件

BACKUP ARCHIVELOG 命令用来对归档重做日志文件进行备份，备份的结果是一个归档重做日志备份集。下面的命令将所有归档重做日志文件备份到归档备份集中：

```
RMAN> BACKUP ARCHIVELOG ALL;
```

在使用 BACKUP ARCHIVELOG ALL 命令进行备份时，RMAN 会在备份过程中试图进行一次日志切换，因此，会将当前联机重做日志的内容也包含到归档日志备份集中。

在 BACKUP 命令中可以指定 DELETE INPUT 删除指定归档目录中的归档重做日志文件，指定 DELETE ALL INPUT 选项将删除所有归档目录中的归档重做日志文件，这样可以节省磁盘空间。

使用下面的格式可备份指定时间内的归档重做日志文件的内容。如果需要也可以用 FORMAT 子句来指定备份集的位置和文件名称，如：

```
RMAN> BACKUP ARCHIVELOG FROM TIME  'SYSDATE-30'
   2> UNTIL TIME 'SYSDATE-7' FORMAT 'd:\backup\dd.ctl';
```

上面的例子备份 7 天前到 30 天前的归档重做日志文件。

### 3.8.2 用 BACKUP...PLUS ARCHIVELOG 备份归档重做日志

在对数据文件等其他对象进行备份时，可以同时备份归档重做日志文件，只要在备份命令 BACKUP 中使用 PLUS ARCHIVELOG 子句即可，此时该命令将按照下面的顺序依次完成备份数据库文件和归档日志文件的操作：

① 执行 ALTER SYSTEM ARCHIVELOG CURRENT 语句对当前的联机重做日志进行归档。

② 执行 BACKUP ARCHIVELOG ALL 命令备份所有归档重做日志文件。

③ 执行 BACKUP 命令对指定的数据文件等进行备份。

④ 再次执行 ALTER SYSTEM ARCHIVE LOG CURRENT 语句对当前的联机重做日志进行归档。

⑤ 对备份期间新生成的尚未备份的归档重做日志文件进行备份。

执行上述步骤后，就可以保证以后利用备份的归档重做日志文件可以将备份的数据文件恢复到一致的状态。

下面的命令可以在对整个数据库进行备份的同时，对所有的归档重做日志文件进行备份，要保证数据库是处于打开状态或已装载：

```
RMAN> BACKUP DATABASE PLUS ARCHIVELOG;
```

可以利用LIST BACKUP命令查看包含数据文件、控制文件和归档重做日志文件的备份集与备份片段的信息。例如：

```
RMAN> LIST BACKUP OF DATABASE;
RMAN> LIST BACKUP OF ARCHIVELOG ALL;
```

## 3.9 用RMAN进行双工备份

RMAN中的双工备份技术是指RMAN在创建备份集的时候，可以同时生成这个备份集的多个完全相同的副本，这样可以提高备份的可靠性。如果其中一个副本损坏，RMAN还可以利用其他副本来完成数据库修复操作。

在RMAN中，双工备份集（Duplexed Backup Set）是由RMAN生成的备份集的相同副本。在原备份集中的每个备份片都会被复制，每个副本有一个唯一副本编号（例如，0tcm8u2s_1_1和0tcm8u2s_1_2）。RMAN最多可以同时为备份集建立4个副本。不能把备份集双工到快速恢复区。

可以使用BACKUP...COPIES或CONFIGURE...BACKUP COPIES建立双工备份集。RMAN可以双工备份到磁盘或磁带，但不能同时双工备份到磁带或磁盘。对于磁盘通道，在FORMAT选项中指定多个值可在不同磁盘生成多个副本。对于SBT渠道，如果使用支持SBT API第2版的介质管理器，那么介质管理器自动写入每个副本到单独的介质（例如，单独的磁带）。当备份到磁带上，确保副本数不超过可用的磁带设备的数量。

双工备份仅适用于备份集，而不适用于镜像副本。当创建镜像副本备份时指定BACKUP...COPIES将会出现错误，并且在建立镜像副本时将忽略CONFIGURE BACKUP COPIES设置。

### 3.9.1 用CONFIGURE BACKUP COPIES进行双工备份

CONFIGURE...BACKUP COPIES命令设置在指定设备类型上建立相同备份集副本的数量，这种设置适用于除了控制文件自动备份和用BACKUP BACKUPSET命令生成的备份集以外的所有备份集，因为控制文件自动备份始终生成一个副本。该命令格式如下：

```
CONFIGURE [ARCHIVELOG | DATAFILE] BACKUP COPIES FOR DEVICE TYPE [DISK |
SBT] [CLEAR | TO n];
```

其中，ARCHIVELOG表示归档日志文件，DATAFILE指数据文件，DISK表示磁盘，SBT表示磁带，CLEAR表示将副本数量设置为默认值，TO n表示将生成n份相同的备份副本。

如果要配置每个数据文件和控制文件备份有3个磁盘副本，执行下面的命令：

```
RMAN> CONFIGURE DATAFILE BACKUP COPIES FOR DEVICE TYPE DISK TO 3;
```

如果要将 BACKUP COPIES 配置返回到默认值，执行下面的命令：

```
RMAN> CONFIGURE DATAFILE BACKUP COPIES FOR DEVICE TYPE sbt CLEAR;
```

使用 CONFIGURE ... BACKUP COPIES 建立双工备份的步骤如下：

① 配置数据文件和归档重做日志在指定设备类型的副本数量。默认情况下，CONFIGURE ... BACKUP COPIES 为每个设备类型设置为 1。下面的例子将在磁带上建立数据文件和归档日志的双工备份，但只在磁盘上建立数据文件（而不是归档重做日志）的双工备份。

```
RMAN> CONFIGURE DEVICE TYPE sbt PARALLELISM 1;
RMAN> CONFIGURE DEFAULT DEVICE TYPE TO sbt;
RMAN> CONFIGURE CHANNEL DEVICE TYPE DISK FORMAT 'd:\%U', 'e:\%U';
RMAN> CONFIGURE DATAFILE BACKUP COPIES FOR DEVICE TYPE sbt TO 2;
RMAN> CONFIGURE ARCHIVELOG BACKUP COPIES
   2  FOR DEVICE TYPE sbt TO 2;
RMAN> CONFIGURE DATAFILE BACKUP COPIES
   2  FOR DEVICE TYPE DISK TO 2;
```

② 执行 BACKUP 命令。下面的命令备份数据库和归档重做日志到磁带上，每个数据文件和归档日志有两个副本：

```
RMAN> BACKUP AS BACKUPSET DATABASE PLUS ARCHIVELOG;
```

由于在①中磁盘通道配置时使用了 FORMAT 子句，所以执行下面的命令备份数据库到磁盘上，并将备份集的一个副本放在 D 盘，另一个副本放在 E 盘：

```
RMAN> BACKUP DEVICE TYPE DISK AS BACKUPSET DATABASE;
```

如果 CONFIGURE CHANNNEL 命令没有配置 FORMAT 子句，那么可以在 BACKUP 命令中指定 FORMAT 子句。执行下面的命令可以完成同样的任务：

```
RMAN>BACKUP AS BACKUPSET DATABASE FORMAT 'd:\%U', 'e:\%U';
```

③ 执行 LIST BACKUP 命令查看备份集和备份片的列表。例如，输入以下命令：

```
LIST BACKUP SUMMARY;
```

#Copies 列显示备份集的数量，这可能是通过双工备份或多备份命令产生的。

【例 3.9】双工备份 users 表空间。

① 设置双工备份：

```
RMAN> CONFIGURE DATAFILE BACKUP COPIES
   2> FOR DEVICE TYPE DISK TO 2;
```

② 备份表空间 users，并将两个相同的备份存放在不同磁盘上。

```
RMAN> BACKUP TABLESPACE users
   2> FORMAT 'd:\backup\%u','e:\backup\%u';
```

③ 执行 LIST BACKUP SUMMARY 命令查看所有备份集的信息。

### 3.9.2 用 BACKUP ... COPIES 进行双工备份

BACKUP 命令的 COPIES 选项将覆盖所有其他控制备份集双工的 COPIES 和 DUPLEX 的设置。

#### 1. 使用 BACKUP COPIES 命令

在 BACKUP 命令中用 COPIES 选项指定双工方式下备份集副本的数量，这种方式指定的 COPIES 选项将覆盖任何其他双工备份设置，此时 BACKUP 命令中可指定要备份的数据库、表空间、数据文件等对象。

【例 3.10】建立数据文件 3 的三个备份集。

```
RMAN> BACKUP COPIES 3  DATAFILE  3;
```

运行以下命令将在默认的磁盘 DISK 位置为每个备份集生成 3 个副本。

```
RMAN> BACKUP AS BACKUPSET DEVICE TYPE DISK COPIES 3
   2> INCREMENTAL LEVEL 0 DATABASE;
```

因为在 BACKUP 命令中指定了 COPIES 选项，所以无论在 CONFIGURE DATAFILE COPIES 的配置如何，RMAN 都为每个数据文件备份集建立 3 个副本。

**2. 利用 SET BACKUP COPIES 进行双工备份**

SET BACKUP COPIES 命令用来在 RUN 命令块中设置双工备份副本数量。可以在分配通道前或分配通道后执行该命令，它将对以后执行的所有 BACKUP 命令有效。

【例 3.11】使用自动分配通道在磁盘上建立表空间 users 的两个副本，并把它们分别存放在不同的目录，然后备份所有归档日志文件，并为该备份建立 3 个副本。

```
RMAN>RUN
{
    2> SET BACKUP COPIES 3;
    3> BACKUP TABLESPACE users COPIES 2
    4> FORMAT 'd:\backup\%u','e:\backup\%u';
    5> BACKUP ARCHIVELOG ALL;
}
```

上面的命令执行后，表空间的备份集有两个副本，分别位于 d:\backup 和 e:\backup。归档日志文件有 3 个相同的备份，而自动备份的控制文件有 3 个相同的备份。BACKUP COPIES 的设置覆盖了 SET BACKUP COPIES 3 的设置，但 SET 命令对 BACKUP ACHIVELOG ALL 命令有效。

用 LIST BACKUP SUMMARY 命令查看所有备份集的信息，其中 #Copies 列中显示它的副本数量。

## 3.10 建立 RMAN 镜像副本

在执行 RMAN 的 BACKUP 命令时，可以将数据库备份为备份集和镜像副本。

### 3.10.1 镜像副本概述

备份集是 RMAN 默认的备份类型，通常备份集具有节省更多磁盘空间等优势。在 Oracle Database 10g 以上的版本，RMAN 能够自动通过未用块压缩功能自动创建备份片。将备份创建为备份集时，二进制的备份片文件只能通过 RMAN 进行操作，这被有些 DBA 将其视为缺点，因为必须使用 RMAN 才能备份和恢复这些文件（无法直接访问和控制备份片文件）。

正如本章 3.1.1 节介绍的，镜像副本是数据文件、归档重做日志文件或控件文件的精确副本，即镜像副本是与原文件每位都是相同。

创建镜像副本备份的优点是可以在不使用 RMAN 的情况下操作镜像副本，在必要时使用操作系统复制工具。此外，使用镜像副本能够以最快的速度还原数据文件，因为 RMAN 只需将镜像副本复制到数据库中就可以完成还原任务，并且无须改变数据文件的格式，因为它们是完全相同的副本。

如果需要直接控制通过 RMAN 创建的备份文件,或者需要优先考虑恢复过程的速度，就应该使用镜像副本。

### 3.10.2 建立镜像副本的方法

使用 BACKUP 命令的 AS COPY 选项可以创建数据文件、控制文件、数据文件副本、控制文件和归档重做日志文件的镜像副本备份。镜像复制文件只能存在于磁盘上。当使用增量更新的备份时，0 级增量备份必须是镜像副本备份。

用 CONFIGURE DEVICE TYPE ... BACKUP TYPE TO COPY 命令可以将磁盘备份的默认备份类型配置为镜像副本。RMAN 根据以下优先次序选择镜像副本的位置：BACKUP 命令的 FORMAT 选项指定的位置;CONFIGURE CHANNEL integer ... FORMAT 命令指定的位置；CONFIGURE CHANNEL DEVICE TYPE ... FORMAT 指定的位置；平台默认的 FORMAT 设置。

可以使用 RMAN 或操作系统复制文件命令创建和还原镜像副本备份。当使用 RMAN 时，镜像副本记录在 RMAN 资料库中，并且更加易于还原和修复操作。否则，必须使用 CATALOG 命令把用户管理的副本添加到 RMAN 资料库,以便 RMAN 可以使用它们。

尽管可以建立一个镜像副本的镜像副本，但不能制作备份集的镜像副本。要备份备份集，必须使用 BACKUP BACKUPSET 命令。

**【例 3.12】**建立表空间 SYSTEM 和 users 的镜像副本，并将其分别存储在两个不同磁盘上。FORMAT 中的%U 为每个镜像副本生成唯一的文件名。

```
RUN
{
   ALLOCATE CHANNEL dev1 DEVICE TYPE DISK FORMAT 'd:\back\%U';
   ALLOCATE CHANNEL dev2 DEVICE TYPE DISK FORMAT 'e:\back\/%U';
   BACKUP AS COPY TABLESPACE SYSTEM, users;
}
```

**【例 3.13】**建立数据文件 users.dbf 的多段备份，并备份为镜像副本。每个备份片段不能超过 150 MB。

```
RMAN> BACKUP AS COPY  SECTION SIZE 150M
   2>  DATAFILE 'e:\oradata\dbs\users.dbf';
```

执行上述命令后，将在默认位置生成多个备份段的文件，每个文件大小不超过 150 MB。

## 3.11 用 RMAN 进行增量备份

增量备份可以节省磁盘空间和通过网络备份时的网络带宽,并能够提供类似归档重做日志的功能。与完全备份一样，如果数据库运行在非归档模式下，那么只能在数据库干净关闭的状态下进行一致性的增量备份；如果数据库运行在归档模式下，那么可以在数据库关闭状态下或打开状态下进行增量备份。

### 3.11.1 增量备份概述

RMAN 在默认情况下都是进行完全备份，即备份中包括每个备份文件中的块数据。镜像副本也是一种数据文件的完整备份，因为其中包括每个数据块。完全备份不会影响后续的增量备份，也不被认为是增量备份策略的一部分，即它不能作为以后增量备份的父备份。

**1. 增量备份的概念**

增量备份是在一个基准线备份的基础上进行的备份。与完全备份相反，增量备份仅复制自上次备份以来发生变化的那些数据块。在进行增量备份时，RMAN 读取整个数据文件，但是仅仅将那些与前一次备份相比发生了变化的数据块复制到备份集中。可以使用 RMAN 创建数据文件、表空间或整个数据库的增量备份。如果增量备份中包含控制文件，那么备份集的控制文件是完整的。

**2. 增量备份适用场所**

通常不实现增量备份策略，增量备份适用于大型数据库，在这种环境中备份之间仅存在较少的差异。在管理大多数数据库中，每天都运行一次 0 级备份操作。如果处理数据仓库，就需要使用增量备份策略，因为这样做可以大幅减少备份的尺寸。例如，可以每个星期创建一个 0 级备份并且每天创建 1 级的增量备份。

**3. 增量备份的级别**

在 RMAN 中建立的增量备份可以具有不同的“级别（Level）”，每个级别都使用一个不小于零的整数来标识，如 0 级备份、1 级备份等。0 级增量备份是后续所有增量备份的基础，因为在进行 0 级备份时 RMAN 会将数据文件中所有不空白的数据块都复制到备份集中。0 级增量备份与完全备份的唯一区别就是它将作为增量备份策略中的一部分，而完全备份则不能。

在一个增量备份策略中必须包含一个 0 级增量备份。如果在没有 0 级增量备份的情况下试图建立级别大于 0 的增量备份，RMAN 将首先创建一个 0 级增量备份。级别大于 0 的增量备份将只包含与前一次备份相比发生了变化的数据块。0 级增量备份可以是备份集或映像副本，但是 1 级增量备份只能是备份集。

**4. 增量备份的类别**

1 级增量备份可以是差异增量备份或累积增量备份。增量备份默认为差异增量备份。当应用更关注恢复时间而不关注磁盘空间时，累积增量备份优于差异增量备份，因为在恢复期间会应用更少的增量备份。备份文件的大小完全取决于修改的块数、增量备份级别和增量备份的类型（差异或累积）。

（1）差异增量备份

差异增量备份（Differential Incremental Backup）是只备份自最新的 1 级（累积或差异备份）或 0 级增量备份之后更改过的所有块。例如，在 1 级差异增量备份中，RMAN 首先确定最近执行的 1 级增量备份，然后备份在该备份后修改的所有块。如果没有 1 级增量备份可用，那么 RMAN 将复制从基础 0 级备份以来更改的所有块。

如果当前或父化身中没有 0 级增量备份，那么结果随兼容模式设置而不同。如果版本是 Oracle 10g 以后的，则 RMAN 复制自创建文件以来已更改的所有块。否则，RMAN 生成 0 级增量备份。

（2）累积增量备份

累积增量备份（Cumulative Incremental Backups）是只备份自最新的 0 级增量备份之后更改的所有块。在 1 级累积备份中，RMAN 备份在当前或父增量备份集中自最近 0 级增量备份以来使用的所有块。累积增量备份通过确保恢复操作只需要从任何特定级别的一个增量备份，从而减少恢复操作所需的工作。累积增量备份比差异增量备份需要更多的空间和时间，因为它们重复在同一级别先前的备份上完成的工作。

当使用累积增量备份进行恢复时，只需应用最近的累积增量备份。

### 3.11.2　增量备份策略

在备份时节省磁盘空间的有效方法是：先在磁盘上进行增量备份，然后使用 BACKUP AS BACKUPSET 命令将备份转储到磁带上。当磁盘上的增量备份转储到磁带上时，可能需要多个流式的磁带，因为增量备份的所有的块都将复制到磁带。

一般情况下，管理员根据可接受的平均恢复时间（Mean Time To Recover，MTTR）选择备份策略。例如，可以实现三级备份方案：每月进行一次 0 级增量备份，每周进行一次 1 级累积增量备份，每天进行 1 次差异增量备份。按照这个备份策略，完成恢复所需的重做日志不会超过一天。

在决定进行 0 级增量备份的频率时，一般规则是只要 20% 以上的数据发生变化就进行新的 0 级增量备份。如果数据库变化率是可预测的，那么可以观察增量备份的大小，以确定是否需要进行新的 0 级增量备份。

执行下面的 SQL 语句可以确定当至少要备份每个数据文件 20% 的块时，写入 1 级增量备份的块数：

```
SELECT FILE#, INCREMENTAL_LEVEL, COMPLETION_TIME,
BLOCKS, DATAFILE_BLOCKS FROM V$BACKUP_DATAFILE
WHERE INCREMENTAL_LEVEL > 0 AND BLOCKS / DATAFILE_BLOCKS > .2
ORDER BY COMPLETION_TIME;
```

利用上面查询的结果对 1 级增量备份中的块数与 0 级增量备份进行比较。例如，如果只创建 1 级累积增量备份，那么当最新的 1 级增量备份大约是 0 级增量备份大小的一半时就可以进行新的 0 级增量备份。

另一个策略是使用 3.11.4 节介绍的增量更新备份。

### 3.11.3　增量备份步骤

虽然命令 BACKUP DATABASE 和 BACKUP INCREMENTAL LEVEL 0 DATABASE 备份的内容是相同的，但这两命令是不同的。完全备份不可用作增量策略的一部分，而 0 级增量备份是增量策略的基础。没有 RMAN 命令可以将完全备份更改为 0 级增量备份。

默认情况下，增量备份是差异备份。进行增量备份的步骤如下：

① 启动 RMAN 并连接到目标数据库。如果使用恢复目录，也要连接到恢复目录数据库。

② 确保目标数据库已加载（MOUNT）或打开（OPEN）。

③ 使用所需选项执行 BACKUP INCREMENTAL 命令。使用 LEVEL 参数指示增量备份级别。下面的命令进行数据库 0 级增量备份：

```
RMAN> BACKUP INCREMENTAL LEVEL 0 DATABASE;
```

下例将对 SYSTEM 和 tools 表空间进行第 1 级差异增量备份，它只备份自最新的 1 级或 0 级备份以后更改的数据块：

```
RMAN> BACKUP INCREMENTAL LEVEL 1 TABLESPACE SYSTEM, tools;
```

下例对 users 表空间进行 1 级累积增量备份，备份自最近 0 级备份以来更改的所有块：

```
RMAN> BACKUP INCREMENTAL LEVEL 1 CUMULATIVE TABLESPACE users;
```

如果在 BACKUP 命令中指定了 INCREMENTAL LEVEL 选项，那么必须还要指定 DATAFILE、TABLESPACE、DATABASE 或 DATAFILECOPY 选项之一，因为 RMAN 并不支持对控制文件、归档重做日志文件或备份集进行增量备份。

当要创建 1 级增量备份时，数据库执行下面检查以确保增量备份可以用于后续的 RECOVER 命令。一是检查对于 BACKUP 命令中的每个数据文件是否存在 0 级备份作为基础备份增量，并且 0 级备份不能有状态为 UNAVAILABLE 的备份，如果不存在 0 级备份，则 RMAN 自动创建 0 级备份；二是检查从 0 级备份后创建了足够可用的增量备份。

### 3.11.4 增量更新备份

利用增量更新备份技术，可以避免建立数据文件完整镜像副本的开销，同时最大限度地减少数据库介质恢复所需的时间。例如，如果运行每日备份脚本，那么在介质恢复时就不会使用超过 1 天的重做日志。

增量更新备份（Incrementally Updating Backups）是实现镜像副本的高效方法。该方法利用 RMAN 先创建数据文件的镜像副本，然后用 RMAN 创建增量备份（仅创建执行了上次备份后已更改的数据块的备份），并将该增量备份应用于镜像副本（而不是创建新的镜像副本）。如果有足够的磁盘空间为整个数据库创建镜像副本，并需要灵活地直接处理镜像备份，就可使用这种策略。这种方法的一个潜在缺陷是当需要将数据库恢复到某个时间点时，只能将数据库恢复到增量备份最后一次更新镜像副本的时间点。

要增量更新数据文件备份的步骤如下：

① 用指定的标签创建数据文件的完整镜像副本备份。

② 按照指定时间（如每天），使用与基本数据文件副本相同的标签建立数据文件的 1 级差别增量备份。

③ 把②中建立的增量备份应用到具有相同标签的最新备份。

这种技术可以将备份前滚到 1 级增量备份建立的时间。RMAN 可以恢复永远增量（Incremental Forever）并应用重做日志中的变化，其结果等效于在最近应用 1 级增量备份的 SCN 处恢复数据文件备份。永远增量是指在完全备份后，仅存有增量备份，这允许更快的恢复，因为可以使用数据库的当前镜像副本。

如果要创建用于增量更新备份策略的增量备份，就要使用 BACKUP 命令的 BACKUP...FOR RECOVER OF COPY WITH TAG 形式。

【例 3.14】定期运行下面的脚本来实现基于增量的更新备份策略。

```
RUN
{
    RECOVER COPY OF DATABASE WITH TAG 'incr_update';
    BACKUP INCREMENTAL LEVEL 1
    FOR RECOVER OF COPY WITH TAG 'incr_update' DATABASE;
}
```

为了正确理解上面的脚本和策略，必须理解没有数据文件副本或增量备份时这两个命令和策略的作用。在这里要注意两点：一是例 3.14 中的 BACKUP 命令并不总是创建 1 级增量备份；二是例 3.14 中的 RECOVER 命令把具有指定标签的可用 1 级增量备份应用到一组具有相同标签的数据文件副本上。

下面详细解释从星期一开始每天运行一次例 3.14 时两个命令执行的效果：

（1）在星期一运行脚本

因为没有增量备份或数据文件副本存在，RECOVER 命令生成一条消息（但不是错误），即此命令没有任何执行效果。

由于没有 0 级镜像副本存在，所以 BACKUP 命令创建一个数据库的镜像副本并用标签 incr_update。这个副本将是增量更新循环的开始。

**注意：** 如果在脚本中设置设备类型为 SBT（DEVICE TYPE SBT），那么第一次运行时创建的副本在磁盘上，而不是在磁带。后续运行时将在磁带上创建 1 级增量备份。

（2）在星期二运行脚本

虽然数据库副本现在存在，但没有恢复所需的 1 级增量备份存在，因此，RECOVER 命令没有任何效果。

BACKUP 命令建立 1 级增量备份并定义标签 incr_update。该备份中包含在星期一和星期二之间发生变化的所有块。

（3）在星期三运行脚本

RECOVER 命令将把在星期二建立的 1 级增量备份应用到此数据库副本，将该数据库副本恢复到建立 1 级增量备份的检查点 SCN。

BACKUP 命令建立新的 1 级增量备份并分配标签 incr_update，此备份包含在星期二和星期三期间发生改变的所有数据块。

（4）星期四后每天运行脚本都有下面的结果

RECOVER 命令将昨天建立的 1 级增量备份应用于数据库副本，将数据库副本恢复到昨天 1 级增量备份的检查点 SCN。

BACKUP 命令建立 1 级增量备份并分配标签 incr_update，此备份包含在当前时间到具有 incr_update 标签的最近备份期间发生变化的块。

在运行例 3.14 的脚本时要注意以下内容：

（1）每次有新数据文件添加到数据库时，新数据文件的镜像副本都是在下一次脚本运行时创建。下一轮运行将建立新增数据文件的第一个 1 级增量备份。在所有后续运行中，新的数据文件是像任何其他数据文件一样处理。

（2）在增量更新备份的策略中，必须使用标签来识别数据文件副本和增量备份，使其不会干扰其他备份策略。如果使用多个增量备份，那么除非对 0 级备份进行标记，否则 RMAN 无法明确地创建 1 级增量备份。

应用到镜像副本的 1 级增量备份是根据镜像副本和可用 1 级增量的标签来选择的，所以标签在选择增量级备份中至关重要。

（3）例 3.14 脚本第三次运行后，以下文件可用于时间点恢复：从上次脚本运行的检查点 SCN 开始后的数据库镜像副本；上次运行的检查点 SCN 后变化的增量备份；包括镜像副本检查点 SCN 和当前时间之间所有更改的归档重做日志。

如果必须在以后的 24 小时内还原和修复数据库，那么可以从增量更新的数据文件镜像副本中还原数据文件，然后应用最新 1 级增量备份和重做日志中的更改来修复数据库到指定 SCN。此时最多应用 24 小时的重做日志，从而限制了恢复需要的时间。

**【例 3.15】** 扩展例 3.14 中脚本，以便为大于 24 小时的恢复窗口提供快速恢复。本例中在 RECOVER 命令中指定恢复窗口的开始时间来维护 7 天的窗口。

```
RUN
{
   RECOVER COPY OF DATABASE WITH TAG 'incr_update'
   UNTIL TIME 'SYSDATE - 7';
   BACKUP INCREMENTAL LEVEL 1
   FOR RECOVER OF COPY WITH TAG 'incr_update' DATABASE;
}
```

下面解释每天运行例 3.15 脚本时两个命令执行的效果：

（1）星期一（1 月 1 日）运行脚本

此时运行脚本与在例 3.14 中的（1）效果一样。

（2）在 1 月 2 日到 1 月 8 日期间运行脚本

虽然数据库副本已存在，但此时 SYSDATE-7 对应的时间是在基本副本创建之前，所以 RECOVER 命令没有效果。例如，在星期三执行该脚本，而 SYSDATE-7 对应的是 1 月 1 日之前，所以 RECOVER 命令相当于没有执行。

BACKUP 命令进行 1 级增量备份并分配标签 incr_update。该备份包含在昨天和今天之间块改变。

（3）星期二（1 月 9 日）运行脚本

现在 SYSDATE-7 对应的时间是创建基本副本之后的日期。RECOVER 命令将使用在星期二（1 月 2 日）的增量备份对星期一（1 月 1 日）创建的数据库副本进行更新，从而使数据库副本恢复到 1 级增量备份时的检查点 SCN。

BACKUP 命令进行 1 级增量备份并分配标签 incr_update。该备份包含星期一（1 月 8 日）到星期二（1 月 9 日）期间发生变化的块。

（4）星期三（1 月 10 日）后运行脚本

RECOVER 命令将用 7 天前的增量备份更新数据库镜像副本，并将数据库副本恢复到该 1 级增量备份对应的检查点 SCN。

BACKUP 命令进行 1 级增量备份并分配标签 incr_update，此时备份包含了在昨天和今天间发生变化的所有块。

与例 3.14 中的基本脚本一样，可以快速恢复数据库到镜像副本和 SCN 之间的任何时间点。RMAN 可以同时使用来自增量备份的块变化和重做日志的单个更改，因为每天都有 1 级增量备份，因此无须应用超过 1 天的重做日志。

## 3.12 备份 CDB 和 PDB

RMAN 支持在多租户环境中的备份和恢复。在多租户架构中，Oracle 数据库能够充当容器数据库（Container Databases，CDB）。利用 RMAN 可以对整个 CDB、根或一个或多个插接式数据库（Pluggable DataBases，PDB）进行备份和恢复。当然，还可以备份和恢复 PDB 中的表空间和数据文件。

用增量备份策略可以执行整个 CDB 的夜间备份，或者对单个 PDB 频繁备份而对整个 CDB 或根的少量备份。

从数据丢失中恢复的能力方面来看，单独备份根和全部 PDB 相当于备份整个 CDB，二者的主要区别在于执行的 RMAN 命令数量和恢复的时间。恢复整个 CDB 比恢复根和所有 PDB 需要的时间更短。

如果 CDB 和 PDB 的兼容性参数设置为 12.2 或更高版本，RMAN 也能够在 CDB 和 PDB 上执行稀疏备份。这些备份只复制分配给每个数据库的存储空间的最新更新内容。

### 3.12.1 备份整个 CDB 和根

#### 1. 备份整个 CDB

备份整个 CDB 类似于备份非 CDB。当备份整个 CDB 时，RMAN 将备份根目录、所有插接式数据库 PDB 和归档重做日志。

BACKUP 命令可用于备份 CDB。可以利用整个 CDB 的备份来恢复整个 CDB 或者只恢复根或一个或多个 PDB。

当以具有 SYSBACKUP 或 SYSDBA 权限的公共用户连接到根后，可以像备份非 CDB 的整个数据库的操作一样备份整个 CDB。详细参见本章的 3.5 节。

#### 2. 只备份根

可以使用 RMAN 命令仅对 CDB 根进行备份。因为根包含整个 CDB 的关键元数据，Oracle 建议备份根或定期备份整个 CDB。使用 RMAN 备份根的步骤如下：

① 启动 RMAN 并用具有 SYSBACKUP 或 SYSDBA 权限的公共用户连接到根。

② 执行下面命令进行根的备份。

```
RMAN> BACKUP DATABASE ROOT;
```

### 3.12.2 备份 PDB

RMAN 使用 BACKUP 命令可以备份 CDB 中的一个或多个 PDB。用 RMAN 备份 PDB 时可以连接到根或连接到指定的 PDB。

#### 1. 连接到根备份一个或多个 PDB

这种方法是先连接到根，然后使用 BACKUP PLUGGABLE DATABASE 命令进行备份，此时能够使用单个命令备份多个 PDB。

在启动 RMAN 后，用具有 SYSBACKUP 或 SYSDBA 权限的公共用户连接到根，然后执行下面的命令可以备份一个或多个 PDB。下面的命令备份 sales 和 hr 两个 PDB：

```
RMAN> BACKUP PLUGGABLE DATABASE sales, hr;
```

当连接到根来备份 PDB 时，产生的备份对根和指定的 PDB 可用，但对于其他的 PDB 不可见。

2．连接到 PDB 只备份一个 PDB

这种方法先连接到指定的 PDB，然后执行 BACKUP DATABASE 命令。这种方法仅能备份单个 PDB，并使用与备份非 CDB 相同的命令。

连接到任何 PDB 时创建的备份在连接到根时是可见的。这种方法备份单个 PDB 时，不备份归档重做日志。

在启动 RMAN 后，以具有 SYSBACKUP 或 SYSDBA 权限的本地用户连接到 PDB，执行下面的命令可备份指定的 PDB：

```
RMAN> BACKUP DATABASE;
```

### 3.12.3 备份 PDB 中的表空间和数据文件

备份 PDB 中的表空间和数据文件的方法与备份非 CDB 中的表空间和数据文件类似，可参考本章的 3.6 节。

1．备份 PDB 中的表空间

因为不同 PDB 中的表空间可以具有相同的名称，为了消除歧义在备份一个或多个表空间时必须直接连接到特定的 PDB。在启动 RMAN 后，以具有 SYSBACKUP 或 SYSDBA 权限的本地用户连接到 PDB，执行下面命令可备份指定的表空间 users 和 examples：

```
RMAN> BACKUP TABLESPACE users, examples;
```

2．备份 PDB 中的数据文件

由于数据文件编号和路径在 CDB 上是唯一的，可以连接到根或 PDB 来备份 PDB 中的数据文件。如果连接到根，那么可以使用单个命令备份多个 PDB 中的数据文件。如果连接到 PDB，那么只能备份该 PDB 中的数据文件。

如果要备份指定 PDB 中的数据文件，那么可以用具有 SYSBACKUP 或 SYSDBA 权限的公共用户连接到根或用具有 SYSBACKUP 或 SYSDBA 权限的本地用户连接到 PDB，然后执行下面命令：

```
RMAN> BACKUP DATAFILE 10, 13;
```

### 3.12.4 备份 CDB 中的归档重做日志文件

在 CDB 中，只有具有 SYSDBA 或 SYSBACKUP 权限的公共用户连接到根目录时才可以备份归档重做日志。

如果具有 SYSDBA 或 SYSBACKUP 权限的本地用户连接到 PDB，那么不能备份或删除归档重做日志。

如果数据库运行时归档重做日志复制到多个存储位置，那么 RMAN 连接到根时只备份归档重做日志的一个副本。连接到 CDB 的根时可以切换重做日志文件，但连接到 PDB 时不能备份或切换归档重做日志文件。

当具有 SYSDBA 或 SYSBACKUP 权限的公共用户连接到根后，可以按照非 CDB 数据库中备份归档重做日志的方法备份 CDB 中的归档重做日志。参见本章的 3.8 节。

## 3.13 备份 RMAN 备份

为了让所有备份同时保存在磁盘上和磁带上，或者要将备份从磁盘移动到磁带上以释放磁盘空间，此时可能要对产生的备份进行备份。RMAN 提供了多种方法来备份由 RMAN 生成的备份数据。在多租户环境中，不能备份已从 CDB 中删除或拔出的 PDB 的备份集或镜像副本。

### 3.13.1 查看备份保留策略对备份 RMAN 备份的影响

对于基于冗余的备份保留策略，备份集视为备份的一个实例，即使形成备份集的备份片存在多个副本也是如此，例如备份集已从磁盘备份到磁带。

对于恢复窗口保留策略，备份集的所有副本要么都过时，要么都没有过时。查看 LIST 和 REPORT 命令输出就可以掌握这一点。

通过下面的示例可看出备份保留策略对备份的备份的影响：

① 备份数据文件，如以下示例备份数据文件 5：

```
RMAN> BACKUP AS BACKUPSET DATAFILE 5;
```

② 对步骤①中的数据文件备份执行 LIST 命令。

```
LIST BACKUP OF DATAFILE 5 SUMMARY;
List of Backups
===============
Key TY LV S Device Type Completion  Time #Pieces #Copies Compressed Tag
--- -- -- - ----------- ---------------- -------- ------- ---------- ---
18   B  F  A DISK        04-AUG-16        1        1       NO TAG20070804T160 134
```

③ 使用上一步中的显示的备份集键来备份备份集。

```
RMAN> BACKUP BACKUPSET 18;
```

④ 运行与步骤②中相同的 LIST 命令。运行以下命令（包括示例输出）。

```
LIST BACKUP OF DATAFILE 5 SUMMARY;
List of Backups
===============
Key TY LV S Device Type Completion Time #Pieces #Copies Compressed Tag
--- -- -- - ----------- --------------- ------- ------- ---------- ---
18   B  F  A DISK        04-AUG-16       1        2       NO TAG20070804T160 134
```

上面的输出中只显示一个备份集，但现在有两个副本（#Copies 为 2）。

⑤ 生成一份报告，以查看这些副本在基于冗余备份保留策略下的影响。

```
RMAN> REPORT OBSOLETE REDUNDANCY 1;
```

显示的结果中没有报告有副本为过时，因为备份集的两个副本都有相同 set_stamp 和 set_count 的值。

⑥ 生成一个报告以查看在基于恢复窗口备份保留策略下这些副本的影响。

```
RMAN> REPORT OBSOLETE RECOVERY WINDOW OF 1 DAYS;
```

显示的结果中没有备份集的副本被报告为过时。

### 3.13.2 用 RMAN 备份备份集

BACKUP BACKUPSET 命令可以创建备份集中备份片的附加副本，但不创建新的备份集，而仅仅作为由 BACKUP 命令其他形式生成的备份集的副本，不是独立的备份集。因此，BACKUP BACKUPSET 命令的效果类似于用 BACKUP 命令的 DUPLEX 或 MAXCOPIES 选项。

假设已经配置了 SBT 设备作为默认设备。将备份集从磁盘备份到磁带的步骤如下：

① 如果要备份可用备份集的子集，执行 LIST BACKUPSET 命令获取备份集的主键。

```
RMAN> LIST BACKUPSET SUMMARY;
```

下面的命令列出有关备份集 3 的详细信息：

```
RMAN> LIST BACKUPSET 3;
```

② 执行 BACKUP BACKUPSET 命令。下面的命令将所有磁盘备份集备份到磁带，然后删除磁盘备份：

```
RMAN> BACKUP BACKUPSET ALL DELETE INPUT;
```

下面的命令将主键为 1 和 2 的备份集备份到磁带，然后删除磁盘上的备份：

```
RMAN> BACKUP BACKUPSET 1,2 DELETE INPUT;
```

③ 执行 LIST 命令查看备份集和备份片的列表，该命令的输出列出所有副本，包括由 BACKUP BACKUPSET 创建的备份片副本。

### 3.13.3 用 RMAN 备份镜像副本

用 BACKUP COPY OF 命令备份数据文件、控制文件和归档重做日志的镜像副本，该命令的输出可以是备份集或镜像副本，因此，可以生成镜像副本的备份集，这样可将数据库的镜像副本备份到磁盘或磁带上。

假设已将 SBT 设备配置为默认设备。当备份具有多个数据文件副本的镜像副本时，指定备份标签可以更容易地识别输入的镜像副本。数据文件的所有镜像副本有标签。默认情况下，镜像副本的标签是继承镜像副本备份为新镜像副本时的标签。将映像副本从磁盘备份到磁带步骤如下：

① 执行 BACKUP ... COPY OF 或 BACKUP DATAFILECOPY 命令。下面的命令备份具有标签 DBCopy 的数据文件副本：

```
RMAN> BACKUP DATAFILECOPY FROM TAG monDBCopy;
```

下面的命令将数据库的最新镜像副本备份到磁带，分配标签 QUARTERLY_BACKUP，并删除磁盘上的备份：

```
RMAN> BACKUP DEVICE TYPE sbt  TAG "quarterly_backup"
   2 COPY OF DATABASE DELETE INPUT;
```

② 执行 LIST 命令查看备份集的列表。输出列出所有副本，包括由 BACKUP BACKUPSET 命令创建的备份片副本。

### 3.13.4 用 RMAN 备份恢复文件

恢复文件（Recovery Files）指的是在快速恢复区中的完全备份集、增量备份集、控制文件自动备份、数据文件副本和归档重做日志。如果归档重做日志文件丢失或损坏，那么 RMAN 从恢复区外查找可用于备份的归档日志的副本。在恢复区的闪回日志、当前控件文件和联机重做日志文件不备份。

用 BACKUP RECOVERY AREA 命令可备份在当前和以前的快速恢复区中创建的所有恢复文件。BACKUP RECOVERY AREA 命令支持 SBT 和磁盘备份。对于恢复文件的磁盘备份，必须使用 BACKUP 命令的 TO DESTINATION 选项。默认情况下，该命令会启用备份优化功能，即使 CONFIGURE BACKUP OPTIMIZATION 设置为 OFF。可以通过指定 FORCE 选项来禁止 BACKUP RECOVERY AREA 的备份优化。

如果快速恢复区现在未启用，但在备份之前已启用过，那么在以前的快速恢复区中创建的文件被备份。

下面的命令将把所有恢复文件备份到 d 盘的 back 文件夹中：

```
RMAN> BACKUP RECOVERY AREA TO DESTINATION 'd:\back';
```

使用 BACKUP RECOVERY FILES 命令可备份磁盘上的所有恢复文件，无论这些文件是存储在快速恢复中还是在磁盘的其他位置。例如，下面的命令将所有恢复文件备份到磁带：

```
RMAN> BACKUP RECOVERY FILES DEVICE TYPE sbt;
```

## 3.14 备份的高级操作

除了本章前面几节介绍的备份操作以外，RMAN 的 BACKUP 命令还有许多其他选项可供使用，这些选项灵活组合可完成更复杂的备份操作或对备份进行复杂的管理。

### 3.14.1 限制备份集中的文件数

在 BACKUP 命令中使用 FILESPERSET 选项指定每个备份集中要包括的输入文件的最大数 n。此参数仅在 BACKUP 生成备份集时才有效。

在 BACKUP 命令中指定 FILESPERSET 选项之后，RMAN 将对 FILESPERSET 参数的值与它计算出的值（用备份对象所包含的文件总数除以分配的通道数量）进行比较，然后使用两者中较小的一个作为实际产生作用的值，这样可以保证所有分配的通道都可以被使用。

假设要备份 100 个数据文件，并为备份操作分配了两个通道，同时将 FILESPERSET 设置为 30，进行比较后 RMAN 将会自动把 FILESPERSET 的值修改为 30。假设需要对两个数据文件进行备份，为备份操作分配了两个通通并且将 FILESPERSET 设置为 1，这时将有一个通道始终处于空闲状态，应当避免出现这种情况。

RMAN 将每次要备份的文件备份到一个或多个备份集。当每次要备份的文件数超过 FILESPERSET 设置的值时，RMAN 将备份的文件分割到多个备份集。FILESPERSET 的默认值是 64。

**【例 3.16】**假设 FILESPERSET 使用默认值，下面的一组命令展示了备份文件与生成的备份集数据的关系。

```
RMAN> BACKUP AS BACKUPSET (DATAFILE 3, 4, 5, 6, 7) (DATAFILE 8, 9);
```

这里要备份的文件分为两组描述，所以 RMAN 将数据文件 3、4、5、6 和 7 存储到一个备份集，将数据文件 8 和 9 存储到另一个备份集。

```
RMAN> BACKUP AS BACKUPSET DATAFILE 3, 4, 5, 6, 7, 8, 9;
```

因为没有指定 FILESPERSET 的值，所以使用默认值，即每个备份集中的数据文件数不超过 64，所以 RMAN 将所有数据文件（3～9）存储到一个备份集中。

```
RMAN> BACKUP AS BACKUPSET DATAFILE 3, ..., 72;
```

上面的命令中省略号表示数据文件 3～72，此时 RMAN 要备份 70 个数据文件，所以会生成两个备份集，既将 64 个文件存储到一个备份集中，6 个存储到另一个备份集中。

```
RMAN> BACKUP AS BACKUPSET DATAFILE 3, ..., 72 FILESPERSET 20;
```

因为上面的命令中指定每个备份集的数据文件数不能超过 20，所以执行上面的命令备份 70 个数据文件将生成 4 个备份集，其中 3 个备份集有 20 个数据文件，另一个有 10 个数据文件。

如果没有指定 FILESPERSET 选项，RMAN 将对它计算出的值与 FILESPERSET 的默认值 64 进行比较，然后使用两者中较小者；因此，如果分配的通道太多，导致 RMAN 计算出的值小于 FILESPERSET 选项的值，那么就会有一些通道处于空闲状态。

默认情况下，RMAN 会把数据文件分解到备份集中以使通道资源的得到最佳使用。如果要备份的文件数除以通道数所得结果 n 小于 64，那么这个数字就是 FILESPERSET 值。否则，FILESPERSET 默认为 64。

**注意：**不能指定备份集中的备份片个数。

### 3.14.2 限制备份集和备份片大小

如果要备份大的数据文件，那么可用 CONFIGURE 命令建立永久性设置以控制备份集的大小。如果没有永久配置来限制备份集的大小，那么也可以使用 BACKUP 命令的 MAXSETSIZE 选项来限制备份集的大小。

#### 1. 用 BACKUP ... MAXSETSIZE 命令限制备份集大小

BACKUP 命令的 MAXSETSIZE 参数指定一个以字节为单位（默认值，或千字节、兆字节、吉字节）的备份集最大尺寸。如要限制备份集大小为 305 MB，指定 MAXSETSIZE 的值 305MB，此时 RMAN 试图限制所有备份集大小为 305 MB。如果备份操作中间失败，只备份了部分，那么可利用重新启动备份功能重新备份那些失败前没有备份的文件。

有时 MAXSETSIZE 值可能太小不能包含要备份的最大文件。当确定 MAXSETSIZE 是否太小时，RMAN 是计算原始数据文件的大小，而不是压缩后的文件大小。

限制备份集大小的步骤如下：

① 启动 RMAN 并连接到目标数据库。如果使用恢复目录，也要连接到恢复目录数据库。

② 执行带有 MAXSETSIZE 参数的 BACKUP 命令。如下面示例将备份归档日志到磁带，并限制每个备份集的大小到 100 MB:

```
RMAN> BACKUP DEVICE TYPE sbt MAXSETSIZE 100M  ARCHIVELOG ALL;
```

#### 2. 用 CONFIGURE MAXSETSIZE 限制备份集大小

CONFIGURE MAXSETSIZE 命令限制在通道上创建备份集的大小。这个配置适用于用 BACKUP 命令创建备份集时的任何通道，无论是手动分配或者预配置。

由 CONFIGURE MAXSETSIZE 命令设置的值是给定通道的默认值。可以通过指定 BACKUP 命令的 MAXSETSIZE 选项来覆盖已配置的 MAXSETSIZE 值。

假设在 RMAN 提示符执行下面一组命令：

```
CONFIGURE DEFAULT DEVICE TYPE TO sbt;
CONFIGURE CHANNEL DEVICE TYPE sbt
```

```
PARMS 'ENV=(OB_MEDIA_FAMILY=first_pool)';
CONFIGURE MAXSETSIZE TO 7500K;
BACKUP TABLESPACE users;
BACKUP TABLESPACE tools MAXSETSIZE 5G;
```

上面的命令显示 users 用户表空间的备份使用配置的 SBT 通道和 MAXSETSIZE 设置值 7500K，tools 表空间的备份使用在 BACKUP 命令中 MAXSETSIZE 设置的 5G 值。

### 3. 限制备份片的大小

如果备份片的大小超过了文件系统或介质管理软件的最大值，或者要备份非常大的文件时，备份片的大小就会是必须考虑的问题。可以使用 CONFIGURE 配置命令而不是 BACKUP 命令来限制单个备份片的大小。

使用 CONFIGURE CHANNEL 或 ALLOCATE CHANNEL 命令的 MAXSETSIZE 参数就可限制备份片大小。

```
RMAN> CONFIGURE CHANNEL DEVICE TYPE DISK MAXPIECESIZE 2G;
RMAN> BACKUP DATABASE;
```

### 4. 多段备份

如果在 BACKUP 命令中指定 SECTION SIZE 参数，那么 RMAN 创建备份集的每个备份片只包含一个文件区域。文件区域（File Section）是指在一个数据文件中连续的块，即数据文件的一部分而不是整个数据文件。这种类型的备份称为多段备份（Multisection Backup）。

多段备份是 RMAN 的一种备份集，其中每个备份片包含一个文件区域。多段备份包含多个备份片，但备份集从不只包含数据文件的一部分。

多段备份的目的是使 RMAN 通道能够并行备份一个大文件。RMAN 将任务分配到多个通道，每个通道备份文件中的一个文件区域。在单个文件区域中备份文件可以提高大型数据文件备份的性能。

如果多段备份成功完成，那么不会生成包含部分数据文件的普通备份集。如果多段备份不成功，那么 RMAN 元数据可包含部分数据的备份集的记录。RMAN 不会使用部分数据的备份集进行还原和修复。必须用 DELETE 命令删除包含部分数据的备份集。

如果指定的文件区域的大小大于文件的大小，那么 RMAN 不对该文件进行多段备份。如果指定文件区域比较小的值，以致会生产多于 256 个文件区域，那么 RMAN 会增加区域大小的值以使正好有 256 个区域。

**注意：**不能在 BACKUP 命令中同时指定 MAXPIECESIZE 和 SECTION SIZE 参数。

进行多段备份的步骤如下：

① 启动 RMAN 并连接到目标数据库。如果使用恢复目录，也要连接到恢复目录数据库。

② 如果需要，可以配置并行通道以使 RMAN 可以并行备份。

③ 执行带 SECTION SIZE 参数的 BACKUP 命令。

**【例 3.17】**假设 users 表空间只有一个 900 MB 的数据文件，并配置 3 个 SBT 通道，SBT 设备并行参数设置为 3，可将表空间的这个数据文件分解成文件区：

```
RMAN> BACKUP SECTION SIZE 300M TABLESPACE users;
```

在本例中，3 个 SBT 通道各备份 users 表空间的数据文件中的 300 MB 文件区域。

### 3.14.3 备份优化跳过指定文件

#### 1. 跳过已备份同名文件

运行 CONFIGURE BACKUP OPTIMIZATION 命令启用备份优化。当满足一定的条件，RMAN 跳过已备份的同名文件。在默认情况下，当 BACKUP 命令无法访问数据文件时，备份将终止。

【例 3.18】假设配置备份优化和备份保留策略，每晚执行下面的命令备份数据库到磁带上。

```
RMAN> CONFIGURE DEFAULT DEVICE TYPE TO sbt;
RMAN> CONFIGURE BACKUP OPTIMIZATION ON;
RMAN> CONFIGURE RETENTION POLICY TO RECOVERY WINDOW OF 4 DAYS;
RMAN> BACKUP DATABASE;
```

由于配置备份优化，RMAN 会跳过对脱机数据文件和只读数据文件的备份。当最近的备份时间比恢复窗口的时间早时，RMAN 不会跳过备份。这样优化确保只要包含此文件的一个备份集存在于恢复窗口中，就不会每天晚上为一个只读数据文件创建新的备份。

#### 2. 跳过只读文件

因为只读表空间中的数据在数据库运行期间不会改变，所以只需备份一次只读表空间，在以后的备份操作中可以跳过只读表空间以减少备份集的大小。在跳过只读表空间时，要确保已对它们进行了备份。使用 RMAN 的 DELETE OBSOLETE 命令不会删除含有只读表空间的备份集，即使这些备份集中包含有读写表空间。

备份时要跳过只读表空间使用 BACKUP 命令的 SKIP READONLY 子句。

#### 3. 跳过脱机文件

如果数据库中有损坏的数据文件，而没有该数据文件的备份，那么就无法恢复这个数据文件，也就无法启动数据库，当然也无法备份该数据文件；有些脱机数据文件仍然可以阅读，也有的已被删除或移动而不能阅读，也不可访问它们。

备份时要跳过脱机状态的数据文件，使用 BACKUP 命令的 SKIP OFFLINE 子句。

#### 4. 跳过不可访问的文件

如果数据文件丢失，要正常备份时也要跳过这些不可访问的数据文件。如果用操作系统工具误删除了数据文件，就可能出现这种情况。如果无法读取数据文件，那么该文件视为无法访问。有些脱机的数据仍然可以读取，有些可能已被删除或移动，所以不能读，从而使它们无法访问。

要在备份时排除由于 I/O 错误而无法读取的数据文件和归档重做日志文件，使用 SKIP INACCESSIBLE 子句。

下面命令使用自动通道备份数据库，并跳过所有可能导致备份作业终止的数据文件：

```
RMAN> BACKUP DATABASE SKIP INACCESSIBLE
   2>  SKIP READONLY  SKIP OFFLINE;
```

### 3.14.4 RMAN 分割镜像备份

#### 1. 分割镜像概述

分割镜像将磁盘上的数据库备份存储在许多站点，以防主数据库发生介质故障或不正确的用户行动导致需要进行基于时间点的恢复，因为在磁盘上的数据文件备份可简化恢复步骤，并使恢复操作更快更可靠。

从不要对联机重做日志备份进行分割镜像，因为还原联机重做日志备份可能会创建两个日志序列号相同但内容不同的归档日志。此外，最好是使用 BACKUP CONTROLFILE 命令，而不是分割镜像来备份控制文件。

在磁盘上创建数据文件备份的一种方法是使用磁盘镜像。例如，操作系统可以维护数据库中的每个文件的 3 个相同的副本。在这种配置，可以分割数据库的镜像副本作为备份使用。

RMAN 没有将镜像的拆分自动化，但在备份和恢复中可以使用分割镜像。例如，RMAN 可以把数据文件的分割镜像作为该数据文件的副本，并且可以将此副本备份到磁盘或磁带。

分割镜像备份是已镜像数据库文件的备份。有些第三方工具可以对一组磁盘或逻辑设备进行镜像，即将主数据库的一个副本保存在另一个位置。拆分镜像就是分离文件副本，以便可以独立使用它们。使用 ALTER SYSTEM SUSPEND/RESUME 数据库功能，可以暂停数据库的 I/O 操作，然后分割镜像，最后备份分割镜像。

**2．分割镜像备份步骤**

使用 SUSPEND/RESUME 操作完成表空间分割镜像备份的步骤如下：

① 启动 RMAN，然后用 ALTER TABLESPACE... BEGIN BACKUP 语句将表空间设置为备份模式。若要将所有表空间设置为备份模式，可以使用 ALTER DATABASE BEGIN BACKUP。

当 RMAN 连接到目标数据库后，在 RMAN 的提示符下执行下面 SQL 命令将 users 表空间设置为备份模式：

```
RMAN> ALTER TABLESPACE users BEGIN BACKUP;
```

② 如果镜像软件或硬件需要，可在 RMAN 中输入以下命令挂起 I/O：

```
RMAN> ALTER SYSTEM SUSPEND;
```

一些镜像技术不需要 Oracle 数据库在分割镜像并用作备份之前暂停所有的 I/O。这部分内容要参考存储管理器、卷管理器或文件系统的相关文档，以确定是否必须从数据库实例挂起 I/O 操作。

③ 按照存储管理器等第三方工具的方法对 users 表空间的数据文件分割镜像。

④ 在 RMAN 中执行以下命令恢复数据库到正常状态：

```
RMAN> ALTER SYSTEM RESUME;
```

⑤ 执行下面的命令结束表空间的备份模式：

```
RMAN> ALTER TABLESPACE users END BACKUP;
```

还可以使用 ALTER DATABASE END BACKUP 结束所有表空间的备份模式。

⑥ 用 CATALOG 命令将用户管理的镜像副本注册为数据文件副本。

```
RMAN> CATALOG DATAFILECOPY 'd:\oradata\orademo\users01.dbf ';
```

⑦ 备份数据文件副本。

```
RMAN> BACKUP DATAFILECOPY 'd:\oradata\orademo\users01.dbf ';
```

⑧ 在重新同步分割镜像前，先用 CHANGE...UNCATALOG 命令注销在步骤⑥中注册的数据文件副本。

```
RMAN> CHANGE DATAFILECOPY 'd:\oradata\orademo\users01.dbf' UNCATALOG;
```

⑨ 重新同步受影响的数据文件的分割镜像。

重新同步就是让分割镜像的内容与存储设备中分割镜像的内容保持相同。管理镜像的操作系统或硬件将用最新的一半更新另一半，并维护镜像一致。这些操作与具体的镜像设备或工具有关。

### 3.14.5 加密 RMAN 备份

#### 1. RMAN 加密备份概述

RMAN 加密是一种 CPU 密集型操作，会影响备份性能。为了备份集的安全性，可以对备份集进行备份加密配置。没有授权的用户不能阅读加密的备份内容。

每个备份集有一个独立的密码，它以加密形式存储在备份片中。在还原或恢复过程中，只要输入正确密码就可自动进行解密。

数据库对每个加密备份使用一个新的加密密钥。备份密钥可以用数据库主密钥或密码等方式加密，这取决于所选择的加密模式。单个备份加密密钥或密码永远不会以明文形式存储。

如果所需的解密密钥可用，在还原和修复期间将自动解密备份。每个备份集都有一个单独的密钥。密钥是以加密形式存储在备份片中。备份通过用户提供的密码或 Oracle 软件密钥库获取的密钥进行解密。

当使用 BACKUP BACKUPSET 命令建立加密备份集时，备份集以加密形式备份。因为 BACKUP BACKUPSET 只是复制已经加密的备份集到磁盘或磁带上，在执行此命令期间不需要解密密钥。正在操作的数据都不会被解密。BACKUP BACKUPSET 命令既不能加密也不能解密备份集。

#### 2. RMAN 加密备份的设置

备份加密时要用 CONFIGURE ENCRYPTION 和 SET ENCRYPTION 进行加密设置。使用 CONFIGURE 命令可以永久配置透明备份加密。可以使用该命令指定以下内容：是否对所有数据库文件备份使用透明加密，是否对特定表空间备份使用透明加密，是否指定加密备份使用的算法等。

使用 SET ENCRYPTION 命令可以覆盖 CONFIGURE ENCRYPTION 指定的加密设置，例如，可以使用 SET ENCRYPTION OFF 创建一个不加密的备份，即使数据库配置为加密备份。SET ENCRYPTION 命令可以设置加密备份的密码，该密码可持续到 RMAN 客户端退出。由于密码的敏感性，RMAN 不允许在 RMAN 会话中配置永久存在的密码。

#### 3. 透明加密模式备份

透明加密模式在所需的 Oracle 密钥管理基础架构可用的情况下，可以创建和还原无须 DBA 干预的加密备份。透明加密最适合日常备份操作，此时备份恢复到创建它们的同一个数据库。透明加密是 RMAN 加密的默认加密模式。

当使用透明加密时，必须首先为每个数据库配置 Oracle 软件密钥库。透明备份加密支持自动登录软件密钥库和基于密码的软件密钥库。当使用自动登录软件密钥库时，可以随时进行加密备份操作，因为自动登录密钥库始终是打开的。当使用基于密码的软件密钥库时，必须在执行备份加密前先打开密钥库。

如果使用自动登录密钥库，不要将密钥库与加密的备份数据一起备份，因为用户在同时获取加密备份和自动登录密钥库时可以读取加密的备份。备份 Oracle 密钥库是安全，因为没有密钥库密码库，密钥库的形式无法使用。

配置 Oracle 密钥库后，可以在没有 DBA 干预的情况下创建加密备份和进行恢复。如果数据库中的列使用透明数据加密（TDE）列加密，同时用加密备份这些列，那么这些列被加密备份期间进行二次加密。备份集在恢复期间解密，加密列将返回到原始的加密格式。

因为 Oracle 密钥管理基础架构归档在 Oracle 密钥库中所有以前的主密钥，所以更改或重置当前数据库主密钥不会影响恢复使用旧的主密钥执行的加密备份。可以随时重置数据库主密钥。RMAN 可以恢复此数据库所有创建的加密备份。

如果已经使用 CONFIGURE 命令配置了透明加密，那么进行加密备份就像正常的 RMAN 备份一样，不需要附加命令。

如要是配置 RMAN 环境中所有备份都进行加密，在建立起 Oracle 的密钥对后，执行下面的命令：

```
RMAN> CONFIGURE ENCRYPTION FOR DATABASE ON;
```

执行完上面的命令后，所有 RMAN 备份集将以透明加密模式进行加密。

可以用下面的命令在一次 RMAN 会话中显式覆盖 RMAN 的永久加密配置：

```
RMAN> SET ENCRYPTION ON;
```

这个加密设置保持有效，直到在 RMAN 会话期间执行命令 SET ENCRYPTION OFF，或者再次更改持久设置：

```
RMAN> CONFIGURE ENCRYPTION FOR DATABASE OFF;
```

**4．配置备份加密算法**

通过动态性能视图 V$RMAN_ENCRYPTION_ALGORITHMS 可以查看 RMAN 支持的加密算法。如果不指定加密算法，默认的加密算法是 128 位的高级加密标准（AES）。

改变默认的加密算法的步骤如下：

① 在启动 RMAN 并连接到目标数据库和恢复目录（如果使用）。

② 要求目标数据库是加载或打开状态。

③ 执行下面的 RMAN 配置命令：

```
RMAN> CONFIGURE ENCRYPTION ALGORITHM TO 'AES256';
```

**5．密码模式加密备份**

密码加密要求 DBA 在创建和恢复加密备份时提供密码。恢复密码加密的备份需要用于创建备份的相同密码。密码加密对于在远程位置还原的备份非常有用，但是在传输过程中必须保持安全。密码加密不能永久配置。如果使用密码加密，则不需要配置 Oracle 密钥库。

可以通过 SET ENCRYPTION BY PASSWORD 命令在 RMAN 会话设置加密密码。如果配置为透明加密，那么要指定 ONLY 关键字表明备份是用密码保护而不是配置的透明加密。进行口令模式加密备份的步骤如下：

① 启动 RMAN 并连接到目标数据库和恢复目录（如果使用）。

② 执行命令 SET ENCRYPTION ON IDENTIFIED BY password ONLY。

下面的示例设置所有表空间的加密密码，其中 password 是备份输入的实际密码，并指定 ONLY 以表明是只用密码加密：

```
SET ENCRYPTION IDENTIFIED BY password ONLY ON FOR ALL TABLESPACES;
```

③ 备份数据库。

```
BACKUP DATABASE PLUS ARCHIVELOG;
```

#### 6. 双模式加密备份

双模式加密备份既可以透明地恢复，也可以通过指定密码来恢复。双模式加密备份主要用在下面情况：创建的备份通常恢复在使用 Oracle 密钥库的站点，但偶尔必须恢复在 Oracle 密钥库不可用的站点。在恢复双模式加密备份时，可以使用 Oracle 密钥库或密码进行解密。

如果忘记或丢失用于双模式加密备份的密码，也丢失了 Oracle 密钥库，那么就无法使用该备份进行恢复。

要创建双模式加密备份集，在 RMAN 脚本中指定 SET ENCRYPTION ON IDENTIFIED BY password 命令。使用双模式加密备份的步骤如下：

① 启动 RMAN 并连接到目标数据库和恢复目录（如果使用）。

② 执行 SET ENCRYPTION BY PASSWORD 命令，确保省略 ONLY 关键字。

下面的示例将设置备份中所有表空间的加密密码（password 是在备份时输入的实际密码）和省略 ONLY 表示进行双模式加密备份：

```
RMAN> SET ENCRYPTION IDENTIFIED BY password
   2>  ON FOR ALL TABLESPACES;
```

③ 备份数据库。

```
RMAN> BACKUP DATABASE PLUS ARCHIVELOG;
```

### 3.14.6 压缩 RMAN 备份

#### 1. 备份集压缩概述

对数据的实际压缩效果与数据、网络带宽配置、系统资源和计算机等因素相关。RMAN 支持对备份集的预压缩处理和二进制压缩。二进制压缩是 RMAN 将压缩算法应用于备份集中的数据的一种技术。使用 CONFIGURE COMPRESSION ALGORITHM 命令可以配置压缩选项。

通过整合每个数据块的可用空间并将可用空间设置为二进制零来实现更好的备份压缩比。这个预压缩处理过程对于已经进行多次删除和插入操作数据块最有利，但对仍处于初始加载状态的数据块没有影响。

利用 CONFIGURE 命令的 OPTIMIZE FOR LOAD 选项控制预压缩处理。默认情况下通过指定 OPTIMIZE FOR LOAD TRUE，确保 RMAN 优化 CPU 应用并避免了预压缩块处理。通过指定 OPTIMIZE FOR LOAD FALSE，RMAN 使用额外的 CPU 资源执行预压缩块处理。

#### 2. 备份集压缩算法级别

Oracle 数据库提供两种类型的压缩算法：默认的压缩算法和一组用于 Oracle 高级压缩的压缩算法。默认算法是 Oracle 数据库标准功能，而 Oracle 高级压缩选项是单独购买的服务选项。在 Oracle 11g 以后的版本中增加了新的高级压缩选项，压缩算法级别的名称按压缩率从低到高分别可以设置 LOW、MEDIUM 和 HIGH。

使用基本的压缩算法，无须从 Oracle 公司购买额外的许可证。如果你使用 Oracle Release 11g 或更高的版本，并且拥有 Advanced Compression 选项的许可证，就可以使用 3 种二进制文件压缩算法，例如 HIGH、MEDIUM 和 LOW。

默认使用的压缩算法设置是 BASIC，即不采用高级压缩选项。备份压缩配置的参数如下：

```
CONFIGURE COMPRESSION ALGORITHM  '压缩算法级别名称'
```

在大多数环境推荐压缩级别为 MEDIUM，它有良好的压缩率和速度。如果要选择中等的压缩级别（MEDIUM），可以在 RMAN 中执行下面的配置命令：

```
RMAN> CONFIGURE COMPRESSION ALGORITHM 'MEDIUM';
```

如果需要清除设备类型的压缩功能，可执行下面的命令：

```
RMAN> CONFIGURE DEVICE TYPE DISK CLEAR;
```

要查看已启用的压缩功能的类型，可使用 SHOW 命令：

```
RMAN> SHOW COMPRESSION ALGORITHM;
```

查询 V$RMAN_COMPRESSION_ALGORITH 视图可以查看当前可用的压缩算法的详细信息。要将当前压缩算法重置为默认的基本算法，可使用下面的命令：

```
RMAN> CONFIGURE  COMPRESSION  ALGORITHM CLEAR;
```

#### 3. 实现备份集压缩备份

在创建备份集时，可以配置 RMAN 使用真正的二进制文件压缩功能。可以使用 BACKUP 命令设置 AS COMPRESSED BACKUPS 方法或使用一次性的 CONFIGURE 命令来启用压缩功能。

下面的例子在执行 BACKUP 命令时启用了压缩备份功能：

```
RMAN> BACKUP AS COMPRESSED BACKUPSET DATABASE;
```

在这个例子中，压缩功能是为磁盘设备配置的：

```
RMAN> CONFIGURE DEVICE TYPE DISK BACKUP TYPE
   2> TO COMPRESSED BACKUPSET;
```

### 3.14.7 重新启动 RMAN 备份

#### 1. 重新启动 RMAN 概述

利用重新启动备份功能，RMAN 可以只备份在指定日期后没有备份的那些文件，即在备份失败后，使用重启备份功能备份那些失败时没有备份的部分数据库文件。

重启备份的单位是最后完成的备份集或镜像副本，重新启动的最小单位是一个数据文件。但是，如果备份集只包含一个备份片，并且这一备份片包含多个数据文件的块，那么可重新启动的是备份片。镜像副本的可重启单位是数据文件。

重新启动的备份的好处是显而易见的。如果在备份时生成多个备份集，那么成功完成的备份集不必重新运行。如果整个数据库被写入一个备用集，并且备份中途失败，那么整个备份必须重新启动。

RMAN 读取文件或写入备份片或镜像副本时遇到任何 I/O 错误都会让其终止正在进行的备份作业。例如，如果 RMAN 尝试备份某个数据文件，但该数据文件不在磁盘上，那么 RMAN 将终止备份。但是，如果正在使用多个信道或正在创建冗余的备份副本，那么 RMAN 无须用户干预可能能够继续备份。

RMAN 可以只备份自指定的日期后那些尚未备份的文件。使用此功能可以备份在失败备份后没有备份的数据库部分。

2. 重新启动备份指定日期后未备份的文件

可以通过在 BACKUP 命令指定 SINCE TIME 子句重新启动备份。如果 SINCE TIME 指定的时间在完成时间后面，那么 RMAN 将备份指定的文件。如果在使用 BACKUP DATABASE NOT BACKED UP 命令中没有指定 SINCE TIME 选项，那么 RMAN 只备份从未被备份的文件。

在部分备份完成后，重新启动备份指定日期后未备份的文件步骤如下：

① 启动 RMAN 并连接到目标数据库和恢复目录（如果使用）。

② 执行 BACKUP ... NOT BACKED UP SINCE TIME 命令。

在 SINCE TIME 参数中指定有效日期。下面的示例使用默认配置的通道来备份在过去的两个星期后所有尚未备份的数据库文件和归档重做日志：

```
RMAN> BACKUP NOT BACKED UP SINCE TIME 'SYSDATE-14'
   2> DATABASE PLUS ARCHIVELOG;
```

如果指定了 AS BACKUPSET，那么此功能只在备份过程中生成多个备份集的情况有用。在确定文件是否已备份时，RAMN 是把 SINCE 指定的日期与最近备份的完成时间进行比较。对于 BACKUP AS BACKUPSET 语句，备份集中的文件的完成时间是整个备份集的完成时间。换句话说，同一备份集中的所有文件都具有相同的完成时间。

### 3.14.8 管理备份窗口

备份窗口是指备份必须完成的时间区间。例如，把数据库备份的时间限制在用户活动较少的时间窗口，如凌晨 2 点和上午 6 点之间。RMAN 首先备份最近最少备份的文件。默认情况下，RMAN 以最大可能的速度备份文件。指定备份窗口并不意味着 RMAN 备份数据的速度比正常快，而是确保在备份窗口结束前完成备份。

默认情况下，如果备份不是在 DURATION 指定的时间内完成，那么 RMAN 将中断备份并报告错误。如果 BACKUP 命令是在 RUN 命令块中，那么 RUN 命令块将终止。任何已完成的备份集将保留并可以用在以后的恢复操作中，即使 RUN 命令块的整个备份没有完成。因此，如果在可用时间内重试被中断的作业，那么每次后续尝试将包含更多需要备份的文件。任何不完整的备份集被丢弃。

1. 指定备份延续时间

使用 BACKUP 命令的 DURATION 选项可设置备份作业允许运行的最长时间。如果没有 PARTIAL 选项，那么在指定的持续时间内未完成的备份命令被认为是失败的，并且 RMAN 会报告错误。如果备份命令是 RUN 命令块的一部分，那么 RUN 命令块的后续命令不再执行。指定备份延续时间的步骤如下，时间格式为 hh:mm（小时:分钟）：

① 启动 RMAN 并连接到目标数据库和恢复目录（如果使用）。

② 执行 BACKUP DURATION 命令。例如，凌晨 2 点开始备份，一直运行到上午 6 点，即备份运行 4 个小时：

```
RMAN> BACKUP DURATION 4:00 TABLESPACE users;
```

#### 2. 在备份窗口中允许部分备份

如果在 BACKUP 命令中指定 PARTIAL 参数，那么一个备份因为备份窗口结束而中断时 RMAN 不报告错误。相反，RMAN 显示没有备份的文件的信息。如果 BACKUP 命令在 RUN 块中，那么在 RUN 块中的剩余命令将继续执行。

如果指定 FILESPERSET 1，那么 RMAN 把每个文件放到自己的备份集。当备份是在备份窗口结束时中断时，只有当前正在备份的文件的备份丢失。在备份窗口内完成的所有备份集被保存，从而使由于备份窗口结束而丢失的任务最小化。

执行下面的步骤可阻止 RMAN 在备份部分完成时出现错误：

① 启动 RMAN 并连接到目标数据库和恢复目录（如果使用）。

② 执行带有 PARTIAL 选项的 BACKUP DURATION 命令。例如，凌晨 2 点开始运行备份命令，一直运行直到早上 6 点，并且每个数据文件是在一个单独的备份集：

```
RMAN>BACKUP DURATION 4:00 PARTIAL TABLESPACE users FILESPERSET 1;
```

#### 3. 最大限度地减少备份负载和持续时间

对于磁盘备份，可以用 MINIMIZE TIME 选项使备份最快运行（默认），也可使用 MINIMIZE LOAD 选项降低备份速率以减少系统负载。指定 MINIMIZE LOAD 选项时备份将用完指定的持续时间。如果指定 TIME 选项，那么最近备份的文件将给予最低优先备份。

当使用 DURATION 选项时，可能会提高备份的性能，也可能运行尽可能慢同时仍然能在规定时间内完成，从而尽量减少备份任务对系统性能影响。为了最大限度地提高性能，同时使用选项 MINIMIZE TIME 和 DURATION：

```
RMAN> BACKUP DURATION 4:00 PARTIAL
   2> MINIMIZE TIME DATABASE FILESPERSET 1;
```

为了让备份使用完可用的全部时间，使用 MINIMIZE LOAD 选项：

```
BACKUP DURATION 4:00 MINIMIZE LOAD DATABASE FILESPERSET 1;
```

在磁带备份中使用 DURATION 和 MINIMIZE LOAD 时，要注意下面的问题：

① 高效备份到磁带需要磁带流。如果使用 MINIMIZE LOAD，那么 RMAN 会降低备份速度，但不一定是磁带流的最佳速度。

② RMAN 在备份窗口的整个持续时间内占用磁带资源。这样防止在备份窗口内将磁带资源用于任何其他目。

由于以上这些问题，备份到磁带时不建议使用 MINIMIZE LOAD。

## 小　结

备份是将数据库中部分或全部数据文件或内容的复制。利用 RMAN 备份时通常要先配置通道、保留策略、快速恢复区等相关内容，然后才是执行相关的备份命令。RMAN 工具可以对数据库、控制文件、数据文件、表空间、归档重做日志文件、CDB 或 PDB 等对象进行备份。利用 RMAN 可以创建备份集或镜像副本，也可以进行完全备份或增量备份，并且可对备份进行压缩和加密。

# 习　题

1．在非归档模式下或归档模式下分别可以进行哪种备份?

2．利用 RAMN 备份表空间 ts 和数据文件 data.dbf，写出相应的步骤。

3．保留策略的作用是什么？如何配置？

4．设置快速恢复区的作用是什么？可以配置它的哪些内容？

5．备份集和镜像副本的主要区别是什么？

6．自己创建一个数据库 TESTDB，并对数据库进行完全备份、表空间备份、数据文件备份和控制文件备份。

7．什么是增量备份？它的优点是什么？

# 管理 RMAN 备份 «‹

第 4 章

学习目标：

- 掌握显示备份和报告备份信息的方法；
- 了解动态性能视图和恢复目录视图查询备份元数据的方法；
- 了解控制文件资料库和快速恢复区管理方法；
- 掌握更新 RMAN 资料库的方法；
- 掌握恢复目录的管理和维护方法。

正如第 3 章所介绍的，利用 RMAN 可产生许多备份集以及相应的备份片和镜像副本。随着备份的不断增多，对它们的管理将是管理员必须规划到备份与恢复策略中的问题。为此，RMAN 提供了灵活方便的管理命令来管理与备份和恢复相关的内容。

## 4.1 显示备份信息

作为备份和恢复策略的重要部分，管理员需要定期查看已完成的备份信息。这样做一是可以根据报告来决定需要备份或者最近不需要备份的数据文件，同时还可以预见出现问题时必须用 RMAN 恢复的备份；二是可以监测磁盘空间使用率；三是可以查询已备份作业的数量、备份作业的状态（例如，无论失败或已完成）和已完成的备份。

RMAN 的备份元数据存储到 RMAN 资料库中，可以通过以下几种方式访问 RMAN 资料库从而获得有关备份或恢复的相关信息：

（1）用 LIST 和 REPORT 命令

这些命令提供可用备份的信息，并可获取使用它们进行还原与修复数据库的信息。

（2）用动态性能视图 V$DATAFILE_HEADER 和 V$PROCESS 和 V$SESSION

如果目标数据库是打开状态，利用动态性能视图可以直接访问每个目标数据库控制文件中的资料库记录。

（3）用 RC_视图

如果数据库注册到恢复目录，可以用 RC_视图直接访问 RMAN 资料库数据。

（4）用 RESTORE ... PREVIEW 和 RESTORE ... VALIDATE HEADER 命令

RESTORE ... PREVIEW 和 RESTORE ... VALIDATE HEADER 命令列出可以恢复到指定时间的备份。RESTORE ... PREVIEW 命令只读元数据但不读备份文件，RESTORE ... VALIDATE HEADER 命令完成同样的操作，同时还会显示还原与修复操作所需的文件，此时命令要读取备份文件头并检查磁盘上备份文件（或其他介质管理的备份）是否与 RMAN 资料库的元数据一致。

如果用户使用操作系统工具删除了备份文件，此时 RMAN 资料库就会与实际的磁盘或磁带中文件不一致，RMAN 就不能正确报告可用的备份文件。此时，可以使用 CHANGE、CROSSCHECK 和 DELETE 等命令更新 RMAN 的资料库以反映可用备份的实际状态，否则这些报告命令或视图输出的结果可能与实际备份信息不一致，即 RMAN 不能找到合适的备份来还原和修复数据库。

### 4.1.1 列出备份信息的命令

使用 LIST 命令可查看各类备份信息。如果要用 LIST 命令正确显示备份信息，必须满足下面条件之一：

① RMAN 必须连接到目标数据库。如果没有连接到恢复目录，并且不是执行 LIST FAILURE 命令，那么目标数据库必须是打开或加载。如果同时连接到恢复目录，那么必须启动目标数据库实例。

② RMAN 必须连接到恢复目录，并且已经运行 SET DBID 命令。

LIST 命令只能在 RMAN 提示符下执行，换言之，它不能包含在作业命令中（如 RUN 命令块）。LIST 命令可以直接输出结果，也可将结果保存在消息日志中，但不能同时使用两者。

LIST 命令显示的备份信息包括：备份集以及其中包含的数据文件的列表信息；镜像复制备份的信息。LIST 命令显示的说明：

```
BS_key          备份集的唯一标识
TYPE            备份集类型（FULL 或 INCR，完全和增量）
LV              增量备份的级别，非增量时为空
SIZE            大小
S               备份集状态 : A-可用   U-不可用   X-过期
Ckp SCN         备份时检查点的 SCN
Thrd            归档日志的线程号
Seq             归档日志的序列号
```

LIST 命令可以显示出备份与副本，包括数据库、表空间、数据文件、归档重做日志或控制文件的备份与代理副本；已过期的备份；受时间、路径、设备类型或可修复性限制的备份；归档重做日志文件和磁盘副本。

LIST 命令的常用形式有下面几种：

（1）LIST BACKUP

显示出数据库、表空、数据文件、归档重做日志、控制文件和参数文件所有备份和副本。可以指定对象列表或记录描述。如果不指定对象，将显示所有数据库文件和归档重做日志文件的副本。

默认时，RMAN 顺序列出每个备份或副本，并标识出包含备份的文件。也可只列出文件的备份。默认时，LIST 命令以详细模式列出所有信息，也可以汇总方式列出备份。

**【例 4.1】** 列出每个备份的详细信息。

```
RMAN> list backup;
```

**【例 4.2】** 列出数据库所有文件的备份信息。

```
RMAN> LIST BACKUP OF DATABASE;
```

或只列出指定数据文件：

```
RMAN> LIST BACKUP OF DATAFILE 1;
```

【例 4.3】列出指定的备份集。

```
RMAN> LIST BACKUPSET 213;
```

【例 4.4】列出指定数据文件副本。

```
RMAN> LIST DATAFILECOPY 'd:\oraback\tools01.dbf';
```

【例 4.5】列出指定标记的备份集。

```
RMAN> LIST BACKUPSET TAG 'weekly_full_db_backup';
```

标记（Tag，或标签）是用户为备份集、代理副本、数据文件副本或控制文件副本等指定的名称，标记应用于由 BACKUP 命令生成的输出文件中。标记名称不区分大小写且不能超过 30 个字符。

（2）LIST COPY

列出数据文件的镜像副本和归档重做日志文件。默认时，LIST COPY 显示所有数据文件的副本和归档重做日志。输出的结果中包括可用或不可用的镜像副本。

【例 4.6】列出指定目录或路径下的所有镜像副本。

```
RMAN> LIST COPY LIKE 'd:\oraback\%';
```

使用 LIKE 选项只显示与指定文件名称模式匹配的数据文件镜像副本，模式可以包含 Oracle 模式匹配字符百分号（%）和下画线（_）。不能将 LIKE 选项与 LIST ... ARCHIVELOG 和备份片一起使用。

【例 4.7】列出所有镜像副本。

```
RMAN> LIST COPY;
```

【例 4.8】列出指定数据文件的镜像副本。

```
RMAN> LIST COPY OF DATAFILE 'd:\oracle12c\oradata\orademo\
system01.dbf';
```

【例 4.9】列出指定设备类型的备份或副本。

```
RMAN> LIST COPY OF DATAFILE ' d:\oracle12c\oradata\orademo\
system01.dbf'
   2>  DEVICE TYPE sbt;
```

【例 4.10】按完成时间列出备份或镜像副本。

```
RMAN> LIST COPY OF DATAFILE 2 COMPLETED
   2> BETWEEN '10-DEC-2016' AND '17-DEC-2016';
```

（3）LIST ARCHIVELOG

列出所有归档重做日志文件，或通过 SCN、时间或 SCN 范围指定一类归档日志文件。如果指定一个范围，可以通过指定的化身号进一步限制返回列表。

【例 4.11】列出至少两次备份到磁带上的日志。

```
RMAN> LIST ARCHIVELOG ALL BACKED UP 2 TIMES TO DEVICE TYPE sbt;
```

（4）LIST ... BY FILE

列出每个数据文件、归档重做日志文件、控制文件和服务器参数的备份。每一行描述一个文件的备份。

【例 4.12】按文件名的字母顺序列出所有备份和镜像副本。

```
RMAN> list backup by file;
List of Datafile Backups
```

```
======================
File Key TY LV S Ckp SCN Ckp Time     #Pieces #Copies Compressed Tag
---- --- -- -- - --- ------------ -------- ------- ------- ------- ---
1    5   B  F  A 631092 04-NOV-06 1       1        YES TAG20071104T195949
2        B  F  A 175337 21-OCT-06 1       1        NO  TAG20071021T094513
2    5   B  F  A 631092 04-NOV-06 1       1        YES TAG20071104T195949
2        B  F  A 175337 21-OCT-06 1       1        NO  TAG20071021T094513
```

（5）LIST ... SUMMARY

每个备份一行的汇总信息。.

【例 4.13】以汇总方式列出所有备份。

```
RMAN> list backup summary;
List of Backups
===============
Key TY LV S Device Type Completion Time #Pieces #Copies Compressed Tag
------ -- -- ----------- --------------- ------- ------- ---------------- ---
1   B  A A  SBT_TAPE    21-OCT-07       1       1   NO  TAG20071021T094505
2   B  F A  SBT_TAPE    21-OCT-07       1       1   NO  TAG20071021T094513
3   B  A A  SBT_TAPE    21-OCT-07       1       1   NO  TAG20071021T094624
4   B  F A  SBT_TAPE    21-OCT-07       1       1   NO  TAG20071021T094639
5   B  F A  DISK        04-NOV-07       1       1   YES TAG20071104T195949
```

（6）LIST INCARNATION

可以列出一个数据库的所有化身。当用 RESETLOGS 选项打开数据库时，就会创建数据库的新化身。参见本章 4.1.2 节中的详细介绍。

（7）LIST RESTORE POINT

列出 RMAN 资料库中的可恢复点。关于恢复点的详细介绍参见第 6 章 6.3.2 节。

要列出所有恢复点执行下面命令：

```
RMAN> LIST RESTORE POINT ALL;
```

要列出指定的恢复点执行下面命令：

```
RMAN> LIST RESTORE POINT myrestorep;
```

（8）LIST SCRIPT NAMES

列出用 CREATE SCRIPT 或 REPLACE SCRIPT 命令创建的恢复目录脚本的名称。使用脚本需要恢复目录，关于脚本的内容参见本章 4.9 节中的详细介绍。

（9）LIST EXPIRED

列出在最近的交叉检查时记录在 RMAN 资料库中但在磁盘或磁带中找不到的备份与镜像副本，它们可能已用非 RMAN 方式删除掉。关于过期备份的详细介绍参见本章 4.7.4 节。

要列出所有过期备份，执行下面的命令：

```
RMAN> LIST EXPIRED BACKUP;
```

要列出所有过期的镜像副本，执行下面的命令：

```
RMAN> LIST EXPIRED COPY;
```

### 4.1.2 显示数据库化身

数据库化身（Database Incarnations）是数据库的单独版本。每当用 RESETLOGS 选项打开数据库时都会创建新的数据库化身，即当使用 RESETLOGS 选项打开数据库时会改变数据库的化身。只要所需的重做日志可用，就可以从前一个化身中还原备份。

在进行完全恢复后，无须用 OPEN RESETLOGS 打开数据库就可以恢复正常操作。但是，如果用数据库时间点恢复（DBPITR）进行恢复或使用备份控制文件进行恢复后，就必须使用 RESETLOGS 选项才能打开数据库，从而创建一个新的数据库化身。因为可能对数据库应用错误的重做日志导致损坏数据库，所以数据库化身可以避免混淆两个不同重做日志具有相同的 SCN 但是在不同时间发生的情况。

由于单个数据库存在多个化身，因此 RMAN 要处理那些不在当前化身路径中的备份。通常情况下，当前数据库化身是正确的且可用。然而，在某些情况下可能需要重置数据库到先前的（非当前的）化身，例如，可能用户不满意时间点恢复的执行结果，而要将数据库返回到在用 RESETLOGS 选项打开之前的时间点。

### 1. RMAN 中的 OPEN RESETLOGS

当使用 RESETLOGS 选项打开数据库时，数据库将执行以下操作：

（1）如果当前联机重做日志可以访问，那么将它们进行归档，然后删除联机重做日志的内容，并将日志序列号重置为 1。例如，在用 RESETLOGS 选项打开数据库时，当前联机重做日志序列号为 1000 和 1001，那么数据库将日志 1000 和 1001 进行归档，然后重置联机重做日志到序列 1 和 2。

（2）如果联机重做日志文件不存在，将创建联机重做日志文件。

（3）将控制文件中的重做线程记录和联机重做日志记录初始化为新数据库化身开始位置。具体地说，数据库将重做线程状态设置为关闭，设置重做线程记录中的当前线程号为 1，将每个重做线程的重做检查点设置到日志序列号 1 的开始位置，从每个线程中选择一个重做日志并将其日志序列号初始化为 1，依此类推。

（4）用新的 RESETLOGS SCN 和时间戳更新所有当前数据文件、联机重做日志以及所有后续归档重做日志。

除非 RESETLOGS SCN 和时间戳匹配，否则数据库不会将归档重做日志应用于数据文件，因此用 RESETLOGS 时要预防不是来自当前化身的直接父化身的归档日志破坏数据文件。

在 Oracle 12c 以前的版本中，Oracle 建议在 OPEN RESETLOGS 后立即备份数据库。在 Oracle 12c 以后的版本中，因为可以像任何其他备份一样轻松恢复在 RESETLOGS 打开前的备份，所以此时建立新的数据库备份不是必需的。要想利用 RESETLOGS 进行恢复，必须要有最近备份之后生成的所有归档日志，并且至少有一个控制文件可用（当前控制文件、备份控制文件或已建立的新的控制文件）。

### 2. 数据库化身间的关系

数据库化身之间存在以下关系：

① 当前化身是数据库当前正在操作的化身，即当前正在产生重做日志的化身。

② 父化身是指对该化身执行 OPEN RESETLOGS 操作后生成当前化身，如：在数据库化身 A 时执行 OPEN RESETLOGS 操作生成新的数据库化身 B，则 A 就是 B 的父化身。

③ 父化身的父化身是祖先化身。任何父化身的祖先也是当前化身的祖先。

④ 直接祖先路径是指当执行多个 OPEN RESETLOGS 操作时形成的路径，即是当前化身的父化身和每个祖先化身。当前化身的直接祖先路径是指从最早化身开始，仅包括当前化身的祖先、父化身和当前化身的分支。

化身号用于唯一地标记和标识重做日志流。图 4-1 所示为经历若干化身的数据库，每个数据库具有不同的化身号。

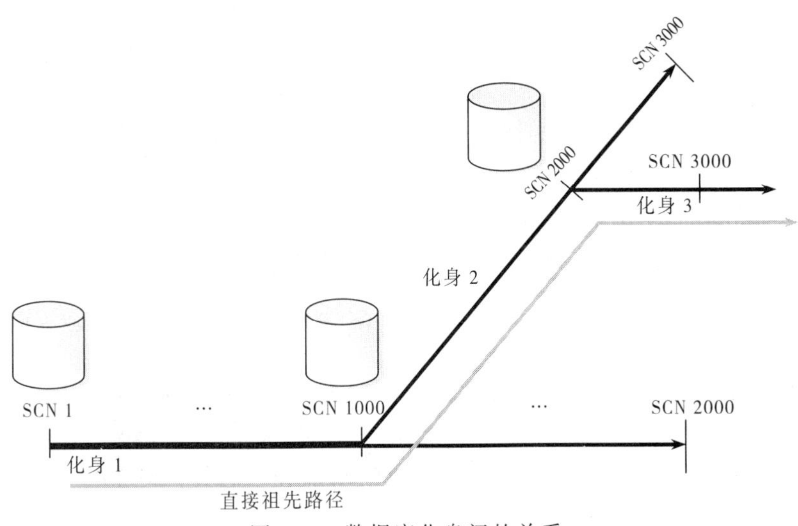


图 4-1 数据库化身间的关系

数据库化身 1 从 SCN 1 开始，继续到 SCN 1000，然后到 SCN 2000（水平方向）。假设在化身 1 的 SCN 2000 位置时执行时间点恢复返回到 SCN 1000，然后使用 RESETLOGS 选项打开数据库生成化身 2。现在化身 2 在 SCN 1000 处开始并且继续到 SCN 3000。很显然，化身 1 是化身 2 的父化身。

假设在化身 2 的 SCN 3000 位置，执行时间点恢复返回到 SCN 2000 并用 RESETLOGS 选项打开数据库。此时化身 2 是化身 3 的父化身。化身 1 是化身 3 的祖先。

当在数据库中执行 DBPITR 或闪回数据库时，同一 SCN 可能会表示多个时间点，这取决于哪个化身是当前化身。

用 RESET DATABASE TO INCARNATION 命令可以指定 SCN 是在特定数据库化身的引用框架中的 SCN。当用 FLASHBACK、RESTORE 或 RECOVER 返回到非当前数据库化身的 SCN 时，需要执行 RESET DATABASE TO INCARNATION 命令。但是，在使用闪回技术时，RMAN 隐含地执行 RESET DATABASE TO INCARNATION 命令。

### 3. 关于 PDB 的化身

可插拔数据库（PDB）的化身是多租户容器数据库（CDB）的子化身，并表示为（DATABASE_INCARNATION, PDB_INCARNATION）。例如，如果 CDB 是化身 5，并且 PDB 是化身 3，那么 PDB 化身的完整描述是（5,3）。PDB 的初始化身为 0，后续化身是唯一的，但不总是连续的序号。

V$PDB_INCARNATION 视图包含有关所有 PDB 化身的信息。使用以下查询显示当前 PDB 的化身（假设 PDB 的化身号为 3）:

```
RMAN> SELECT pdb_incarnation# FROM v$pdb_incarnation
   2> WHERE status = 'current' AND con_id =3;
```

4．关于孤立备份

当数据库经历多个化身后，某些备份可能会成为孤立备份。孤立备份是指不在当前化身的直接祖先路径中进行的备份。孤立备份不能在当前化身中使用。

如果图 4-1 中的化身 3 是当前化身，那么以下备份是孤立的：在化身 1 中自 SCN 1000 之后进行的备份；在化身 2 中自 SCN 2000 之后所进行的备份。相反，以下备份不是孤立的，因为它们是在直接祖先路径：在化身 1 中 SCN 1000 之前的所有备份、在化身 2 中自 SCN 2000 之前的所有备份和化身 3 的所有备份。

如果要将数据库恢复到不在直接祖先路径上的 SCN 时，可以使用孤立备份。如果从最早的备份到要恢复时间点的所有连续归档日志都存在，RMAN 可以从父化身和祖先化身还原备份，然后把数据库修复到当前时间，甚至跨越 OPEN RESETLOGS 操作。如果从备份中更改信息没有丢失的数据库化身中恢复控制文件，那么 RMAN 也可以还原和修复孤立备份。

5．孤立的 PDB 的备份

在将 PDB 修复到指定的时间点后，使用 RESETLOGS 选项打开 PDB 时创建 PDB 的新的化身。孤立 PDB 备份是指备份建立时的 SCN 或时间是在修复 PDB 的 SCN 或时间和用 RESETLOGS 选项打开 PDB 的 SCN 或时间之间。假设修复 PDB 的 SCN 或时间为 S1 和 T1，用 RESETLOGS 选项打开 PDB 的 SCN 或时间为 S2 和 T2，那么孤立 PDB 备份是指建立时的 SCN 在 S1 和 S2 之间或者建立时间在 T1 和 T2 之间的备份。

要查询用 RESETLOGS 选项打开 PDB 时的 SCN，可查询 V$PDB_INCARNATION 视图的 END_RESETLOGS_SCN 列：

```
RMAN> SELECT end_resetlogs_scn FROM v$pdb_incarnation;
```

6．显示数据库化身

在进行增量备份时，RMAN 可以使用先前化身或当前化身作为后续增量备份的基础。在执行还原和修复操作时，如果所有的备份归档日志都可用，RMAN 可以使用先前化身的备份，就像是可以使用当前化身的备份一样。

按下面步骤可显示数据库化身：

① 启动 RMAN 并连接到目标数据库和恢复目录（如果使用）。

② 运行 LIST INCARNATION 命令，如以下示例所示：

```
RMAN> LIST INCARNATION;
```

如果使用恢复目录，并且注册多个目标数据库到相同的恢复目录，那么可以通过使用 OF DATABASE 选项来区分它们：

```
RMAN> LIST INCARNATION OF DATABASE prod3;
```

## 4.2 报告备份信息和数据库模式

REPORT 命令可以从 RMAN 的资料库中获取信息并对其进行分析，从而帮助备份和恢复操作者进行决策。用 REPORT 命令可以回答下面问题：备份需要哪些文件？哪

些文件是不可修复的？哪些备份文件是可以删除的过时文件？目标数据库的物理模式是什么？最近还有哪些文件没有备份过？报告可以检查备份和恢复策略是否能满足数据库可修复性的需求。

REPORT 命令仅在 RMAN 提示符下执行此命令，并且必须满足下面条件之一：RMAN 连接到目标数据库，或者 RMAN 连接到恢复目录且必须运行过 SET DBID 命令。

### 4.2.1 报告需要备份的文件

REPORT NEED BACKUP 命令报告要满足指定的保留策略而必须备份的数据库文件，该报告假定还原最近的备份。如果不指定任何选项，则 RMAN 使用当前的保留策略配置。如果保留策略被禁用（CONFIGURE RETENTION POLICY TO NONE），那么执行此命令时 RMAN 会产生错误。因为没有保留策略，RMAN 无法确定哪些文件必须备份。

```
RMAN> REPORT NEED BACKUP;
```

REPORT NEED BACKUP 命令的完整命令格式如下：

```
REPORT NEED BACKUP  [DAYS n | INCREMENTAL n | RECOVERY WINDOW OF n DAYS|
REDUNDANCY n] reportObject
```

其中，reportObjectx 列出需要新备份的指定对象的所有数据文件，对象可以是数据库（DATABASE）、数据文件、表空间、CDB 的根和 PDB。REPORT NEED BACKUP 命令可以检查整个数据库，跳过指定表空间，或针对不同保留策略仅检查特定表空间或数据文件。

#### 1. 使用 DAYS n 选项

在 REPORT NEED BACKUP 命令中使用 DAYS n 选项将列出满足下面条件的所有数据文件：需要超过指定天数 n 的归档重做日志文件才能完成对数据文件的完全恢复。

**【例 4.14】**显示需要超过 7 天的归档重做日志文件才能恢复的数据文件。

```
RMAN> REPORT NEED BACKUP DAYS 7 DATABASE;
文件报表的恢复需要超过 7 天的归档日志
文件    天数    名称
----    -----   ----------------------------------------------------
4       12      E:\APP\ORAUSER\ORADATA\ORADEMO\DATA01.DBF
5       12      E:\APP\ORAUSER\ORADATA\ORADEMO\DATA02.DBF
6       12      E:\APP\ORAUSER\ORADATA\ORADEMO\DATA03.DBF
```

上面显示出数据文件编号、用于标识恢复数据文件需要应用几天的归档日志和数据文件名称。因为完成 DATA01.DBF 等数据文件的完全介质恢复需要应用 12 天的归档日志，所以为了将恢复该数据文件需要应用的归档日志控制在 7 天以内，应该对该数据文件进行备份。

**【例 4.15】**显示需要 3 天归档日志 SYSTEM 表空间。

```
RMAN> REPORT NEED BACKUP DAYS 3 TABLESPACE system;
文件报表的恢复需要超过 3 天的归档日志
文件    天数    名称
----    -----   ------------------------------------------------
1       8       E:\APP\ORAUSER\ORADATA\ORADEMO\SYSTEM01.DBF
```

#### 2. 使用 RECOVERY WINDOW OF n DAYS 选项

通过使用恢复时间窗口，可以将恢复操作需要应用的归档日志控制在特定时间范围内。使用 REPORT NEED BACKUP 命令的 RECOVERY WINDOW OF n DAYS 选项可以报告在特定恢复时间窗口内未备份的数据文件。

【例 4.16】报告超过恢复窗口（5 天）的未备份的数据文件。

```
RMAN> REPORT NEED BACKUP RECOVERY WINDOW OF 5 DAYS;
必须备份以满足 7 天恢复窗口所需的文件报表
文件    天数    名称
----    -----   ----------------------------------------------------
2       7       E:\APP\ORAUSER\ORADATA\ORADEMO\SYSAUX01.DBF
7       10      E:\APP\ORAUSER\ORADATA\ORADEMO\USERS01.DBF
10      8       E:\APP\ORAUSER\ORADATA\ORADEMO\USERS04.DBF
```

上面的命令结果显示数据文件 2、7、10 恢复时间窗口分别为 7 天、10 天、8 天，超过了 5 天恢复窗口的要求，所以应该对这 3 个数据文件进行备份。

下面的命令可以跳过指定表空间 USERS：

```
RMAN> REPORT NEED BACKUP RECOVERY WINDOW OF 2 DAYS
   2> DATABASE SKIP TABLESPACE users;
```

### 3．使用 INCREMENTAL n 选项

如果备份数据文件采用了增量备份策略，那么可按 0 级增量备份、1 级增量备份、2 级增量备份等依次还原数据文件。通过使用 REPORT NEED BACKUP 的 INCREMENTAL n 选项指定恢复所需的增量备份的阈值，即如果数据文件的完全恢复需要多于 n 个增量备份，那么数据文件需要新的完整备份。可以根据需要还原的增量备份个数确定需要备份的数据文件。

【例 4.17】显示需要应用超过 3 个增量备份的文件进行恢复。

```
RMAN> REPORT NEED BACKUP INCREMENTAL 3;
恢复时需要超过 3 增量的文件报表
文件    增量    名称
----    -----   ----------------------------------------------------
5       5       E:\APP\ORAUSER\ORADATA\ORADEMO\DATA02.DBF
6       5       E:\APP\ORAUSER\ORADATA\ORADEMO\DATA03.DBF
```

显示结果表明恢复数据文件 DATA02.DBF 和 DATA03.DBF 数据文件需要还原 5 个增量备份，所以，为了将恢复该数据文件需要还原的增量备份控制在 3 次以内，应该在该数据文件上执行完全备份或 0 级增量备份。

### 4．使用 REDUNDANCY n 选项

在 REPORT NEED BACKUP 中使用 REDUNDANCY n 选项指定数据文件备份或副本被认为不需要备份必须存在的最小数量。换句话说，一个数据文件的备份或副本少于 n 个，表明此文件需要一个新的备份。例如，REDUNDANCY 2 表示如果数据文件少于两个副本或备份，那么它需要一个新的备份。

【例 4.18】显示要满足基于冗余保留策略（3 个备份）需要备份的对象。

```
RMAN> REPORT NEED BACKUP REDUNDANCY 3;
文件冗余备份少于 3 个
文件    #bkps   名称
----    -----   ----------------------------------------------------------
1       2       E:\APP\ORAUSER\ORADATA\ORADEMO\SYSTEM01.DBF
2       2       E:\APP\ORAUSER\ORADATA\ORADEMO\SYSAUX01.DBF
```

显示结果表示数据文件号为 1 和 2 的两个文件的冗余备份数为 2（#bkps 列显示现有备份数量），所以它们要满足冗余备份 3 的要求需要新的备份。

可以显示单个数据文件的冗余策略的报告：

```
RMAN> REPORT NEED BACKUP REDUNDANCY 2 DATAFILE 1;
```

**5. 仅对磁带或磁盘上的备份执行 REPORT NEED BACKUP**

可以将由 REPORT NEED BACKUP 命令报告的信息限制到基于磁盘备份或基于磁带的备份，如以下示例所示：

```
RMAN> REPORT NEED BACKUP RECOVERY WINDOW OF 2 DAYS
   2> DATABASE DEVICE TYPE sbt;
RMAN> REPORT NEED BACKUP DEVICE TYPE DISK;
RMAN> REPORT NEED BACKUP TABLESPACE users DEVICE TYPE sbt;
```

### 4.2.2 报告受不可恢复操作影响的数据文件

REPORT UNRECOVERABLE 命令报告由于受到了非日志操作（NOLOGGING，如直接路径中的 INSERT 操作）的影响而需要备份数据库文件，即可列出所有不可恢复的数据文件。

如果自从上次备份以来数据文件中对象执行了不可恢复的操作，那么数据文件被认为是不可恢复的。在不可恢复的操作中，不会生成重做日志。直接加载表数据和更新时 NOLOGGING 选项都是不可恢复操作的例子。在这些操作后，必须对受影响的数据文件进行完全备份或增量备份，以保证被不可恢复操作受影响的数据块可以用 RMAN 恢复。

要识别不可恢复操作影响的数据文件，在启动 RMAN 并连接到目标数据库时，执行下面命令：

```
RMAN> REPORT UNRECOVERABLE;
```

由于不可恢复而需要备份的文件：

```
文件    需要备份的类型    名称
----    -------------    ----------------------------------------
1       FULL             E:\APP\ORAUSER\ORADATA\ORADEMO\DATA03.DBF
```

需要备份的类型列可能的值 FULL 或 INCREMENTAL，取决于哪种类型的备份是必要的，以确保该文件的所有数据是可恢复的。如果是 FULL，那么创建一个完全备份、0 级备份或数据文件副本；如果是 INCREMENTAL，就进行增量备份。

### 4.2.3 报告过时备份

过时备份（Obsolete Backups）是指为满足当前或指定的备份保留策略不再需要的备份。例如，如果保留策略要求每个数据文件必须保留一个备份，但数据文件 datafile1.dbf 有两个备份，那么第二个 datafile1.dbf 的备份就可认为已过时。

REPORT 命令可列出在 RMAN 资料库中记录但因为不再需要可以删除的完全备份、数据文件副本和归档重做日志文件等内容。REPORT OBSOLETE 命令分为两个步骤：

① 对于已备份的每个数据文件，RMAN 识别出指定保留策略中未过时的最早完全备份、0 级备份或镜像副本的时间。任何早于此时间的数据文件备份标记为已过时。

② 比最旧的未过时完全备份还旧的归档重做日志文件和 1 级增量备份标记为已

过时。如果 1 级增量备份或归档重做日志文件会应用于未过时 0 级备份或完全备份，那么它们不认为是已过时备份。

可以用 REPORT 命令报告过时的备份集、备份片、数据文件副本等过期信息。在执行 REPORT 命令前，先执行 CROSSCHECK 命令更新资料库中的备份状态以保持与磁盘上的状态一致。

如果在 REPORT 中使用 DEVICE TYPE 选项，那么只考虑在指定设备上创建的备份和副本。如果保留策略被禁用，那么 RMAN 不会将任何备份视为已过时。因此，当在运行 REPORT OBSOLETE 而没有其他选项，并且保留策略为 NONE 时，那么 RMAN 会引发错误。

使用 KEEP UNTIL TIME 子句进行的备份在超过 KEEP 指定的时间后将标记为过时，而无论配置的保留策略设置如何。

报告过时信息的操作如下：

① 启动 RMAN 并连接到目标数据库和恢复目录（如果使用）。

```
C:\> RMAN TARGET system/Oracle12c@orademo CATALOG rco/Rco2017@catdb
```

② 执行 CROSSCHECK 命令以更新资料库中备份的状态。

交叉检查磁盘上的所有备份的命令：

```
RMAN> CROSSCHECK BACKUP DEVICE TYPE DISK;
```

交叉检查磁带上的所有备份的命令：

```
RMAN> CROSSCHECK BACKUP DEVICE TYPE sbt;
```

交叉检查所有设备上的所有备份：

```
RMAN> CROSSCHECK BACKUP;
```

③ 运行 REPORT OBSOLETE 以确定哪些备份已过时。如果不指定任何其他选项，那么 REPORT OBSOLETE 根据 CONFIGURE RETENTION POLICY 配置的保留策略显示过时的备份，如下：

```
RMAN> REPORT OBSOLETE;
```

恢复窗口是一种 RMAN 备份保留策略。在该策略中 DBA 指定一时间段，RMAN 要将备份和归档重做日志文件保留以使可恢复到该时间段内的任何时刻。时间段总是以当前时间结束，并且在时间向后回退到用户指定时间和天数。

**【例 4.19】**如果恢复窗口保留策略设置为 7 天，当前时间为星期二上午 11:00，RMAN 要保留备份以使基于时间点的修复到上个星期二的上午 11:00 点。

执行下面命令报告基于时间的恢复窗口保留策略的过时备份：

```
RMAN> REPORT OBSOLETE RECOVERY WINDOW OF 3 DAYS;
```

执行下面命令报告基于冗余保留策略的过时备份：

```
RMAN> REPORT OBSOLETE REDUNDANCY 1;
```

### 4.2.4 报告数据库模式

REPORT SCHEMA 命令将显示指定时间的目标数据库中所有数据文件（永久和临时）和表空间的名称等信息。如果不指定 FOR DB_UNIQUE_NAME 选项，可选择使用连接恢复目录，但连接目标数据库是必需的。可以连接到恢复目录并设置 DBID。

报告数据库模式的步骤如下：

① 启动 RMAN 并连接到目标数据库。

```
RMAN> CONNECT TARGET system/Oracle12c@orademo
```

② 如果在步骤①中没有将 RMAN 连接到目标数据库，而打算在 REPORT SCHEMA 上指定 FOR DB_UNIQUE_NAME 子句，那么要设置数据库 DBID:

```
RMAN> SET DBID 28014364;
```

③ 执行 REPORT SCHEMA 命令。

```
RMAN> REPORT SCHEMA;
```

如果使用恢复目录并连接到恢复目录，可以指定过去的时间、SCN 或日志序列号。如要查询 14 天前的数据库模式，可执行下面命令：

```
RMAN> REPORT SCHEMA AT TIME 'SYSDATE-14';
```

查询 SCN 为 1000 时的数据库模式：

```
RMAN> REPORT SCHEMA AT SCN 1000;
```

查询序列号为 100 时的数据库模式：

```
RMAN> REPORT SCHEMA AT SEQUENCE 100 THREAD 1;
```

查询备份数据库 standby1 的数据库模式：

```
RMAN> REPORT SCHEMA FOR DB_UNIQUE_NAME standby1;
```

## 4.3 用动态性能视图查询备份元数据

如果 LIST 命令或 REPORT 命令不可用，可以使用动态性能视图来查询备份的元数据。

### 4.3.1 查询 RMAN 任务的详细信息

RMAN 作业是在 RMAN 会话中执行的一组命令。一个作业可包括多条命令，如在一个作业会话内执行 BACKUP 和 RECOVER COPY。

V$RMAN_BACKUP_JOB_DETAILS 和 V$RMAN_BACKUP_SUBJOB_DETAILS 动态性能视图提供 RMAN 备份作业的详细信息，如：备份多长时间了，有多少备份作业已完成，每次备份作业的状态（成功或失败），作业何时启动何时完成，是什么类型的备份。SESSION_KEY 列是 RMAN 作业会话发生时的唯一标识。RMAN 备份时是读多写少。度量备份速度的列是 INPUT_BYTES_PER_SEC。列 COMPRESSION_RATIO 显示的是读写之间的比率。

查询当前或过去的 RMAN 任务的详细内容的步骤如下：

① 用 SQL * Plus 连接到要查询备份历史的数据库。

② 查询 V$RMAN_BACKUP_JOB_DETAILS 视图以获取备份类型、状态、开始和结束时间等信息。以下查询显示按会话键排序的备份作业历史记录，会话键（session_key）是 RMAN 会话的主键。

```
SQL> COL STATUS FORMAT a9
SQL> COL hrs FORMAT 999.99
SQL> SELECT session_key, input_type, status,
  2  TO_CHAR(start_time,'mm/dd/yy hh24:mi') start_time,
  3  TO_CHAR(end_time,'mm/dd/yy hh24:mi') end_time,
  4  elapsed_seconds/3600 hrs
  5  FROM v$rman_backup_job_details ORDER BY session_key;
```

③ 查询 V$RMAN_BACKUP_JOB_DETAILS 视图可得到一个 RMAN 会话中备份作业的速率。以下查询显示按会话键( RMAN 会话的主键 )排序的备份作业速度。列 in_sec 和 out_sec 显示每秒的数据输入和输出。

```
SQL> COL in_sec FORMAT a10
SQL> COL out_sec FORMAT a10
SQL> COL TIME_TAKEN_DISPLAY FORMAT a10
SQL> SELECT session_key, optimized, compression_ratio,
  2  input_bytes_per_sec_display in_sec, output_bytes_per_sec_display
out_sec,
  3  time_taken_display
  4  FROM v$rman_backup_job_details ORDER BY session_key;
```

④ 查询 V$RMAN_BACKUP_JOB_DETAILS 视图以了解 RMAN 会话中的备份大小。如果运行 BACKUP DATABASE，那么显示正在备份数据库的备份作业写入备份集的总大小，就可查询 V$RMAN_BACKUP_JOB_DETAILS.OUTPUT_BYTES 视图。要查看所有注册数据库的备份集大小，可查询 V$RMAN_BACKUP_JOB_DETAILS。

以下查询显示按会话键顺序排列的备份作业大小和吞吐量。列 in_size 和 out_size 显示每秒的数据输入和输出：

```
SQL> COL in_size FORMAT a10
SQL> COL out_size FORMAT a10
SQL> SELECT session_key,input_type,compression_ratio,
  2  input_bytes_display in_size, output_bytes_display out_size
  3  FROM v$rman_backup_job_details ORDER BY session_key;
```

### 4.3.2 确定备份片的加密状态

V$BACKUP_PIECE 从控制文件中显示出有关备份片的信息。使用 SQL * Plus 的 DESC 可查询该视图包含的列，这里给出本例用到的字段（列）：备份片记录号（RECID）、备份集时间（SET_STAMP）、加密状态（ENCRYPTED，YES 表示加密）、备份片句柄（HANDLE）、备份集数量（SET_COUNT）、备份片标签（TAG）等。备份片标签是在备份集级指定，但存储在备份片级。

V$BACKUP_SET 视图从控制文件中显示关于备份集的信息。每次备份成功完成后，都会在该视图中插入一条备份集记录。

下面通过查询 V$BACKUP_PIECE 和 V$BACKUP_SET 视图显示 ENCRYPTED 列可获得备份集是加密（YES）状态还是未加密（NO）状态。查询结果显示备份集记录号（BS_REC）、备份片记录号（BP_REC）、备份片加密状态（ENCRYPT）、备份片标签（TAG）和介质句柄（MEDIA_HANDLE）。

```
SQL> COL BS_REC FORMAT 99999
SQL> COL BP_REC FORMAT 99999
SQL> COL MB FORMAT 9999999
SQL> COL ENCRYPTED FORMAT A7
SQL> COL TAG FORMAT A25
SQL> SELECT s.recid AS "bs_rec", p.recid AS "bp_rec", p.encrypted,
  2  p.tag, p.handle AS "media_handle"
  3  FROM v$backup_piece p, v$backup_set s
  4  WHERE p.set_stamp = s.set_stamp AND p.set_count = s.set_count;
```

### 4.3.3 常用 RMAN 动态性能视图

除了上面的有关备份与恢复的动态性能视图外，还有几个常用 RMAN 动态性能视图描述了有关 RMAN 备份或恢复的信息。

（1）V$RMAN_BACKUP_TYPE 视图

V$RMAN_BACKUP_TYPE 视图显示有关 RMAN 备份类型的信息。

（2）V$RMAN_COMPRESSION_ALGORITHM 视图

V$RMAN_COMPRESSION_ALGORITHM 视图提供压缩算法的描述信息，它由 RMAN 客户端使用，包括算法 ID（ALGORITHM_ID）、算法名称（ALGORITHM_NAME）和算法说明（ALGORITHM_DESCRIPTION）等信息。

（3）V$RMAN_CONFIGURATION 视图

V$RMAN_CONFIGURATION 视图列出有关 RMAN 持久配置的信息，包括目标数据库中配置记录的唯一标识（CONF#）、配置的名称（NAME，包括各类配置命令）和配置的值（VALUE）等信息。

（4）V$RMAN_OUTPUT 视图

V$RMAN_OUTPUT 视图显示 RMAN 报告的消息，包括会话 ID（SID）、记录 ID（RECID）和时间（STAMP）等信息，它是一个内存中的视图，没有记录在控制文件中。该视图可以容纳 32 768 行。

（5）V$RMAN_STATUS 视图

V$RMAN_STATUS 视图显示完成和正在进行的 RMAN 作业信息。对于正在进行的工作，这个视图显示进度和状态。正在进行的作业仅存储在内存中，而已完成的作业存储在控制文件中。该视图包括的内容有会话 ID（SID）、开始时间（START_TIME）、结束时间（END_TIME）和作业状态（STATUS）等信息，其中状态有下面几种：RUNNING、RUNNING WITH WARNINGS、RUNNING WITH ERRORS、COMPLETED、COMPLETED WITH WARNINGS、COMPLETED WITH ERRORS 和 FAILED。

## 4.4 查询恢复目录视图

LIST、REPORT 和 SHOW 命令是访问控制文件和恢复目录中的数据最简单的方法。有时也可以从恢复目录视图中获取有用信息。

### 4.4.1 恢复目录视图概述

恢复目录视图存储在恢复目录模式中并以 RC_为前缀。RMAN 从目标数据库的控制文件中读出备份和恢复的元数据并存储到恢复目录的表中。恢复目录视图就是基于这些表而生成。恢复目录视图没有规范化或优化。

通常，恢复目录视图不如 RMAN 报告命令那样友好。如果在启动 RMAN 并连接到目标数据库后，只要调用 LIST、REPORT 和 SHOW 命令就可获得目标数据库信息。如果在同一恢复目录中注册有 10 个不同的目标数据库，那么查询恢复目录视图显示出 10 个数据库的所有化身的元数据。通常要在多个视图中进行复杂的查询或连接语句才能得到关于指定数据库化身的有用信息。

大多数恢复目录视图都有与之对应的 V$动态性能视图。例如，RC_BACKUP_PIECE 对应 V$BACKUP_PIECE，二者的主要差别是：每个恢复目录视图包括恢复目录中所有数据库的信息，而 V$视图只包含某个数据库本身的信息。

大多数恢复目录视图包含有 DB_KEY 和 DBINC_KEY。在恢复目录中注册的数据库都有一个唯一的标识，即 DB_KEY 列的值，或是 32 位的数据库唯一标识符 DBID。数据库的每个化身都用唯一的 DBINC_KEY 列标识。因此，可以用 DB_KEY 和 DBINC_KEY 列连接查询目标数据库指定化身的记录。

恢复目录视图与 V$视图的重要区别是备份与恢复文件的唯一标识系统是不同的。许多 V$视图都像 V$ARCHIVED_LOG 视图一样用 RECID 和 STAMP 列结合组成主码，而对应的恢复目录视图用自动派生值作为主码，并将该值单独作为一列，如 RC_ARCHIVED_LOG 中的 AL_KEY 列，这列的值是 RMAN 的 LIST 命令显示的主键。

### 4.4.2 从恢复目录中查询 DB_KEY 或 DBID 的值

恢复目录中注册数据库的主码 DB_KEY 只用在恢复目录中。获取 DB_KEY 的最简单方法是用目标数据库的 DBID，每当通过 RMAN 连接到目标数据库时就会显示该值。DBID 用来区分在 RMAN 恢复目录中注册的数据库。

假设想要获取有关在恢复目录中注册数据库的信息，可以从恢复目录中获取数据库当前化身的信息：

① 确定要查看数据库的 DBID。

可以通过查看 RMAN 连接到数据库时显示的输出来获取 DBID，或者查询 V$RMAN_OUTPUT 或 V$DATABASE 视图。

用 SQL * Plus 连接到所需的数据库和查询 DBID：

```
SQL> CONNECT / AS SYSBACKUP;
SQL> SELECT dbid FROM v$database;
DBID
---------
598368217
```

② 启动 SQL * Plus 并以恢复目录所有者的身份连接到恢复目录数据库。

```
SQL> CONNECT rco/Rco2017@catdb;
```

③ 利用步骤①中获取的 DBID 来获取数据库的数据库主键。执行下面查询可获取数据库的 DB_KEY：

```
SQL> SELECT db_key FROM rc_database
  2  WHERE DBID = 598368217;
```

④ 查询步骤①中获得的 DBID 对应的数据库当前化身的记录。要获取目标数据库当前化身的信息，指定目标数据库 DB_KEY 值并执行与 RC_DATABASE_INCARNATION 视图的连接。在 WHERE 条件中指定 CURRENT_INCARNATION 列值设置为 YES。

获取 DB_KEY 值为 1 的目标数据库当前化身的备份集信息，使用下面的查询：

```
SQL> SELECT bs_key, backup_type, completion_time
  2  FROM rc_database_incarnation i, rc_backup_set b
  3  WHERE i.db_key = 1 and i.db_key = b.db_key
  4  AND i.current_incarnation = 'YES';
```

查询结果将显示 DB_KEY 值为 1 的目标数据库当前化身的备份集主键（bs_key）、备份类型（D：完全备份或 0 级别增量，I：1 级增量，L：归档重做日志）和备份完成时间。

### 4.4.3 查询备份文件信息视图 RC_BACKUP_FILES

查询 RC_BACKUP_FILES 视图可获得恢复目录中任何数据库的备份信息，它对应着 V$BACKUP_FILES 视图。即使恢复目录中只注册一个数据库，在查询视图 RC_BACKUP_FILES 前也必须调用 DBMS_RCVMAN.SETDATABASE 过程指定数据库的 DBID，调用下面语句：

```
SQL> CALL DBMS_RCVMAN.SETDATABASE(null,null,null,2283997583);
```

第 4 个参数必须是注册在恢复目录中的数据库的 DBID，其他 3 个参数必须为 NULL。

```
SQL> SELECT pkey,backup_type,file_type FROM rc_backup_files;
```

上面查询语句的结果显示每个备份的主键（pkey）、备份类型（显示 BACKUP SET—备份集，COPY—镜像副本和 PROXY COPY—代理副本）和文件类型（DATAFILE—数据文件，CONTROLFILE—控制文件，SPFILE—服务器参数文件，REDO LOG—重做日志文件，ARCHIVED LOG—归档重做日志文件，COPY—镜像副本，PIECE—备份片）。

在 SQL * Plus 中执行 DESC RC_BACKUP_FILES 可显示 RC_BACKUP_FILES 视图的所有列，主要的有 STATUS(AVAILABLE, UNAVAILABLE, EXPIRED)、FNAME（文件名）、TAG（备份标记）、DEVICE_TYPE（备份存储设备类型）和 OBSOLETE（过时标记）等字段。

### 4.4.4 查询注册数据库信息视图 RC_DATABASE

RC_DATABASE 视图提供有关恢复目录中注册的所有目标数据库的信息，它对应于 V$DATABASE 视图。

如果以恢复目录所有者的身份登录到恢复目录数据库，那么执行下面的查询将得到在恢复目录中注册的目标数据库信息：

```
SQL> CONNECT rco/Rco2017@catdb;
SQL> SELECT dbid,name FROM rc_database;
```

上面的查询将显示每个注册数据库的 DBID 和数据库名称。该视图还包括 DB_KEY（数据库主键）、DBINC_KEY（当前化身的键）RESETLOGS_CHANGE#（当前数据库化身的 RESETLOGS 的 SCN）和 FINAL_CHANGE#（使用备份和重做日志可以修复到的最高的 SCN）。

## 4.5 管理控制文件资料库

Oracle 推荐的维护策略包括配置快速恢复区、配置保留策略和归档重做日志删除策略。配置这些策略后，数据库将按需自动维护和删除备份及归档重做日志。尽管如此，有时也需要手工维护数据库备份及归档重做日志。

维护 RMAN 备份涉及管理存储在磁盘或磁带上的备份以及资料库中的备份元数据记录，其中重要的工作之一就是删除不再需要的备份。

RMAN 资料库有时不能反映磁盘或磁带中文件的真实状态，如用户通过操作系统命令删除了磁盘上的备份文件，但资料库显示备份文件仍然存在，或者包含 RMAN 的磁带也可能损坏。出现这些情况，都需要用 RMAN 命令来维护资料库以保证信息的正确。

### 4.5.1 维护控制文件资料库

RMAN 可以在没有恢复目录的环境下正常运行。如果在 RMAN 中选择不使用恢复目录，那么每个目标数据库的控制文件就是独立的资料库。要维护控制文件资料库，必须了解控制文件中如何存储信息，并要保证备份与恢复策略能保护控制文件。

#### 1. 控制文件记录

按照控制文件中记录使用方式将记录分为循环重用记录和非循环重用记录。循环重用记录包含的信息在需要时可以被重写，这些记录的信息是由数据库连续不断生成。当所有可用记录槽用完时，数据库要么扩展控制文件的大小，要么重写旧的记录。初始化参数 CONTROL_FILE_RECORD_KEEP_TIME 指定被重写的最小天数，即 n 天后将被重写。非循环重用记录包含有不能改变也不能重写的关键信息，如数据文件名、联机重做日志文件或重做线程等内容。

当备份目标数据库时，数据库把备份信息的元数据记录在控制文件中。为了防止控制文件由于增加记录变得越来越大，当记录超过指定的时间后将被重用。可以用下面的初始化参数设置记录保保留的天数：

```
CONTROL_FILE_RECORD_KEEP_TIME = n
```

假设整数为 14，表示记录至少要保留 14 天，也即 14 天以前的所有记录都可以被重写，重写记录的内容会丢失。最旧的记录将最先被重用。

如果新的 RMAN 资料库记录要增加到控制文件中，控制文件中又没有超过时限的记录时，数据库将会扩展控制文件的大小。如果操作系统阻止控制文件的扩展（如磁盘占满了），那么数据库将重写控制文件中最老的记录。

数据库将把重写的记录存储在警告日志文件（Automatic Diagnostic Repository，ADR）中。每次被重写的记录，数据库将在警告日志中记录被重写记录的 RECID 号、时间、线程号和备份集的相关信息。

#### 2. 快速恢复区与控制文件记录

如果控制文件记录包括快速恢复区的文件信息，那么在该记录被重写时，数据库将在该文件可以删除的情况下删除快速恢复区中的文件；否则数据库将对包含该文件信息的控制文件区的大小进行扩充，并将扩充信息记录在警告日志中。

如果控制文件的大小达到操作系统支持的最大值，那么不能扩展控制文件，并将在警告日志文件中给出警告信息。显示的信息表明控制文件中不能存储满足保留策略中需要的所有快速恢复区的文件记录。

#### 3. 防止控制文件记录重写

预防 RMAN 元数据被重写的最好方法是使用恢复目录。如果不使用恢复目录，那么可以使用下面的方法：

① 将 CONTROL_FILE_RECORD_KEEP_TIME 的值设置成大于必须保留的最长时间。例如，如果每周备份一次整个数据库，那么每个备份至少保留 7 天，此时可以将

初始化参数 CONTROL_FILE_RECORD_KEEP_TIME 的值设置为 10 或 14，它的默认值为 7 天。

② 将控制文件存储到像磁盘这样便于扩展的文件系统中，而不是存储在像磁带这样的原始设备 RAW DEVICE 上。

③ 监控警告日志文件以确保 Oracle 数据库没有重写控制文件记录。警告日志存储在 ADR（Automatic Diagnostic Repository）位置。

如果使用快速恢复区，那么遵循下面的规则可避免出现控制文件为满足备份保留策略的要求而不能存储所有快速恢复区文件信息的情况：

① 如果控制文件块大小没有达到最大值，那么设置一个较大的块大小，较好的是 32KB。为此，必须设置 SYSTEM 表空间的块大小不小于控制文件的块大小。在改变 DB_BLOCK_SIZE 的值后要重新建立控制文件。

② 通过将快速恢复区的文件备份到磁带等第三方设备上，以保证在必要时可以删除它们。可以用 BACKUP RECOVERY AREA 将快速恢复区中的文件备份到介质管理器中。

③ 如果备份保留策略要求备份和归档日志保留的时间长于业务需求，可以减少恢复窗口值或降低冗余度来使快速恢复区中的更多文件可以被删除。

### 4.5.2 保护控制文件

如果不用恢复目录来存储 RMAN 元数据，那么保护目标数据库的控制文件将更加重要。可以用下面的策略来保护控制文件：

① 通过多路控制文件或操作系统镜像文件来建立控制文件的冗余备份。此时，个别控制文件损失时，数据库仍可以运行，而不需要从备份中还原控制文件。Oracle 建议至少使用两个单独的磁盘建立控制文件副本。

② 配置控制文件的自动备份功能。此时，RMAN 在执行某些命令时将自动备份控制文件。如果有控制文件的自动备份，RMAN 可以恢复服务器参数文件和备份的控制文件，并装载数据库。控制文件装载后，可以恢复数据库的其余部分。

③ 保持数据库 DBID 的记录。如果丢失了控制文件，可以用 DBID 来修复数据库。

## 4.6 更新 RMAN 资料库

在 RMAN 运行过程中，可能会引起 RMAN 资料库和它记录文件之间的差异，包括磁带或磁盘故障，用户管理副本或删除 RMAN 有关的文件。本节介绍如何确保 RMAN 资料库能准确地反映现实存储在磁盘和磁带的 RMAN 的文件信息。

### 4.6.1 交叉检查 RMAN 资料库

为确保在恢复目录或控制文件中有关备份的数据与磁盘上或在介质管理目录相对应的数据同步，就要进行交叉检查（Crosscheck）。

#### 1. 交叉检查概述

交叉检查就是确定磁盘上或介质管理目录中的文件信息是否与 RMAN 资料库中

的数据一致。因为介质管理软件可以将磁带标记为已过时或不可用，并且因为文件可能从磁盘中删除或以其他方式损坏，这样导致 RMAN 资料库可能包含过时的有关备份的信息。CROSSCHECK 命令只对当前记录在 RMAN 资料库的那些文件进行交叉检查。

如果使用快速恢复区、备份保留策略和归档重做日志删除策略，那么并不需要经常进行交叉检查。如果通过 RMAN 以外的手工方式删除文件，则必须定期进行交叉检查，以确保该资料库数据保持最新状态。

交叉检查的目的是更新有关备份的过时信息或更新资料库，即更新过时的 RMAN 资料库记录或与实际备份状态不符的记录。例如，如果一个用户用操作系统命令从磁盘删除归档日志，那么资料库中仍表示该归档日志在磁盘上，而事实上它们不在磁盘。交叉检查可以更新不在磁盘或不在磁带或者损坏备份的过时信息。

图 4-2 显示了介质管理器的交叉检查过程。RMAN 从 RMAN 资料库中查询要进行检查的 4 个备份集名称和位置。RMAN 将此信息发送到目标数据库服务器，数据库服务器查询关于备份的介质管理软件，介质管理软件检查它的目录，并向服务器报告备份集 3 丢失。RMAN 将更新资料库中备份集 3 的状态为 EXPIRED（过期的）。运行 DELETE EXPIRED 命令将从资料库中删除备份集 3 的记录。

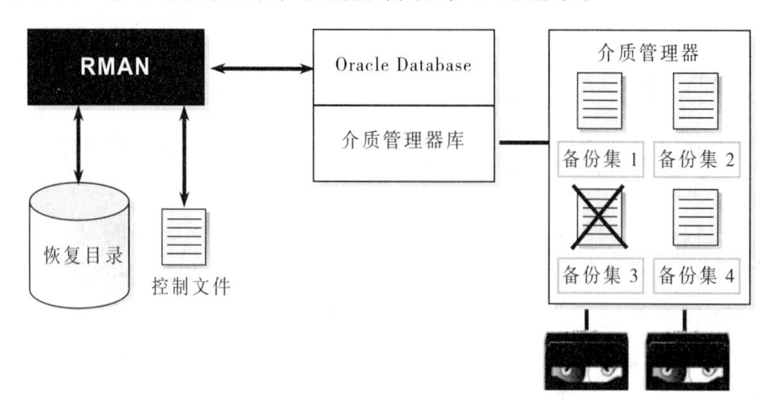


图 4-2　介质管理器的交叉检查

使用交叉检查功能可以检查磁盘或磁带上的备份的状态。如果备份是在磁盘上，那么 CROSSCHECK 检查该文件的头是否有效。如果一个备份在磁带上，该命令检查在介质管理软件目录上存在指定备份。

备用片和镜像副本可以有 AVAILABLE、EXPIRED、UNAVAILABLE 三种状态。通过运行 RMAN 的 LIST 命令或者通过查询 V$BACKUP_FILES 视图或恢复目录视图 RC_DATAFILE_COPY 或 RC_ARCHIVED_LOG 都可以查看备份的状态。交叉检验将更新 RMAN 资料库以使这些方法都能提供准确的信息。如果备份不可用，那么 RMAN 更新 RMAN 资料库中对应的每个备份状态为 EXPIRED。如果新的交叉检查确定一个过期的备份又可用，那么 RMAN 更新其状态为可用 AVAILABLE。

应该注意的是 CROSSCHECK 命令不会删除操作系统文件或资料库记录。必须使用 DELETE 命令进行这些操作。可以执行 DELETE EXPIRED 命令删除所有过期的备份。RMAN 将从资料库中删除过期的记录。如果该文件由于某些原因仍然存在介质中，则 RMAN 发出警告，并列出了不匹配的未被删除对象。

2. 交叉检查所有备份和镜像副本

连接到目标数据库和恢复目录（如果使用）后，运行 CROSSCHECK 命令验证 RMAN 中的备份集的状态和可用性。

在执行 CROSSCHECK 或 DELETE 命令之前，可以配置或手动分配多个通道。RMAN 搜索所有与备份有相同设备类型的通道中的每个备份。要在单个命令内检查或删除磁盘上备份或磁带上的备份时，使用这种多通道功能。

例如，假设有一个 SBT 通道配置如下：

```
RMAN> CONFIGURE DEVICE TYPE sbt PARALLELISM 1;
RMAN> CONFIGURE DEFAULT DEVICE TYPE sbt;
```

在这种情况下，可以运行下面的命令来交叉检查磁盘和 SBT：

```
RMAN> CROSSCHECK BACKUP;
RMAN> CROSSCHECK COPY;
```

如果没有配置自动 SBT 通道，可以手动分配在磁盘和磁带的维护通道：

```
RMAN> ALLOCATE CHANNEL FOR MAINTENANCE DEVICE TYPE sbt;
RMAN> CROSSCHECK BACKUP;
RMAN> CROSSCHECK COPY;
```

3. 检查指定的备份集和镜像副本

可以使用 LIST 命令来报告备份仍然存在，然后使用 CROSSCHECK 命令检查。DELETE EXPIRED 命令删除不能进行交叉检查的资料库记录。

① 启动 RMAN 并连接到目标数据库和恢复目录（如果使用）。

② 运行 LIST 命令以确定要检查的备份。

```
RMAN> LIST BACKUP;
```

③ 交叉检查所需的备份或副本。

要检查备份集、代理副本和镜像副本，可按备份集号、标记、指定数据文件等方式执行下面的命令：

```
RMAN> CROSSCHECK BACKUP;
RMAN> CROSSCHECK COPY OF DATABASE;
RMAN> CROSSCHECK BACKUPSET 1338, 1339, 1340;
RMAN> CROSSCHECK BACKUPPIECE TAG 'nightly_backup';
RMAN> CROSSCHECK BACKUP OF ARCHIVELOG ALL SPFILE;
RMAN> CROSSCHECK BACKUP OF DATAFILE "d:\oradata\trgt\system01.dbf"
   2> COMPLETED AFTER 'SYSDATE-14';
RMAN> CROSSCHECK CONTROLFILECOPY 'd:\tmp\control01.ctl';
RMAN> CROSSCHECK DATAFILECOPY 113, 114, 115;
RMAN> CROSSCHECK PROXY 789
```

### 4.6.2 更改备份和副本的资料库状态

本节介绍如何修改有关备份和镜像副本的资料库记录。

1. 更新备份的可用 AVAILABLE 和不可用状态 UNAVAILABLE

如果备份暂时变得可用或不可用，可以更改其备份的状态。例如，如果维修一个磁盘，就可以更新该磁盘中的备份记录的状态为 UNAVAILABLE（不可用的）。

当备份无法找到或有被迁移时，可运行 CHANGE... UNAVAILABLE 命令。RMAN

在 RESTORE 或 RECOVER 命令中不使用 UNAVAILABLE 状态的文件。如果后来找到丢失的文件,那么可以通过执行 CHANGE ... AVAILABLE 命令再次更新其状态为可用。在快速恢复区的文件不能被标记为不可用 UNAVAILABLE。

按照下面的步骤可更新资料库中文件的状态为 UNAVAILABLE 或 AVAILABLE:

① 执行 LIST 命令来确定 RMAN 备份的可用性状态。下面的命令列出所有备份:

```
RMAN> LIST BACKUP;
```

② 运行带有 UNAVAILABLE 或 AVAILABLE 选项的 CHANGE 命令来更改 RMAN 资料库中备份的状态。

```
RMAN> CHANGE DATAFILECOPY 'd:\oraback\control01.ctl' UNAVAILABLE;
RMAN> CHANGE COPY OF ARCHIVELOG SEQUENCE
   2>  BETWEEN 1000 AND 1012 UNAVAILABLE;
RMAN> CHANGE BACKUPSET 12 UNAVAILABLE;
RMAN> CHANGE BACKUP OF SPFILE
   2> TAG "TAG20020208T154556" UNAVAILABLE;
RMAN> CHANGE DATAFILECOPY ' d:\oraback\system01.dbf' AVAILABLE;
RMAN> CHANGE BACKUPSET 12 AVAILABLE;
RMAN> CHANGE BACKUP OF SPFILE TAG "TAG20020208T154556" AVAILABLE;
```

### 2. 更新归档备份的状态

归档备份（Archival Backup）是在正常备份和恢复策略以外的数据库备份，通常是将备份归档到单独的存储介质上并会长期保存以满足业务需求。归档备份仍然是完全有效的备份，它可以像任何其他 RMAN 备份一样用于恢复操作。

可以使用 CHANGE 命令来改变现有备份的 KEEP 状态。用于 BACKUP ... KEEP 命令的选项也可用于 CHANGE ... KEEP。注意:KEEP FOREVER 子句需要使用恢复目录,因为控制文件不能包含一个无限大的 RMAN 资料库数据。不能为存储在快速恢复区域中的备份集或文件设置 KEEP 属性。

修改归档备份的 KEEP 状态步骤如下:

① 调用 LIST 命令显示需要的备份。下面的命令列出所有备份:

```
RMAN> LIST BACKUP;
```

② 用 CHANGE ... KEEP 命令来定义所选备份的不同保留时间，或用 CHANGE ... NOKEEP 让保留策略应用到指定文件。下面的示例允许备份集受限于备份保留策略:

```
RMAN> CHANGE BACKUPSET 231 NOKEEP;
```

这个示例数据文件副本的保留策略定义为 180 天:

```
RMAN> CHANGE DATAFILECOPY 'd:\oraback\system01.dbf' KEEP
   2> UNTIL TIME 'SYSDATE+180';
```

### 3. 更改被删除 PDB 的备份状态

从多租户容器数据库（CDB）中删除的可插拔数据库（PDB）不能使用原 PDB 名称而是使用 GUID 来识别被删除的 PDB。所以要更改删除 PDB 相关备份的状态，必须使用 GUID。用带有 GUID 选项的 CHANGE 命令可更改这类备份的状态。具体步骤如下:

① 以具有 SYSDBA 或 SYSBACKUP 权限的公共用户连接到根。

② 查询 DBA_PDB_HISTORY 视图以确定被从 CDB 中删除 PDB 的 GUID。如下例显示从 CDB 中删除的 PDB（名称为 TEST_DB）的 GUID:

```
RMAN> SELECT pdb_name, pdb_guid FROM dba_pdb_history
   2> WHERE db_name ='test_db';
```

③ 使用带有 GUID 选项的 CHANGE 命令来修改删除 PDB 对应的备份状态。以下命令从 RMAN 资料库中删除用 GUID 识别的被删除 PDB 的备份片和镜像副本：

```
RMAN> CHANGE BACKUPPIECE
   2> GUID 'DFCE8C3A437F214EB4230070EC0D294E' UNCATALOG;
RMAN> CHANGE COPY
   2> GUID 'DFCE8C3A437F214EB4230070EC0D294E' UNCATALOG;
```

### 4.6.3 登记备份记录到 RMAN 资料库

目标数据库的控制文件保存有该数据库的所有归档重做日志和所有 RMAN 备份的记录。当资料库中没有 RMAN 管理的文件记录时，可以使用 CATALOG 命令添加元数据到资料库。下面几种情况下要运行 CATALOG 来添加记录：

① 使用操作系统工具复制了数据文件、归档日志和备份片。此时，资料库没有这些备份的记录。

② 用控制文件备份进行修复，在修复期间更改归档日志的位置或格式。在这种情况下，资料库没有修复所需的归档日志的信息，必须记录这些日志信息。

③ 如果用户把数据文件副本作为 0 级备份，那么可将其作为增量备份策略的基础进行增量备份。

如果要记录用户管理副本到恢复目录中，那么该副本必须在磁盘可访问，并且是单个文件的完整镜像副本；文件副本可以是数据文件副本、控制文件副本、归档重做日志副本或备份片副本。

如果将数据文件存储在镜像的磁盘驱动器，那么可以先解除镜像，然后创建一个用户管理的副本，最后使用 CATALOG 命令在资料库中登记这个用户管理副本的存在。在重新进行镜像前，运行 CHANGE... UNCATALOG 命令通知 RMAN 该文件副本不再存在。

#### 1. 记录用户管理的数据文件副本

使用 CATALOG 命令可将用户管理副本的信息记录到 RMAN 资料库。这些文件信息记录后，就可以用 LIST 命令或查询 V$BACKUP_FILES 视图确认信息包含在 RMAN 资料库。创建并记录用户管理的数据文件的副本的步骤如下：

① 用操作系统实用程序建立数据文件副本。如果在备份过程中数据库是打开的和数据文件联机，那么要用 ALTER TABLESPACE BEGIN/ END BACKUP 命令：

```
SQL> ALTER TABLESPACE users BEGIN BACKUP;
SQL> HOST COPY %ORACLE_HOME%\oradata\users01.dbf d:\oraback\users01.dbf;
SQL> ALTER TABLESPACE users END BACKUP
```

② 启动 RMAN 并连接到目标数据库和恢复目录。

```
C:\>RMAN TARGET system/Oracle12c@orademo CATALOG rco/Rco2017@catdb;
```

③ 运行 CATALOG 命令。

```
RMAN> CATALOG DATAFILECOPY ' d:\oraback\users01.dbf ';
```

如果要记录的副本不是连接目标数据库的数据文件副本，那么 RMAN 报告错误。

#### 2. 记录备份片到资料库

如果使用操作系统实用程序复制磁盘上的备份片，那么同样要将其记录到资料库中，这个备份片甚至可以是前一个数据库化身的备份片。RMAN 可以确定备份片是否能用于后面的还原和修复操作。记录备份片的步骤如下：

① 启动 RMAN 并连接到目标数据库和恢复目录（如果使用）。

```
C:\>RMAN TARGET system/Oracle12c@orademo CATALOG rco/Rco2017@catdb;
```

② 记录备份片的文件名。

```
RMAN> CATALOG BACKUPPIECE 'd:\09dtq55d_1_2', 'e:\0bdtqdou_1_1';
```

③可运行 LIST 命令或查询 V$视图来验证该文件是否已记录。可用的视图包括 V$BACKUP_SPFILE、V$BACKUP_PIECE、V$BACKUP_SET、V$BACKUP_DATAFILE 和 V$BACKUP_REDOLOG。

```
SQL> SELECT HANDLE FROM V$BACKUP_PIECE;
```

**3. 将指定磁盘位置的所有文件记录到资料库**

如果有数据文件副本、备份片或磁盘上的归档日志，就可以用 CATALOG 命令在恢复目录中登记这些文件。当使用恢复目录时，可以将在控制文件中已过时的备份登记到恢复目录，这样 RMAN 就可以用旧的备份进行恢复操作。

如果使用自动存储管理（ASM）或 Oracle 管理文件或快速恢复区，那么可能要将磁盘管理系统中存储但不在 RMAN 资料库中出现的文件记录到资料中。当因为介质故障、软件错误或用户错误造成跟踪文件名称机制失败时就可能出现这种情况。

CATALOG START WITH 命令搜索在 ASM 磁盘组或 Oracle 管理文件的位置或文件系统目录的所有文件，以查看它们是否在 RMAN 资料库。如果发现没有记录的文件，就将其记录到资料库中。

CATALOG RECOVERY AREA 可以登记在恢复区中的所有文件。通常情况下，不需要手动运行此命令，因为 RMAN 根据需要自动运行它。例如，当还原或创建一个控制文件时。当文件是用操作系统工具复制到快速恢复区，可以运行此命令。

① 启动 RMAN 并连接到目标数据库和恢复目录（如果使用）。

```
C:\>RMAN TARGET system/Oracle12c@orademo CATALOG rco/Rco2017@catdb;
```

② 运行 CATALOG 命令，指定要记录文件的磁盘位置。下面命令将 d:\datafiles 文件夹中的所有文件记录到资料库中：

```
RMAN> CATALOG START WITH 'd:\datafiles';
```

注：通配符不能使用在 START WITH 子句。

③ 可以 CATALOG RECOVERY AREA 命令记录快速恢复区中的所有文件。该命令将把快速恢复区中没有在 RMAN 资料库的文件添加到资料库中：

```
RMAN> CATALOG RECOVERY AREA;
```

④ 运行 LIST 命令来验证指定文件是否记录到资料库。

要登记指定文件到恢复目录，执行下面的命令：

```
RMAN> CATALOG DATAFILECOPY 'd:\old_datafiles\01_01_2003/users01.dbf';
```

要登记指定归档日志文件到恢复目录，执行下面的命令：

```
RMAN> CATALOG ARCHIVELOG
  2  'd:\arch_logs\archive1_731.dbf',' d:\arch_logs\archive1_732.dbf';
```

要登记指定备份片文件到恢复目录，执行下面的命令：

```
RMAN> CATALOG BACKUPPIECE 'd:\backups\backup_820.bkp';
```

如果同时登记指定文件夹的多个备份文件，可以执行 CATALOG START WITH 命令：

```
RMAN> CATALOG START WITH 'd:\oraback\';
```

RMAN执行上面的命令时列出文件名并提示是否添加到RMAN存储库。CATALOG START WITH 执行时扫描具有指定前缀（如 oraback）的所有路径中的文件，这里的前缀不仅仅是一个目录名。使用错误的前缀可能导致错误的文件登记。

【例 4.20】同时登记多个文件夹中的备份到恢复目录中。

假设在文件夹 d:\backups、d:\backups-year2003、d:\backupsets 和 d:\backupsets/test 下都有备份文件，执行命令同时登记在所有这些文件夹下的所有文件到恢复目录。

下面的命令将上面的所有文件夹的备份文件登记到恢复目录，因为所有这些文件夹的路径都有 d:\backups 同一个前缀：

```
RMAN> CATALOG START WITH  'd:\backups';
```

如果只登记在 d:\backups 文件夹下的所有备份，就执行下面的命令：

```
RMAN> CATALOG START WITH ' d:\backups\';
```

### 4.6.4 从 RMAN 资料库中删除记录

在某些情况下，用户可能用操作系统工具已经删除备份或归档重做日志。除非运行 CROSSCHECK 命令，否则 RMAN 不知道这些文件被删除，此时可以使用 CHANGE...UNCATALOG 命令来更新 RMAN 资料库中丢失文件的记录。

运行 CHANGE...UNCATALOG 命令可以将控制文件资料库中的备份记录状态更新为 DELETED 或者在使用恢复目录时删除恢复目录特定备份的记录。要删除备份或归档重做日志在恢复目录中的记录，可执行下面的步骤：

① 对用操作系统命令删除的备份文件，运行 CHANGE...UNCATALOG 命令。下面的示例删除控制文件和数据文件 system01.dbf 的磁盘副本在资料库中的记录：

```
RMAN> CHANGE CONTROLFILECOPY 'd:\tmp\control01.ctl' UNCATALOG;
RMAN> CHANGE DATAFILECOPY 'd:\tmp\system01.dbf' UNCATALOG;
```

② 可查看恢复目录视图 RC_DATAFILE_COPY 或 RC_CONTROLFILE_COPY 以确认给定的记录是否被删除。下面查询确认记录号为 4833 的副本记录被删除：

```
RMAN> SELECT cdf_key, status FROM rc_datafile_copy
  2> WHERE cdf_key = 4833;
```

## 4.7 删除 RMAN 备份与归档重做日志

每个 RMAN 备份产生的相应记录存储在 RMAN 资料库中，这个记录存储在控制文件中。如果使用恢复目录，在恢复目录与控制文件重新同步后，相应的记录也可以在恢复目录中找到。

V$控制文件视图和恢复目录视图存储信息的方式不同，而这会影响 RMAN 处理资料库记录的方法。恢复目录中的 RMAN 资料库是存储在实际的数据库表，而控制文件中的备份信息是以二进制的控制文件内部形式进行存储。

当使用 RMAN 命令删除备份或归档重做日志文件时，RMAN 执行以下操作：

① 如果文件仍然存在，那么将从操作系统中删除物理文件。

② 将控制文件中文件记录的状态更新为 DELETED。由于控制文件是二进制存储方式，因此 RMAN 不能从控制文件中删除记录，只能将其更新为删除状态。

③ 如果 RMAM 连接到恢复目录，那么删除恢复目录表中的文件记录。因为恢复目录表是普通的数据库表，所以 RMAN 也将从任何表中删除行。

RMAN 使用配置的通道进行删除。如果使用 DELETE 要删除的文件所在设备未配置为自动通道设备，那么必须先用 ALLOCATE CHANNEL FOR MAINTENANCE 维护命令。例如，如果用 SBT 通道进行备份，但只有一个磁盘通道配置，那么必须手动为 DELETE 命令分配 SBT 通道。当对只在磁盘文件执行 DELETE 命令时需要自动或手动分配通道。

可以使用 RMAN 的 DELETE 命令删除归档重做日志和 RMAN 备份。对于磁盘备份，删除备份是从磁盘物理删除备份文件。对于 SBT 设备备份，RMAN DELETE 命令指示媒体管理器删除磁带上的备份片或代理副本。在任何情况下，RMAN 都会更新 RMAN 资料库以反映删除操作。

**注意：** 在 CDB，只有具有 SYSDBA 或 SYSBACKUP 权限的用户连接到根，才能删除当前连接数据库的归档日志。当连接到 PDB 时不能删除归档重做日志。

### 4.7.1 删除所有备份与镜像副本

在某些情况下，可能需要删除所有备份集、代理副本和与数据库相关联的镜像副本。例如，不再需要一个数据库并希望从系统中删除所有相关的文件。镜像副本可以是用 BACKUP AS COPY 命令产生的数据库文件、归档日志或用 CATALOG 命令登记的文件。

一个对象的 RMAN 资料记录有时不能反映该对象的物理状态。例如，备份归档重做日志到磁盘，然后使用操作系统命令删除它。如果运行 DELETE 之前没有运行交叉检查 CROSSCHECK 命令，那么资料库会错误地列出日志处于 AVAILABLE 可用状态。

删除所有备份和镜像副本的步骤如下：

① 启动 RMAN 并连接到目标数据库；如果使用恢复目录，那么也连接到恢复目录。

```
C:\>RMAN TARGET system/Oracle12c@orademo CATALOG rco/Rco2017@catdb;
```

② 如果有必要，为包含备份的设备分配用于删除的维护通道。RMAN 可以使用已配置的通道进行删除。如果为该设备配置有通道，那么不需要手动分配维修通道。

③ 交叉检查备份和镜像副本以确保逻辑记录与物理介质中的备份是同步。

```
RMAN> CROSSCHECK BACKUP;
RMAN> CROSSCHECK COPY;
```

④ 删除备份和副本。

```
RMAN> DELETE BACKUP;
RMAN> DELETE COPY;
```

如果配置了磁盘和磁带通道，那么 RMAN 同时使用配置 SBT 通道和预配置的磁盘通道进行删除。

如果以交互方式运行 RMAN，那么在 RMAN 删除任何文件之前提示要确认信息。如果要取消这些确认提示，如在 RUN 命令块或脚本中，可以用关键字 NOPROMPT：

```
RMAN> DELETE NOPROMPT COPY;
```

### 4.7.2 删除指定备份和副本

可以使用 DELETE 和 BACKUP... DELETE 命令来删除特定备份和副本。BACKUP... DELETE 命令先备份文件到磁带上，然后删除备份过的源文件。

### 1．使用 DELETE 命令进行删除

DELETE 命令支持多种选项以确定要删除的对象。当删除归档重做日志，RMAN 使用配置的设置确定记录是否可以删除。

删除指定备份或镜像副本的步骤前 3 步与删除所有备份的方法中的①、②和③一样，只是在第④步执行以下某个命令即可。因为有多种方式来指定 DELETE 命令要删除的备份和归档日志删除：

如果执行 LIST 命令查询到备份主键，那么可指定备份主键来删除：

```
RMAN> DELETE BACKUPPIECE 101;
```

如果知道磁盘上的备份文件名，那么可指定文件进行删除：

```
RMAN> DELETE CONTROLFILECOPY 'd:\tmp\control01.ctl';
```

如果知道备份的标记，那么可指定标记删除备份：

```
RMAN> DELETE BACKUP TAG 'before_upgrade';
```

根据备份的对象和删除备份所在的介质或磁盘位置来删除备份。如只删除磁带上的备份，可执行下面的命令：

```
RMAN> DELETE BACKUP OF TABLESPACE users DEVICE TYPE sbt;
```

要删除指定位置的备份文件，可执行下面的命令：

```
RMAN> DELETE COPY OF CONTROLFILE LIKE 'd:\tmp\%';
```

### 2．使用 BACKUP...DELETE 命令进行删除

可以使用 BACKUP...DELETE 命令备份归档日志、数据文件副本或备份集，然后在成功备份后删除输入文件。指定 DELETE INPUT 选项等同于在备份源文件后执行删除命令 DELETE。

DELETE ALL INPUT 子句中的 ALL 选项仅适用于归档日志，即运行命令 BACKUP 时带有 DELETE ALL INPUT 选项将在备份后删除归档重做日志的所有副本，或符合 BACKUP 命令中指定的选择条件的数据文件副本。

## 4.7.3 删除归档重做日志

Oracle 推荐的维护策略是配置快速恢复区、备份保留策略和归档重做日志删除策略。默认情况下，归档重做日志删除策略配置为 NONE。此时，快速恢复区根据备份保留策略，如果至少备份一次日志到磁盘或磁带标记为过时，就认为是可以删除日志。

归档重做日志可以由数据库或通过上面的任何命令自动被删除。在恢复区日志中，数据库尽可能长时间地保留它们，并在需要磁盘空间时自动删除符合条件的日志。使用 BACKUP... DELETE INPUT 或 DELETE ARCHIVELOG 命令可以删除任何位置的日志，不管是否在快速恢复区。两个命令都遵从归档重做日志删除策略。通过使用 DELETE 命令 FORCE 选项可以覆盖归档重做日志删除策略的设置。

删除归档重做日志：

```
RMAN> DELETE NOPROMPT ARCHIVELOG UNTIL SEQUENCE 300;
```

根据是否备份到磁带或磁盘上来决定删除备份和归档重做日志：

```
RMAN> DELETE ARCHIVELOG ALL BACKED UP 3 TIMES TO sbt;
```

可以通过 RMAN 中的 SHOW 命令查看数据库保留策略：

```
RMAN>Show retention policy;
```

要使 RMAN 根据归档重做日志的删除策略，删除废弃的归档重做日志文件，可执行下面的命令：

```
RMAN>delete archivelog all;
```

在运行 DELETE ARCHIVELOG ALL 之前运行 CROSSCHECK 命令。这样做可以确保 RMAN 能够识别文件是否位于磁盘上。

要查看归档重做日志文件是否已经拥有专门的保留策略，可执行下面的命令：

```
RMAN> show archivelog deletion policy;
```

要清除归档重做日志文件的删除策略，可执行下面的命令：

```
RMAN> configure archivelog deletion policy clear;
```

### 4.7.4 报告和删除过期 RMAN 备份与镜像副本

过期备份（Expired Backup）是指在 RMAN 资料库中的状态为 EXPIRED 的备份，这意味着备份未找到。执行 CROSSCHECK 命令时，对找不到或不存在或无法访问的备份文件，RMAN 将更新该文件在资料库中的对应记录为过期（EXPIRED）状态。

可以使用 DELETE EXPIRED 命令从 RMAN 资料库中删除过期备份和镜像副本的记录。如果运行 DELETE EXPIRED 命令删除存在的备份，那么 RMAN 将发出警告但并不会删除备份。如果使用 DELETE 命令带 FORCE 选项，那么 RMAN 删除指定的备份，但忽略任何 I/O 错误，包括那些从磁盘或磁带丢失的备份，然后更新 RMAN 资料库以反映这样备份被删除，而不管 RMAN 是否能够删除文件或文件是否缺失。

在连接到目标数据库和恢复目录后，删除过期备份的步骤如下：

① 如果最近没有进行交叉检查，那么执行 CROSSCHECK 命令：

```
RMAN> CROSSCHECK BACKUP;
```

② 删除过期备份。

```
RMAN> DELETE EXPIRED BACKUP;
```

### 4.7.5 报告和删除过时的 RMAN 备份

在配置了保留策略后，对满足当前备份保留策略不需要的备份将被视为过时的。备份仅当在 RMAN 执行交叉检查而不能找到文件时被认为是过期备份。简而言之，过时备份意味着不需要文件，而过期备份意味着找不到文件。

RMAN 不会自动删除根据恢复窗口或备份冗余的保留策略标识为过时的备份，只是在执行 REPORT OBSOLETE 报告命令时该备份将显示为 OBSOLETE，同样在视图 V$BACKUP_FILES 的 OBSOLETE 列中也显示为 YES。

用 DELETE OBSOLETE 命令可以删除为满足特定可恢复性需求而不再需要的备份，即删除当前配置的保留策略下所有过时的备份。与 DELETE 命令的其他形式一样，文件将从备份介质中删除，同时从恢复目录中删除对应的记录，并在控制文件将其标记为 DELETED。

下面的命令可以查看根据保留策略已经被 RMAN 标记为过时的备份文件：

```
RMAN> REPORT OBSOLETE;
```

执行下面的 SQL 语句将显示备份片文件名及过时的状态（YES 或 ON）：

```
RMAN> SELECT fname,obsolete FROM v$backup_files;
```

运行 DELETE OBSOLETE 命令可删除过时的备份文件：

```
RMAN> delete obsolete;
```

如果使用脚本执行该处理过程，可以将该删除操作设置为无须提示输入信息：

```
RMAN> delete noprompt obsolete;
```

如果归档备份的 KEEP UNTIL TIME 指定时间尚未过期，那么 RMAN 不认为该备份为过时。一旦 KEEP UNTIL 期满后，无论配置任何备份保留策略该备份都会立即认为是过时的。因此，如果 KEEP 时间已到期，那么 DELETE OBSOLETE 将删除用 BACKUP ... KEEP UNTIL TIME 创建的任何备份。

### 4.7.6 删除已从 CDB 中拔出的 PDB 的备份

如果可插拔数据库 PDB 已从多租户容器数据库中删除（或拔出），那么此时 PDB 的名称就不存在，因此不能使用 DELETE BACKUP ... OF PLUGGABLE DATABASE 命令删除指定 PDB 的备份，但是每个 PDB 具有唯一的全局唯一标识符（Globally Unique Identifier，GUID），所以此时使用带有 GUID 选项的 DELETE 命令可删除已从 CDB 中拔出 PDB 的备份。

丢弃的 PDB 的 GUID 在 DBA_PDB_HISTORY 视图中可用。

用 GUID 选项来删除已拔出 PDB 备份的步骤如下：

① 以具有 SYSDBA 或 SYSBACKUP 权限的公共用户身份连接到根。

② 查询 DBA_PDB_HISTORY 视图以确定已拔出 PDB 的 GUID。下例显示从 CDB 拔出的 PDB 名称为 prod_db：

```
RMAN> SELECT pdb_name, pdb_guid FROM dba_pdb_history
   2> WHERE db_name = 'prod_db';
```

③ 用 DELETE 命令的 GUID 选项删除已拔出 PDB 的备份或副本。下面的命令按指定的 GUID 删除已拔出 PDB 的备份集和映像副本：

```
RMAN> DELETE BACKUP GUID '100E64EC12445321C0352900AF0FAC93';
RMAN> DELETE COPY GUID '100E64EC12445321C0352900AF0FAC93';
```

### 4.7.7 删除数据库

如果要从操作系统中删除数据库，可以在 RMAN 中使用 DROP DATABASE 命令。RMAN 将删除所有属于目标数据库的数据文件、联机重做日志和控制文件。

DROP DATABASE 要求 RMAN 连接到目标数据库，并且该目标数据库处于加载状态而不能是打开状态。该命令不需要连接到恢复目录。如果 RMAN 连接到恢复目录且指定 INCLUDE COPIES AND BACKUPS 选项，那么 RMAN 将该数据库从恢复目录中注销。

在 RMAN 中删除数据库的步骤如下：

① 启动数据库到加载状态，并在 RESTRICTED 模式。

```
RMAN> STARTUP FORCE MOUNT;
RMAN> ALTER SYSTEM ENABLE RESTRICTED SESSION;
```

② 启动 RMAN 并连接到目标数据库。

③ 删除与数据库相关联的所有备份和副本。

```
RMAN> DELETE BACKUPSET; # 删除所有备份
RMAN> DELETE COPY; #删除所有镜像副本和归档日志
```

④ 从操作系统中删除数据库。如果使用了恢复目录，则自动从恢复目录注销数据库。

```
RMAN> DROP DATABASE;
```

上面的步骤③和④可以合并成下面一条命令：

```
RMAN> DROP DATABASE INCLUDING BACKUPS NOPROMPT;
```

INCLUDING BACKUPS 选项将从所有设备类型的目标数据库中删除备份集、代理副本、镜像副本和归档重做日志文件。如果使用恢复目录，但删除数据库时 RMAN 运行在 NOCATALOG 模式下，那么 RMAN 不会删除恢复目录中存在但目标数据库控件文件中不存在的任何备份。

默认情况下，删除数据库时会提示确认，使用 NOPROMPT 选项在删除数据库之前不会提示确认。

# 4.8 管理恢复目录

正如第 2 章的 2.5.1 节所述，恢复目录是用来存储 RMAN 备份的元数据，并且通常位于目标数据库之外的其他数据库中，所以要像维护其他数据库一样对恢复目录进行有效的管理和维护。关于恢复目录概念和结构参见第 2 章 2.5.1 节。

在创建了恢复目录并注册目标数据库后，必须运行 RMAN 维护命令以更新备份记录和删除不再需要的备份记录。不管是否与 RMAN 一起使用恢复目录，都需要执行此类维护。升级一个恢复目录模式时必须在 RMAN 中用恢复目录。

## 4.8.1 恢复目录概述

恢复目录是 RMAN 用来存储一个或多个 Oracle 数据库备份元数据的数据库模式，通常把恢复目录存储在单独的数据库中。

### 1. 恢复目录的优势

使用恢复目录有以下好处：

① 恢复目录为存储在每个目标数据库的控制文件中的 RMAN 资料库提供冗余，即作为元数据的备用资料库。如果目标数据库的控制文件和所有备份丢失，那么 RMAN 元数据仍然存在于恢复目录。

② 恢复目录将所有的目标数据库元数据集中存储，这样更加便于报告和管理。

③ 恢复目录存储元数据的时间比控制文件要长得多，甚至可以永久存储，而控制文件中的存储可能被覆盖。如果必须在控制文件有效时间后进行恢复操作，这时就只能使用恢复目录的元数据。

④ RMAN 的有些功能只有在用恢复目录时才可以使用，例如，可以把 RMAN 的脚本存储到恢复目录中而不能存储到控制文件中。

### 2. 恢复目录的缺点

同任何事情的正反两面一样，使用恢复目录存在以下缺点：

① 必须配置、维护和备份这个额外的数据库。在启动备份操作并尝试连接恢复目录时，如果恢复目录不可用（因服务器故障、网络问题等），必须决定是否在不使用恢复目录的情况下，继续执行恢复操作。

② 必须确保创建恢复目录的Oracle版本与创建目标数据库的Oracle版本兼容。

③ 在必要时，更新目标数据库时还要确保更新恢复目录。

3．恢复目录的内容

恢复目录包含RMAN对每个RMAN操作的元数据，但不会存储RMAN备份片等数据。RMAN定期将目标数据库控制文件的元数据导入到恢复目录。当MRAN连接到恢复目录时，RMAN从恢复目录中获取元数据。

恢复目录中包括下面内容：数据文件和归档重做日志文件的备份集和备份片的元数据；数据文件镜像副本的元数据；归档重做日志和副本的元数据；数据结构（表空间和数据文件）的元数据；存储脚本的元数据，它们按RMAN命令建立的顺序进行命名和永久的RMAN配置的元数据。

4．管理恢复目录的基本步骤

除了像普通数据库一样管理恢复目录外，通常管理恢复目录的基本步骤如下：

① 在非目标数据库中创建恢复目录。

② 将目标数据库注册到恢复目录。

③ 如果管理需要，可以将没有存储在目标数据库控制文件的任何旧备份记录添加到恢复目录中。

④ 如果需要，可以为特定用户创建虚拟专用目录，并确定它们可以访问的元数据。

⑤ 备份和恢复策略中加入保护恢复目录的策略。

集中的恢复目录（称为基本恢复目录）的所有者可以将访问恢复目录的权限授予其他数据库用户或撤销其权限。每个用户可完全读/写自己的元数据，它是基础恢复目录中的元数据的子集（称为虚拟专有目录，Virtual Private Catalog）。RMAN的元数据存储在虚拟专有目录所有者的模式中。基本恢复目录的所有者决定每个虚拟专用目录用户可以访问的对象。

可以在不同版本的Oracle数据库中使用恢复目录。因此，使用环境中可以有不同版本的RMAN客户端程序、恢复目录数据库、恢复目录模式和目标数据库。

对于RMAN的备份、还原和交叉检查等操作，RMAN总是先更新控制文件，然后将所有元数据传递到恢复目录。元数据从加载的控制文件写入恢复目录的过程称为恢复目录同步，这样保证了RMAN从控制文件获得的元数据是最新的。

可以使用一个存储脚本作为替代一个命令文件（经常使用RMAN命令序列用于管理的）。脚本存储在恢复目录而不是在文件系统上。

本地存储脚本与RMAN创建脚本时连接的目标数据库相关联，只能在连接到目标数据库时才能执行。全局存储脚本可以对任何注册到恢复目录中的数据库运行。虚拟专用目录用户对全局脚本有只读的访问权限。只有连接到基本恢复目录才可创建或更新全局脚本。

### 4.8.2 创建恢复目录

创建恢复目录包括配置恢复目录数据库、创建恢复目录模式所有者和创建恢复目录等多个阶段。

### 1. 配置恢复目录数据库

当使用恢复目录时，RMAN 需要维护恢复目录模式。恢复目录存储在恢复目录模式的默认表空间。SYS 之类的管理员用户不能是恢复目录的所有者。

通常要确定安装恢复目录模式的数据库及备份数据库的方式，同时建议恢复目录数据库运行在 ARCHIVELOG 模式。一般不要用备份的目标数据库作为恢复目录数据库，因为当目标数据库丢失时，恢复目录必须受到保护。

（1）规划恢复目录模式的空间大小

像普通数据库模式一样，必须为恢复目录模式分配空间。恢复目录模式的大小取决于由该目录监控的数据库的多少。该模式会随着归档重做日志文件和备份文件数量的增加而增大。当 RMAN 存储脚本保存在恢复目录中时，同样要为这些脚本分配空间。

例如，假设 ORADEMO 数据库有 100 个文件，并且每天备份数据库一次，产生 50 个备份集，每个备份集各有 1 个备份片。假设在备份片表的每一行使用最大空间量，每日备份消耗恢复目录不超过 170 B。因此，如果每天一次备份了一年，那么在此期间的总储量约为 62 MB。假设归档日志大约是相同的数量，那么存储元数据一年需要大约 120 MB。典型情况是只使用备份片行空间的一部分，那么每年用 15 MB 左右。

如果计划在恢复目录中注册多个数据库，那么按照上面的方法计算每个数据库，然后将所有数据库所需的加起来就是恢复目录模式的默认表空间总大小。

（2）为恢复目录数据库分配空间

如果要在现有数据库中创建恢复目录，那么要保证恢复目录模式的默认表空间有足够的空间。如果创建新的数据库来保存恢复目录，那么除了恢复目录模式本身的空间外，也要为恢复目录数据库的其他文件分配空间，如 SYSTEM 表空间、SYSAUX 表空间、临时表空间、撤销表空间和联机重做日志文件等。

恢复目录数据库中使用的大部分空间用于 SYSTEM 表空间、临时表空间和撤销表空等。恢复目录数据库描述了典型的空间要求：SYSTEM 表空间 90 MB、临时表空间 5 MB 和撤销表空间 5 MB，每个数据库占恢复目录表空间 15 MB，联机重做日志 1 MB（3 个日志组，每组 2 个日志文件）。

如果恢复目录数据库和目标数据库在同一个硬盘，那么出现故障时恢复过程困难得多，因此要确保两个数据库不在同一磁盘上。如果可能，建议采取其他措施，很好地消除恢复目录数据库和要备份的数据库之间同时出故障的可能性。

### 2. 创建恢复目录模式的所有者

在选择恢复目录数据库并为其准备必要的空间后，可以开始创建恢复目录的所有者，并授予该用户需要的权限。

下面的执行步骤是有如下假设：用户 SBU（密码为 Sbak001）存在并对恢复目录数据库 CATDB 具有 SYSBACKUP 权限；恢复目录数据库 CATDB 中的 TOOLS 表空间存储恢复目录，如果使用 RMAN 保留字作为表空间名称，那么必须将其大写并括在引号内；恢复目录数据库要有 TEMP 表空间。在恢复目录数据库中创建恢复目录模式的步骤如下：

① 启动 SQL * Plus 并以管理员权限连接到恢复目录数据库，如数据库 catdb。

```
SQL> CONNECT system/Oracle12c@catdb;
```

② 创建恢复目录用户和模式。下面命令中用户名rco，密码为Rco2017：

```
SQL> CREATE USER rco IDENTIFIED BY Rco2017
  2  TEMPORARY TABLESPACE temp DEFAULT TABLESPACE tools
  3  QUOTA UNLIMITED ON tools;
```

③ 将RECOVERY_CATALOG_OWNER角色授予模式的所有者，这个角色具有维护和查询恢复目录所需的所有用户权限。

```
SQL> GRANT RECOVERY_CATALOG_OWNER TO rco;
```

3. 执行CREATE CATALOG命令

创建恢复目录所有者后就可用RMAN的CREATE CATALOG命令创建恢复目录表，该命令在恢复目录所有者的缺省表空间（本例为TOOLS）中创建恢复目录。从Oracle Database 12c Release 1（12.1.0.2）开始，恢复目录数据库必须使用Oracle数据库的企业版。具体步骤如下：

① 启动RMAN并以CATALOG选项和恢复目录所有者rco的身份连接到包含恢复目录的数据库。

```
RMAN> CONNECT CATALOG rco/Rco2017@catdb;
```

② 运行CREATE CATALOG命令来创建恢复目录。如果恢复目录表空间是该用户的默认表空间，那么可以运行下面的命令：

```
RMAN> CREATE CATALOG;
```

如果不是默认表空间，那么可以在执行CREATE CATALOG命令时指定恢复目录所在表空间名称：

```
RMAN> CREATE CATALOG TABLESPACE tools;
```

③ 可以在SQL * Plus中以rco用户连接到恢复目录数据库，执行下面命令查询恢复目录是否创建恢复目录表：

```
SQL> CONNECT rco/Rco2017@catdb;
SQL> SELECT table_name FROM user_tables;
```

### 4.8.3 注册数据库到恢复目录

目标数据库登记到RMAN恢复目录的过程称之为注册。通常在一个环境中将所有目标数据库注册到同一个恢复目录中。没有注册到恢复目录的目标数据库的元数据只能存储在目标数据库的控制文件中而不能存储到恢复目录中，但仍然可以进行RMAN操作。

使用恢复目录的第一步就是要先将目标数据库注册到恢复目录中。假设要把数据库ORADEMO数据库注册到rco所在的数据库CATDB中，注册数据库的步骤如下：

① 启动RMAN，并连接到目标数据库ORADEMO和恢复目录数据库CATDB。恢复目录数据库必须打开。

```
C:\>RMAN TARGET system/Oracle12c@orademo CATALOG rco/Rco2017@catdb
```

② 如果目标数据库没有在加载或打开状态，那么必须打开或加载。

```
RMAN> STARTUP  MOUNT;
```

③ 执行下面命令将注册数据库到连接的恢复目录中：

```
RMAN> REGISTER DATABASE;
```

执行上面的命令，RMAN将在目录表中建立目标数据库对应的行，然后从目标数据库的控制文件中复制RMAN元数据到当前行中，并将恢复目录与控制文件同步。

④ 执行下面的命令验证注册是否成功。如果下面命令的报告结果中列出了注册数据库的所有模式，表示注册数据库成功。

```
RMAN> REPORT SCHEMA;
```

在 SQL *Plus 环境以恢复目录所有者登录到恢复目录数据库，执行下面查询可显示注册到同一恢复目录的所有目标数据库：

```
SQL> CONNECT rco/Rco2017@catdb;
SQL> SELECT name FROM rc_database;
```

### 4.8.4 从恢复目录中注销目标数据库

可以用 UNREGISTER DATABASE 命令从恢复目录中注销数据库。当数据库从恢复目录中注销后，所有在恢复目录的 RMAN 资料库记录都将丢失。该数据库可以再重新注册，但注册时恢复目录中的数据库元数据记录都是基于注册时的控制文件中的内容。如果记录的时间比目标数据库的控制文件中设置 CONTROLFILE_RECORD_KEEP_TIME 更老，这些记录将丢失。没有存储在控制文件中存储的脚本也将失去。

从恢复目录中注销目标数据库的步骤如下：

① 启动 RMAN 并以 TARGET 选项连接到要从恢复目录中注销的数据库。

连接到目标数据库不是必需的。如果没有连接到目标数据库，那么必须在 UNREGISTER 命令中指定目标数据库的名称。如果在恢复目录中有多个数据库具有相同的名称，那么必须建立 RUN 块并使用 SET DBID 设置数据库的 DBID。

② 如果必要，可以用 LIST BACKUP SUMMARY 和 LIST COPY SUMMARY 列出所有恢复目录中的备份记录。当要决定重新注册数据库时，可对控制文件中没有的备份重新登记到恢复目录中。

③ 运行 UNREGISTER DATABASE 可完成注销任务。

**【例 4.21】**从恢复目录中注销主数据库及其备用数据库。

假设主数据库 ORADEMO 具有关联的备用数据库 dgprod3 和 dgprod4。将 RMAN 连接到目标数据库 ORADEMO，其数据库名称在恢复目录中是唯一的。注销 ORADEMO 后，RMAN 将从恢复目录中删除所有 ORADEMO、dgprod3 和 dgprod4 的元数据。

```
C:\>RMAN TARGET system/Oracle12c@orodemo CATALOG rco/Rco2017@catdb;
RMAN> UNREGISTER DATABASE NOPROMPT;
```

如果是要彻底删除数据库的所有备份，那么运行 DELETE 语句删除所有现有备份。如果仅仅是从恢复目录中移除数据库，并利用控制文件来存储此数据库的 RMAN 元数据，那么就不要删除所有备份。

```
RMAN> DELETE BACKUP DEVICE TYPE sbt;
RMAN> DELETE BACKUP DEVICE TYPE DISK;
RMAN> DELETE COPY;
```

**【例 4.22】**从恢复目录中注销备用数据库。

假设从恢复目录中删除与 RADEMO（DBID 为 191824056）关联的备用数据库 dgprod4，执行以下步骤：

```
RMAN> CONNECT CATALOG rco/Rco2017@catdb;
RMAN> SET DBID 191824056;
RMAN> UNREGISTER DB_UNIQUE_NAME dgprod4;
```

【例 4.23】从恢复目录中注销名称相同的数据库。

假设在恢复目录中注册的两个数据库名称均为 prod。现在要注销名称为 prod 而 DBID 为 28014364 的数据库。RMAN 没有以 TARGET 选项连接到 28014364 数据库，所以在 UNREGISTER 之前要运行 SET DBID 数据库。

```
RMAN> CONNECT CATALOG rco/Rco2017@catdb;
RMAN> SET DBID 28014364;
RMAN> UNREGISTER DATABASE ;
```

上面命令没有使用 NOPROMPT 选项，所以会提示“是否确实要注销数据库（输入 YES 或 NO）?”，输入 YES 将从恢复目录中注销指定数据库。

### 4.8.5 删除恢复目录

使用 DROP CATALOG 命令删除 CREATE CATALOG 命令创建的那些对象。如果拥有恢复目录的用户还拥有不是由 CREATE CATALOG 创建的对象，那么 DROP CATALOG 命令将不删除这些对象。

如果删除了恢复目录，又没有恢复目录模式的备份，那么在这个恢复目录中注册的所有目标数据库的备份信息可能会无法使用。然而，每一个目标数据库的控制文件中仍保留的该数据库近期备份记录。

如果从注册多个目标数据库的恢复目录中注销单个数据库，不适合用 DROP CATALOG 命令。删除恢复目录将删除在该恢复目录中注册的所有目标数据库的备份的记录。

要删除恢复目录模式的步骤如下：

① 启动 RMAN 并连接到目标数据库和恢复目录。要以恢复目录模式的所有者连接到被删除恢复目录。下面的示例以用户 RCO 连接到恢复目录：

```
C:\>RMAN TARGET system/Oracle12c@orademo CATALOG rco/Rco2017@catdb
```

② 运行 DROP CATALOG 命令：

```
RMAN> DROP CATALOG;
```

③ 再次运行 DROP CATALOG 命令进行确认：

```
RMAN> DROP CATALOG NOPROMPT;
```

### 4.8.6 保护恢复目录

在备份和恢复策略中通常会包括恢复目录数据库。如果不备份恢复目录，那么发生磁盘故障是会破坏恢复目录数据库或在目录中的元数据会失去。如果没有恢复目录的内容，恢复其他数据库可能更加困难。

#### 1. 备份恢复目录

单个恢复目录可以存储多个目标数据库的元数据。因此，恢复目录的损失可能是灾难性的。必须频繁备份恢复目录。

（1）经常备份恢复目录

像任何其他数据库一样，恢复目录数据库的备份策略是整个备份和恢复策略的一部分，保护恢复目录就是要进行备份。

按备份目标数据库的频率备份恢复目录。如果制定每周备份目标数据库，那么在备份目标数据库后备份恢复目录。备份恢复目录有助于灾难恢复方案。甚至可以使用控制文件自动备份来修复恢复目录数据库，然后可以用修复的恢复目录数据库中的全部备份记录来修复目标数据库。

（2）选择物理备份的合适技术

可以使用 RMAN 来备份恢复目录数据库。如图 4-3 所示，带 NOCATALOG 选项启动 RMAN，此时，RMAN 资料库是存储在恢复目录数据库的控制文件中。

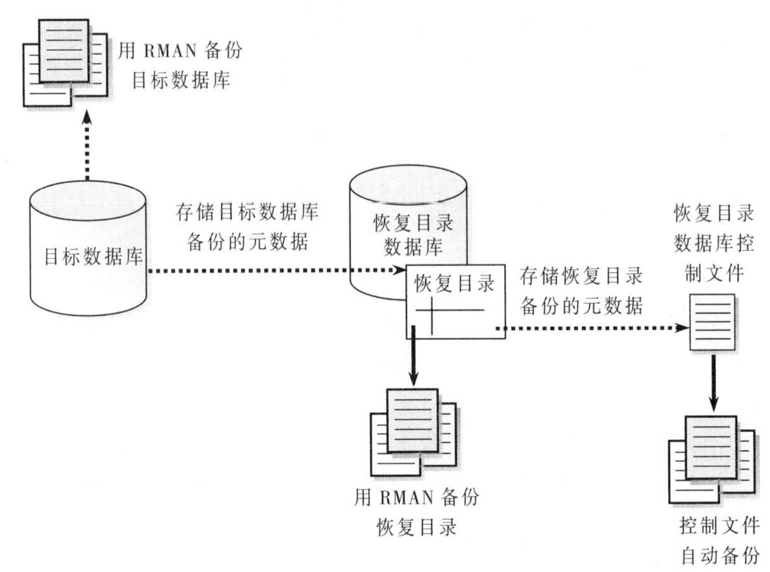


图 4-3　用控制文件作为恢复目录备份的资料库

制定恢复目录数据库的 RMAN 备份策略时，要遵循以下准则：

① 恢复目录数据库运行在 ARCHIVELOG 模式下，以便可以按时间点恢复。

② 设置保留策略的冗余值大于 1。

③ 备份数据库到两个独立的介质（例如，磁盘和磁带）。

④ 定期运行 BACKUP DATABASE PLUS ARCHIVELOG 到介质管理器（如果可用），或者只是到磁盘。

⑤ 不要使用其他恢复目录作为恢复目录备份的资料库。

⑥ 配置控制文件自动备份为 ON。

通过这种策略，控制文件自动备份功能确保恢复目录数据库总是可以被修复，所以只要控制文件自动备份可用。

（3）把恢复目录与目标数据库分离

只有当被保护的数据与恢复目录分离时，恢复目录才是最有效。因此永远不要把 RMAN 恢复目录资料库存储在目标数据库。另外，不要把恢复目录数据库和目标数据库存储在同一个磁盘。

（4）从逻辑备份中导入恢复目录数据

用数据泵的 Export 等实用工具导出 RMAN 恢复目录的逻辑备份，然后用它作为物理备份的有益补充。对于要恢复受损恢复目录数据库，可以使用数据泵 Import 导入功能重新导入以前导出的恢复目录数据到另一个数据库，并重建恢复目录。

2. 修复恢复目录

使用 RMAN 还原和修复恢复目录数据库与还原与修复任何其他数据库一样。可以从自动备份控制文件中还原控制文件和服务器参数文件，然后还原数据库的其余部分并进行完全修复。

如果通过正常 Oracle 恢复数据库方法不能修复恢复目录数据库，那么必须重新创建恢复目录。出现这种情况的原因可能是从未备份过恢复目录数据库，或者已备份过恢复目录数据库但因为备份的数据文件或归档日志无法使用。

要部分重新创建缺失的恢复目录的内容有以下方法：一是执行 RESYNC CATALOG 命令，从目标数据库的控制文件或控制文件副本中更新恢复目录中 RMAN 资料库信息，此时控制文件中已过时的元数据将被丢弃；二是执行 CATALOG START WITH 命令重新注册任何可用的备份。为了减少这种最坏情况的可能性，整个备份策略必须至少包括备份恢复目录。

### 4.8.7 建立和管理虚拟专用目录

默认情况下，所有的 RMAN 恢复目录的用户拥有插入、更新和删除恢复目录中元数据的权限。如果两个不相关的数据库的管理员共享相同的恢复目录，那么每个管理员可能会无意或恶意地破坏另一个数据库在恢复目录数据库中的内容。有些企业允许同一批人管理多个不同的数据库，并管理恢复目录；但是多数企业的管理员之间或管理员与恢复目录管理员之间职责明确，这样会限制每个管理员只能修改属于他们负责数据库的备份元数据，但同时保持统一的、集中管理的 RMAN 恢复目录。用虚拟专用目录可能实现这个目标。

虚拟专用目录是授予数据库用户可访问的基础恢复目录中的元数据子集的用户。基础恢复目录的所有者可以授予或撤销其他数据库用户对恢复目录有限访问权限。每个受限制的用户都可以完全读/写自己的虚拟专有目录。

Oracle 11g 以后版本的恢复目录都支持虚拟专用目录，除非明确创建，否则它们不使用虚拟专用目录。在一个恢复目录中创建虚拟目录的数量没有限制。每个虚拟专用目录都是属于数据库模式用户，它不同于拥有恢复目录的用户。

创建一个或多个虚拟专用目录后，恢复目录的管理员为每个虚拟专用目录授予使用该恢复目录中注册的一个或多个数据库的权限。恢复目录的管理员还可以授予使用虚拟专用目录注册新的数据库的权限。每个虚拟专用目录访问所有全局存储脚本的权限，以及那些给虚拟专有目录分配有权限的非全局存储脚本。虚拟专用目录不能访问没有权限的非全局存储脚本，并且它们不能创建全局存储脚本。

创建一个虚拟专用目录的基本步骤是先创建拥有虚拟专用目录的数据库用户，并将访问权限授权给该用户，然后创建虚拟专用目录。在创建虚拟专有目录后，必要时可以撤销目录访问权限。

1. 建立虚拟私有目录所有者并授予权限

假设数据库 prod1、prod2 和 prod3 已注册到基本恢复目录中。拥有基本恢复目录的数据库用户是 RCO。要创建数据库用户 vpc1，并授予此用户只能访问 prod1 和 prod2 的权限。默认情况下，虚拟专用目录对基本恢复目录没有访问权限。

① 启动 SQL * Plus 并以具有管理员权限的用户连接到恢复目录数据库。

```
SQL> CONNECT system/Oracle12c@catdb;
```

② 创建拥有虚拟专用目录的用户。如果让数据库用户 vpc1 拥有恢复目录，那么执行下面的命令（用户名为 vcp1，密码为 Vpc12017）：

```
SQL> CREATE USER vpc1 IDENTIFIED BY Vpc12017
  2  DEFAULT TABLESPACE vpcusers
  3  QUOTA UNLIMITED ON vpcusers;
```

③ 授予 RECOVERY_CATALOG_OWNER 角色给用户 vpc1，然后退出的 SQL * Plus。

```
SQL> GRANT recovery_catalog_owner TO vpc1;
SQL> EXIT;
```

④ 启动 RMAN 并连接到作为基本恢复目录的恢复目录数据库，而不是虚拟专有目录的所有者。下面的示例连接到基本恢复目录 RCO：

```
RMAN> CONNECT CATALOG rco/Rco2017@catdb;
```

⑤ 授予所需的权限给虚拟专用目录所有者。下面的例子授予用户 vpc1 访问 prod1 和 prod2 的元数据的权限（但不是 prod3）：

```
RMAN> GRANT CATALOG FOR DATABASE prod1 TO vpc1;
RMAN> GRANT CATALOG FOR DATABASE prod2 TO vpc1;
```

上面的命令中 DATABASE 后面的参数也可以使用 DBID 而不是数据库名称 prod1。虚拟专用目录用户没有访问恢复目录中其他数据库的元数据中的权限。

如果要授予用户有在恢复目录注册新的目标数据库的权限，可以执行下面的命令：

```
RMAN> GRANT REGISTER DATABASE TO vpc1;
```

### 2. 建立虚拟专用目录

如果虚拟专用目录所有者被赋予了 RECOVERY_CATALOG_OWNER 角色，并且基本恢复目录所有者授予虚拟专用目录所有者访问基本恢复目录中的元数据的权限，那么可以按下面的步骤建立虚拟专用目录：

① 启动 RMAN，以虚拟专用目录所有者连接到恢复目录数据库（不是基本恢复目录所有者）。下面的示例以 vpc1 连接到恢复目录：

```
RMAN> CONNECT CATALOG vpc1/Vpc12017@catdb;
```

② 执行下面命令创建虚拟的私有目录：

```
RMAN> CREATE VIRTUAL CATALOG;
```

### 3. 注册数据库到虚拟专用目录

如果要将目标数据库的备份元数据存储到虚拟专用目录中，必须将目标数据库注册到虚拟专用目录。在创建虚拟专用目录后，可按下面的步骤注册目标数据库到虚拟专用目录并将备份元数据存储其中：

① 启动 RMAN 并以虚拟专有目录所有者连接到恢复目录数据库（不是基本恢复目录所有者）。以 TARGET 选项连接要注册的数据库为目标数据库：

```
RMAN> CONNECT TARGET system/Oracle12c@prod1;
RMAN> CONNECT CATALOG vpc1/Vpc12017@catdb;
```

② 注册其元数据必须存储在虚拟专用目录中的数据库。以下示例将当前连接的目标数据库 prod1 注册到 vpc1 为所有者的虚拟专用目录：

```
RMAN> REGISTER DATABASE;
```

③ 按照备份需要执行 BACKUP 命令来备份数据库 prod1，此时该数据库备份的有关元数据都存储在该虚拟专有目录。

4. 回收虚拟私有目录所有者的权限

设已经创建了一个虚拟专有目录，并在基本恢复目录中注册 prod1 和 prod2 两个数据库。作为基本恢复目录的所有者，已经授予 vpc1 用户访问 prod1 的权限，并且该用户有注册数据库的权限。按下面步骤可从 vpc1 回收权限：

① 启动 RMAN 并以基本恢复目录所有者（而不是虚拟专用目录的所有者）连接到恢复目录数据库。下面的示例连接到恢复目录为 RCO：

```
RMAN> CONNECT CATALOG rco/Rco2017@catdb;
```

② 从虚拟专用目录所有者回收指定的权限。以下命令回收虚拟专有目录所有者 vpc1 访问 prod1 元数据的权限：

```
RMAN> REVOKE CATALOG FOR DATABASE prod1 FROM vpc1;
```

同样，上面的命令也可以指定一个 DBID 而不是数据库名称。目录 vpc1 保留所有其他授予目录的权限，也可以回收在恢复目录中注册新目标数据库的权限。例如：

```
RMAN> REVOKE REGISTER DATABASE FROM vpc1;
```

5. 删除虚拟专有目录

当删除虚拟专用目录时，并不删除基本恢复目录本身，而只是删除限制访问基本恢复目录的安全策略。删除虚拟专用目录的步骤如下：

① 启动 RMAN 并以虚拟专用目录所有者（不是基本恢复目录所有者）连接到恢复目录数据库。下面的示例用户 vpc1 连接到恢复目录：

```
RMAN> CONNECT CATALOG vpc1/Vpc12017@catdb;
```

② 删除恢复目录。

```
RMAN> DROP CATALOG;
```

### 4.8.8 重新同步恢复目录

当 RMAN 执行同步时，RMAN 将恢复目录与目标数据库的当前或备份控制文件进行比较，并更新恢复目录中丢失或改变的元数据。当目标数据库被加载（即控制文件打开）且恢复目录是可用时，大多数 RMAN 命令自动执行同步。

恢复目录重新同步确保了 RMAN 从控制文件获得的元数据是最新的。重新同步可以全部同步或部分同步。在部分重新同步时，RMAN 只读取目标数据库当前控制文件中关于新备份、新的归档重做日志等元数据信息，并更新恢复目录中的元数据。RMAN 不重新同步数据库的物理模式变化。

在完全重新同步时，RMAN 更新所有更改的记录，包括数据库模式变化的元数据。在更改数据库结构（添加或删除数据库文件、创建新的化身等）或更改 RMAN 持久性配置后，RMAN 执行完全重新同步。

当 RMAN 执行完全重新同步时，RMAN 创建快照控制文件，这是一个临时的控制文件备份。数据库确保在任何时间点只有一个 RMAN 会话访问快照控制文件。RMAN 目标数据库在操作系统的特定位置创建快照控制文件，也可以指定快照控制文件的名称和位置。使用快照控制文件确保 RMAN 具有控制文件的一致性视图。因为快照控制文件是临时使用，它没有在恢复目录中注册。RMAN 在恢复目录记录控制文件检查点指示目录的当前状态。

### 1．恢复目录不可用时的重新同步

当 RMAN 连接到目标数据库和恢复目录并执行了 RMAN 命令时，RMAN 将自动重新同步恢复目录。因此，通常情况下不必手动运行 RESYNC CATALOG 命令进行同步。

如果执行 RMAN 命令导致部分重新同步时恢复目录不可用，那么要打开目录数据库，并手动执行 RESYNC CATALOG 命令重新同步。

假设目标数据库可能是在一地运行，而恢复目录数据库是在另一地运行。可能不想在 CATALOG 模式对目标数据库进行每日备份，避免依赖于一个远程数据库的可用性。在这种情况下，尽可能经常连接到恢复目录并运行 RESYNC CATALOG 命令进行同步。

### 2．不常备份时在 ARCHIVELOG 模式重新同步

假定目标数据库运行在 ARCHIVELOG 模式，并且不常进行数据库备份（例如，两次数据库备份之间对数百个重做日志进行归档），每天完成大量的日志切换（例如，在两次恢复目录重新同步之间进行了 1000 次切换）。

在这些情况下，可能需要定期手动重新同步恢复目录，因为在重做日志切换发生或重做日志归档时，恢复目录不会自动更新。数据库只把有关重做日志切换和归档的元数据信息存储在控制文件。必须定期重新同步才能将这些信息记录到恢复目录。

重新同步恢复目录的时间取决于数据库归档重做日志的速度。重新同步操作的成本与在控制文件中插入或改变的记录数成正比。如果没有插入或改变记录，那么同步成本是非常低的；如果许多记录已插入或更改，那么同步时更费时。

### 3．配置备用数据库后重新同步

当没有连接到备用数据库作为目标数据库时，可以创建或更改 RMAN 的备用数据库的配置。进行配置时可执行 CONFIGURE DB_UNIQUE_NAME 或 CONFIGURE ... FOR DB_UNIQUE_NAME 命令。此时手动同步备用数据库以更新备用数据库的控制文件。

### 4．控制文件记录过期后重新同步恢复目录

同步的目标是确保在恢复目录中的元数据是最新的。因为恢复目录从目标控制文件获取元数据，在恢复目录中数据的新旧程度取决于控制文件中的数据新旧程度。必须确保控制文件中的备份元数据在被覆盖之前就已记录到恢复目录中。

设置初始化参数 CONTROL_FILE_RECORD_KEEP_TIME 可指定控制文件记录被覆盖前的最小天数。因此，必须确保在控制文件中的记录被删除前用它们来重新同步恢复目录。

要在比 CONTROL_FILE_RECORD_KEEP_TIME 设置还小的时间内执行下列操作之一：进行备份，从而进行恢复目录的隐式同步；手动执行 RESYNC CATALOG 命令重新同步恢复目录。确保 CONTROL_FILE_RECORD_KEEP_TIME 设置的时间比备份或重新同步的间隔要长，否则控制文件记录可能在写入恢复目录之前重写。不要设置 CONTROL_FILE_RECORD_KEEP_TIME 为 0，如果这样控制文件中的备份记录元数据可能在 RMAN 添加到恢复目录之前被覆盖。

目标数据库控制文件的大小依赖于下面数量的增长：在执行备份数量；数据库生

成归档重做日志的数量；控制文件中信息被存储的天数。如果控制文件增长很快，可能导致它不再能够扩大，因为它已经达到最大块数或最大记录数，此时数据库会覆盖最旧的记录，即使它们还不到初始化参数 CONTROL_FILE_RECORD_KEEP_TIME 设置的值。出现这种情况时数据库会在警报日志中写入一个消息。如果经常发生这种情况，那么就应该减少初始化参数 CONTROL_FILE_RECORD_KEEP_TIME 的值，从而增加重新同步的频率。

5. 手工重新同步恢复目录

用 RESYNC CATALOG 命令可用目标数据库的控制文件手动完全重新同步恢复目录。可以用 RESYNC FROM DB_UNIQUE_NAME 或 ALL 指定要同步的数据库中唯一名称或全部。通常情况下，在对备用数据库运行 CONFIGURE 命令配置后，还没有连接到该备用数据库时执行同步操作。

① 启动 RMAN 并连接到目标数据库和恢复目录。

```
C:\>RMAN TARGET system/Oracle12c@orademo CATALOG rco/Rco2017@catdb
```

② 加载或打开目标数据库。

```
RMAN> STARTUP MOUNT;
```

③ 在 RMAN 提示符下运行 RESYNC CATALOG 命令重新同步恢复目录。

```
RMAN> RESYNC CATALOG;
```

下面的命令同步备用数据库 standby1 的控制文件：

```
RMAN> RESYNC CATALOG FROM DB_UNIQUE_NAME standby1;
```

下面的命令同步 Data Guard 的环境中所有数据库的控制文件：

```
RMAN> RESYNC CATALOG FROM DB_UNIQUE_NAME ALL;
```

### 4.8.9 在改变 DB_UNIQUE_NAME 后更新恢复目录

有时可能会更改 Data Guard 环境中数据库的唯一名称 DB_UNIQUE_NAME。此时可运行 CHANGE DB_UNIQUE_NAME 命令将存储在恢复目录中旧的 DB_UNIQUE_NAME 的元数据与新的 DB_UNIQUE_NAME 关联起来。CHANGE DB_UNIQUE_NAME 命令实际上并不更改数据库本身的 DB_UNIQUE_NAME，它只是更新改变名称后的数据库在恢复目录的元数据。

【例 4.24】假定主数据的 DB_UNIQUE_NAM 的值是 prodny，并且已将备用数据库 DB_UNIQUE_NAME 的值从 prodsf1 更改为 prodsf2。

在备用数据库的 DB_UNIQUE_NAME 改变后更新恢复目录的步骤如下：

① RMAN 连接到主数据库和恢复目录。

```
RMAN> CONNECT CATALOG rco/Rco2017@catdb;
RMAN> CONNECT TARGET sbu/Sub2017@prodny;
```

② 显示恢复目录中的 DB_UNQUE_NAME 值。

```
RMAN> LIST DB_UNIQUE_NAME OF DATABASE;
```

③ 更改在 RMAN 资料库中 DB_UNIQUE_NAME 的值。

下面的命令将备用数据库的数据库唯一名称从 prodsf1 更改 prodsf2：

```
RMAN> CHANGE DB_UNIQUE_NAME FROM prodsf1 TO prodsf2;
```

在主数据库的 DB_UNIQUE_NAME 更改后，可以使用例 4.24 类似的步骤更新恢复目录的元数据，只要在步骤①中以 TARGET 选项连接到备用数据库而不是主数据库即可。

### 4.8.10 重新设置恢复目录中的数据库化身

当用 RESETLOGS 选项打开数据库时将创建数据库新的化身，此时会在恢复目录中自动创建新数据库化身的记录。可以访问视图 V$DATABASE_INCARNATION 来查询新化身的记录。数据库隐含地自动调用 RESET DATABASE 命令指定新数据库化身为当前的化身，对目标数据库进行的后续备份和日志归档都对应着新数据库化身。

如果要将数据库返回到当前 RESETLOGS SCN 之前的 SCN，无论是用 RESTORE 或 RECOVER 或 FLASHBACK DATABASE 完成该任务，都需要用 RESET DATABASE TO INCARNATION 命令。但是，在下列两种情况下不需要显式执行 RESET DATABASE TO INCARNATION，因为在闪回操作中 RMAN 隐含运行该命令：一种情况是用 FLASHBACK DATABASE 将数据库倒回到在直接祖先路径的一个 SCN；另一种情况是用 FLASHBACK DATABASE 将数据库倒回到一个恢复点。

在修复数据库后通过 RESETLOGS 选项打开后，要把恢复目录重新设置到更早的化身，以便进行介质恢复的步骤：

① 执行 LIST 命令确定所需的数据库化身的化身主码：

```
RMAN> LIST INCARNATION OF DATABASE orademo;
```

② 执行下面命令重置数据库到一个老化身：

```
RMAN> RESET DATABASE TO INCARNATION 2;
```

③ 如果前一个化身的控制文件可用并已装载，可直接跳到步骤⑥。否则，关闭数据库，并启动数据库到装载模式：

```
RMAN> SHUTDOWN IMMEDIATE
RMAN> STARTUP NOMOUNT
```

④ 从旧的化身中修复控制文件。如果控制文件备份中使用标签，那么就指定标签；否则可以运行命令 SET UNTIL：

```
RUN
{
   SET UNTIL 'SYSDATE-45';
   RESTORE CONTROLFILE; # 如果当前控制文件不可用，使用此命令
}
```

⑤ 加载修复的控制文件：

```
RMAN> ALTER DATABASE MOUNT;
```

⑥ 运行 RESTORE 和 RECOVER 命令从当前化身还原和修复数据库文件，然后使用 RESETLOGS 选项打开数据库：

```
RMAN> RESTORE DATABASE;
RMAN> RECOVER DATABASE;
RMAN> ALTER DATABASE OPEN RESETLOGS;
```

### 4.8.11 导入和移动恢复目录

可以在 RMAN 中使用 IMPORT CATALOG 命令将一个恢复目录模式合并到另一个中去。此命令主要用在下列情况：

① 要为不同版本的数据库维护多个恢复目录模式。可能要合并所有现有模式到一个新恢复目录以保证不会丢失备份元数据。

② 将恢复目录从一个数据库移动到另一个数据库。

当使用 IMPORT CATALOG 时，源目录模式是要导入的不同目录模式。目标目录模式是要导出的目录模式。默认情况下，RMAN 导出在源恢复目录中注册的所有数据库的元数据，也可以指定要从源恢复目录模式中导入数据库 ID 列表。

默认情况下，RMAN 在成功导入后将从源目录模式中注销导入的数据库。为了表明注销是否成功，RMAN 在合并数据库之前和之后都将显示有关消息。如果不想从源恢复目录模式中注销数据库，可以指定 NO UNREGISTER 选项。

### 1. 导入一个恢复目录

当导入一个恢复目录到另一个时不用连接目标数据库。RMAN 只需要连接到源恢复目录和目标恢复目录。

**【例 4.25】**导入恢复目录的步骤。假设源数据库 srcdb 包含 Oracle 10.2 的恢复目录模式，用户名为 102cat（口令为 Cat102），而目标数据库 destdb 包含拥有的 Oracle 11.1 恢复目录模式，用户名为 111cat（口令为 Cat111）。

① 启动 RMAN 并连接到目标恢复目录模式。

```
RMAN> CONNECT CATALOG 111cat/Cat111@destdb;
```

② 导入源恢复目录模式，指定源目录连接字符串。输入下面的命令导入源数据库 srcdb 的用户 102cat 所拥有的目录：

```
RMAN> IMPORT CATALOG 102cat/Cat102@srcdb;
```

该命令也可导入注册在源恢复目录中的目标数据库的子集。可以通过 DBID 或数据库名称来指定数据库：

```
RMAN> IMPORT CATALOG 102cat/Cat102@srcdb DBID=1423241, 1423242;
RMAN> IMPORT CATALOG 102cat/Cat102@srcdb DB_NAME=prod3, prod4;
```

③ 连接到目标数据库 prod1 以检查元数据是否成功导入。

```
RMAN> CONNECT TARGET "sbu@prod1 AS SYSBACKUP";
RMAN> LIST BACKUP;
```

SBU 是被授予目标数据库的 SYSBACKUP 权限的用户。

### 2. 移动恢复目录

将恢复目录从一个数据库移动到另一个数据库的过程与导入恢复目录的过程类似。在这种情况下，源数据库是包含现有恢复目录的数据库，而目标数据库是包含要移动恢复目录到达的数据库。从源数据库移动恢复目录到目标数据库的过程如下：

① 在目标数据库中创建恢复目录，但不要在新创建恢复目录中注册任何数据库。关于创建恢复目录的过程参见本章 4.8.2 节。

② 按照例 4.25 的步骤导入源恢复目录到新创建的恢复目录中。

## 4.9 管理存储脚本

存储脚本（Stored Scripts）是存储在恢复目录中的 RMAN 命令序列，它是管理频繁使用的 RMAN 命令序列的命令文件方式的一种替代方法。存储脚本存储在恢复目录中而不是操作系统的文件系统中。存储脚本可以是全局的也可以是局部的。全局存储脚本（Global Stored Scripts）可以被所有注册到恢复目录中的数据库共享，即如果

RMAN 客户端连接到恢复目录和一个目标数据库，全局存储脚本可以在恢复目录中注册的任何数据库中运行。局部脚本（Local Stored Scripts）与创建脚本时 RMAN 连接的目标数据库关联，并且只能在当时连接的目标数据库中执行。

在命名时要避免全局存储脚本和局部存储脚本之间的混淆。对于 EXECUTE SCRIPT、DELETE SCRIPT 和 PRINT SCRIPT 命令，作为参数传递的脚本名称如果不是连接的目标实例定义的脚本名称，那么 RMAN 按名称查找全局存储脚本。

要使用与存储脚本相关的命令，即使是全局脚本命令，都必须连接到恢复目录和目标数据库实例。

### 4.9.1 建立存储脚本

可以使用 CREATE SCRIPT 命令来创建存储脚本。如果指定 GLOBAL 选项，那么恢复目录中不能有与指定名称同名的全局存储脚本。如果未指定 GLOBAL 选项，那么相同的目标数据库不能有同名的脚本。

CREATE SCRIPT 命令括号内可用的命令与 RUN 块内的命令相同。任何 RUN 块内合法的命令都可运行在存储脚本中。@、@@和 RUN 命令不能在存储脚本中运行。

当指定脚本的名称时，RMAN 允许但一般不要求用引号括起存储脚本的名称。如果名称以数字开头或是一个 RMAN 保留字，那么必须用引号括起存储脚本名名称。应该避免存储脚本名称以非字母字符开头或者使用 RMAN 保留字。

【例 4.26】建立局部存储脚本 full_backup，该脚本中备份数据库和归档重做日志，然后删除过时备份文件。

① 启动 RMAN，并连接到目标数据库和恢复目录。

```
C:\>RMAN TARGET system/Oracle12c@orademo CATALOG rco/Rco2017@catdb
```

② 运行 CREATE SCRIPT 命令建立一个局部存储脚本：

```
RMAN> CREATE SCRIPT full_backup
   2> {
   3>     BACKUP DATABASE PLUS ARCHIVELOG;
   4>     DELETE OBSOLETE; }
```

如果要建立全局存储脚本，执行下面的命令：

```
RMAN> CREATE GLOBAL SCRIPT global_full_backup {
   2>     BACKUP DATABASE PLUS ARCHIVELOG;
   3>     DELETE OBSOLETE; }
```

或者用 COMMENT 语句进行注释：

```
CREATE GLOBAL SCRIPT global_full_backup
COMMENT 'use only with ARCHIVELOG mode databases'
{
    BACKUP DATABASE PLUS ARCHIVELOG;
    DELETE OBSOLETE;
}
```

可以根据文本文件的内容创建一个存储脚本，该文件必须用左括号（{）字符开头，包含一系列 RUN 块内有效命令，并最终以右括号（}）字符结束。否则，语法错误。

【例 4.27】假设有文本文件 my_script_file.txt，文件内容如下：

```
{
    ALLOCATE CHANNEL dev1 DEVICE TYPE DISK FORMAT 'd:\back\%U';
```

```
    ALLOCATE CHANNEL dev2 DEVICE TYPE DISK FORMAT 'e:\back\%U';
    BACKUP  TABLESPACE system,users;
}
```

根据上面文件创建存储脚本的命令：

```
RMAN> CREATE SCRIPT full_backup
   2> FROM FILE 'd:\tmp\my_script_file.txt';
```

如果没有显示任何错误，则 RMAN 成功创建存储脚本，并存储在恢复目录。

创建存储脚本只是将脚本内容存储到恢复目录中，并不真正执行脚本中的命令，只有在执行存储脚本时才运行其中的命令。

### 4.9.2 更新存储脚本

使用 REPLACE SCRIPT 命令更新存储脚本。如果更新本地脚本，那么必须连接到要创建存储脚本的目标数据库。如果脚本不存在，则 RMAN 创建它。

① 启动 RMAN，并连接到目标数据库和恢复目录。

```
C:\>RMAN TARGET system/Oracle12c@orademo CATALOG rco/Rco2017@catdb
```

② 执行 REPLACE SCRIPT 命令：

```
REPLACE SCRIPT full_backup
{
   BACKUP DATABASE PLUS ARCHIVELOG;
}
```

可以通过指定 GLOBAL 关键字来更新全局脚本：

```
REPLACE GLOBAL SCRIPT global_full_backup;
COMMENT 'A script for full backup to be used with any database'
{
   BACKUP AS BACKUPSET DATABASE PLUS ARCHIVELOG;
}
```

与 CREATE SCRIPT 一样，可以从以下形式的文本文件更新局部或全局存储脚本：

```
REPLACE GLOBAL SCRIPT global_full_backup
FROM FILE 'd:\tmp\my_script_file.txt';
```

### 4.9.3 执行存储脚本

可以用 EXECUTE SCRIPT 命令运行存储脚本。如果指定了 GLOBAL，那么此名称的全局脚本必须存在于恢复目录中；否则，RMAN 返回错误 RMAN-06004。如果未指定 GLOBAL，那么 RMAN 搜索当前目标数据库中定义的局部存储脚本。如果没有发现本地脚本，那么 RMAN 搜索相同名称的全局脚本，找到后执行它。

#### 1. 执行静态存储脚本

静态存储脚本是指脚本命令中没有替换变量的存储脚本。执行静态存储脚本的步骤如下：

① 启动 RMAN 并连接到目标数据库和恢复目录。

② 如果需要，使用 SHOW 命令检查配置的通道。

执行存储脚本时使用配置的自动通道。如果必须覆盖已配置的通道，那么在存储脚本中要使用 ALLOCATE CHANNEL 命令。如果在存储脚本中有一个 RMAN 命令失败，那么脚本中后面的 RMAN 命令不执行。

③ 必须在 RUN 中运行 EXECUTE SCRIPT。

```
RUN
{
  EXECUTE SCRIPT full_backup;
}
```

如果局部脚本存在，那么上面的命令调用指定的局部脚本 full_backup。如果没有发现局部脚本，但有同名的全局脚本 full_backup，那么 RMAN 执行全局脚本。

如果局部脚本和全局脚本具有相同的名称，可以用 EXECUTE GLOBAL SCRIPT 执行全局脚本。如果只有全局脚本 global_full_backup，而没有同名的局部脚本，以下两个命令有同样的效果：

```
RUN
{
  EXECUTE GLOBAL SCRIPT global_full_backup;
}
```

或

```
RUN
{
  EXECUTE SCRIPT global_full_backup;
}
```

2. 建立和执行动态存储脚本

可以在 CREATE SCRIPT 命令创建脚本时指定替换变量，这样建立的脚本称为动态存储脚本。当在命令行启动 RMAN 时，使用 USING 子句指定一个或多个值来替代命令文件中的变量。在 SQL * Plus 环境中，&1 表示第一个位置的值，&2 表示第二个位置的值，依此类推。

建立和执行动态存储脚本的步骤如下：

① 创建一个命令文件，文件中包含有动态替换变量的 CREATE SCRIPT 语句。下面的示例有 3 个替换变量：磁带集的名称、FORMAT 子句的格式字符串和恢复点的名称。

```
CREATE SCRIPT quarterly
{
  ALLOCATE CHANNEL c1 DEVICE TYPE sbt
  PARMS 'ENV=(OB_MEDIA_FAMILY=&1)';
  BACKUP TAG &2 FORMAT 'd:\back/&1%U.bck'
  KEEP FOREVER RESTORE POINT &3
  DATABASE;
}
```

② 连接到 RMAN 目标数据库（必须加载或打开）和恢复目录，指定用于恢复目录的脚本的初始值。

```
C:\>RMAN TARGET system/Oracle12c@orademo CATALOG rco/Rco2017@catdb
USING arc_backup bck0906 FY06Q3
```

恢复目录需要 KEEP FOREVER 选项，但不要求任何其他 KEEP 选项。

③ 假设在步骤①中创建的动态存储脚本的命令文件为 d:\tmp\catscript.rman，那么下面的命令执行该脚本：

```
RMAN>@d:\tmp\catscript.rman
```

④ 每季度执行存储脚本，传递替换变量的值。

下面的示例执行名为 quarterly 的恢复目录脚本。该示例指定 arc_backup 作为介质的名称（磁带集），bck1206 作为 FORMAT 字符串的一部分，并 FY06Q4 作为恢复名称点。

```
RUN
{
  EXECUTE SCRIPT quarterly USING arc_backup bck1206 FY06Q4;
}
```

#### 3. 在启动 RMAN 时执行存储脚本

用 RMAN 客户端程序的 SCRIPT 选项在启动 RMAN 时可以执行恢复目录中的存储脚本。假设有存储脚本 d:\tmp\fbkp.cmd 存在，执行下面命令：

```
C:\>RMAN TARGET system/Oracle12c@orademo CATALOG rco/Rco2017@catdb
SCRIPT 'd:\tmp\fbkp.cmd';
```

上面的命令在启动 RMAN 时执行脚本 d:\tmp\fbkp.cmd，此时必须连接到包含存储脚本的恢复目录和脚本适用的目标数据库。如果局部和全局存储脚本有相同名称，那么 RMAN 始终执行局部脚本。

### 4.9.4 显示脚本内容和存储脚本名称

#### 1. 显示存储脚本内容

用 PRINT SCRIPT 命令可将局部存储脚本或全局存储脚本输出到标准输出设备或文件中，该命令仅在 RMAN 提示符下执行。RMAN 必须连接到目标数据库和恢复目录。恢复目录数据库必须打开。

如果指定的脚本是局部脚本，那么必须将 RMAN 连接到创建或更改脚本时连接的目标数据库。如果未指定 GLOBAL，那么 RMAN 将查找局部脚本或全局脚本，如果找到局部脚本则显示其内容，否则查找全局脚本然后显示全局脚本内容。

具体步骤如下：

① 启动 RMAN 并连接到目标数据库和恢复目录。

```
C:\>RMAN TARGET system/Oracle12c@orademo CATALOG rco/Rco2017@catdb
```

② 运行 PRINT SCRIPT 命令显示 full_backup 脚本的内容：

```
RMAN> PRINT SCRIPT full_backup;
```

要将脚本的内容保存到文件中，可使用如下形式的命令：

```
RMAN> PRINT SCRIPT full_backup TO FILE 'd:\my_script_file.txt';
```

显示全局存储脚本的方法：

```
RMAN> PRINT GLOBAL SCRIPT global_full_backup;
RMAN> PRINT GLOBAL SCRIPT global_full_backup TO FILE ' d:\my_file.txt';
```

#### 2. 列出存储脚本名称

LIST ... SCRIPT NAMES 命令显示恢复目录中定义的脚本名称。LIST GLOBAL SCRIPT NAMES 和 LIST ALL SCRIPT NAMESRMAN 是唯一的只需连接到恢复目录无须连接到目标数据库的命令。LIST ...SCRIPT NAMES 命令的其他形式都需要连接一个恢复目录。

① 启动 RMAN 并连接到目标数据库和恢复目录。

② 运行 LIST ... SCRIPT NAMES 命令列出当前连接的目标数据库中所有可执行的全局脚本和局部脚本的名字：

```
RMAN> LIST SCRIPT NAMES;
```

以下命令仅列出了全局脚本名称：

```
RMAN> LIST GLOBAL SCRIPT NAMES;
```

要列出存储在当前恢复目录的所有脚本的名称，即包括注册到恢复目录所有目标数据库中的全局脚本和局部脚本，执行下面的命令：

```
RMAN> LIST ALL SCRIPT NAMES;
```

对于列出的每个脚本将显示脚本所在的目标数据库和脚本名称。

### 4.9.5 删除存储脚本

用 DELETE SCRIPT 命令从一个恢复目录中删除存储脚本，其步骤如下：

① 启动 RMAN 并连接到目标数据库和恢复目录。

② 执行 DELETE SCRIPT 命令。例如，假设输入以下命令：

```
RMAN> DELETE SCRIPT 'global_full_backup';
```

如果执行 DELETE SCRIPT 命令时没有 GLOBAL 选项，但目标数据库没有指定名称的存储脚本，那么 RMAN 查找指定名称的全局脚本，如果存在将删除全局脚本。RMAN 在连接的目标数据库查找所定义的脚本 global_full_backup，如果没有找到，它搜索全局脚本 global_full_backup 并删除脚本。

要删除全局存储脚本，可使用用 DELETE GLOBAL SCRIPT 命令：

```
RMAN> DELETE GLOBAL SCRIPT 'global_full_backup';
```

## 小　　结

RMAN 提供了灵活方便的管理命令来管理与备份和恢复相关的内容。利用 LIST 和 REPORT 命令可以显示有关备份的相关信息，同时也可通过动态性能视图或恢复目录视图查询备份的元数据。利用 RMAN 命令可管理控制文件资料库或恢复目录资料库。在当备份过时或过期时，利用 RMAN 命令可以删除过期或过时的备份。恢复目录是 RMAN 的主要组件，管理和维护恢复目录是管理员的主要任何之一。

## 习　　题

1. 针对自己的数据库，显示所有的数据库备份、表空间备份和数据文件备份的详细内容。
2. 利用 REPORT 命令显示所用数据库模式和过时备份信息。
3. 显示需要超过 7 天的归档重做日志文件才能恢复的数据文件。
4. 简述交叉检查的作用及使用方法。
5. 先查询出备份信息，然后删除指定备份片的备份。
6. 在所用计算机中建立一个名为 CATDB 的恢复目录。

# 第 5 章 RMAN 的数据库恢复 «<

学习目标：

- 理解数据库还原、数据库修复和数据库恢复的过程及相关的概念；
- 掌握验证数据库文件和备份的方法；
- 掌握数据库的完全介质恢复和块介质恢复方法；
- 掌握基于时间点的表空间恢复方法；
- 了解从备份中恢复表和表分区的方法及高级恢复方法。

数据库备份和恢复策略的主要目的是数据保护。一个高效恢复策略的关键是要理解数据恢复的基本概念和一般过程。

## 5.1 Oracle 数据库恢复方法

实际应用中，多种故障可能中止 Oracle 数据库的正常运行或影响数据库 I/O 操作，但通常只有用户错误、应用程序错误和介质故障等几种情况需要 DBA 干预并进行数据库恢复。

### 5.1.1 Oracle 数据库恢复技术

根据可能遇到的情况，可以选择一种或多种合适的数据库恢复技术来恢复数据。Oracle 数据库允许管理员在建立数据库时选择下面几种恢复技术进行数据库恢复：

（1）数据恢复顾问

数据恢复顾问（Data Recovery Advisor）是一个可以诊断故障，指导如何处理故障，并根据用户请求进行故障修复的 Oracle 数据库架构。

（2）逻辑闪回功能

逻辑闪回功能（Logical Flashback Features）是 Oracle 闪回技术特性的子集，可以查看单个数据库对象或事务，也可将单个数据库对象或事务倒回到过去某个时间点。这些功能不需要使用 RMAN。详细介绍参见第 6 章 6.1 节和 6.2 节。

（3）Oracle 闪回数据库

Oracle 闪回数据库（Oracle Flashback Database）是类似于介质恢复的块级修复机制，但它更快，且不需要还原备份。如果已提前启用闪回日志，那么可以将整个数据库恢复到以前的状态，而无须从备份中还原数据文件的旧副本。此时必须配置用于闪回数据库日志的快速恢复区或保证还原点。详细介绍参见第 6 章 6.3 节。

（4）数据文件介质修复

数据文件介质修复（Data File Media Recovery）可以从备份还原数据文件，并应用归档重做日志或增量备份来修复丢失的变化以使数据库可以前滚到指定时间，它可以恢复整个数据库或者数据库的子集。数据文件介质恢复是最通用的恢复的形式，且可保护免受物理和逻辑故障。详细介绍参见本章 5.3 节。

（5）块介质修复

块介质修复（Block Media Recovery）可以修复数据文件内的各个块，而不是整个数据文件。块介质恢复将保持受影响的数据文件联机，只恢复损坏的块。用 RMAN 的 RECOVER ... BLOCK 命令对数据文件中指定块进行修复。详细介绍参见本章 5.4 节。

（6）表空间时间点恢复

表空间时间点恢复（Tablespace Point-In-Time Recovery，TSPITR）是时间点恢复的一种特殊形式，可以将一个或多个非 SYSTEM 表空间修复到比数据库的其余部分更早的时间点。详细介绍参见本章 5.6 节。

### 5.1.2 RMAN 还原时的备份选项与优化

通常情况下，在进行介质修复前先要准备还复的文件。可以还原数据库的所有数据文件、表空间、控制文件、已归档重做日志和服务器参数文件。

可以为要还原的数据文件和控制文件指定默认位置或新位置。如果还原到默认位置，则 RMAN 将覆盖在该位置的同名文件，另外，可以使用 SET NEWNAME 命令指定还原的数据文件的新位置，最后运行 SWITCH 命令来更新控制文件以表明还原的文件是在新的位置。

#### 1．备份选择

RMAN 从资料库中可用的备份集或镜像副本的记录中来选择最适合的备份进行还原操作。RMAN 优先选择的是最近可用的备份，或者满足 RESTORE 命令的 UNTIL 子句指定条件的最新的备份。如果备份集和镜像副本是在同一时间点，那么 RMAN 优先选择镜像副本，因为 RMAN 从镜像副本还原比从备份集还原更快，特别是比还原存储在磁带上的备份集更快。

在 RMAN 还原备份前，所有 RESTORE 命令中指定的选项必须得到满足。除非使用 DEVICE TYPE 子句限制，否则 RESTORE 命令将在配置通道的所有设备类型上搜索备份。如果在资料库中没有可用的备份符合所有指定的要求，那么 RMAN 返回该文件不能被还原的错误信息。

如果仅使用手动分配的信道，那么当分配通道在对应的介质上没有找到可用的备份时备份作业将会失败。因此，配置自动通道会使 RMAN 更可能找到满足还原要求的备份。

如果备份集是用备份加密保护，那么 RMAN 在还原内容后自动解密。如果 Oracle 密钥库是开放的且是可用的，那么透明加密备份在还原时无须人工干预。基于密码加密的备份在还原前需要输入正确的密码。

#### 2．还原优化

RMAN 使用还原优化（Restore Optimization）技术以避免从不必要的备份中还原

数据文件。如果一个数据文件存在于正确的位置，并且文件头包含预期的信息，那么 RMAN 不会从备份中还原该数据文件。还原优化只检查数据文件的头部，它不扫描数据文件主体是否有损坏的块。

可以使用 RESTORE 命令的 FORCE 选项覆盖还原优化，无条件还原指定的文件。在还原多个数据文件的操作被中断后，还原优化技术特别有用。例如，假设在数据库还原操作执行过程中突然断电，只剩下一个数据文件没有被还原，然后接着再次运行相同的 RESTORE 命令，此时 RMAN 只还原前一操作中没有被还原的单个数据文件。

还原优化在复制数据库时也非常有用。如果在复制数据库时，一个在正确位置的数据文件具有正确的头内容，那么该数据文件就不被复制。与 RESTORE 命令不同，DUPLICATE 命令不支持 FORCE 选项。如果要无条件复制由于还原优化被跳过的数据文件，只有在运行 DUPLICATE 命令之前删除复制过的数据文件。

## 5.2 验证数据库文件和备份

在 RMAN 环境中，验证（Validation）是指检查数据库文件是否有坏块或备份集是否可以用于还原。执行验证的 RMAN 命令有 VALIDATE、BACKUP ... VALIDATE 和 RESTORE ... VALIDATE。

### 5.2.1 验证概述

数据库运行时会阻止可能导致备份文件无法使用或已还原数据文件损坏的操作。为了做到这一点，数据库自动执行以下操作：在还原或修复数据文件时禁止访问数据文件；对每个数据文件，一次只允许一次还原操作；保证按正确的顺序应用增量备份；保存备份文件信息以检测损坏；每次读写块时，一旦检测到损坏立即报告检测到的坏块。

**1. 坏块和校验和**

坏块（Corrupt Block）是一种内容发生变化已不是 Oracle 数据库要找的 Oracle 块，或是内容内部不一致的块。坏块通常由磁盘故障、内存或系统问题引起。可以使用块介质恢复来修复介质损坏块，或者删除包含损坏块的数据库对象以使坏块可以重用。如果介质损坏是由于硬件故障造成的，那么两个解决方案都不能正常工作，只能更换硬件。

校验和（Checksums）是数据处理和通信领域用来判断数据传输正确与否的一种方法。在 Oracle 数据库中用校验和来判断坏块。Oracle 数据库用 DB_BLOCK_CHECKSUM 初始化参数来控制块校验和写入数据文件及联机重做日志文件（不是备份）。如果 DB_BLOCK_CHECKSUM 的值是 typical，那么在数据库正常操作期间将计算每个块的校验和，然后在写入磁盘前将校验和存储到块头部。数据库从磁盘读取块时，将计算块的校验和，并将新计算的值与存储在块头部的校验和值进行比较。如果两个值不匹配，则表示块已损坏。

默认情况下，BACKUP 命令计算每个块的校验和并将其存储在备份中。因为初始化参数 DB_BLOCK_CHECKSUM 只适用于数据库中的数据文件，而不适用于备份，所以 BACKUP 命令忽略该参数的值。

#### 2. 物理坏块和逻辑坏块

物理损坏（Physical Corruption，也称介质损坏）是指由于校验和无效或块包含全零或块头和块尾不匹配致使数据库根本无法识别的块。如果在运行 RMAN 时指定 NOCHECKSUM 选项，那么创建备份时将不计算块的校验和。

逻辑损坏（Logical Block Corruption）是指块校验和是有效的，并且块头和块尾匹配，但块内容在逻辑上不一致，如行块或索引条目的损坏就是逻辑损坏。如果 RMAN 检测到逻辑坏块，就会将该块记录在警报日志文件和服务器会话跟踪文件中。

默认情况下，RMAN 不检查逻辑损坏。如果在运行 BACKUP 命令指定 CHECK LOGICAL 选项，那么 RMAN 将检测数据并对逻辑损坏块进行索引，并将它们记录在自动诊断信息库（ADR）中的警报日志中。

#### 3. RMAN 备份中坏块的限制

可以使用 SET MAXCORRUPT 命令设置在 RMAN 备份中允许一个文件中未标记坏块的总数。默认为零，意味着 RMAN 不允许任何种类的未标记的坏块。

如果 RMAN 备份时遇到未标记的坏块数超过 SET MAXCORRUPT 定义的值，那么 RMAN 将终止备份；否则，RMAN 写入新检测到的坏块到备份中，并将坏块标记信息写入块头部。使用 VALIDATE 命令可确定被标记的坏块，并找到未标记的坏块。

因为 RMAN 允许备份中存在标记的坏块，并允许未标记的坏块在备份中标记为已损坏（使用 MAXCORRUPT 时），因此，还原的数据文件中可能有多个标记为已损坏的块。如果此时对还原的有坏块的数据文件（假设没有新的损坏发生）进行备份，即使没有设置 MAXCORRUPT 的值，备份也会成功，这是因为先前标记的坏块不会阻止 RMAN 完成备份。

#### 4. 检测坏块

Oracle 数据库支持不同技术来检测、修复和监控坏块。所用技术取决于损坏是块间损坏（Interblock Corruption）或块内损坏（Intrablock Corruption）。块间损坏是指损坏发生在块之间，而不是在块本身内，这种类型的损坏只能是逻辑损坏。块内损坏是指损坏发生在块本身内部，这种损坏可以是物理的或逻辑的。V$DATABASE_BLOCK_CORRUPTION 视图记录着块内损坏的信息，而自动诊断库（Automatic Diagnostic Repository，ADR）跟踪所有类型的块损坏信息。

可以用下面 3 种方法来处理不同类型的块损坏：

（1）检测（Detection）

所有数据库实用程序都检测块内损坏，包括 RMAN 和 DBVERIFY 实用程序。如果一个数据库进程遇到 ORA-1578 错误，那么表示它可能检测到损坏块。

只有 DBVERIFY 和 ANALYZE 实用程序才会检测块间损坏。

（2）跟踪（Tracking）

V$DATABASE_BLOCK_CORRUPTION 视图显示由 RMAN 命令、ANALYZE 和 SQL 查询等 Oracle 数据库组件标记为已损坏的块。遇到块内损坏的任何进程将把坏块信息记录在 ADR 和 V$DATABASE_BLOCK_CORRUPTION 视图。

V$DATABASE_BLOCK_CORRUPTION 中有坏块的文件编号（FILE#）、损坏区域的第

一个坏块号（BLOCK#）、坏块数量（BLOCKS）、逻辑损坏时的 SCN 号（CORRUPTION_CHANGE#，物理损坏时该值为0）和损坏的类型（CORRUPTION_TYPE）等信息。

（3）修复（Repair）

修复技术包括块介质恢复、还原数据文件、恢复增量备份和块重建。块介质恢复可以修复物理损坏而不是逻辑损坏。

如果 BACKUP、RESTORE 或 VALIDATE 等命令检测到一个块不再是坏块，那么这些命令会从 V$DATABASE_BLOCK_CORRUPTION 视图中删除已修复的块。任何修复或检测到块已修复的RMAN命令将更新视图 V$DATABASE_BLOCK_CORRUPTION。

对于块间损坏，必须使用删除对象、重建索引等手工技术来修复块间损坏。

### 5.2.2 用 VALIDATE 命令检查坏块

使用 VALIDATE 命令可以手动检查数据库文件中物理损坏或逻辑损坏和数据文件丢失，或者确定备份集是否可以用于还原。如果 VALIDATE 在验证期间检测到问题，那么 RMAN 将显示该问题并执行故障评估，RMAN 将其记录到自动诊断资料库。可以使用 LIST FAILURE 查看故障信息。VALIDATE 命令中的选项在语义上等同于 BACKUP VALIDATE。与 BACKUP VALIDATE 不同的是，VALIDATE 可以检查单个备份集和数据块。

VALIDATE 命令在验证时跳过从不使用的块。如果 COMPATIBLE 参数设置为 10.2 或更大，对于本地管理的表空间，RMAN 也跳过当前未使用（相对于从不使用）块。

如果 RMAN 由于对未使用块的压缩而没有读取块，并且块被损坏，那么 RMAN 不检测，因为损坏的未用块是无害的。

当验证整个文件时，RMAN 检查文件的每个块。如果备份验证中发现先前未标记的坏块，那么RMAN将新的坏块信息记录到 V$DATABASE_BLOCK_CORRUPTION 视图。

当怀疑备份集中的一个或多个备份片丢失或已损坏时，用 VALIDATE BACKUPSET 命令进行验证。该命令检查备份集中的每个块以确保备份可以被还原。如果 RMAN 发现坏块，那么它会发出错误并终止验证。VALIDATE BACKUPSET 命令允许选择要检查的备份，而 RESTORE 命令的 VALIDATE 选项是让 RMAN 选择要检查的备份集。

#### 1. 验证数据文件和备份集

用 VALIDATE 命令验证数据库文件和备份的步骤如下：

① 启动 RMAN 并连接到目标数据库。

```
RMAN> CONNECT TARGET system/Oracle12c@orademo;
```

② 如果没有配置自动通道，那么在执行 VALIDATE BACKUPSET 前要手动分配至少一个通道。

③ 按所需的选项执行 VALIDATE 命令。下面的命令验证所有数据文件、控制文件和服务器参数文件：

```
RMAN> VALIDATE DATABASE;
```

下面的命令按给定的备份集号验证特定的备份集：

```
RMAN> VALIDATE BACKUPSET 22;
```

验证数据文件中指定数据块，下面的命令检查数据文件 1 中编号为 10 的数据块：

```
RMAN> VALIDATE DATAFILE 1 BLOCK 10;
```

如果备份集有多个副本，那么 RMAN 仅验证最近生成的副本。VALIDATE 命令不支持验证特定副本。但是，如果两个副本在不同的设备上，那么可以使用 VALIDATE DEVICE TYPE 来验证指定设备中副本。如果两个副本在同一设备上，那么可以先使用 CHANGE 命令将一份副本暂时设置为 UNAVAILABLE（不可用）后再执行 VALIDATE。

**2. 并行验证大数据文件**

如果必须验证大数据文件，那么 RMAN 可以将大文件分成多个文件段并行处理。如果配置或分配有多个通道，并且利用多通道进行并行验证，那么指定 VALIDATE 命令的 SECTION SIZE 参数即可。如果指定的文件段大小大于文件的大小，那么 RMAN 不会创建文件段。如果指定的段大小太少，结果产生超过 256 个文件段，那么 RMAN 会增加段的大小以使大文件正好分成 256 个段。

要进行并行验证数据文件步骤如下：

① 启动 RMAN 并连接到目标数据库。目标数据库必须是加载（MOUNT）或打开的。

② 运行带有 SECTION SIZE 参数的 VALIDATE 命令。下例 RUN 命令块分配两个通道并验证大数据文件。文件段大小设置为 1200 MB。

```
RUN
{
  ALLOCATE CHANNEL c1 DEVICE TYPE DISK;
  ALLOCATE CHANNEL c2 DEVICE TYPE DISK;
  VALIDATE DATAFILE 1 SECTION SIZE 1200M;
}
```

### 5.2.3 用 BACKUP VALIDATE 命令验证数据库文件

可以使用 BACKUP VALIDATE 命令检查数据文件是否存在物理损坏和逻辑损坏或确认所有数据库文件存在并位于正确的位置。

当运行 BACKUP VALIDATE 时，RMAN 就像真正备份时一样读取整个要备份的文件，但 RMAN 实际上并不产生任何备份集或镜像副本。

不能将 BACKUPSET、MAXCORRUPT 或 PROXY 选项与 BACKUP VALIDATE 命令一起使用。如果要验证特定的备份集，那么必须执行 VALIDATE 命令。

使用 BACKUP VALIDATE 命令验证文件的步骤如下：

① 启动 RMAN 并连接到目标数据库和恢复目录。

② 运行 BACKUP VALIDATE 命令。下列命令可以验证所有数据库文件和归档日志是否可以进行备份，但仅检查物理损坏块：

```
RMAN> BACKUP  VALIDATE  DATABASE  ARCHIVELOG ALL;
```

运行下面的命令可检查物理损坏和逻辑损坏：

```
RMAN> BACKUP VALIDATE CHECK LOGICAL DATABASE ARCHIVELOG ALL;
```

在上面的示例中，RMAN 客户端显示的输出与真正备份这些文件时一样。如果 RMAN 无法备份一个或多个文件，那么它可能显示类似如下的错误消息：

```
RMAN-00571: ===========================================
```

```
    RMAN-00569: ======ERROR MESSAGE STACK FOLLOWS =====
    RMAN-00571: ===========================================
    RMAN-03002: failure of backup command at 03/29/2017 14:33:47
    ORA-19625: error identifying file e:\oracle\oradata\arch\
archive1_6.dbf
    ORA-27037: unable to obtain file status
    SVR4 Error: 2: No such file or directory
    Additional information: 3
```

### 5.2.4 还原前验证备份

可以运行 RESTORE ... VALIDATE 来测试 RMAN 是否可以从备份集还原指定的一个或多个文件，RMAN 会自动选择要使用的备份。执行该命令时必须加载或打开数据库，但是验证数据文件是否可还原时不必设置数据文件脱机，因为数据文件备份的验证只是读取备份而不影响数据文件的使用。

在验证磁盘或磁带上的文件时，RMAN 读取备份片或镜像副本中的所有块。RMAN 还可以验证异地备份（Offsite Backups）。除了 RMAN 不写入输出文件外，验证与真实的还原操作相同。

如果要验证的数据库已加载或打开，那么用 RESTORE 命令验证备份的步骤如下：

① 运行带有 VALIDATE 选项的 RESTORE 命令。下面命令验证数据库和所有归档重做日志的还原操作：

```
RMAN> RESTORE DATABASE VALIDATE;
RMAN> RESTORE ARCHIVELOG ALL VALIDATE;
```

如果没有看到 RMAN 错误，那么意味着 RMAN 已确认在真正执行还原和修复操作期间可以成功使用这些备份。

② 如果在输出中有 RMAN-06026 等错误消息，那么就要调查问题的原因。如果可能，应纠正影响 RMAN 验证备份的问题并重新验证。

作为附加测试措施，可以在 RMAN 或 SQL * Plus 环境中执行 RECOVER ... TEST 命令进行试验修复。试验修复（Trial Recovery）是一种修复模拟，它应用重做日志的方法与正常修复一样，但是它不会将其更改写入磁盘并且在试验完成后回滚其更改。试验修复只是在内存中进行。

### 5.2.5 验证 CDB 和 PDB

RMAN 允许使用 VALIDATE 命令验证多租户容器数据库（CDB）和插拔式数据库（PDB）。在验证 CDB 和 PDB 时还可以指定要验证备份片的副本号。

#### 1. 验证整个 CDB

验证 CDB 的步骤与用于验证非 CDB 的步骤类似，唯一的区别是必须用具有 SYSBACKUP 或 SYSDBA 权限的公共用户连接到根目录，然后使用 VALIDATE DATABASE 和 RESTORE DATABASE VALIDATE 命令。

在连接到 CDB 根时验证整个 CDB 的命令如下：

```
RMAN> VALIDATE DATABASE;
```

在连接到根时执行下面的命令仅验证根：

```
RMAN> VALIDATE DATABASE ROOT;
```

2. 验证 PDB

在验证 PDB 时可以连接到 CDB 根或指定的 PDB。

(1)连接到根并用 VALIDATE PLUGGABLE DATABASE 或 RESTORE PLUGGABLE DATABASE VALIDATE 命令来验证一个或多个 PDB。

当连接到根时，执行下面的命令可验证 hr_pdb 和 sales_pdb 两个 PDB：

```
RMAN> VALIDATE PLUGGABLE DATABASE hr_pdb, sales_pdb;
```

(2)连接到 PDB 并用 VALIDATE DATABASE 和 RESTORE DATABASEVALIDATE 命令仅验证一个 PDB。这里使用的命令与用于非 CDB 的命令相同。

在连接到 PDB 后执行下面的命令验证 PDB 数据库的还原操作：

```
RMAN> RESTORE DATABASE VALIDATE;
```

## 5.3 完全数据库恢复

在介质恢复（Media Recovery）时，RMAN 将数据变化应用到还原的数据中，从而可前滚数据到指定时间。RMAN 可以执行任何数据文件的介质恢复或块介质恢复。数据文件介质恢复是将重做日志或增量备份应用到还原后的数据文件并将其更新到当前时间或指定时间。块介质恢复是对单个数据块的修复，而不是整个数据文件。

在 Oracle 数据库中可以用 RMAN 执行完整恢复、数据库时间点恢复（DBPITR），或表空间时间点恢复（TSPITR）。本节只介绍数据文件介质恢复。关于 DBPITR 操作参见第 6 章 6.4 节。关于块介质恢复和 TSPITR 操作分别参见本章 5.4 节和 5.5 节。

### 5.3.1 完全数据库恢复概述

通常由于介质故障或意外删除可能引起部分或全部数据文件丢失或损坏。完全数据库恢复的目标是通过从 RMAN 备份中还原损坏的文件，并修复所有数据库更改，从而将数据库恢复到可以正常运行的状态。

完全数据库恢复可以修复最常见的数据库问题，这里做出以下假设：

① 已丢失部分或所有数据文件，但没有丢失所有当前控制文件或整个联机重做日志组，并且操作目标是恢复所有数据库变化。如果要恢复部分而不是所有的数据库更改，参见本章 5.6 节和 5.7 节；如果丢失部分但不是所有当前控制文件或联机重做日志组的成员，那么参见本章 5.5 节；如果丢失所有控制方法，那么恢复的方法参见第 6 章的数据库时间点恢复。

② 数据库正在使用当前服务器参数文件。如果要还原服务器参数文件，参见本章 5.5.2 节。

③ 具有用于修复数据文件备份所需的完整归档重做日志或增量备份集。每个数据文件或者有一个备份，或者没有备份但有将数据文件修复到创建时的所有完整联机重做日志和归档重做日志集。

在还原与修复期间，RMAN 可以在无用户干预的情况下处理丢失的数据文件。数据文件丢失可能有如下情况：

- 控制文件中有数据文件的信息，即在数据文件创建后备份了控制文件，但数据文件本身没有备份。如果数据文件记录在控制文件中，那么 RESTORE 会在原来位置或在用户指定的位置创建数据文件，然后，可以执行 RECOVER 命令将必要的日志应用到数据文件。
- 控制文件中没有数据文件记录，即创建数据文件后没有备份控制文件。在修复期间，数据库检测到丢失了数据文件并将其报告给 RMAN，RMAN 创建数据文件并应用剩余的日志继续修复。

④ 还原和修复的不是加密表空间。如果在加密的表空间上执行介质恢复，那么执行此表空间的介质修复时，必须打开 Oracle 密钥库。

⑤ 数据库运行在单实例配置。虽然 RMAN 可以在 Oracle RAC 和 Data Guard 配置中还原和修复数据库，但这些方法超出了本书的范围。

### 5.3.2 完全数据库恢复的准备

尽管 RMAN 简化了大多数数据库还原和修复任务，但仍然必须根据丢失的数据库文件和恢复目标设计数据库还原和修复策略。

#### 1. 确定丢失的控制文件

丢失数据库的控制文件是常见问题。当任何多路的控制文件不可访问时数据库立即关闭。如果尝试在没有有效控制文件（在 CONTROL_FILES 初始化参数中指定的每个位置）的情况下启动数据库，数据库将报告错误。

如果仅丢失部分控制文件但不是所有副本，那么不需要从备份还原控制文件。如果至少有一个控制文件保持不活动，那么可以将控制文件的完整副本复制到损坏或缺失的控制文件；或者更新初始化参数文件以使其不引用损坏或丢失的控制文件。在初始化参数 CONTROL_FILES 中指定的控制文件只要存在完整副本就可以重新启动数据库。

如果要从备份还原控制文件，那么必须执行整个数据库的介质恢复，然后用 OPEN RESETLOGS 选项打开它，即使没有还原数据文件也必须如此。

#### 2. 确定需要介质恢复的数据文件

何时以及如何修复数据文件取决于数据库的状态及其数据文件的位置。确定数据文件丢失的简单方法是运行 VALIDATE DATABASE 命令，该命令尝试读取所有指定的数据文件并报告不能读的数据文件编号，如类似的显示信息“could not read file header for datafile 7 error reason 4”，输出显示数据文件 7 不可访问；然后可以运行 REPORT SCHEMA 命令获取数据文件 7 所在的表空间名称及数据文件名称。

除了 VALIDATE DATABASE 可以确定文件是否不可访问外，也可用 SQL 查询来获取更详细的信息。通过下面步骤可以确定数据文件是否需要介质修复：

① 启动 SQL * Plus，以有管理员权限的用户连接到目标数据库实例。

```
SQL> CONNECT system/Oracle12c@orademo;
```

② 执行下面的 SQL 查询确定数据库的状态：

```
SQL> SELECT status FROM v$instance;
```

如果显示状态为 OPEN，那么表示数据库已打开；否则表示有数据文件可能需要介质修复。

③ 查询 V$DATAFILE_HEADER 以确定数据文件的状态。

```
SQL> SELECT file#, status, error, recover, tablespace_name, name
  2  FROM v$datafile_header
  3  WHERE recover = 'YES' OR (recover IS NULL AND error IS NOT NULL);
```

查询结果的每一行都表示一个需要介质修复或有错误需要还原的数据文件。每个文件对应的 RECOVER 列表示文件是否需要介质修复，ERROR 列表示是否有读取和验证数据文件头的错误。

如果 ERROR 列不为 NULL，则表示不能读取和验证数据文件头，此时可检查导致错误的临时硬件故障或操作系统问题。如果没有这样的问题，那么必须还原文件或切换另一副本。如果 ERROR 列为 NULL 并且 RECOVER 列为 YES，那么表示文件需要介质修复，也可能还需要从备份进行还原。

因为 V$DATAFILE_HEADER 只读取每个数据文件的头部块，所以它不能检测需要恢复数据文件的所有问题。例如，该视图不能判断数据文件是否包含坏的数据块。

④ 查询 V$RECOVER_FILE 将按数据文件编号、状态和错误信息列出需要修复的数据文件：

```
SQL> SELECT file#, error, online_status, change#, time FROM v$recover_
file;
```

不能把 V$RECOVER_FILE 与从备份中还原的控制文件一起使用，也不能与影响数据文件的介质故障后重新创建的控制文件一起使用，因为还原或重建的控制文件不包含更新 V$RECOVER_FILE 所需的准确信息。

在确定有损坏数据文件编号后，可以在 V$DATAFILE 和 V$TABLESPACE 视图间建立连接来查找数据文件和表空间名称：

```
SQL> SELECT r.file# AS df#, d.name AS df_name, t.name AS tbsp_name,
  2  d.status, r.error, r.change#, r.time
  3  FROM v$recover_file r, v$datafile d, v$tablespace t
  4  WHERE t.ts# = d.ts# AND d.file# = r.file#;
```

输出结果中每个数据文件所在行的 ERROR 列标识出需要恢复文件存在的问题。

### 3. 确定数据库的 DBID

在恢复服务器参数文件或从自动备份中恢复控制文件时，必须知道数据库的 DBID。一定要确保把 DBID 与其他关于数据库的基本信息一起记录。可以用以下方式找到 DBID 而无须打开数据库：一是生成控制文件自动备份的文件名中用到 DBID，找到自动备份的控制文件从中找到 DBID 在文件名中出现的位置；二是在启动并连接目标数据库时，RMAN 客户端显示 DBID。

### 4. 预览还原中要用的备份

在规划还原和修复操作时，使用 RESTORE ... PREVIEW 或 RESTORE ... VALIDATE HEADER 以确保所有必需的备份是否可用或识别出 RMAN 要使用或避免的特定备份。

使用 RESTORE ... PREVIEW 命令可显示在 RESTORE 操作中要使用的每个备份的详细信息列表，以及在 RESTORE 操作完成后进行修复的目标 SCN。该命令访问 RMAN 资料库以查询备份元数据以确保它们可以还原，但并不实际读取备份文件。

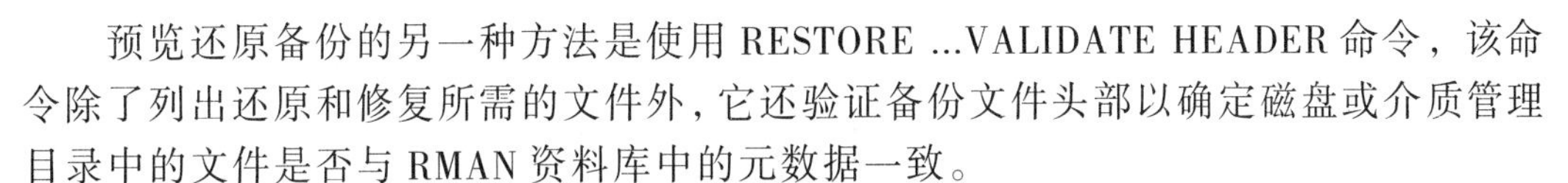

预览还原备份的另一种方法是使用 RESTORE ...VALIDATE HEADER 命令，该命令除了列出还原和修复所需的文件外，它还验证备份文件头部以确定磁盘或介质管理目录中的文件是否与 RMAN 资料库中的元数据一致。

按照下面的步骤可预览还原操作中要使用的备份：

① 运行有 PREVIEW 选项的 RESTORE 命令。运行下面两个命令之一：

```
RMAN> RESTORE DATABASE PREVIEW;
```

或

```
RMAN> RESTORE ARCHIVELOG FROM TIME 'SYSDATE-7' PREVIEW;
```

如果 RESTORE ... PREVIEW 生成的报告提供的信息太多，可以按下面命令指定 SUMMARY 选项：

```
RMAN> RESTORE DATABASE PREVIEW SUMMARY;
```

如果输出显示 RMAN 需要的磁带备份暂时不可用，那么可以继续下面的过程。如果输出显示备份在离线存储，可以按照本节的“5. 召回离线备份”的方法处理。

② 在必要时可按照第 4 章 4.6.2 节的描述，执行 CHANGE 命令将临时不可用备份的状态设置为 UNAVAILABLE。

③ 可再次运行 RESTORE ... PREVIEW 以确认还原操作不会使用不可用的备份。

**5. 召回离线备份**

离线备份（Offsite Backups，或异地备份）是指一种在 RMAN 还原之前需要介质管理软件才能检索的 SBT 备份。有些介质管理器可以向 RMAN 提供有关备份是否离线（Offsite）的状态信息。离线备份通常是存储在如安全存储设施的远程位置，除非介质管理器检索介质内容，否则无法直接还原。可以使用 RESTORE ... PREVIEW 列出离线备份。

离线备份在 RMAN 资料库中标记为 AVAILABLE，但是在还原备份前必须从介质存储器中检索出来。如果 RMAN 直接还原离线备份，那么还原操作会失败。

召回离线备份就是将存储在磁带 SBT 等设备上的可用备份使其可用于还原。如果介质管理软件支持这项功能，召回离线备份的具体步骤如下：

① 用 RESTORE ... PREVIEW 命令确定出离线备份，该命令输出显示备份是否离线存储。可能输出类似下面的文本：

```
List of remote backup files
============================
Handle: aii9k7i_1_1 Media: 0aii9k7i_1_1
validation succeeded for backup piece
Finished restore at 21-MAY-17
released channel: dev1
```

② 如果查询到备份离线存储，那么可执行带有 RECALL 选项的 RESTORE ... PREVIEW 命令让介质管理器使离线备份变成可用。

```
RMAN> RESTORE ARCHIVELOG ALL PREVIEW RECALL;
```

③ 如果有多个离线备份，那么可重复运行 RESTORE ... PREVIEW 命令直到还原操作需要的备份都不报告为离线。

**6. 在还原操作前验证备份**

虽然在预览还原可以指示哪些备份可以还原，但它们不会验证备份是否实际上可用。可以运行 RMAN 命令来测试 RESTORE 操作所需备份的可用性，或测试备份的内容是否可用于 RESTORE 操作，此时会实际读取备份的内容并检查是否有损坏。

关于验证的详细介绍参见本章 5.2 节。

**7. 还原修复时所需的归档重做日志**

RMAN 在执行修复操作时，根据修复的需要自动从备份中还原归档重做日志文件。如果想节省在 RECOVER 命令期间还原这些文件所需的时间，或把要还原的归档重做日志文件存储到新位置，可以手动还原归档重做日志。RMAN 可以还原所有归档重做日志文件、当前归档重做日志文件或数据库先前化身的归档重做文件。

默认情况下，RMAN 使用目标数据库的初始化参数 LOG_ARCHIVE_FORMAT 和 LOG_ARCHIVE_DEST_n 指定的格式生成还原归档重做日志的名称和存储位置。

如果在灾难修复期间丢失归档重做日志，那么 RMAN 在执行修复命令时用 UNTIL AVAILABLE REDO 选项来自动将数据库修复到最后一个可用的归档重做日志，这个选项只能在修复整个数据库时可用。在修复数据文件、表空间或插拔式数据库时不能使用此选项。为了执行插拔式数据库的时间点恢复，必须提供 SCN 号作为恢复点。

（1）还原归档重做日志到新位置

可以使用 SET ARCHIVELOG DESTINATION 命令覆盖还原归档重做日志的默认位置，该命令指定数据库还原归档日志到不同位置。在修复操作时，RMAN 知道从新的位置还原归档日志，而不需要日志文件位于初始化参数中指定的位置。

还原归档重做日志到新的位置的步骤如下：

① 启动 RMAN 并连接到目标数据库。

② 确保数据库已装载或打开。

③ 在 RUN 命令块中执行以下操作：用 SET ARCHIVELOG DESTINATION 命令指定已还原的归档重做日志文件的新位置；显式还原归档重做日志或执行自动还原日志命令。执行下面的 RUN 命令显式还原所有备份归档日志到新位置 d:\oracle\temp_restore：

```
RUN
{
   SET ARCHIVELOG DESTINATION TO 'd:\oracle\temp_restore';
   RESTORE ARCHIVELOG ALL;
}
```

下面的 RUN 命令块设置归档日志位置，然后用 RECOVER DATABASE 命令自动从指定位置还原归档日志：

```
RUN
{
   SET ARCHIVELOG DESTINATION TO 'd:\oracle\temp_restore';
   RESTORE DATABASE;
   RECOVER DATABASE;
}
```

（2）将归档重做日志还原到多个位置

可以在一个 RUN 命令块内多次指定归档日志还原的位置，以将还原的日志存储在多个位置，但是不能同时指定多个位置以在还原操作期间产生同一日志的多个副本。这里的“同时”是指连续几个 SET 命令指定归档位置。使用此功能可管理存储已还原重做日志的磁盘空间，即将不同时期的归档重做日志存储到合适的磁盘，在还原过程中指向不同的磁盘位置。

【例5.1】从备份中还原300个归档重做日志,并将其保存到3个目录d:\tmp、e:\tmp和f:\tmp中。

```
RUN
{
    #设置日志1到100到新位置d:\tmp
    SET ARCHIVELOG DESTINATION TO 'd:\tmp';
    RESTORE ARCHIVELOG FROM SEQUENCE 1 UNTIL SEQUENCE 100;
    #设置日志101到200到另一新位置e:\tmp
    SET ARCHIVELOG DESTINATION TO 'e:\tmp';
    RESTORE ARCHIVELOG FROM SEQUENCE 101 UNTIL SEQUENCE 200;
    #设置日志201到300到另一新位置f:\tmp
    SET ARCHIVELOG DESTINATION TO 'f:\tmp';
    RESTORE ARCHIVELOG FROM SEQUENCE 201 UNTIL SEQUENCE 300;
}
```

当以后执行RECOVER命令时，RMAN自动在还原的不同位置查找所需的已还原归档日志，并将它们应用于数据文件。

8. 提供加密备份所需的密码

如果备份已加密，那么RMAN在还原其内容时会自动解密这些备份。根据创建加密备份时所用的加密模式，可能需要在还原加密备份之前执行额外步骤。

对于使用自动登录密钥库的透明加密备份，如果密钥库可用，那么无须任何干预即可还原备份。对于用基于密码的软件密钥库加密的备份，除了要求密钥库可用，还要在还原操作之前提供密钥库密码。密钥库密码用于打开密钥库。

下面命令设置基于口令的软件密钥库的密码为my_wallet_pswd:

```
RMAN> SET DECRYPTION WALLET OPEN IDENTIFIED BY my_wallet_pswd;
```

使用密码模式创建的加密备份需要在还原之前输入正确的密码。用SET DECRYPTION命令指定解密备份的密码。如果正在从一组使用不同密码创建的备份中还原，那么要用SET DECRYPTION命令指定所有必需的密码。RMAN自动为每个备份集找到正确的密码。指定密码的SET命令必须在执行RESTORE和RECOVER命令之前。

下面的命令设置用于解密备份的密码mypassword:

```
RMAN> SET DECRYPTION IDENTIFIED BY mypassword;
```

### 5.3.3 完全数据库恢复操作

可以使用RESTORE和RECOVER命令来还原和修复数据库。在还原期间，RMAN会自动还原任何所需归档重做日志的备份。如果备份存储在介质管理器上，则必须预先配置通道或在RUN块中执行ALLOCATE CHANNEL命令使可以访问存储在介质管理器中的备份。

1. 指定还原数据文件到非默认位置

如果无法将数据文件还原到其默认位置，那么必须更新控制文件以反映数据文件的新位置。在RUN命令块中使用RMAN的SET NEWNAME命令指定新文件名，然后使用SWITCH命令更新控制文件中的数据文件的名称，这相当于使用SQL语句ALTER DATABASE RENAME FILE。SWITCH DATAFILE ALL命令将更新控制文件以反映所有已在RUN块中执行过SET NEWNAME命令的数据文件的新名称。

### 2．执行数据库的完全恢复

假定数据库 ORADEMO 已丢失其大部分或全部数据文件，同时假定数据库使用快速恢复区。在还原和修复整个数据库后，当数据库打开时，丢失但在控制文件中记录的临时表空间将重新创建，并使用以前的创建大小及 AUTOEXTEND 和 MAXSIZE 属性。只有丢失的临时表空间才会重新创建。如果临时文件存储在 RMAN 资料库中记录的位置，但是具有无效的头部，那么 RMAN 不会重新创建临时文件。

如果临时文件被创建为 Oracle 管理的文件，那么将在当前 DB_CREATE_FILE_DEST 位置重新创建。否则，它们将重新创建在以前的位置。如果由于 I/O 错误或其他原因导致 RMAN 无法重新创建临时文件，那么将把错误记录在警报日志，可继续打开数据库。

还原和修复整个数据库的步骤如下：

① 启动 RMAN 并连接到目标数据库。

RMAN 在连接数据后会显示数据库状态：未启动、未加载、未打开（加载数据库但未打开），或无显示（数据库已打开）。

② 如果数据库未加载，那么执行下面命令加载数据库但不打开数据库。

```
RMAN> STARTUP MOUNT;
```

③ 使用 SHOW 或 SHOW ALL 命令查看已预配置的通道。

如果配置了必要的设备和通道，那么无须执行任何配置操作。否则，可以使用 CONFIGURE 命令配置自动通道，或在 RUN 块中包括 ALLOCATE CHANNEL 命令手工分配通道。关于通道配置参见第 3 章 3.2.4 节。

④ 如果要还原受密码保护的加密备份，使用 SET DECRYPTION IDENTIFIED BY 命令指定受密码保护的备份的密码。关于密码配置参见本章 5.3.2 节。

⑤ 还原并修复数据库。

如果要将所有数据文件还原到其原始位置，依序在 RMAN 提示符下执行 RESTORE DATABASE 和 RECOVER DATABASE 命令。如果使用自动配置通道，那么可以执行以下命令：

```
RMAN> RESTORE DATABASE;
RMAN> RECOVER DATABASE;
```

如果手动分配通道，那么必须在一个 RUN 块中执行 RESTORE 和 RECOVER 命令：

```
RUN
{
   ALLOCATE CHANNEL c1 DEVICE TYPE sbt;
   RESTORE DATABASE;
   RECOVER DATABASE;
}
```

如果要将某些数据文件还原到新位置，那么在 RUN 命令块中依序执行 RESTORE DATABASE 和 RECOVER DATABASE 命令，并用 SET NEWNAME 命令重命名数据文件。以下示例还原数据库，为其中 3 个数据文件指定新名称，然后修复数据库：

```
RUN
{
   SET NEWNAME FOR DATAFILE 2 TO 'd:\df2.dbf';
   SET NEWNAME FOR DATAFILE 3 TO ' d:\df3.dbf';
   SET NEWNAME FOR DATAFILE 4 TO ' e:\df4.dbf';
```

```
    RESTORE DATABASE;
    SWITCH DATAFILE ALL;
    RECOVER DATABASE;
}
```

⑥ 检查输出以查看介质修复是否成功。如果是成功的，则执行下面的命令打开数据库：

```
RMAN> ALTER DATABASE OPEN;
```

如果 RMAN 在修复期间将归档重做日志还原到快速恢复区域，那么在将还原的归档日志应用到数据文件后会自动删除它们。否则，可以使用 DELETE ARCHIVELOG 选项从磁盘删除修复不再需要的已还原的归档重做日志。

```
RMAN> RECOVER DATABASE DELETE ARCHIVELOG;
```

### 5.3.4 表空间的完全恢复

在多数情况下，数据库可能是打开的并且只有部分文件但不是所有的数据文件损坏。在数据库打开状态下可还原和修复损坏的表空间，同时让数据库的其余部分保持可用状态。还原和修复数据库 ORADEMO 已丢失表空间 users 的步骤如下：

① 启动 RMAN 并连接到目标数据库。

```
RMAN> CONNECT TARGET system/Oracle12c@orademo;
```

② 如果数据库已打开，将需要修复的表空间设置为脱机状态：

```
RMAN> ALTER TABLESPACE users OFFLINE IMMEDIATE;
```

③ 同 5.3.3 节的数据库完全恢复的步骤③和④。

④ 执行下面一种操作还原和修复表空间：

如果将数据文件还原到其原始位置并配置了自动通道，依序运行 RESTORE TABLESPACE 和 RECOVER TABLESPACE 命令：

```
RMAN> RESTORE TABLESPACE users;
RMAN> RECOVER TABLESPACE users;
```

如果要将某些数据文件还原到新位置，那么在 RUN 命令块中执行 RESTORE TABLESPACE 和 RECOVER TABLESPACE 命令，并用 SET NEWNAME 命令重命名数据文件。

下面命令将表空间 users 中的数据文件还原到新的位置，然后修复表空间。假设旧的数据文件存储在 d:\back 路径中，新的数据文件存储在 e:\back 路径中，users 表空间由 user01.f、user02.f 和 user03.f 三个数据文件组成：

```
RUN
{ #指定每个数据文件的新位置
  SET NEWNAME FOR DATAFILE 'd:\back\users01.f' TO 'e:\back\users01.f';
  SET NEWNAME FOR DATAFILE 'd:\back\users02.f' TO 'e:\back\users02.f';
  SET NEWNAME FOR DATAFILE 'd:\back\users03.f' TO 'e:\back\users03.f';
  RESTORE TABLESPACE users;
  SWITCH DATAFILE ALL; # 用新文件更新控制文件
  RECOVER TABLESPACE users;
}
```

⑤ 检查输出以查看修复是否成功。如果成功修复，将修复的表空间设置为联机：

```
RMAN> ALTER TABLESPACE users ONLINE;
```

### 5.3.5 切换到镜像副本的完全恢复

如果在快速恢复区中有不可访问数据文件的镜像副本，那么可以使用命令SWITCH DATAFILE ... TO COPY让控件文件指向该数据文件副本，然后使用RECOVER命令修复丢失的变化。同样，可以使用SWITCH DATABASE ... TO COPY命令将控制文件指向整个数据库的副本。因为不需要还原备份，所以这种恢复技术比传统的还原和修复技术花费更少的时间。

如果表空间对应的所有数据文件丢失但对应的数据文件副本存在，那么也可用命令SWITCH TABLESPACE ... TO COPY，但也存在SWITCH DATABASE TO COPY相同的限制。

#### 1. 切换到数据文件镜像副本的修复操作

在正常情况下数据库是打开的，部分但不是所有的数据文件损坏。由于存储故障而导致数据文件丢失，此时需要修复此文件，但不用花时间从备份中进行还原与修复。使用最近的镜像副本作为新文件以节省恢复时间。

假定数据库ORADEMO已丢失数据文件5，要切换到数据文件副本并进行修复操作的步骤如下：

① 启动RMAN并连接到目标数据库。

```
RMAN> CONNECT TARGET system/Oracle12c@orademo;
```

② 如果数据库已打开，将需要恢复的表空间数据文件5设置为脱机：

```
RMAN> ALTER DATABASE DATAFILE 5 OFFLINE;
```

③ 将脱机的数据文件切换到最新镜像副本。下面命令将控制文件指向数据文件5的最新镜像副本：

```
RMAN> SWITCH DATAFILE 5 TO COPY;
```

④ 使用RECOVER DATAFILE命令修复数据文件：

```
RMAN> RECOVER DATAFILE 5;
```

RMAN 自动还原归档重做日志和增量备份。由于数据库使用快速恢复区，因此RMAN在日志和增量备份应用后自动删除它们。

⑤ 检查输出以查看修复是否成功。如果成功，将已修复的数据文件返回到联机状态。

```
RMAN> ALTER DATABASE DATAFILE 5 ONLINE;
```

#### 2. 切换到数据库副本的修复操作

在这种情况下，数据库是关闭的且所有数据文件都已损坏，但存在所有损坏的数据文件的镜像副本。使用现有的镜像副本作为新的数据文件，从而节省修复时间。

切换到数据库镜像副本并完成修复的步骤如下：

① 启动RMAN并连接到目标数据库。

```
RMAN> CONNECT TARGET system/Oracle12c@orademo;
```

② 加载数据库。

```
RMAN> SHUTDOWN IMMEDIATE;
RMAN> STARTUP MOUNT;
```

③ 执行以下命令将控制文件指向数据库的最新镜像副本：

```
RMAN> SWITCH DATABASE TO COPY;
```

④ 使用RECOVER DATABASE命令修复数据库：

```
RMAN> RECOVER DATABASE;
```

同样，RMAN 自动还原归档重做日志和增量备份。由于数据库使用快速恢复区域，RMAN 会在它们被应用以后自动删除它们。

⑤ 检查输出以查看修复是否成功。如果成功，则执行下面命令打开数据库：

```
RMAN> ALTER DATABASE OPEN;
```

### 5.3.6 CDB 的完全数据库修复

RMAN 支持多租户环境中的备份和恢复操作。可以备份和恢复整个多租户容器数据库（CDB）、CDB 的根或一个或多个插拔式数据库（PDB）。

#### 1. 整个 CDB 的完全恢复

当恢复整个 CDB 时，可以在一个单独操作中恢复根和所有 PDB。修复整个 CDB 的步骤如下：

① 按照本章 5.3.3 节中“完全数据库恢复”中的说明进行操作，使用具有 SYSDBA 或 SYSBACKUP 权限的公共用户连接到根。

② 当恢复整个 CDB 时，像对非 CDB 操作一样，执行 RESTORE 和 RECOVER 命令：

```
RMAN> RESTORE DATABASE;
RMAN> RECOVER DATABASE;
```

与非 CDB 数据库的完全恢复一样，也可以在 CDB 中还原数据文件到不同位置或加密备份，其方法步骤参见本章 5.3.3 节。

#### 2. 对 CDB 根的完全恢复

如果数据损坏或用户错误只影响到 CDB 的根，那么可以只恢复 CDB 根。但是，Oracle 强烈建议恢复根后恢复所有的 PDB，以防止根和 PDB 之间的元数据不一致。在这种情况下，可能优先执行完全恢复整个 CDB。

完全恢复 CDB 根的步骤如下：

① 启动 RMAN 并用具有 SYSDBA 和 SYSBACKUP 权限的公共用户连接到根。

② 将 CDB 置于加载模式。

```
RMAN> SHUTDOWN IMMEDIATE;
RMAN> STARTUP MOUNT;
```

③ 如果需要，可以使用 CONFIGURE 命令配置默认设备类型和自动通道。

④ 还原和修复 CDB 根：

```
RMAN> RESTORE DATABASE ROOT;
RMAN> RECOVER DATABASE ROOT;
```

⑤ 检查输出以查看介质恢复是否成功。如果成功，继续下一步。

⑥ 执行还原和修复 PDB 的命令来恢复所有 PDB，包括种子 PDB。下面命令还原和修复 sales、hr 和种子 PDB：

```
RMAN> RESTORE PLUGGABLE DATABASE 'PDB$SEED', sales, hr;
RMAN> RECOVER PLUGGABLE DATABASE 'PDB$SEED', sales, hr;
```

如果介质恢复成功，那么继续下一步。

⑦ 打开 CDB 和所有 PDB。

```
RMAN> ALTER DATABASE OPEN;
RMAN> ALTER PLUGGABLE DATABASE ALL OPEN;
```

### 3. PDB 的完全恢复

可以对一个或多个 PDB 进行完全恢复，而不会影响其他打开的 PDB。下面介绍两种可以恢复 PDB 的方法。

（1）连接到根目录后恢复一个或多个 PDB

这种方法是先连接到根目录，然后使用 RESTORE PLUGGABLE DATABASE 和 RECOVER PLUGGABLE DATABASE 命令，这种方法能够在单个命令中恢复多个 PDB。

① 启动 RMAN 并用具有 SYSDBA 或 SYSBACKUP 权限的公共用户连接到根。

② 关闭要恢复的 PDB。

```
RMAN> ALTER PLUGGABLE DATABASE sales, hr CLOSE;
```

如果缺少 PDB 的任何数据文件，那么会出现错误，并且无法关闭 PDB。此时必须连接到缺少数据文件所属的 PDB，然后将丢失的数据文件脱机后才能关闭 PDB。

下面的命令将数据文件 12 脱机：

```
RMAN> ALTER PLUGGABLE DATABASE DATAFILE 12 OFFLINE;
```

如果 PDB 的 SYSTEM 表空间的数据文件丢失，那么按照本节“4. 完全恢复 PDB 中表空间或数据文件”的方法恢复表空间或数据文件。

③ 如果需要，可用 CONFIGURE 命令配置默认设备类型和自动通道。

④ 执行还原和修复 PDB 的命令恢复种子数据库 PDB$SEED 及 sales 和 hr 两个 PDB：

```
RMAN> RESTORE PLUGGABLE DATABASE 'pdb$seed', sales, hr;
RMAN> RECOVER PLUGGABLE DATABASE 'pdb$seed', sales, hr;
```

⑤ 如果在步骤②中任何数据文件脱机，那么将这些数据文件联机。连接到丢失数据文件所属的 PDB，然后让数据文件联机：

```
RMAN> ALTER DATABASE DATAFILE 12 ONLINE;
```

⑥ 检查输出以查看介质恢复是否成功。如果恢复成功，则打开 PDB。

```
RMAN> ALTER PLUGGABLE DATABASE sales, hr OPEN;
```

（2）连接到指定 PDB 恢复该 PDB

这种方法是连接到 PDB 并使用 RESTORE DATABASE 和 RECOVER DATABASE 命令，此方法仅恢复单个 PDB，并且使用与恢复非 CDB 数据库的相同命令。

① 启动 RMAN 并用具有 SYSDBA 权限的本地用户身份连接到 PDB。

② 关闭 PDB。

```
RMAN> ALTER PLUGGABLE DATABASE CLOSE;
```

如果丢失任何 PDB 数据文件，那么上面的操作会出现错误，并且无法关闭 PDB。此时必须将丢失的数据文件脱机，然后才能关闭 PDB。以下命令使数据文件 12 脱机：

```
RMAN> ALTER DATABASE DATAFILE 12 OFFLINE;
```

③ 如果需要，可使用 CONFIGURE 命令配置默认设备类型和自动通道。

④ 执行 RESTORE DATABASE 和 RECOVER DATABASE 命令。

```
RMAN> RESTORE DATABASE;
RMAN> RECOVER DATABASE;
```

⑤ 如果在步骤②中任何数据文件脱机，那么可以将这些数据文件设置为联机状态。执行以下命令使数据文件 12 联机：

```
RMAN> ALTER DATABASE DATAFILE 12 ONLINE;
```

⑥ 打开 PDB。

```
RMAN> ALTER PLUGGABLE DATABASE OPEN;
```

#### 4. 完全恢复 PDB 中表空间或数据文件

因为不同 PDB 中的表空间可以具有相同的名称，为了消除歧义，必须直接连接到 PDB 才能恢复其中的一个或多个表空间。相反，因为数据文件编号和路径在 CDB 中是唯一的，可以连接到根或 PDB 以恢复 PDB 的数据文件。如果连接到根，可以使用单个命令恢复多个 PDB 的数据文件。如果连接到 PDB，只能恢复该 PDB 中的数据文件。

（1）恢复 PDB 中的非 SYSTEM 表空间

用具有 SYSDBA 权限的本地用户连接到目标 PDB，然后按照本章 5.3.4 节中的说明进行操作即可。

（2）恢复 PDB 中的 SYSTEM 表空间

① 启动 RMAN 和用具有 SYSDBA 或 SYSBACKUP 权限的公共用户连接到根。

② 关闭 CDB 并重新启动到加载模式。

```
RMAN> SHUTDOWN IMMEDIATE;
RMAN> STARTUP MOUNT;
```

③ 还原和修复受影响 PDB 的 SYSTEM 表空间的数据文件，如数据文件 2 和 3：

```
RMAN>RESTORE DATAFILE 2,3;
RMAN>RECOVER DATAFILE 2,3;
```

④ 打开 CDB 中的所有 PDB。

```
RMAN> ALTER PLUGGABLE DATABASE ALL OPEN READ WRITE;
```

（3）恢复 PDB 中的非 SYSTEM 表空间的数据文件

① 启动 RMAN 并用具有 SYSDBA 或 SYSBACKUP 权限的公共用户连接到 PDB，或者启动 RMAN 并用具有 SYSDBA 权限的本地用户身份连接到 PDB。

② 执行 RESTORE DATAFILE 和 RECOVER DATAFILE 命令来还原和修复数据文件 10 和 13：

```
RMAN> RESTORE DATAFILE 10,13;
RMAN> RECOVER DATAFILE 10,13;
```

#### 5. 切换到镜像副本后执行 CDB 和 PDB 的完全恢复

如果 CDB 或 PDB 中有不可访问数据文件的镜像副本，那么可以用 SWITCH 命令将控制文件指向数据文件镜像本副的位置，然后修复其丢失的更改。

要切换到 CDB 中的数据文件，先连接到 CDB 根，然后使用本章 5.3.5 节介绍的非 CDB 切换到数据文件镜像副本中相同的步骤。

要切换到 PDB 中的数据文件，可以连接到根并执行 SWITCH ... PLUGGABLE DATABASE 或 SWITCH DATAFILE 命令，这样可以切换一个或多个 PDB 的数据文件；或者连接到特定 PDB 并使用 SWITCH DATABASE 或 SWITCH DATAFILE 命令切换到指定 PDB 的数据文件。参见本章 5.3.5 节介绍的非 CDB 切换到数据文件镜像副本中的步骤。

## 5.4 块介质恢复

块介质恢复是使用 RMAN 的 RECOVER ... BLOCK 命令修复数据文件的指定块的一种数据库恢复方法。块介质恢复将保留受影响的数据文件处于联机状态，只还原和修复损坏的块。

### 5.4.1 块介质恢复概述

使用块介质恢复技术可修复一个或多个损坏的数据块。与数据文件介质恢复相比，块介质恢复可以降低平均修复时间（MTTR），因为只对需要恢复的块进行还原和修复；并且在修复期间受影响的数据文件仍然保持联机状态。

如果没有块介质恢复，即使一个块被损坏，那么也必须让数据文件脱机并还原数据文件的备份，还必须应用备份后生成的数据文件重做日志，直到介质恢复完成后整个文件才可用。但用块介质恢复，在恢复期间只有实际恢复的块不可用。

块介质恢复对于涉及块数少的物理损坏是最有用的。块级数据丢失通常是由于间歇性随机 I/O 错误所致，它们不会导致大量数据丢失和内存信息损坏。块介质恢复不适用于数据丢失或损坏的程度是未知而导致整个数据文件需要修复的情况，此时用数据文件介质恢复是最好的解决方案。

#### 1. 块介质恢复的基本概念

通常数据库在首次遇到一个坏块时，会将其标记为介质损坏，然后写入磁盘。直到该块被恢复前，后续的块读取操作都不会成功。只能对标记为坏块或损坏检查失败的块执行块介质恢复。

如果发生损坏的数据库与实时查询物理备用数据库相关联，那么数据库自动尝试执行块介质恢复。主数据库在备用数据库上搜索块的正确副本，如果找到则修复这些块，并且不影响损坏块的查询。仅当数据库无法修复坏块时，才显示 Oracle 数据库物理块损坏的消息（ORA-1578）。每当自动检测到坏块时，可以使用 RECOVER ... BLOCK 命令手动执行块介质恢复。默认情况下，RMAN 首先在实时查询物理备用数据库中搜索好块，然后查询闪回日志，然后在完全备份或 0 级增量备份中查询块。

如果要块介质恢复自动工作，物理备用数据库必须处于实时查询模式。Oracle Active Data Guard 许可证是必需的。

如果在实时查询物理备用数据库上发现损坏的数据块，服务器尝试通过从主数据库中获取块的副本来修复损坏块。如果在后台执行的块修复成功，那么后续查询也会成功。

如果在 VALIDATE 命令验证期间检测到坏块，则不会自动执行恢复功能。

#### 2. 识别坏块

V$DATABASE_BLOCK_CORRUPTION 视图中显示由数据库组件（如 RMAN、ANALYZE 和 SQL 查询）标记为已损坏的块。默认情况下启用物理坏块检查但禁用逻辑损坏检查。通过指定 BACKUP 命令的 NOCHECKSUM 选项可以关闭校验和检查，但是像块头和块脚等其他物理一致性检查不能禁用。

逻辑坏块是指该块具有有效的校验和且块头与块脚匹配，但是内容在逻辑上不一致。块介质恢复可能无法修复所有逻辑坏块。此时可用表空间时间点恢复或删除并重新创建受影响的对象来修复逻辑损坏。默认情况下禁用逻辑损坏检查，可以在 BACKUP、RESTORE、RECOVER 和 VALIDATE 等命令中指定 CHECK LOGICAL 选项启用逻辑坏块检查。

数据库可以通过验证块和段之间的关系来检测一些损坏，但不能通过单个块的检查来检测到它们。V$DATABASE_BLOCK_CORRUPTION 视图没有这种级别的记录。

3．还原故障转移

还原故障转移（Restore Failover）是指 RMAN 在还原操作中遇到损坏或无法访问的备份时自动搜索可用备份的方法。RMAN 自动使用还原故障转移方法跳过损坏或无法访问的备份并查找可用的备份。当备份没有找到，或者包含损坏的数据时，RMAN 自动寻找还原所需文件的另一个备份。

当 RMAN 故障转移到同名文件的另一个备份时会产生一个故障转移的消息。如果没有可用的副本，则 RMAN 搜索以前的备份，此时也会给出相应的消息。

RMAN 反复进行还原故障转移，直到它用尽所有可能的备份。如果所有备份都不可用，或者没有备份存在，那么 RMAN 尝试重新创建数据文件。如果执行命令 RECOVER、RECOVER ... BLOCK 和 FLASHBACK 时还原归档重做日志出现错误，那么也会使用还原故障转移。

4．块恢复期间丢失重做日志

像数据文件介质恢复一样，块介质恢复一般不能恢复丢失或不可访问的归档日志，虽然它在查找可用归档重做日志文件副本时会尝试使用还原故障转移。块介质恢复无法修复导致校验和失败的物理重做日志损坏。但是，如果丢失或损坏的重做记录不影响被修复的块，那么块介质恢复可以恢复重做日志流中的间隔。数据文件介质恢复需要从恢复开始到结束的数据文件连续重做日志变化，而块介质恢复只需要正在恢复块的一组连续重做日志变化。

当 RMAN 在块介质恢复期间先检测到丢失或损坏的重做记录时，它不会立即发出错误信号，因为正在修复的块可能稍后会在重做日志流中为该重做记录创建一个新块。当重新创建一个块时，该块的所有以前的重做日志将变得不相关，因为重做日志将应用于该块的旧化身。例如，在用户删除或截断表后将该块用于其他数据后，数据库可能会创建一个新的空块。

图 5-1 所示为在块 13 上执行块介质修复的过程。

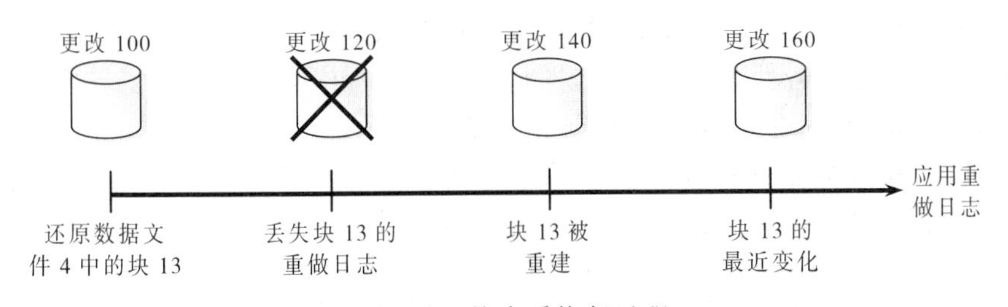


图 5-1　块介质恢复过程

在开始块修复后，RMAN 发现重做日志流中丢失了“更改 120”，这或是因为日志块已损坏或找不到该日志。如果稍后在重做日志流中重新创建块 13，那么 RMAN 继续修复。假设在“更改 140”时，用户删除了存储在块 13 中的表 employee，把此块分配给一个新表，并将数据插入新表中。此刻，数据库将块 13 格式化为新块，即使在重建操作之前的一些重做日志丢失，修复操作仍然可以继续进行。

### 5.4.2 块介质修复的先决条件

在用 RECOVER ... BLOCK 命令进行块介质修复之前，必须满足以下先决条件：

（1）目标数据库必须运行在 ARCHIVELOG 模式，并且必须用当前控制文件打开或加载数据库。

（2）如果目标数据库是备用数据库，那么它必须处于一致状态，修复的块不能在当前会话中，并且备份时间必须早于损坏文件的时间。

（3）包含坏块的数据文件的备份必须是完全备份或 0 级备份。它们不能是代理副本或增量备份。

代理副本（Proxy Copy）是一种特殊的备份，即在 RMAN 备份和还原操作期间，由介质管理软件管理介质存储设备和磁盘之间的数据传输。

如果仅存在代理副本备份，那么可以将它们还原到磁盘上的非默认位置，在这种情况下 RMAN 会把它们看作数据文件副本，并在块介质恢复期间搜索需要的块。

（4）RMAN 只能使用归档重做日志进行修复。RMAN 无法使用 1 级增量备份。在有丢失或不可访问的归档重做日志时，块介质修复不能修复丢失或不可访问的归档重做日志，虽然有时可以修复丢失的重做记录。

（5）必须在目标数据库上启用闪回数据库，RMAN 才能在闪回日志中找到损坏块的可用副本。如果启用闪回记录，并且其中包含坏块的旧的未毁坏的版本，那么 RMAN 可以使用这些块并能加速修复。

（6）目标数据库必须是与实时查询物理备用数据库相关联的数据库，以便 RMAN 在该数据库中搜索坏块的可用副本。

### 5.4.3 修复单个块

通常在下面情况下会报告坏块情况：执行 LIST FAILURE、VALIDATE 或 BACKUP ... VALIDATE 命令；查询 V$DATABASE_BLOCK_CORRUPTION 视图；在标准输出中的错误消息中；在警报日志中；在用户跟踪文件中；在 SQL 命令 ANALYZE TABLE 和 ANALYZE INDEX 的结果中；DBVERIFY 实用程序的结果或第三方介质管理软件的输出。

#### 1. 使用 RECOVER ... BLOCK 命令修复单个块

修复前要先确定需要修复的块，然后还原块的可用备份并修复这些块。使用 RECOVER ... BLOCK 命令修复指定数据块的步骤如下：

① 获取坏块的数据文件编号和块编号。找到跟踪文件和警报日志的最简单方法是在 SQL * Plus 连接到目标数据库后并执行以下查询：

```
SQL> SELECT name, value  FROM  v$diag_info;
```

② 启动 RMAN 并连接到已加载或打开的目标数据库。

```
RMAN> CONNECT TARGET system/Oracle12c@orademo;
```

③ 运行 SHOW ALL 命令确认预配置合适的通道。通道配置参见第 3 章 3.2.4 节。

④ 运行 RMAN 的 RECOVER ... BLOCK 命令指定损坏的文件号和坏块号。下面命令修复数据文件 8 的块 13 和数据文件 2 的块 19：

```
RMAN> RECOVER DATAFILE 8 BLOCK 13 DATAFILE 2 BLOCK 19;
```

在进行块修复时可以指定各种选项来控制 RMAN 行为。可以使用 FROM

BACKUPSET 选项限制 RMAN 搜索的备份类型，或用 EXCLUDE FLASHBACK LOG 选项限制 RMAN 搜索闪回日志。

下面的语句表示仅在标记为 mondayam 的备份中搜索可用的块：

```
RMAN > RECOVER DATAFILE 8 BLOCK 13 DATAFILE 2 BLOCK 199
    2  FROM TAG mondayam;
```

### 5.4.4 修复 V$DATABASE_BLOCK_CORRUPTION 中列出的所有块

V$DATABASE_BLOCK_CORRUPTION 视图中保存所有坏块信息。按照下面的步骤，RMAN 可自动修复该视图中列出的所有坏块：

① 启动 SQL * Plus 并连接到目标数据库。

```
SQL> CONNECT system/Oracle12c@orademo;
```

② 执行以下语句查询 V$DATABASE_BLOCK_CORRUPTION 以确定是否有损坏块。

```
SQL> SELECT  *  FROM  v$database_block_corruption;
```

③ 启动 RMAN 并连接到目标数据库。

```
RMAN> CONNECT TARGET system/Oracle12c@orademo;
```

④ 执行下面的命令修复在 V$DATABASE_BLOCK_CORRUPTION 中所有标记的坏块：

```
RMAN> RECOVER CORRUPTION LIST;
```

在坏块修复后，数据库将它们从 V$DATABASE_BLOCK_CORRUPTION 视图中删除。

## 5.5 RMAN 的高级恢复技术

在本章 5.3 和 5.4 节介绍比较常用的最基本的恢复方案。本节将详细介绍几种不常见的复杂场景的 RMAN 恢复技术，从而更加全面地理解 RMAN 的数据库恢复方法。

### 5.5.1 用增量备份恢复非归档模式数据库

恢复非归档模式（NOARCHIVELOG）的数据库与恢复归档（ARCHIVELOG）模式的数据库的过程类似。两者的主要区别有两点：一是只有一致的备份才可用于还原非归档模式的数据库；二是因为非归档模式的数据库不存在归档重做日志，所以无法进行介质修复。

通过应用增量备份，对运行在 NOARCHIVELOG 模式中的数据库可以执行有限的修复操作。像所有非归档模式下数据库备份一样，非归档模式下的增量备份必须是一致的，所以不能在数据库打开状态时进行备份。

当修复非归档模式数据库时，在 RECOVER 命令中指定 NOREDO 选项以指明 RMAN 不会尝试应用归档重做日志。否则，RMAN 返回错误。

假设有标记为 consistent_whole_backup 的增量备份，用增量备份恢复非归档模式数据库的具体步骤如下：

① 启动 RMAN 后连接到目标数据库和恢复目录,然后将数据库启动到加载状态。

```
RMAN> CONNECT TARGET system/Oracle12c@orademo;
RMAN> SHUTDOWN  IMMEDIATE;
RMAN> STARTUP  FORCE  MOUNT;
RMAN> CONNECT CATALOG rco/Rco2017@catdb;
```

② 用下面的命令还原和修复数据库。

```
RMAN> RESTORE DATABASE FROM TAG  'consistent_whole_backup';
RMAN> RECOVER DATABASE NOREDO;
```

③ 用 RESETLOGS 选项打开数据库。

```
RMAN> ALTER DATABASE OPEN RESETLOGS;
```

### 5.5.2 还原服务器参数文件

如果丢失服务器参数文件，那么 RMAN 可以将其还原到默认位置或指定位置。与丢失控制文件的情况不同，丢失服务器参数文件不会导致实例立即停止，即实例会继续运行，虽然在还原服务器参数文件后必须关闭数据库并重新启动。

在还原服务器参数文件时，要注意下面几项内容：

① 如果实例已使用服务器参数文件启动，那么不能覆盖现有的服务器参数文件。

② 当使用客户端初始化参数文件启动实例时，如果在还原命令中没有使用 TO 子句，RMAN 将服务器参数文件还原到默认位置。

③ 因为可以避免记录 DBID，所以用恢复目录可简化还原过程。

#### 1. 从自动备份中还原服务器参数文件到指定位置

在不使用恢复目录时要从自动备份中还原服务器参数文件的步骤如下：

① 启动 RMAN 并执行以下操作之一：

如果在服务器参数文件丢失时已启动数据库实例，那么连接到目标数据库；如果在服务器参数文件丢失时未启动数据库实例，并且没有使用恢复目录，那么运行 SET DBID 命令设置目标数据库的 DBID，参见本章的 5.3.2 节的“确定数据库的 DBID”相关内容。

② 关闭数据库实例并重新启动到非加载（NOMOUNT）状态。当服务器参数文件不可用时，RMAN 使用伪参数文件（Dummy Parameter File）启动实例：

```
RMAN> STARTUP  FORCE  NOMOUNT;
```

③ 执行 RUN 命令块还原服务器参数文件。下面的 RUN 命令块解释了从磁带上的自动备份中还原服务器参数文件命令序列：

```
RUN
{
   ALLOCATE CHANNEL c1 DEVICE TYPE sbt PARMS ...;#可指定通道参数
   SET UNTIL TIME 'SYSDATE-7';
   SET CONTROLFILE AUTOBACKUP FORMAT
   FOR DEVICE TYPE  DISK  TO  'd:\controlfiles\autobackup_%F';
   SET DBID 123456789;
   RESTORE SPFILE TO 'd:\tmp\spfiletemp.ora'  FROM AUTOBACKUP MAXDAYS 10;
}
```

④ 使用还原的服务器参数文件重新启动数据库实例。

如果要使用非默认位置中的服务器参数文件重新启动 RMAN，那么使用 SPFILE = new_location 创建初始化参数文件，其中 new_location 是还原的服务器参数文件的路径名。然后，使用客户端初始化参数文件重新启动实例。

假设创建一个客户端初始化参数文件 d:\tmp\init.ora，该文件只有下面一行：

```
SPFILE = d:\tmp\spfileTEMP.ora
```

使用还原的服务器参数文件执行下面的 RMAN 命令可以重新启动实例：

```
RMAN> STARTUP FORCE PFILE = d:\tmp\init.ora;
```

从上面步骤③的 RUN 块中看出可能需要在 RUN 块中执行多个命令，但要注意以下几个问题：

① 如果从磁带中还原，那么需要用 ALLOCATE CHANNEL 命令手工分配 SBT 通道。如果从磁盘中还原，那么 RMAN 使用默认磁盘通道。

② 如果自动备份不是使用默认格式（%F）生成的名称，那么用 SET CONTROLFILE AUTOBACKUP FOR DEVICE TYPE 命令指定自动备份有效格式。

③ 如果最新的自动备份不是在当天创建，那么用 SET UNTIL 指定开始搜索的日期。

④ 如果 RMAN 未连接到恢复目录，那么使用 SET DBID 设置目标数据库的 DBID。

⑤ 要将服务器参数文件还原到非默认位置，可以在 RESTORE SPFILE 命令中指定 TO 子句或 TO PFILE 子句。

⑥ 如果 RMAN 每天不会产生超过 n 次的自动备份，那么可以将 RESTORE SPFILE FROM AUTOBACKUP ... MAXSEQ 参数设置为 n，以减少搜索时间。默认情况下，MAXSEQ 设置为 255，RESTORE 从 MAXSEQ 倒数备份，以查找当天的最新的一个备份。如果要在没有找到当前时间（或指定的日期）的自动备份时终止还原操作，那么可以将 RESTORE 命令中的 MAXDAYS 设置为 1。

### 2. 从控制文件自动备份中还原服务器参数文件到默认位置

如果已配置控制文件自动备份，那么每当进行自动备份时服务器参数文件都与控制文件一起备份。要从控制文件自动备份中还原服务器参数文件，必须先设置数据库的 DBID，然后使用 RESTORE SPFILE FROM AUTOBACKUP 命令。如果自动备份文件不是默认格式，则要先用 SET CONTROLFILE AUTOBACKUP FORMAT 命令指定其格式。

**【例 5.2】**设置 DBID 并从非默认位置的控制文件自动备份中还原服务器参数文件。

```
SET DBID 320066378;
RUN
{
   SET CONTROLFILE AUTOBACKUP FORMAT
   FOR DEVICE TYPE DISK TO 'autobackup_format';
   RESTORE SPFILE FROM AUTOBACKUP;
}
```

RMAN 使用自动备份格式和 DBID 来寻找控制文件自动备份。如果找到一个控制文件自动备份，那么 RMAN 从该备份中还原服务器参数文件到其默认位置。

### 3. 用 RMAN 建立初始化参数文件

用 TO PFILE 'filename'子句可以将服务器参数文件还原为客户端初始化参数文件。指定的文件名必须在运行 RMAN 客户端的主机上可以访问，但不需要从运行该实例的主机直接访问。

要在运行 RMAN 客户端的系统上创建名为 d:\tmp\initTEMP.ora 的初始化参数文件，可以执行下面的 RMAN 命令：

```
RMAN> RESTORE SPFILE TO PFILE 'd:\tmp\initTEMP.ora';
```

要使用上面的命令创建的初始化参数文件重新启动实例，在同一客户端主机上运行下面的 RMAN 命令：

```
RMAN> STARTUP FORCE PFILE ='d:\tmp\initTEMP.ora';
```

### 5.5.3 用控制文件备份进行修复

#### 1. 用控制文件备份进行修复概述

如果当前控制文件的所有副本丢失或损坏，那么必须还原并加载备份的控制文件。即使没有还原数据文件，仍然必须运行 RECOVER 命令并使用 RESETLOGS 选项打开数据库。如果仅有部分控制文件损坏，那么可以将不活动的控制文件复制到默认位置或复制到新的位置，这样可避免修复操作和 RESETLOGS 操作。关于改变控制文件位置的方法可参考数据库管理说明。

RMAN 在修复期间会自动搜索没有记录在 RMAN 资料库中的联机重做日志和归档重做日志，并将找到的日志信息记录到资料库中。RMAN 尝试在当前归档目标位置中查找符合当前日志文件名格式的有效归档重做日志。当前日志文件名格式在启动实例所用的初始化参数文件中指定，同样 RMAN 尝试使用控制文件中列出的文件名查找联机重做日志。

如果在修复期间更改了归档目标位置或文件命名格式，或者控制文件备份后添加新的联机日志成员，那么 RMAN 不能自动记录所需的联机日志或归档日志。如果 RMAN 找不到联机重做日志，又没有指定 UNTIL 时间，RMAN 报告错误介质恢复需要未知日志的信息。在这种情况下，必须使用 CATALOG 命令手动添加所需的重做日志到资料库，以便修复操作可以继续。

#### 2. 还原期间的控制文件位置

当还原控制文件时，控制文件的默认位置是在 CONTROL_FILES 初始化参数中定义的所有位置。如果没有设置 CONTROL_FILES 初始化参数，那么数据库使用创建控制文件相同的规则确定已还原控制文件的位置。

将控制文件还原到一个或多个新位置的方法之一就是更改 CONTROL_FILES 初始化参数，然后使用没有参数的 RESTORE CONTROLFILE 命令将控制文件还原到默认位置。

如果在磁盘故障导致部分但不是所有 CONTROL_FILES 位置无法使用的情况下修复控制文件，那么可以更改 CONTROL_FILES 参数使其指向另一个磁盘的路径名，然后运行没有参数的 RESTORE CONTROLFILE 命令即可。

如果要将控制文件还原到选择的任何位置，而不是 CONTROL_FILES 参数指定的位置，那么可以在数据库处于 NOMOUNT、MOUNT 或 OPEN 状态时执行下面命令：

```
RMAN> RESTORE CONTROLFILE TO 'd:\ tmp\ my_controlfile';
```

上面的操作不会覆盖当前使用的任何控制文件。将控制文件还原到新的位置后，可以更新初始化参数文件中的 CONTROL_FILES 初始化参数值使其包括新位置。

#### 3. RMAN 恢复与恢复目录

当 RMAN 连接到恢复目录时，用备份控制文件的修复过程与使用当前控制文件进行修复的过程相同。从备份控制文件中丢失的 RMAN 元数据可从恢复目录中获得。唯一的例外是如果数据库名称在恢复目录中不是唯一的，那么必须在还原控制文件之前执行 SET DBID 命令。

如果不使用恢复目录，那么必须从自动备份中还原控制文件，此时数据库必须处于 NOMOUNT 状态。

【例 5.3】设置数据库 DBID 并从自动备份还原控制文件。

```
SET DBID 320066378;
RUN
{
    SET CONTROLFILE AUTOBACKUP FORMAT
    FOR DEVICE TYPE DISK TO 'autobackup_format';
    RESTORE CONTROLFILE FROM AUTOBACKUP;
}
```

RMAN 使用自动备份格式和 DBID 来确定在哪里寻找控制文件的自动备份。如果找到，RMAN 将控制文件还原到所有在 CONTROL_FILES 初始化参数中列出的控制文件位置。

### 4. 使用快速恢复区时的 RMAN 恢复

无论数据库是否使用快速恢复区，还原控制文件的命令都是相同的。如果数据库使用快速恢复区,那么 RMAN 通过交叉检查控制文件中记录的所有磁盘备份和镜像副本来更新还原的控制文件。RMAN 会将还没有记录的备份添加到快速恢复区中。因此，还原的控制文件中包括恢复区中所有备份的记录和备份时控制文件中已记录的其他备份。

RMAN 不会在还原控制文件后自动交叉检查磁带备份。如果正在使用磁带备份，那么可以先还原控制文件，然后加载控制文件，最后执行下面的命令交叉检查磁带上的备份：

```
RMAN>  CROSSCHECK BACKUP DEVICE TYPE sbt;
```

### 5. 用备份控制文件在无恢复目录时执行控制文件恢复

如果现有控制文件的 RMAN 备份，但没有使用恢复目录，同时启用了目标数据库的控制文件自动备份功能，那么可以还原控制文件的自动备份。

因为自动备份使用了一个众所周知的格式，所以即使没有用存储可用备份元数据的资料库，RMAN 也可以还原控制文件。可以还原自动备份控制文件到默认位置或新位置。RMAN 自动将还原的控制文件复制到所有 CONTROL_FILES 参数指定的位置。

如果知道包含控制文件的备份片名称，那么可以使用 RESTORE CONTROLFILE FROM 'filename' 命令指定文件名。数据库在警报日志中记录每个自动备份的位置。

因为未连接到恢复目录，所以 RMAN 资料库只包含有控制文件备份时可用备份的信息。如果知道其他可用备份集或镜像副本的位置，那么可以用 CATALOG 命令将它们添加到控制文件 RMAN 资料库中。

在没有恢复目录（NOCATALOG 模式）下使用控制文件自动备份修复数据库的步骤：

① 启动 RMAN 并连接到目标数据库。

② 启动目标数据库实例，而不加载数据库。

```
RMAN> STARTUP NOMOUNT;
```

③ 使用 SET DBID 命令为目标数据库设置数据库标识符。

RMAN 在连接到目标数据库时显示 DBID，也可以通过检查保存的 RMAN 日志文件或查看控制文件自动备份的文件名得到目标数据库的 DBID。下面的命令设置目标数据库的 DBID 为 676549873：

```
RMAN> SET DBID 676549873;
```

④ 编写 RMAN 命令文件以还原自动备份控制文件并进行修复。在下面的命令文件中，假设联机重做日志文件已丢失，最新的归档的重做日志序列号为 13243。

```
RUN
{
    # 根据需要可设置控制备份的合法时间的上限
    # SET UNTIL TIME '04/04/2017 13:45:00';
    # 如果需要指定非默认的自动备份格式
    # SET CONTROLFILE AUTOBACKUP FORMAT FOR DEVICE TYPE DISK
    # TO 'd:\oradata\%F.bck';
    #下面语句的省略号“...”表示根据需要设定通道参数
    ALLOCATE CHANNEL c1 DEVICE TYPE sbt PARMS '...';
    RESTORE CONTROLFILE FROM AUTOBACKUP
    MAXSEQ 100  # 从日志序列号 100 开始向后数
    MAXDAYS 180; #在 UNTIL TIME 指定的时间开始并向后查 6 个月
    ALTER DATABASE MOUNT;
}
#在还原的控制文件中用配置的自动通道
RESTORE DATABASE UNTIL SEQUENCE 13244;
RECOVER DATABASE UNTIL SEQUENCE 13244;
```

⑤ 如果恢复成功，那么执行下面的命令打开数据库并重置联机日志。

```
RMAN> ALTER DATABASE OPEN RESETLOGS;
```

上面步骤④中给出的是命令文件的示例。通常命令文件包含以下步骤：

① 根据需要指定 RMAN 在搜索还原控制文件自动备份时要用的最新备份的时间戳。

② 如果知道创建控制文件自动备份时有不同的控制文件自动备份格式是有效的，那么可以指定还原控制文件的非默认格式。

③ 如果 SBT 通道创建了控制文件自动备份，那么要分配一个或更多 SBT 通道。因为没有使用恢复目录，所以不能使用预配置的通道。

④ 还原控制文件的自动备份，可选择设置 RMAN 向后搜索的最大天数和第一天使用的起始序列号。

⑤ 如果控制文件包含有还原过程其余的已配置通道的信息，那么可以退出 RMAN 以手动方式清除在步骤③已分配的通道。

如果重新启动 RMAN 客户端并加载数据库，那么可使用这些配置通道。如果不在乎使用控制文件中配置的通道，那么可以简单地加载数据库。

⑥ 这一步骤取决于联机重做日志是否可用。在用备份控制文件修复数据库后，不管日志是否可用，始终需要用 OPEN RESETLOGS 选项打开数据库。

如果联机重做日志可用，那么 RMAN 可以找到它们并应用这些日志，就像在本章 5.3 节中介绍的完全数据库恢复一样操作。如果联机重做日志不可用，那么需要按照第 6 章 6.4 节描述的执行 DBPITR。此时需要 UNTIL 子句指定修复的目标时间、SCN 或日志序列号，它们是在联机重做日志的第一个 SCN 之前。否则，RMAN 会出现 RMAN-6054 错误。

当使用备份控制文件执行 DBPITR 时，在用 RESETLOGS 选项打开数据库之前，可以在 SQL * Plus 中以只读方式打开数据库，并根据需要运行查询以验证逻辑损坏的效果是否已经修复。如果对结果满意，那么可以使用 RESETLOGS 选项打开数据库。

如果最后创建的归档重做日志具有序列号 n，那么指定 UNTIL SEQUENCE n+1

选项，以便 RMAN 应用到日志序列号 n 后停止。

### 5.5.4 执行灾难恢复

灾难恢复（Disaster Recovery）是指在丢失目标数据库的数据文件、恢复目录、所有当前控制文件、所有联机重做日志文件和所有参数文件的情况下对目标数据库的还原和修复。

#### 1. 灾难恢复的先决条件

要能执行灾难恢复，数据库必须具有以下内容：所有数据文件的备份；在要还原的最早备份创建之后生成的所有归档重做日志；至少有一个控制文件自动备份并知道数据库的 DBID。

#### 2. 灾难后恢复数据库

灾难恢复过程与 NOCATALOG 模式下用备份控制文件修复数据库的过程类似。如果要把数据库还原到新主机，那么可参见本章 5.5.5 节中介绍的内容。

**【例 5.4】**假设数据库已损坏无法修复，但磁带中包含所有数据文件的备份，并且有从日志序列号 1124 开始的归档重做日志、控制文件自动备份和服务器参数文件备份，Oracle 数据库已安装在新主机上，新主机上的数据库没有使用恢复目录，要将数据库恢复到与原主机相同的目录结构。

按照上面的情况，在确保满足灾难恢复先决条件的情况下，要将数据库修复到新主机上的步骤如下：

① 如果可能，还原或重新创建所有 tnsnames.ora、listener.ora 和口令文件等网络文件。

② 启动 RMAN 并连接到目标数据库实例。此时不存在初始化参数文件。如果设置了 ORACLE_SID 和 ORACLE_HOME，那么可以使用操作系统认证以 SYSDBA 或 SYSBACKUP 身份建立连接。

③ 运行 SET DBID 命令指定目标数据库的 DBID。

```
RMAN> SET DBID 676549873;
```

④ 运行 STARTUP NOMOUNT 命令。当服务器参数文件不可用时，RMAN 会尝试使用虚拟服务器参数文件启动实例。

⑤ 为介质管理器分配一个通道，然后从自动备份中还原服务器参数文件。输入以下命令从 Oracle Secure Backup 中还原服务器参数文件：

```
RUN
{
    ALLOCATE CHANNEL c1 DEVICE TYPE sbt;
    RESTORE SPFILE FROM AUTOBACKUP;
}
```

⑥ 使用还原的服务器参数文件重新启动实例。

```
RMAN> STARTUP FORCE NOMOUNT;
```

⑦ 编写一个包含还原和修复操作的命令文件，然后执行命令文件。命令文件样例如下：

```
RMAN> RUN
```

```
{
    #为介质管理器手工分配通道
    ALLOCATE CHANNEL t1 DEVICE TYPE sbt;
    #还原控制文件的自动备份。本例使用默认格式自动备份名称
    RESTORE CONTROLFILE FROM AUTOBACKUP;
    #在最近的备份时数据库结构发生变化，并且想要修复到结构变化的时间点，使用 SET
UNTIL。这样 RMAN 修复数据库到具有相同结构的时间点
    ALTER DATABASE MOUNT;
    #修复数据文件。RMAN 在到达指定的日志序列号时停止
    SET UNTIL SEQUENCE 1124 THREAD 1;
    #将数据文件还原到其原始位置
    RESTORE DATABASE;
    RECOVER DATABASE;
}
```

除了上面的操作外，在必要时用 CATALOG 命令将未记录在资料库中的备份登记到资料库中。如果磁带卷名已经更改，那么在执行还原操作之前运行 SET NEWNAME 命令，在执行还原操作后进行切换以更新控制文件使其指向数据文件的新位置。

下面的 RUN 命令块执行与上例相同的情况，但是还原的数据文件使用新文件名：

```
RMAN> RUN
{
    #如果必须将文件还原到新的位置，使用 SET NEWNAME 命令
    SET NEWNAME FOR DATAFILE 1 TO 'd:\oraback\rlvt5_500M_1';
    SET NEWNAME FOR DATAFILE 2 TO 'd:\oraback\rlvt5_500M_2';
    SET NEWNAME FOR DATAFILE 3 TO 'd:\oraback\rlvt5_500M_3';
    ALLOCATE CHANNEL t1 DEVICE TYPE DISK;
    RESTORE CONTROLFILE FROM AUTOBACKUP;
    ALTER DATABASE MOUNT;
    SET UNTIL SEQUENCE 124 THREAD 1;
    RESTORE DATABASE;
    SWITCH DATAFILE ALL; # 更新控制文件使其记录数据文件新位置
    RECOVER DATABASE;
}
```

⑧ 如果修复成功，打开数据库并重置联机日志：

```
RMAN> ALTER DATABASE OPEN RESETLOGS;
```

### 5.5.5 恢复数据库到新主机上

如果要进行灾难恢复的过程测试，或者永久移动数据库到一个新的主机，那么可以将数据库恢复到新的主机上。

本节介绍的步骤假设还原数据库的 DBID 与原始数据库的 DBID 相同。如果只是测试数据库恢复，不要将测试数据库与源数据库注册在同一恢复目录中，因为两个数据库的 DBID 是一样的，会导致测试数据库的元数据干扰 RMAN 还原与修复源数据库。

如果要在新主机上创建目标数据库的副本，并在新主机上继续使用该数据库，那么使用 RMAN 的 DUPLICATE 命令进行数据库复制。DUPLICATE 命令为它创建的数据库分配一个新的 DBID，使其能够被注册到与原始数据库相同的恢复目录中。关于数据库复制的详细介绍参见第 9 章。

1．做好还原到新主机上的数据库的准备

如果要将数据库还原到新主机，首先要做好如下的准备工作：

① 必须知道源数据库的DBID，确定数据库的DBID的方法参见本章5.3.2节。

② 用操作系统实用程序将源数据库初始化参数文件复制到新主机，从而使得在新主机上可以访问该文件。

③ 如果仅仅是执行恢复操作测试，那么确保RMAN没有连接到恢复目录，否则RMAN会把还原的数据文件的元数据记录到恢复目录中，这些元数据以后可能干扰主数据库的还原和修复操作。

如果由于控制文件空间限制而不能包含所有要还原备份的RMAN资料元数据，此时必须使用恢复目录，然后用Oracle数据泵导出恢复目录并将其导入不同的模式或数据库中，最后用复制的恢复目录来测试恢复操作。否则，恢复目录会将还原的数据库视为当前目标数据库。

④ 确保用于还原操作的备份在还原的主机可以访问。如果备份是使用介质管理器，验证磁带设备是否已连接到新主机。

⑤ 如果要对应用数据库执行还原测试，那么在测试环境中还原数据库之前执行下面操作之一：如果测试数据库用不同于源数据库的快速恢复区，那么设置测试数据库实例中的DB_RECOVERY_FILE_DEST到新位置；如果测试数据库用与源数据库相同的快速恢复区，那么设置测试数据库的DB_UNIQUE_NAME不同于源数据库的名称。

如果在⑤中没有执行任何操作，那么RMAN假设正在恢复数据库，并从快速恢复区中删除闪回日志，因为它们被认为是不可用的。

2．将磁盘备份还原到新主机

如果要利用磁盘上的数据文件副本或备份集将数据库移动到新主机，那么必须先手动将备份文件传输到新主机。

在RMAN使用恢复目录时将备份文件还原到新主机的步骤如下：

① 在源主机上启动RMAN并连接到目标数据库和恢复目录。

② 运行LIST命令以查看数据文件备份和控制文件自动备份。

下面的命令查看数据文件备份：

```
RMAN> LIST COPY;
```

下面的命令查看控制文件备份：

```
RMAN> LIST BACKUP OF CONTROLFILE;
```

控制文件自动备份的备份片名称必须用%F替换变量，因此，自动备份片名包括字符串c-IIIIIIIII-YYYYMMDD-QQ，其中IIIIIIIII代表DBID，YYYYMMDD是一个生成备份的时间，而QQ是十六进制的序号。

③ 使用操作系统实用程序将备份复制到新主机。可以通过局域网或互联网将备份传输到新的主机上。

当从非默认位置还原自动备份控制文件时，必须用SET CONTROLFILE AUTOBACKUP FORMAT命令指定备份控制文件位置。关于该命令的用法参见本章5.5.2节。

3．在新主机上测试还原的数据库

为了在新主机上检验还原的数据库，这里假设有两个联网的Windows主机hosta

和 hostb。在 hosta 上的目标数据库名为 orademo，并注册到恢复目录 catdb 中。现在要检验数据库 orademo 在主机 hostb 上的还原和修复操作，同时让 orademo 能在 hosta 上连续运行。

主机 hosta 和主机 hostb 有不同的目录结构。目标数据库位于 hosta 的 d:\oracle\ dbs 中，要把数据库恢复到 hostb 主机的 e:\oracle\oradata\test。现在有两个主机都可访问的介质管理软件的磁带备份，备份中包括数据文件、控制文件、归档重做日志和服务器参数文件的备份。目标数据库的 ORACLE_SID 是 ORADEMO，在还原数据库中仍使用这个名称。

在上面的假设情况下，恢复数据库到新主机上的步骤如下：

① 确保新主机上可以访问目标数据库的备份。要测试灾难恢复，必须具有目标数据库的可恢复备份，即确保在 hostb 上数据文件备份、控制文件备份和服务器参数文件备份是可恢复。因此，必须配置媒体管理软件以使 hostb 是介质管理器客户端，从而 hostb 可以读取在 hosta 上创建的备份集。

② 在 hostb 上配置 ORACLE_SID 环境变量的值为 ORADEMO。这里假定要在 hostb 上通过操作系统认证启动 RMAN 客户端。但是，必须是以管理员权限通过本地登录或网络服务名称连接到主机 hostb。

③ 在主机 hostb 上启动 RMAN，并连接到目标数据库，但不要连接到恢复目录。

```
C:\> RMAN  NOCATALOG
RMAN> CONNECT  TARGET system/Oracle12c@orademo;
```

④ 设置 DBID 并启动数据库实例到非加载状态。这里数据库 DBID 为 1340752057。

```
RMAN> SET DBID 1340752057;
RMAN> STARTUP NOMOUNT;
```

如果无法找到尚未还原的服务器参数文件，那么就用虚拟服务器文件启动实例。

⑤ 还原并编辑服务器参数文件。因为在备份时启用控制文件自动备份功能，所以服务器参数文件包含在备份中。如果恢复具有非默认格式的自动备份，那么用 SET CONTROLFILE AUTOBACKUP FORMAT 命令来指示格式。

为介质管理器分配通道，然后将服务器参数文件还原为客户端参数文件，并使用 SET 命令来指示自动备份位置在 e:\ tmp：

```
RUN
{
   ALLOCATE CHANNEL c1 DEVICE TYPE sbt PARMS '...';
   SET CONTROLFILE AUTOBACKUP FORMAT
   FOR DEVICE TYPE DISK TO 'd:\tmp/%F';
   RESTORE SPFILE TO PFILE 'e:\oracle\oradata\test\inittrgta.ora'
   FROM AUTOBACKUP;
   SHUTDOWN ABORT;
}
```

“...”表示要用具体的介质管理器的参数。

⑥ 在主机 hostb 上编辑恢复的初始化参数文件，更改与具体位置有关的参数，如 CONTROL_FILES 和 LOG_ARCHIVE_DEST_1 等。

⑦ 使用在⑥中编辑的初始化参数文件重新启动实例。

```
    RMAN> STARTUP FORCE NOMOUNT PFILE =' e:\oracle\oradata\test\
inittrgta.ora ';
```

⑧ 从自动备份还原控制文件，然后加载数据库。

```
RUN
{
   ALLOCATE CHANNEL c1 DEVICE TYPE sbt PARMS '...';
   RESTORE CONTROLFILE FROM AUTOBACKUP;
   ALTER DATABASE MOUNT;
}
```

⑨ 使用它们的新文件名或 CATALOG START WITH 命令，将复制的数据文件副本登记到恢复目录中（复制方法参见本章 5.5.5 节的“2.将磁盘备份还原到新主机”）。CATALOG START WITH 和 CATALOG DATAFILECOPY 命令的使用方法参见第 4 章 4.6.3 节。

⑩ 在新数据库上启动 SQL * Plus，从 V$DATAFILE 视图中查询记录在控制文件中的数据库文件名。因为控制文件来自 ORADEMO 数据库，所以控制文件中记录的文件名都是在 hosta 主机上的原文件名。

```
SQL> COLUMN NAME FORMAT a60
SQL> SPOOL LOG  'd:\tmp\db_filenames.out'
SQL> SELECT file# AS "file/grp#", name FROM v$datafile
  2  UNION
  3  SELECT group#,member  FROM v$logfile;
SQL> SPOOL OFF
SQL> EXIT
```

⑪ 编写 RMAN 包含以下内容的还原恢复脚本 reco_test.rman。

```
{
   #分配磁带通道
   ALLOCATE CHANNEL c1 DEVICE TYPE sbt PARMS '...';
   #所有数据文件都执行SET NAWNAME命令重新命名数据文件
   SET NEWNAME FOR DATAFILE 1 TO ' e:\oracle\oradata\test\system01.dbf';
   SET NEWNAME FOR DATAFILE 2 TO ' e:\oracle\oradata\test\sysaux01.dbf';
   SET NEWNAME FOR DATAFILE 3 TO ' e:\oracle\oradata\test\ undotbs01.dbf';
   …
   #源主机与目标主机上联机重做日志在不同位置，每个日志文件执行下面命令
   ALTER DATABASE RENAME FILE 'd:\oracle\dbs\redo01.log'
   TO ' e:\oracle\oradata\test\redo01.log';
   ALTER DATABASE RENAME FILE 'd:\oracle\ dbs\redo02.log'
   TO ' e:\oracle\oradata\test\redo02.log';
   #执行SET UNTIL以防止修复联机重做日志
   #执行SET UNTIL操作将限制修复到归档重做日志的尾部
   #如果没有SET UNTIL命令，则修复将停止并出现错误
   SET UNTIL SCN 123456;
   # 还原数据库并切换数据文件名。SWITCH命令使控制文件识别新的路径和文件名
   RESTORE DATABASE;
   SWITCH DATAFILE ALL;
   # 修复数据库
```

```
    RECOVER DATABASE;
}
EXIT
```

⑫ 启动 RMAN 连接到目标数据库并执行上一步创建的脚本。

```
C:\>RMAN  TARGET / NOCATALOG
RMAN> @ reco_test.rman;
```

⑬ 使用 RESETLOGS 选项打开恢复的数据库。

```
RMAN> ALTER DATABASE OPEN RESETLOGS;
```

如果在后面重新打开数据库时，不要连接到恢复目录，否则，创建的新数据库化身就会在恢复目录中自动注册，并且源数据库的文件名将被脚本中指定的新文件名替换。

⑭ 如果需要，可将测试数据库全部删除。

用 DROP DATABASE 命令自动删除与测试数据库关联的所有文件。

```
RMAN> STARTUP FORCE NOMOUNT PFILE =' e:\oracle\oradata\test\
inittrgta.ora';
RMAN> DROP DATABASE;
```

因为连接到恢复目录时，没有执行还原和恢复操作，恢复目录不包含还原文件的任何记录或测试过程。同样，ORADEMO 数据库的控制文件完全不受测试的影响。

### 5.5.6 通过网络还原和修复文件

RMAN 能够通过网络连接到包含所需文件的物理备用数据库来还原或修复主数据库中的文件。因为要使用备份集来完成基于网络的还原或修复文件操作，所以可以使用多片备份、加密备份或压缩备份以提高备份和恢复的性能。

#### 1. 通过网络还原文件

可以利用物理备用数据库上对应的文件来还原主数据库丢失的数据文件、控制文件或表空间，同样也可用主数据库来还原备用数据库的文件。还原的对象可以是整个数据库、指定的数据文件、控制文件、服务器参数文件或表空间。

如果 RMAN 要通过网络从物理备用数据库还原数据库文件，就要使用 RESTORE 命令的 FROM SERVICE 子句。 FROM SERVICE 子句提供必须还原文件所在的物理备用数据库的服务名称。在还原操作期间，RMAN 在物理备用数据库上创建需要还原文件的备份集，然后通过网络传输备份集到目标数据库。

使用 RESTORE 命令的 SECTION SIZE 子句可以进行多备份段还原操作。如果要加密物理备用数据库的备份集，那么在 RESTORE 命令之前用 SET ENCRYPTION 命令指定所用加密算法。

如果要传输物理备用数据库的压缩备份集文件，那么应使用 RESTORE 命令中的 USING COMPRESSED BACKUPSET 子句。默认时，RMAN 用配置命令中指定的算法压缩备份集。在 RESTORE 语句之前，可以覆盖默认值，即使用 SET COMPRESSION ALGORITHM 命令的设置不同的加密算法。

**【例 5.5】**假设主数据库和物理备用数据库的 DB_UNIQUE_NAME 参数的值分别是 MAIN 和 STANDBY。主数据库的数据文件 sales.dbf 已丢失。要从物理备用数据库中还原此数据文件。物理备用数据库的服务名称为 standby_tns。主数据库和物理备用数据

库的密码文件相同。要求用备用数据库中的数据文件来还原主数据库中的数据文件sales.dbf。

具体步骤如下：

① 在主数据库上启动RMAN并用具有SYSBACKUP权限的用户连接到主数据库。

```
RMAN> CONNECT TARGET  "sbu@main AS SYSBACKUP";
```

② 使用AES128加密算法对备份集进行加密。

```
RMAN> SET ENCRYPTION ALGORITHM 'AES128';
```

③ 确保备用数据库的tnsnames.ora文件包含主数据库对应的条目，并且主数据库和物理备用数据库上的密码文件是一样的。

④ 用备用数据库上的数据文件还原主数据库的数据文件。下面的命令将创建多段备份集来完成还原操作：

```
RMAN> RESTORE DATAFILE 'd:\oradata\datafiles\sales.dbf'
   2> FROM SERVICE standby_tns
   3> SECTION SIZE 120M USING COMPRESSED BACKUPSET;
```

**2. 通过网络修复文件**

当要主数据库和备用数据库同步时，通过网络恢复文件非常有用。此时先在主数据库上创建最新更改的增量备份，然后可以用增量备份还原物理备用数据库，即前滚物理备用数据库以使其与主数据库同步。

RMAN通过网络从主数据库获取增量备份，然后将此增量备份应用到物理备用数据库，从而完成修复操作。RMAN以TARGET选项连接到物理备用数据库。通过仅还原数据文件中使用的数据块来优化修复过程。用FROM SERVICE子句指定提供增量备份的主数据库的服务名称。

如果要在修复过程中使用多片备份集，那么需要使用RECOVER命令的SECTION SIZE子句。如果要从主数据库传输加密备份集的文件，那么在RESTORE命令之前执行SET ENCRYPTION命令以指定用于创建备份集的加密算法。

如果压缩修复文件所用的备份集，那么使用备份命令的USING COMPRESSED BACKUPSET选项。RMAN在主数据库上创建备份集时对其进行压缩，然后将这些备份集传输到目标数据库。

可以执行RECOVER ... FROM SERVICE命令用主数据库的文件同步物理备用数据库文件。RMAN创建包含对主数据库变化的增量备份，通过网络将增量备份传输到物理备用数据库，然后将增量备份应用于物理备用数据库。从备用数据文件头中的指定SCN开始的所有主数据库数据文件的变化都包括在增量备份中。

RECOVER ... FROM SERVICE命令刷新备用数据文件，并将它们前滚到与主数据库相同的时间点。但是，备用数据库的控制文件仍然包含旧的SCN值，即控制文件中的SCN值低于备用数据文件头中的SCN值。因此，要完成物理备用数据库的同步，必须刷新备用控制文件，然后更新在刷新的备用控制文件中的数据文件名称、联机重做日志文件名称和备用重做日志文件名称。

如果网络资源是有限制，那么可以使用BACKUP INCREMENTAL命令在主数据库上创建增量备份，然后使用增量备份前滚物理备用数据库。

**【例5.6】**假设主数据库的DB_UNIQUE_NAME为MAIN及其网络服务名称是

primary_db。备用数据库的 DB_UNIQUE_NAME 为 STANDBY 及其网络服务名称为 standby_db。恢复目录的网络服务名是 catdb。

用主数据库的更改来同步物理备用数据库的步骤如下：

① 建立满足先决条件的网络环境。一是建立物理备用数据库和主数据库之间的 Oracle Net 连接，即在物理备用数据库的 tnsnames.ora 文件中添加主数据库对应的记录；二是要求主数据库和物理备用数据库上的密码文件是相同的；三是主数据库和物理备用数据库的初始化参数文件中的 COMPATIBLE 参数设置为 12.0 以上。

② 启动 RMAN 并以 TARGET 选项连接到备用数据库。如果使用恢复目录，建议也连接到恢复目录。用有 SYSBACKUP 权限的 sbu 用户连接到物理备用数据库。

```
RMAN> CONNECT TARGET "sbu@standby_db AS SYSBACKUP";
RMAN> CONNECT CATALOG rman@catdb;
```

③ 执行下面的命令获取物理备用数据库中的数据文件名称和临时文件的名称。

```
RMAN> REPORT SCHEMA;
```

执行上面的命令隐式重新同步恢复目录，并确保恢复目录包含备用数据库所有文件名。

④ 查询备用数据库中联机重做日志文件和备用重做日志文件的名称。下面的命令列出重做日志文件的名称和日志组标识：

```
RMAN> SELECT type, group#, member FROM v$logfile;
```

⑤ 执行下面的命令停止物理备用数据库上的受管恢复进程。

```
RMAN> ALTER DATABASE RECOVER
   2> MANAGED STANDBY DATABASE CANCEL;
```

⑥ 查询 V$DATABASE 视图获取物理备用数据库的当前 SCN，因为在后续步骤中确定是否将新的数据文件添加到主数据库时要用到它。

```
RMAN> SELECT current_scn FROM v$database;
```

⑦ 启动物理备用数据库到 NOMOUNT 模式。

```
RMAN> SHUTDOWN IMMEDIATE;
RMAN> STARTUP NOMOUNT;
```

⑧ 用主数据库上的控制文件还原备用控制文件。

```
RMAN> RESTORE STANDBY CONTROLFILE FROM SERVICE primary_db;
```

执行完此步骤后，备用控制文件中的文件名称与主数据库中有相同的名称。

⑨ 执行下面的命令加载备用数据库。

```
RMAN> ALTER DATABASE MOUNT;
```

⑩ 如果已连接到恢复目录，使用下面的命令更新备用数据库控制文件中的数据文件名称和临时文件名称。

```
RMAN> RECOVER DATABASE NOREDO;
```

如果未连接到恢复目录，使用 CATALOG 命令和 SWITCH 命令更新所有数据文件名：

```
RMAN> CATALOG START WITH 'd:\datafiles';
RMAN> SWITCH DATABASE TO COPY;
```

d:\datafiles 是数据文件在物理备用数据库上的位置。所有数据文件必须存储在此位置。如果数据文件在不同位置，使用 ALTER DATABASE RENAME FILE 命令重命名数据文件。

⑪ 用主数据库上数据文件的增量备份修复备用数据库上的数据文件。

下面的命令在主数据库上创建多片增量备份用于修复备用数据文件。NOREDO 子句指定在恢复期间不能应用归档重做日志文件。

```
RMAN> RECOVER DATABASE FROM SERVICE primary_db
   2>  NOREDO SECTION SIZE 120M;
```

⑫ 用在步骤⑥中返回的当前 SCN 来确定是否在备用数据库最新修复后有新的数据文件添加到主数据库。如果有，这些数据文件需要从主数据库还原到备用数据库上。

假设在步骤⑥中返回的 CURRENT_SCN 为 35806，下面命令列出在该 SCN 时间戳之后主数据库上创建的数据文件：

```
RMAN> SELECT file# FROM V$DATAFILE WHERE creation_change# >= 35806;
```

⑬ 如果在步骤⑫中没有返回任何文件，那么转到步骤⑭。如果在步骤⑫中返回一个或多个文件，那么从主数据库还原这些数据文件。

如果未连接到恢复目录，使用以下命令来还原在备用数据库修复之后添加到主数据库的数据文件，这里是数据文件 15 和 17 已添加到主数据库：

```
RUN
{
    SET NEWNAME FOR DATABASE TO 'd:\oracle\database';
    RESTORE DATAFILE 15, 17 FROM SERVICE primary_db;
}
```

如果已连接到恢复目录，那么使用下面的命令：

```
RMAN> RESTORE DATAFILE 15, 17 FROM SERVICE primary_db;
```

⑭ 用下面的方法之一来更新备用控制文件中的联机重做日志名称。

一种方法是使用 ALTER DATABASE CLEAR 命令清除备用数据库中所有重做日志组中的日志文件，然后重新创建所有备用数据库重做日志组和联机重做日志文件。

在步骤④中查询 V$LOGFILE 视图的 GROUP# 列给出了必须清除的日志组标识符。用 ALTER DATABASE CLEAR 命令清除每个重做日志组。

```
RMAN> ALTER DATABASE CLEAR LOGFILE GROUP 2;
```

可以在清除所有重做日志组之后删除旧的重做日志文件。

另一种方法是使用 ALTER DATABASE RENAME FILE 命令重命名重做日志文件。用命令重命名在步骤④中列出的每个日志文件。

如果要重命名日志文件，那么初始化参数 STANDBY_FILE_MANAGEMENT 必须设置为 MANUAL。当在主数据库和物理备用数据库中的联机重做日志文件号和备用重做日志文件号相同时，建议重命名日志文件。

⑮ 执行下面的命令在主数据库上切换归档重做日志文件。

```
RMAN> ALTER SYSTEM ARCHIVE LOG CURRENT;
```

⑯ 执行下面的命令启动物理备用数据库上的恢复进程。

```
RMAN> ALTER DATABASE RECOVER
   2> MANAGED STANDBY DATABASE DISCONNECT FROM SESSION;
```

## 5.6 RMAN 表空间时间点恢复

在本章的前几节介绍了整个数据库的完全恢复方法，但有时可能只有部分表空间数据需要恢复，那么采用表空间时间点恢复（TableSpace Point-In-Time Recovery,

TSPITR）将是一种合适高效的恢复方法。TSPITR 是将一个或多个非 SYSTEM 表空间恢复到非当前时间的一种技术。

### 5.6.1 RMAN TSPITR 概述

为了有效地使用 RMAN 完成表空间时间点恢复（TSPITR），就要了解它可以解决什么类型的问题，需要的组件，在 TSPITR 期间 RMAN 完成的任务，以及执行 TSPITR 的时间或运行的各种限制和约束。

#### 1. TSPITR 的用途

在恢复管理器（RMAN）中执行 TSPITR（以下简单 RMAN TSPITR）允许快速修复数据库的一个或多个表空间到较早的时间，而不会影响数据库的其余表空间和对象。

RMAN TSPITR 主要用在以下情况：

① 不正确的批处理作业或数据操作语言语句破坏了一个或几个表空间中的数据。当物理数据库的表空间存在多个逻辑数据库时，可将逻辑数据库修复到与物理数据库的其余部分不同的时间点。

② 修复在更改表结构等 DDL（Data Definition Language）操作后丢失的数据，因为不能使用闪回表（Flashback Table）将表倒回到结构变化（例如截断表操作）之前的时间点。

③ 修复使用 PURGE 选项删除的表。

④ 修复表的逻辑损坏。

⑤ 恢复已删除的表空间。即使不使用恢复目录 RMAN 也可以对删除的表空间执行 TSPITR。

事实上可以用闪回数据库来倒回（Rewind）数据，但必须倒回整个数据库而不能仅仅是一个子集。此外，与 TSPITR 不同，闪回数据库功能需要维护闪回日志。闪回数据库能倒回的时间点比 TSPITR 窗口有更多的限制，而 TSPITR 可倒回到最早的可恢复备份。关于闪回数据库参见第 6 章 6.3 节的内容。

#### 2. RMAN TSPITR 的基本概念

目标实例（Target Instance）：包含要修复到目标时间的表空间的实例。

目标时间（Target Time）：TSPITR 完成后表空间的时间点或对应的 SCN。

辅助数据库（Auxiliary Database）：用于恢复过程中完成修复工作的数据库。

辅助目标（Auxiliary Destination）：RMAN 用于临时存储辅助集文件的可选磁盘位置。辅助目标仅与 RMAN 管理的辅助数据库一起使用。在用户管理的辅助数据库中指定辅助目标会导致错误。本节中对辅助目标的所有引用假定使用 RMAN 管理的辅助数据库。

恢复集（Recovery Set）：要恢复表空间中的数据文件。

辅助集（Auxiliary Set）：执行 TSPITR 操作所需的数据文件，但不是恢复集的一部分。辅助集通常包括以下内容：SYSTEM 和 SYSAUX 表空间；包含目标数据库实例回滚段或撤销段的数据文件；临时表空间；源数据库控制文件；恢复辅助数据库到指定时间点必须还原的归档重做日志；辅助数据库的联机重做日志，这些日志是不同于源数据库的联机重做日志，它们在用 RESETLOGS 选项打开辅助数据库时创建。辅助集不包括参数文件、密码文件或相关联的网络文件。

### 3. RMAN TSPITR 的模式

用 RMAN 的 RECOVER TABLESPACE 命令启动 TSPITR。运行 RMAN TSPITR 有几个选项从而形成不同的操作模式。各种操作模式之间的区别表现在环境中的自动化程度与定制程度。有三种方法运行 RECOVER TABLESPACE。

（1）全自动模式（Fully Automated）

在这种模式下，RMAN 管理包括辅助数据库在内的整个 TSPITR 过程。可以指定恢复集的表空间、辅助目标、目标时间和 RMAN 管理 TSPITR 的所有其他方面。

全自动模式是 TSPITR 的默认模式。除非要在执行 TSPITR 后指定恢复集文件的位置，或者在 TSPITR 操作期间指定辅助集文件的位置，或者要设置通道和辅助数据库的参数等内容，否则建议使用这种模式。

（2）自动模式（Automated）

在该模式下，对 RMAN 管理的辅助数据库进行用户设置。此时仍然用 RMAN 管理的辅助数据库和辅助目标，但可以覆盖 RMAN TSPITR 的某些默认值。对默认模式的修改比 RMAN TSITR 提供的一些预设管理更好，如：能够指定辅助集或恢复集文件的位置、设置初始化参数等。

（3）非自动模式

此模式完全由 TSPITR 和用户来管理辅助数据库。RMAN TSPITR 要求设置和管理辅助数据库的所有方面和 TSPITR 过程。如果必须为用户管理的辅助数据库分配不同数量的通道或更改通道参数时，使用这种模式是合适的。

### 4. 全自动或自动 RMAN TSPITR 时 RMAN 完成的工作

如果选择了恢复集的表空间、辅助目标和目标时间，那么可以执行默认的全自动的 RMAN TSPITR。

在进行全自动和自动的 RMAN TSPITR 时，RMAN 自动完成以下操作：

① 如果恢复集中的表空间未被删除，那么为了检查恢复集表空间的自包含特性，RMAN 自动执行存储过程 DBMS_TTS.TRANSPORT_SET_CHECK 并查询视图 TRANSPORT_SET_VIOLATIONS。如果该视图不空（查询返回行），RMAN 将停止 TSPITR 处理。在 TSPITR 可以继续之前必须解决任何表空间包含的冲突。

② 检查是否提供了与用户管理的辅助数据库的连接。如果有这种连接，那么 RMAN TSPITR 使用它。如果没有连接，那么 RMAN TSPITR 创建辅助数据库，启动并连接到辅助数据库。

③ 如果恢复集中的表空间尚未删除，那么将目标数据库中要恢复的表空间设置为脱机。

④ 将目标时间之前的控制文件备份还原到辅助数据库。

⑤ 将恢复集和辅助集的数据文件还原到辅助数据库。文件可以还原到指定的位置，或者还原到文件的原始位置（用于恢复集数据文件），或者用 RECOVER TABLESPACE 命令的 AUXILIARY DESTINATION 选项和 RMAN 管理的辅助数据库还原到辅助目标位置。

⑥ 将辅助数据库中还原的数据文件修复到指定的时间。

⑦ 使用 RESETLOGS 选项打开辅助数据库。

⑧ 将辅助数据库中的恢复集表空间设置为只读。

⑨ 用数据泵等工具将辅助数据库的恢复集表空间导出以生成传输表空间的转储文件（Dump File）。

⑩ 关闭辅助数据库。

⑪ 从目标数据库中删除恢复集表空间。

⑫ 用数据泵工具读取传输表空间的转储文件并将恢复集表空间插入目标数据库。

⑬ 将在⑪中插入目标数据库中的表空间设置为读/写，并立即让它们脱机。

⑭ 删除所有辅助集文件。

此时，RMAN TSPITR 操作已经完成。在目标数据库中恢复集数据文件的内容将返回指定时间点。恢复集表空间现在保持脱机状态，可以对其备份，然后将其设置为联机。

### 5.6.2 TSPITR 限制和注意事项

在实际应用中，有些数据库问题无法使用 TSPITR 解决，因此要了解执行 TSPITR 时的限制条件和注意事项。

#### 1. 执行 TSPITR 的限制条件

下面几种情况下不能执行 TSPITR 操作或只能有条件执行 TSPITR：

① 如果没有归档重做日志或数据库以非归档模式（NOARCHIVELOG）运行。

② 如果用 TSPITR 将重命名的表空间修复到重命名之前的某个时间点，那么必须使用以前的表空间名称来进行修复操作。当 TSPITR 完成时，目标数据库包含同一表空间的两个副本：使用新名称的原始表空间和用旧名称的 TSPITR 修复表空间。此时可以删除新名称的新表空间。

③ 如果表空间 tbs1 中的表约束包含在表空间 tbs2 中，那么不能只修复 tbs1 而不修复 tbs2，即要同时修复 tbs1 和 tbs2 表空间。

④ 如果表及其索引存储在不同的表空间中，那么在执行 TSPITR 之前必须删除索引。

⑤ 不能使用 TSPITR 修复当前的默认表空间。

⑥ 不能使用 TSPITR 修复包含以下对象的表空间：一是表空间中有物化视图或分区表等基础对象或包含对象的对象，除非所有基础对象或包含对象都在恢复集中，如果分区表的分区存储在不同表空间中，那么必须在执行 TSPITR 之前删除表或将表的所有分区移动到同一个表空间；二是表空间中有撤销段或回滚段；三是表空间中有用户 SYS 拥有的对象，如 PL /SQL、Java 类、调用程序、视图、同义词、用户、权限、数组、目录和序列等。

⑦ 由于 RMAN 用传输表空间功能来执行 TSPITR，因此对传输表空间的任何限制也适用于 TSPITR。

2. 执行 TSPITR 的注意事项

在 TSPITR 完成后，RMAN 将恢复集中的数据文件修复到目标时间。但必须注意以下特殊情况：

① TSPITR 不会修复已修复对象的查询优化程序的统计信息，此时必须在 TSPITR 完成后收集新的统计信息。

② 如果在表空间上运行 TSPITR 并使表空间在时间 $t$ 联机，那么在时间 $t$ 之前创建的表空间的备份不能再与当前控制文件一起用于修复，即不能用当前控制文件把数据库修复到任何小于或等于 $t$ 的时间点。

③ 如果 Oracle 数据库已重用所需备份的控制文件记录，那么执行 TSPITR 到很早时间可能不会成功。在规划数据库时，设置 CONTROL_FILE_RECORD_KEEP_TIME 初始化参数的值足够大以确保能保存 TSPITR 所需的控制文件记录。

④ 如果在不使用恢复目录时重新运行 TSPITR，那么必须先从目标数据库中删除 TSPITR 使用的表空间。

⑤ 因为 RMAN 在控制文件中没有撤销的历史记录，所以 RMAN 是假定具有回滚段或撤销段的当前表空间集就是在恢复时相同的表空间集。如果从那时起表空间集已经发生了变化，那么当前的回滚段或撤销段就是在执行恢复时存在的相同段。如果从那时起撤销段已经改变，那么在执行修复表空间时用 UNDO TABLESPACE 选项指定恢复表空间时具有撤销段的表空间集。

### 5.6.3 TSPITR 准备

为了保证 TSPITR 的正确执行，在真正执行之前要选择正确的目标时间、确定合适的恢复集并确定和保留 TSPITR 后可能丢失的对象。

1. 为 TSPITR 选择正确的目标时间

选择正确的 TSPITR 目标时间或 SCN 是极为重要的，因为在 TSPITR 完成后将表空间设置为联机时不能使用比联机时更早的备份。

如果使用恢复目录，那么可以对其重复执行 TSPITR 操作以修复到不同的目标时间，因为恢复目录包含表空间的历史信息。但是，如果 RMAN 只使用控制文件，那么只能在删除该表空间之后才能重复执行 TSPITR，因为控制文件中没有表空间的历史记录，此时 RMAN 只知道当前的表空间集，执行 TSPITR 的表空间的创建时间等于其联机时间。

如果要查询数据的过去状态以确定 TSPITR 的目标时间，那么可以使用闪回查询、Oracle 事务查询和闪回版本查询来找到不想要的数据库更改发生的时间点。这些内容参见第 6 章 6.1 节。

2. 确定恢复集

最初的恢复集包括需要修复的表空间的数据文件。但是，如果要恢复表空间中的对象与其他表空间中的对象有如约束之类的关系，那么可以在执行 TSPITR 之前将包括相关对象的表空间添加到恢复集，或者删除这些关系，或者在 TSPITR 执行期间暂停这种关系。

RMAN 执行 TSPITR 时要求表空间是自包含的，并且没有属于 SYS 用户的对象驻留在此表空间中。使用 DBMS_TTS.TRANSPORT_SET_CHECK 存储过程来确定表空间外的对象，并可确定对象间的关系跨越恢复集边界的对象。如果 TRANSPORT_SET_VIOLATIONS 视图返回行，那么必须检查并更正问题。

如果恢复集中的一个或多个表空间已删除，那么 RMAN TSPITR 无法运行存储过程 DBMS_TTS.TRANSPORT_SET_CHECK。此时，用数据泵导出辅助数据库时可运行该过程 DBMS_TTS.TRANSPORT_SET_CHECK。就像 RMAN TSPITR 操作一样，如果导出操作遇到不是自包含的任何表空间，那么导出操作会失败。

如果查询到对象之间的关系，那么要记录对关系进行所有操作，以便在完成 TSPITR 后可以重新创建任何已暂停或删除的关系。只有在 TRANSPORT_SET_VIOLATIONS 视图中对应的恢复集表空间为空时才能进行 TSPITR 操作。

执行 DBMS_TTS.TRANSPORT_SET_CHECK 的用户必须有 EXECUTE_CATALOG_ROLE 角色，初始时只有 SYS 拥有该角色。

**【例 5.7】**执行 DBMS_TTS.TRANSPORT_SET_CHECK 检查由 tools 和 users 表空间组成的初始恢复集的过程。

```
SQL> EXECUTE DBMS_TTS.TRANSPORT_SET_CHECK('users,tools', TRUE);
SQL> SELECT  *  FROM  transport_set_violations;
```

如果上面的查询结果不空，表示由 users 和 tools 组成的恢复集不是自包含的。

**3. 识别并保留 TSPITR 后丢失的对象**

在对表空间执行 RMAN TSPITR 时，目标时间之后创建的对象会丢失。通常是在 TSPITR 之前用数据泵导出这些对象，然后在 TSPITR 操作后重新导入。

如果要确定在 TSPITR 操作中丢失的对象，可以查询主数据库的视图 TS_PITR_OBJECTS_TO_BE_DROPPED，该视图包括的内容有 OWNER（要删除对象的所有者）、NAME（执行 TSPITR 时丢失对象名称）、CREATION_TIME（对象创建时间）和 TABLESPACE_NAME（包含对象的表空间名称）。

通过查询找出建立时间（CREATION_TIME）是在 TSPITR 目标时间以后的对象。

**【例 5.8】**假设恢复集由 USER 和 TOOLS 表空间组成，恢复目标时间为 2016 年 11 月 2 日 7:03:11 am，现在要找出在 TSPITR 目标时间以后建立的对象。

```
SQL> SELECT owner, name, tablespace_name,
   2 TO_CHAR(creation_time, 'YYYY-MM-DD:HH24:MI:SS')
   3 FROM ts_pitr_objects_to_be_dropped
   4 WHERE tablespace_name IN ('USERS','TOOLS')
   5 AND creation_time > TO_DATE('16-nov-02:07:03:11','YY-MON-
DD:HH24:MI:SS')
   6 ORDER BY tablespace_name, creation_time;
```

如果有恢复表空间时的 SCN，那么可以使用转换函数来确定与 SCN 相关联的时间和删除的对象。

**【例 5.9】**假设恢复表空间 USERS 和 TOOLS 时的 SCN 是 1645870，确定删除的对象。

```
SQL> SELECT owner, name, tablespace_name,
   2 TO_CHAR(creation_time,'YYYY-MM-DD:HH24:MI:SS')
   3 FROM ts_pitr_objects_to_be_dropped
```

```
  4 WHERE tablespace_name IN ('USERS','TOOLS')
  5 AND creation_time > TO_DATE(TO_CHAR(SCN_TO_TIMESTAMP(1645870),
  6 'MM/DD/YYYY HH24:MI:SS'), 'MM/DD/YYYY HH24:MI:SS')
  7 ORDER BY tablespace_name, creation_time;
```

### 5.6.4 执行全自动 TSPITR

在默认的全自动模式下，RMAN 尽可能使用目标数据库上的 TSPITR 配置。在执行 TSPITR 期间，恢复集数据文件写入到它们在目标数据库上的当前位置。当从备份中还原数据文件时，在辅助数据库上使用与目标数据库相同的通道配置。然而，辅助集数据文件和其他辅助数据库文件存储在辅助目标。

使用 AUXILIARY DESTINATION 参数设置 RMAN 使用的辅助集数据文件的位置。辅助目标必须是磁盘上的位置，并且有足够的空间来保存辅助集数据文件。即使用其他方法对部分或所有辅助集数据文件重命名，也要用 AUXILIARY DESTINATION 参数为未指定位置的辅助集数据文件提供默认位置。如果没有提供所有辅助集数据文件的名称，TSPITR 操作也会正常执行。

在 RMAN 中执行完全自动化 TSPITR 的用户必须有 SYSBACKUP 或 SYSDBA 权限，并能够用操作系统授权建立连接。

执行完全自动化的 RMAN TSPITR 的步骤如下：

① 在目标数据库上启动 RMAN 会话，如果有恢复目录可用，连接到恢复目录。在启动 RMAN 客户端进行自动化 TSPITR 时，不要连接到辅助数据库。这是因为，在执行 RECOVER TABLESPACE 命令时连接到辅助数据库会认定正在管理辅助数据库，并试图用连接的辅助数据库进行 TSPITR。

② 在目标实例上配置 TSPITR 所需的通道。当执行 TSPITR 时，辅助数据库使用与目标实例相同的通道配置。

③ 运行有 UNTIL 和 AUXILIARY DESTINATION 子句的 RECOVER TABLESPACE 命令。下面的命令将 USERS 和 TOOLS 表空间返回到日志序列号 1299 的结束时间，并将辅助集文件存储在 d:\auxdest 文件夹。

```
RMAN> RECOVER TABLESPACE USERS,TOOLS
  2 UNTIL LOGSEQ 1300 THREAD 1
  3 AUXILIARY DESTINATION 'd:\auxdest';
```

④ 查看 RECOVER 命令的结果。如果在 TSPITR 期间未出现错误，那么继续执行步骤⑤，否则查找并排除错误。

RMAN 将表空间设置为脱机，在辅助数据库上还原备份，并将其修复到期望的时间点，然后重新导入到目标数据库。表空间依然保持脱机。所有辅助集数据文件和其他辅助数据库文件从辅助目标中删除。

⑤ 如果 TSPITR 成功完成，那么在表空间联机前备份已修复的表空间。

```
RMAN> BACKUP TABLESPACE users, tools;
```

在表空间上执行 TSPITR 之后，就不能再使用该表空间先前的备份。如果用修复的表空间而不进行备份，那么运行数据库时就没有这些表空间的可用备份。

⑥ 将表空间重新联机，此时表空间就可以正常使用了。

```
RMAN> ALTER TABLESPACE users, tools ONLINE;
```

### 5.6.5 用户定制的 TSPITR

在进行全自动的 TSPITR 中可以重命名或重新定位恢复集数据文件，也可以为部分或所有辅助集数据文件指定辅助目标以外的位置，还可以提前建立辅助集数据文件的镜像副本备份。这些定制的个性设置会覆盖全自动化的 TSPITR 的默认配置。

要在 CDB 和 PDB 上执行 TSPITR，必须用具有 SYSDBA 或 SYSBACKUP 权限的用户连接到根。为了执行对多个 PDB 执行 TSPITR，必须有包含该 PDB 的 CDB 的根和种子数据库的备份。

#### 1. 用 SET NEWNAME 重命名 TSPITR 恢复集数据文件

如果原来包含恢复表空间的磁盘不可用或空间不够，那么重命名或重新定位恢复集数据文件可以将执行 TSPITR 之后的表空间数据文件存储在新的位置。

当使用 SET NEWNAME 命令为恢复集指定新的目标时，RMAN 不会删除表空间的原始数据文件。如果要指定新的恢复集文件名，就要在创建包括有 SET NEWNAME 命令的 RUN 块，只是要保证分配的名称与当前数据文件名称不冲突。

【例 5.10】重命名恢复集文件的 RUN 命令样例。

```
RUN
{
    SET NEWNAME FOR DATAFILE
    'd:\oradata\orademo\users01.dbf' TO 'e:\users01.dbf';
    #如果恢复表空间有多个数据文件，那么要执行多个 SET NEWNAME 命令.
    RECOVER TABLESPACE users, tools UNTIL SEQUENCE 1300 THREAD 1;
}
```

在实际运行上面 RUN 命令块时，RMAN 才会检测用 SET NEWNAME 指定的名称与当前数据文件名称是否冲突。如果 RMAN 检测到冲突，那么 TSPITR 失败，并且 RMAN 报告错误，但有效的数据文件不会被重写。

如果在上面的 RUN 命令块中没有检测到文件名冲突，那么 RMAN 会做如下操作：在 TSPITR 期间将每个指定的数据文件恢复到新位置；如果镜像副本存在于指定位置并且其检查点在指定的时间点之前，那么就用此镜像副本，否则 RMAN 将覆盖镜像副本；将新恢复的数据文件添加到目标控制文件中。

#### 2. 命名 TSPITR 辅助集数据文件

与通常存储在其原始位置的恢复集数据文件不同，辅助集数据文件一定不得覆盖目标数据库中相应的原始文件。如果没有指定与原始位置不同的辅助集文件位置，那么 TSPITR 会失败。当 RMAN 试图覆盖原始数据库中的相应文件并发现文件正在使用时会发生故障。

为辅助集数据文件指定位置的最简单方法是指定一个 TSPITR 的辅助目标。RMAN 还提供设置辅助集数据文件位置的其他方法，按照优先级降序有 SET NEWNAME 命令、CONFIGURE AUXNAME 命令、初始化参数 DB_FILE_NAME_CONVERT 和 RMAN 管理辅助数据库时执行 RECOVER TABLESPACE ...AUXILIARY DESTINATION 命令。

当应用两种方法设置时优先级高的设置会覆盖优先级低的，如当用 CONFIGURE AUXNAME 命令配置辅助集数据文件名称时，在目标数据库上仍可以运行 RECOVER

TABLESPACE ...AUXILIARY DESTINATION 命令。

如果要使用上述任一方法指定特定文件位置，Oracle 建议在用 RMAN 管理的辅助数据库时，运行 RECOVER TABLESPACE 命令并使用 AUXILIARY DESTINATION 参数。如果忽略部分辅助集数据文件的重命名，那么 TSPITR 仍然成功。任何未重命名的文件都放在辅助目标中。

可以运行 SHOW AUXNAME 命令查看当前的 CONFIGURE AUXNAME 命令的设置。

3. 用 SET NEWNAME 命名辅助集数据文件

要为辅助集数据文件指定新名称，可以在包含 RECOVER TABLESPACE 命令的 RUN 块中用 SET NEWNAME 命令块重命名文件。

【例 5.11】在 TSPITR 中重命名辅助集 Oracle 托管文件（OMF）。

```
RUN
{
   SET NEWNAME FOR DATAFILE 'd:\oradata\prod\system01.dbf'
   TO 'e:\auxdest\system01.dbf';
   SET NEWNAME FOR DATAFILE 'd:\oradata\prod\sysaux01.dbf'
   TO 'e:\auxdest\sysaux01.dbf';
   SET NEWNAME FOR DATAFILE ' d:\oradata\prod\undotbs01.dbf'
   TO ' e:\auxdest\undotbs01.dbf';
   RECOVER TABLESPACE users, tools UNTIL LOGSEQ 1300 THREAD 1
   AUXILIARY DESTINATION 'e:\auxdest';
}
```

例 5.11 的执行结果取决于在执行 RECOVER TABLESPACE 时 e:\auxdes\system01.dbf 是否存在。如果 e:\auxdes\system01.dbf 文件存在于指定位置并且是在执行 TSPITR 的 UNTIL 时间之前的 SCN 处创建的，那么使用 DATAFILECOPY 并且不需要还原操作。详细介绍参见本章 5.6.6 节的“用 SET NEWNAME 和 CONFIGURE AUXNAME 设置辅助镜像副本”。否则，RMAN 将辅助集数据文件还原到 NEWNAME 指定位置而不是默认位置。因此，如果目的是控制辅助集数据文件存储位置，那么要确保在执行 TSPITR 之前没有文件存储在由 SET NEWNAME 指定的位置。

4. 在 TSPITR 期间重命名临时文件

临时文件被视为数据库的辅助集的一部分。当辅助数据库实例化的时候，RMAN 重新创建目标数据库的临时表空间，并使用常规规则生成辅助数据文件名。

可以设置辅助数据库的 DB_FILE_NAME_CONVERT 或用命令 SET NEWNAME FOR TEMPFILE 来重命名临时文件。如果使用 RMAN 管理的辅助数据库，那么可以用命令 RECOVER 的 AUXILIARY DESTINATION 子句。

### 5.6.6 用镜像副本执行 RMAN TSPITR

通过让 RMAN 使用现有恢复集和辅助集数据文件的映像副本可以提高 TSPITR 性能。此时 RMAN 不需要从备份还原数据文件。如果在指定位置有合适的镜像副本可用，那么 RMAN 会用镜像副本执行 TSPITR，并且数据文件副本不会从目标控制文件中取消。

1. 用 SET NEWNAME 命令指定恢复集镜像副本

在 TSPITR 期间，RMAN 在 SET NEWNAME 指定的位置查找数据文件。RMAN 检

查是否存可修复到目标时间检查点 SCN 的数据文件镜像副本备份。如果 RMAN 找到可用的镜像副本，那么 RMAN 在 TSPITR 过程中会使用它。否则，RMAN 将还原数据文件到 NEWNAME 指定的位置， 由 NEWNAME 指定位置中的任何文件将被覆盖。在 TSPITR 完成后，指定的 NEWNAME 将成为目标数据库的数据文件的名称。

【例 5.12】使用 SET NEWNAME。

```
RUN
{
    SET NEWNAME FOR DATAFILE 'd:\oradata/orademo/users01.dbf'
    TO 'e:\newfs\users1.dbf';
    #如果有多个数据文件，那么执行多个 SET NEWNAME 命令
    RECOVER TABLESPACE users, tools UNTIL SEQUENCE 1300 THREAD 1;
}
```

2．用 SET NEWNAME 和 CONFIGURE AUXNAME 设置辅助集镜像副本

CONFIGURE AUXNAME 命令为辅助集数据文件映像副本设置持久的位置，而 SET NEWNAME 命令设置在 RUN 命令持续时间内的位置。

如果用 SET NEWNAME 或 CONFIGURE AUXNAME 指定辅助集数据文件的新位置，并且在该位置有 TSPITR 中目标 SCN 对应的镜像副本，那么 RMAN 会使用该镜像副本。如果在该位置没有可用的镜像副本，那么 RMAN 从备份中还原可用副本。如果镜像副本存在，但对应的 SCN 是在 TSPITR 的目标时间之后，那么还原的文件将覆盖数据文件。

与所有辅助集文件一样，不管它是在 TSPITR 之前创建的镜像副本还是在 TSPITR 期间由 RMAN 还原的镜像副本，在 TSPITR 之后都将删除辅助集镜像副本文件。

使用 CONFIGURE AUXNAME 命令的主要目的通过减少还原时间从而使 TSPITR 操作更快。如果预期执行 TSPITR，那么可以备份规则中包括维护辅助集数据文件的镜像副本的维护，并定期更新到希望执行 TSPITR 的最早时间点。

假设有足够的磁盘空间来保存用于 TSPITR 的整个数据库的镜像副本，执行 TSPITR 的操作步骤如下：

① 为每个指定文件配置一次 CONFIGURE AUXNAME。

CONFIGURE AUXNAME FOR DATAFILE n TO auxname_n 命令为指定的目标数据文件 n 配置辅助集数据文件名 auxname_n。

② 定期执行 BACKUP AS COPY DATAFILE n FORMAT auxname 以进行更新镜像副本。为了更好的性能，使用增量更新备份策略以使镜像副本保持最新，而不需要执行数据文件的完整备份。

假设镜像副本都位于磁盘上的相同位置，并且它们的命名与原始数据文件一样，那么可以避免单独执行每个数据文件的备份，可以使用 BACKUP AS COPY DATABASE 命令的 FORMAT 或 DB_FILE_NAME_CONVERT 选项直接将多个数据文件从一个位置备份到另一位置。

假设配置辅助名称将主盘位置 maindisk 转换为辅助磁盘 auxdisk，可执行下面的命令：

```
BACKUP AS COPY DATABASE DB_FILE_NAME_CONVERT (maindisk, auxdisk);
```

③ 在上面两个步骤后，已准备好了不需要从备份中还原辅助集数据文件来执行 TSPITR。当需要执行 TSPITR 时，指定最后一次更新镜像副本后的时时为目标时间。

例如，如果在 2016 年 11 月 15 日 19:00:00 开始的错误批处理不正确地更新表空间 parts 中的表，那么执行下面的命令可以对表空间 parts 执行 TSPITR：

```
RECOVER TABLESPACE parts UNTIL TIME 'November 15 2016, 19:00:00';
```

因为 AUXNAME 位置已配置，并且引用在 TSPITR 目标时间之前的 SCN 对应的数据文件副本，此时不需要从备份中还原辅助集，从而减少了还原的开销。

如果要不想还原恢复集，那么也可以频繁建立表空间的镜像副本，并使用 SET NEWNAME 指定这些副本的位置，这样可确保不会还原恢复集并且在 TSPITR 成功完成后表空间更改位置。

### 5.6.7 用备用数据库完成 TSPITR

虽然 Oracle 建议让 RMAN 管理辅助数据库的所有方面，可能有时候必须创建和管理自己的辅助数据库。如果选择此模式，那么要负责 TSPITR 所用辅助数据库的建立、启动、停止并清除。

如果要控制 TSPITR 中使用的通道，那么就需要创建自己的实例，因为自动管理辅助数据库使用目标数据库的配置通道作为辅助数据库通道配置的基础，并在还原操作期间使用这些通道配置。可能需要不同的通道设置，但又不想用 CONFIGURE 命令更改目标数据库的设置，此时就可以管理自己的辅助数据库。在 RUN 命令块连接到辅助数据库，用 ALLOCATE AUXILIARY CHANNEL 命令分配通道，然后执行 RECOVER 命令。

#### 1. 为 RMAN TSPITR 准备自己的辅助数据库

辅助数据库仍然是一个 Oracle 数据库，所以可以按照通常建立 Oracle 数据库的方法一样建立辅助数据库，只是以下几点是要特别考虑的。

① 按照通常创建和维护 Oracle 密码文件的方法创建辅助数据库的 Oracle 密码文件。

② 使用文本编辑器在目标数据库主机创建辅助数据库初始化参数文件，这里假设在 d:\tmp\initAux.ora。执行 TSPITR 时目标数据库实例和辅助数据库实例必须在相同主机上。

根据 TSPITR 所需的辅助数据库可能的初始化参数设置需要的参数，如下面内容：

```
DB_NAME=orademo
DB_UNIQUE_NAME=_orademo
CONTROL_FILES=d:\tmp\control01.ctl
DB_FILE_NAME_CONVERT=('d:\oracle\oradata\orademo','d:\tmp')
LOG_FILE_NAME_CONVERT=(' d:\oracle\oradata\orademo\redo','d:\tmp\redo')
REMOTE_LOGIN_PASSWORDFILE=exclusive
COMPATIBLE=11.0.0
DB_BLOCK_SIZE=8192
```

这里的 DBA_NAME 与目标数据库有相同名称，但 DB_UNIQUE_NAME 在同一 Oracle 主目录中要唯一，如_orademo。设置的辅助数据库初始化参数不要覆盖目标数据库中文件的初始化设置。

③ 检查 Oracle Net 与辅助数据库的连接。

辅助数据库必须具有有效的网络服务名称。用 SQL * Plus 建立一个用 SYSBACKUP 或 SYSDBA 权限可以连接到辅助数据库的网络服务名称。

#### 2. 使用辅助数据库为准备 RMAN TSPITR 命令

如果运行自己的辅助数据库，那么执行 TSPITR 所需的命令序列可能很长，如：为还原备份配置复杂通道，并且没有用 DB_CREATE_FILE_DEST 来确定辅助集文件的文件命名等。此时可以将完成 TSPITR 操作的一系列命令存储到 RMAN 命令文件中，然后在 RMAN 中使用@命令读取并执行命令文件。

#### 3. 为具有用户管理的辅助数据库的 TSPITR 分配通道

当运行自己的辅助数据库时，默认配置是使用目标数据库的自动通道配置。如果要改变通道的数量或通道参数等不同的通道配置，那么可以在 RECOVER TABLESPACE 命令的 RUN 块中执行 ALLOCATE AUXILIARY CHANNEL 命令。

#### 4. 用 SET NEWNAME 命令设置辅助数据库的数据文件名

可以用 SET NEWNAME 命令来引用辅助集文件的镜像副本以提高 TSPITR 性能，或者为恢复集文件分配新的名称。

#### 5. 用辅助数据库执行 TSPITR 的步骤

这里使用 RECOVER TABLESPACE ... UNTIL 命令，并介绍 RMAN TSPITR 的如下功能：管理自己的辅助数据库；配置从磁盘和 SBT 设备还原备份通道；用可恢复的镜像副本，这些副本用 SET NEW NAME 配置辅助集数据文件名；用 SET NEWNAME 为恢复集数据文件指定新名称。

有用户管理的辅助数据库情况下执行 TSPITR 的步骤如下：

① 准备执行 TSPITR 的辅助数据库。在辅助数据库中指定密码文件，并设置辅助数据库参数文件 d:\bigtmp\init_tspitr_prod.ora，有以下设置：

```
DB_NAME=PROD
DB_UNIQUE_NAME=tspitr_PROD
CONTROL_FILES=d:\bigtmp\tspitr_cntrl.dbf
DB_CREATE_FILE_DEST=d:\bigtmp
COMPATIBLE=11.0.0
BLOCK_SIZE=8192
REMOTE_LOGIN_PASSWORD=exclusive
```

② 创建辅助数据库的服务名称 pitprod，并保证可以连接。

③ 启动 SQL * Plus，并用 SYSOPER 权限连接到辅助数据库。启动实例到 NOMOUNT 模式：

```
SQL> STARTUP NOMOUNT PFILE =d:\bigtmp\init_tspitr_prod.ora;
```

如果指定 PFILE，那么 PFILE 的路径是运行 SQL * Plus 主机上的客户端路径。因为辅助数据库还没有控制文件，只能启动实例到 NOMOUNT 模式。不要创建控制文件或尝试加载或打开用于 TSPITR 的辅助数据库。

④ 启动 RMAN 并连接到目标数据库和手工建立的辅助数据库实例。

```
C:\> RMAN TARGET/ AUXILIARY '"sbu@pitprod AS SYSBACKUP"'
```

⑤ 执行下面的 RUN 命令块来完成 TSPITR。在 RUN 块中执行 RECOVER TABLESPACE ts1, ts2... UNTIL TIME 'time'命令。如果要用 ALLOCATE AUXILIARY CHANNEL 或 SET NEWNAME 命令，那么在 RUN 命令块中 RECOVER TABLESPACE 之前执行这些命令。

```
RUN
{
   # 指定恢复集数据集数据文件名称
   SET NEWNAME FOR TABLESPACE clients TO 'd:\oradata\prod\rec\%b';
   # 为避免还原数据文件，设置具有镜像副本的恢复集数据文件名称
   SET NEWNAME FOR DATAFILE ' d:\oradata\prod\system01.dbf'
   TO 'e:\backups\prod\system01_monday_noon.dbf';
   SET NEWNAME FOR DATAFILE 'd:\oradata\prod\system02.dbf'
   TO ' e:\backups\prod\system02_monday_noon.dbf';
   SET NEWNAME FOR DATAFILE ' d:\oradata\prod\sysaux01.dbf'
   TO ' e:\backups\prod\sysaux01_monday_noon.dbf';
   SET NEWNAME FOR DATAFILE ' d:\oradata\prod\undo01.dbf'
   TO ' e:\backups\prod\undo01_monday_noon.dbf';
   # 指定所用通道类型
   ALLOCATE AUXILIARY CHANNEL c1 DEVICE TYPE DISK;
   ALLOCATE AUXILIARY CHANNEL t1 DEVICE TYPE sbt;
   # 修复 clients 表空间到 24 小时以前
   RECOVER TABLESPACE clients UNTIL TIME 'sysdate-1';
}
```

将上面的 RUN 命令块存储在命令文件中并执行命令文件即可实现 TSPITR 操作。

如果 TSPITR 操作成功，那么恢复集数据文件用 SET NEWNAME 指定的名称已记录在目标数据库控制文件中，文件内容修复到 TSPITR 指定的时间点；RMAN 会删除辅助文件，包括辅助数据库的控制文件、联机重做日志和辅助集数据文件，然后关闭辅助数据库。

如果 TSPITR 操作失败，那么删除辅助集文件并将辅助数据库关闭。恢复集文件保留在指定位置和保留在 TSPITR 运行失败的时刻。

6. TSPITR 失败的可能原因

在执行 TSPITR 时，有各种问题可能导致 RMAN TSPITR 失败。下面介绍常见的问题检查和修复方法。

（1）执行 TSPITR 期间的文件名冲突

文件名称冲突主要是指在目标数据库中的文件，用 SET NEWNAME 或 CONFIGURE AUXNAME 命令指定的文件名和 DB_FILE_NAME_CONVERT 参数生成的文件名之间有相同的名称。

如果 SET NEWNAME、CONFIGURE AUXNAME 和 DB_FILE_NAME_CONVERT 导致辅助集或恢复集中的多个文件有相同的名称，那么 RMAN 在 TSPITR 期间报告错误。

纠正名字冲突问题的方法就是使用不同的参数的值。

（2）执行 TSPITR 期间识别具有撤销段的表空间

在执行 TSPITR 期间，RMAN 需要知道在 TSPITR 目标时间具有撤销段的表空间信息。如果使用恢复目录，那么可从恢复目录得到这些信息。如果没有恢复目录，或

者在恢复目录中找不到该信息,那么 RMAN 假定在目标时间具有撤销段的表空间集就是当前具有撤销段的表空间集。如果假设不正确，那么 TSPITR 失败并报告错误。此时用 RECOVER TABLESPACE 命令的 UNDO TABLESPACE 子句获得目标时间有撤销段的表空间列表。

（3）TSPITR 故障后重启手动辅助数据库

如果正在管理自己创建的辅助数据库，并且执行 TSPITR 失败，那么在解决错误前不要尝试重新运行 TSPITR，即要先确定并解决阻止 TSPITR 成功运行的问题，解决后再启动辅助数据库到 NOMOUNT，重新运行 TSPITR。

## 5.7 从 RMAN 备份中恢复表和表分区

在 Oracle 数据库中将表恢复到指定的时间点有多种方法，如 Oracle 闪回技术和 TSPITR。本节介绍利用 RMAN 备份将表和表分区恢复到指定的时间点的技术。

### 5.7.1 从 RMAN 备份恢复表和表分区概述

#### 1. 从 RMAN 备份恢复表和表分区的目的

RMAN 能够将一个或多个表或表分区恢复到指定的时间点，而不影响其他数据库对象，即用先前创建的 RMAN 备份将表和表分区恢复到指定的时间点。

下面几种情况适用从 RMAN 备份中恢复表和表分区：

① 需要恢复非常少量的表到特定的时间点。因为使用 TSPITR 会将表空间中的所有对象移动到指定的时间点，所以此时 TSPITR 不是最有效的解决方案。

② 需要恢复已经逻辑损坏或已经被删除的表。

③ 因为所需的目标时间点比可用的撤销日志还要早，所以不可能使用闪回表。

④ 要恢复在修改表结构的 DDL 操作后丢失的数据。此时不可能使用闪回表，因为在期望时间点和当前时间点之间运行了 DDL 表。闪回表不能在结构更改（例如截断表操作）后倒回表的数据。

#### 2. 恢复表和表分区所需的备份

如果要恢复表或表分区，必须有撤销表空间、SYSTEM 表空间、SYSAUX 表空间和包含要恢复表或表分区的表空间的完全备份。

如果要恢复表，包含该表依赖对象的所有分区必须包含在恢复集中。如果表空间 tbs1 中的表的索引包含在表空间中 tbs2，那么只有在表空间 tbs2 也包括在恢复集内时才能恢复这些表。

如果要恢复 PDB 中的表，那么需要根的撤销表空间、根的 SYSTEM 表空间、根的 SYSAUX 表空间的备份和包含表的 PDB 备份，同时要有包含表和分区的表空间备份。

#### 3. 恢复表和表分区时 RMAN 自动完成的任务

RMAN 使用 RECOVER 命令可以将表或表分区恢复到指定的时间点，此时需要提供以下信息：恢复表或表分区的名称；恢复表或表分区的时间点；恢复表或表分区是否导入目标数据库中。

在 RMAN 使用上面的信息可将执行恢复指定表或表分区的过程自动化。作为恢复过程的一部分，RMAN 要创建用于恢复表或表分区到指定的时间点的辅助数据库。如果恢复的表或表分区需要重命名或映射到一个新的表空间或映射到新模式，那么必须指定新的表名称、新的表空间名称或新的模式名称。

在 RMAN 恢复表和表分区的自动过程中，RMAN 自动完成以下内容：

① 确定包含需要恢复表或表分区的备份和为恢复指定的时间点。

② 确定目标主机上是否有足够的空间来创建用于表或分区恢复过程中使用的辅助实例。如果所需空间不够，那么 RMAN 显示错误并退出恢复操作。

③ 创建在恢复过程中要用的辅助数据库，恢复指定表或表分区到指定时间点并恢复到辅助数据库。使用 RECOVER 命令的 AUXILIARY DESTINATION 子句或 SET NEWNAME 命令可以指定恢复数据文件在辅助数据库中的存储位置。

在 RUN 命令块中用包含 RECOVER 命令和重命名数据文件所需的 SET NEWNAME 命令。Oracle 建立用 AUXILIARY DESTINATION 子句为辅助数据库中的数据文件提供位置。当使用 SET NEWNAME 命令时，如果省略恢复所需的一个数据文件的名称，那么表或表分区无法恢复。

④ 创建包含恢复表或表分区的数据泵导出转储文件。

在将表或表分区恢复到辅助数据库的指定时间点后，RMAN 创建一个包含已恢复数据对象的导出转储文件。可以指定此转储文件的名称和位置，也可以允许 RMAN 使用默认名称和位置。

使用 RECOVER 命令的 DATAPUMP DESTINATION 子句指定数据泵导出转储文件的位置。这个位置通常是存储转储文件的操作系统目录的路径。如果省略这个子句，那么转储文件存储在 AUXILIARY DESTINATION 参数指定的位置。如果没有指定辅助目标，那么转储文件存储在默认位置，如 Windows 中为%ORACLE_HOME\database。

使用 RECOVER 命令的 DUMP FILE 子句指定数据泵导出转储文件的名称。如果省略此子句，那么 RMAN 使用默认特定操作系统的转储文件名称。在 Linux 和 Windows 上默认转储文件名称为 tspitr_SID-of-clone_n.dmp，其中 SID-of-clone 是由 RMAN 创建的执行恢复的辅助数据库 Oracle 的 SID，n 是任何随机生成的数字。

如果在创建转储文件的位置存在 DUMP FILE 指定的文件，那么恢复操作失败。

⑤ 如果需要，RMAN 会将 Data Pump 导出转储文件导入目标实例。

默认情况下，RMAN 将存储在导出转储文件的恢复表或表分区导入到目标数据库。如果选择不导入恢复表或表分区到目标数据库，那么可以用 RESTORE 命令的 NOTABLEIMPORT 子句。

当使用 NOTABLEIMPORT 时，RMAN 将它们恢复到指定的时间点，然后创建导出转储文件。但是，此转储文件不会导入目标中数据库。必须在需要时通过使用数据泵导入实用程序手动将此转储文件导入目标数据库。

如果在导入操作期间发生错误，RMAN 在表恢复结束后不会删除导出转储文件。这样能够手动导入转储文件。

⑥ 如果需要，当恢复表或表分区时，将它们导入目标数据库后可以重命名恢复的对象。

REMAP TABLE 子句可以重命名目标数据库中的恢复表或表分区。如果要导入恢复表或表分区到不同于原对象所在的表空间，那么用 RECOVER 的 REMAP TABLESPACE 子句。

如果目标数据库中存在与恢复表名称相同的表，那么 RMAN 将显示一条错误消息，指示必须用 REMAP TABLE 子句重命名已恢复的表。

当恢复表分区时，每个表分区恢复到单独的表。使用 REMAP TABLE 子句指定恢复分区必须导入的每个表的名称。如果不明确指定表名称，那么 RMAN 将连接恢复表名和分区名称来生成表名。生成的名称采用格式 tablename_partitionname。如果目标数据库中存在此名称的表，然后 RMAN 将在名称后附加“_1”，如果此名称也存在，则 RMAN 会在名称后附加“_2”，依此类推。

当使用 RECOVER 的 REMAP 选项时，任何命名约束和索引都不导入。这是为了避免与现有表的名称冲突。

4．恢复表和表分区的限制

当使用RECOVER命令恢复包含在RMAN备份中的表或表分区时，存在以下限制：无法恢复属于 SYS 模式的表和表分区；不能恢复 SYSTEM 和 SYSAUX 表空间中的表和表分区；不能恢复备用数据库上的表和表分区；不能用 REMAP 选项恢复具有命名 NOT NULL 约束的表。

### 5.7.2 准备恢复表和表分区

1．恢复表和表分区的前提条件

如果要从备份中恢复表和表分区，那么目标数据库必须处于读写模式，并且目标数据库必须处于 ARCHIVELOG 模式，同时目标数据库必须具有可以恢复表或表分区到指定时间点的 RMAN 备份。要恢复单个表分区，目标数据库的 COMPATIBLE 初始化参数必须设置为 11.1.0 或更高版本。

2．确定必须恢复的表和表分区的时间点

确定要将表或表分区恢复到的准确时间点是非常重要的。RMAN 允许使用以下选项之一指定所需的时间点：

（1）SCN

将表或表分区恢复到由 SCN 所对应的时间点的状态。

（2）时间

将表或表分区恢复到指定时间的状态。使用 NLS_LANG 和 NLS_DATE_FORMAT 环境变量中指定的日期格式，还可以使用诸如 SYSDATE 的数据常量来指定时间。

（3）序列号

将表或表分区恢复到由指定日志序列号和线程号的时间所对应的状态。

### 5.7.3 恢复表和表分区

1．恢复表和表分区的一般步骤

在非 CDB 数据库中恢复表或表分区到指定的时间点所需的步骤如下：

① 按照本章 5.7.2 节的介绍准备恢复表和表分区，即确定满足恢复表和表分区的条件，并确定恢复目标时间点。

② 启动 RMAN 以 TARGET 选项连接到目标数据库，用户必须具有 SYSBACKUP 或 SYSDBA 权限。

③ 用 RECOVER TABLE 命令将所选的表或表分区恢复到指定的时间点。

此时必须使用 AUXILIARY DESTINATION 子句和 UNTIL TIME 或 UNTIL SCN 或 UNTIL SEQUENCE 子句之一来指定恢复时间点。

可以在 RECOVER 命令中使用 DUMP FILE 和 DATAPUMP DESTINATION 选项指定包含恢复表或表分区的导出转储文件的名称和存储的位置。参见本章 5.7.1 节中的介绍。

可以在 RECOVER 命令中使用 NOTABLEIMPORT 选项指定不能将恢复的表或表分区导入目标数据库。参见本章 5.7.1 节中的介绍。

可以在 RECOVER 命令中使用 REMAP TABLE 选项在目标数据库中重命名恢复表或表分区。参见本章 5.7.1 节中的介绍。

可以在 RECOVER 命令中使用“REMAP 表空间”将表或表分区恢复到不同于对象最初所在的表空间。参见本章 5.7.1 节中的介绍。

**2. 恢复表和表分区的案例**

**【例 5.13】**恢复表 EMP 和 DEPT 到指定时间，而不将其导入目标数据库。

假设要将 EMP 和 DEPT 两个表恢复到两天前的状态。但是，不希望 RMAN 将这些表导入目标数据库。RMAN 必须只能在 d:\tmp\recover\dumpfiles 位置创建名为 emp_dept_exp_dump.dat 的导出转储文件。用 NOTABLEIMPORT 表示这些表不能导入目标数据库中。可以在需要时使用数据泵导入实用程序导入这些表。在恢复过程期间使用辅助目的地是 d:\tmp\oracle\recover。

具体步骤如下：

① 按照本章 5.7.2 节的介绍准备恢复表和表分区。由 SYSDATE 表达式指定需要将表恢复到的时间点。但是，恢复的表不能是导入到目标数据库。

② 启动 RMAN 会话并以 TARGET 选项连接到目标数据库。

③ 用 RECOVER 命令 DATAPUMP DESTINATION、DUMP FILE、REMAP TABLE 和 NOTABLEIMPORT 子句恢复表 EMP 和 DEPT。

```
RECOVER TABLE scott.emp, scott.dept UNTIL TIME 'SYSDATE-1'
AUXILIARY DESTINATION 'd:\tmp\oracle\recover'
DATAPUMP DESTINATION 'd:\tmp\recover\dumpfiles'
DUMP FILE 'emp_dept_exp_dump.dat' NOTABLEIMPORT;
```

**【例 5.14】**恢复表分区到指定的日志序列号。

假设模式 sh 中的表 sales 包含 sales_2011、sales_2012、sales_2013 和 sales_2014 四个分区。sales 表存储在 sales_ts 表空间。恢复 sales_2011 和 sales_2012 分区到日志序列号指定的时间点。恢复表自动导入目标数据库并映射到 SALES_PRE_2000_TS 表空间。

将分区 sales_2011 和 sales_2012 恢复到指定的日志序列号的步骤如下：

① 按照本章 5.7.2 节的介绍准备恢复表和表分区。需要将两个表分区恢复到指定的日志序列号，然后将这些分区导入目标数据库。

② 启动 RMAN 并以 TARGET 选项连接到目标数据库。

③ 用 RECOVER 命令的 REMAP TABLE 和 REMAP TABLESPACE 子句恢复分区。

```
RECOVER TABLE sh.sales:sales_2011, sh.sales:sales_2012 UNTIL SEQUENCE 354
AUXILIARY DESTINATION 'd:\tmp\oracle\recover'
REMAP TABLE 'sh'.'sales':'sales_2011':'historic_sales_2011',
'sh'.'sales':'sales_2012':'historic_sales_2012'
REMAP TABLESPACE 'sales_ts':'sales_pre_2000_ts'
```

在这种情况下，指定的表分区 historical_sales_2011 和 historical_sales_2012 作为单独的表导入目标数据库的 sales_pre_2000_ts 表空间。REMAP TABLE 子句指定用于导入的表的名称。在恢复过程中使用的辅助目标是 d:\tmp\oracle\recover。

如果省略 REMAP TABLE 子句，那么 RMAN 将使用导入表的默认名称。默认名称是原始表名和分区名称的组合。

【例 5.15】将表恢复到新模式中。

需要将 HR.DEPARTMENTS 和 SH.CHANNELS 表恢复到一天前发生逻辑损坏前的状态。恢复表必须重命名为 NEW_DEPARTMENTS 和 NEW_CHANNELS，并导入 EXAMPLE 模式。假设存在模式 EXAMPLE。使用 REMAP TABLE 子句指示源模式如何映射到新目标模式。在恢复过程中使用的辅助目标为是 d:\tmp\auxdest。

具体步骤如下：

① 按照本章 5.7.2 节的介绍准备恢复表和表分区。需要将两个表分区恢复到由时间表达式 SYSDATE 指定的时间点。

② 启动 RMAN 并以 TARGET 选项连接到目标数据库。

③ 恢复 HR.DEPARTMENTS 和 SH.CHANNELS 表，并将其重命名为 NEW_DEPARTMENTS 和 NEW_CHANNELS，然后将其导入 EXAMPLE 模式。

```
RECOVER TABLE hr.departments, sh.channels UNTIL TIME 'SYSDATE - 1'
AUXILIARY DESTINATION 'd:\tmp\auxdest'
REMAP TABLE hr.departments:example.new_departments,
sh.channels:example.new_channels;
```

### 5.7.4 恢复 PDB 中的表和表分区

RMAN 可以恢复插拔式数据库（PDB）中的一个或多个表或表分区到指定的时间点而不影响 PDB 中的其他对象。恢复 PDB 中的表或表分区的步骤类似于非 CDB。

恢复 PDB 中的表或表分区步骤如下：

① 按照本章 5.7.2 节的介绍准备恢复表和表分区。

② 启动 RMAN 并用具有 SYSDBA 或 SYSBACKUP 权限的用户连接到 CDB 根。

③ 用 RECOVER TABLE ... OF PLUGGABLE DATABASE 命令恢复表或表分区到指定的时间点。必须使用 AUXILIARY DESTINATION 子句和 UNITL TIME 或 UNTIL SCN 或 UNTIL SEQUENCE 指定辅助目标和目标时间。

根据需要还可以用一个或多个以下子句：DUMP FILE、DATAPUMP DESTINATION、NOTABLEIMPORT、REMAP TABLE 或 REMAP TABLESPACE。

【例 5.16】恢复 PDB 的表。

将 PDB HR_PDB 中的表 PDB_EMP 恢复到 4 天前。HR 是包含表的模式名称。恢复的表将重命名为 EMP_RECVR。

前面两个步骤与恢复非 CDB 表一样，在第三个步骤中执行下面恢复命令：

```
RECOVER TABLE hr.pdb_emp OF PLUGGABLE DATABASE hr_pdb
UNTIL TIME 'SYSDATE-4' AUXILIARY DESTINATION 'd:\tmp\backups'
REMAP TABLE 'HR'.'PDB_EMP':'EMP_RECVR';
```

## 小　　结

数据库还原、数据库修复和数据库恢复是利用备份或重做日志进行数据库恢复的主要过程。对数据库文件和备份的可用性等进行验证是保证恢复正常进行的第一步。利用 RMAN 可以完成数据库的完全介质恢复、表空间恢复、块介质恢复、控制文件恢复和服务器参数文件恢复，同时可以完成基于时间点的表空间恢复方法。对于熟练的用户，可以利用 RMAN 从备份中恢复表和表分区等高级恢复方法。

## 习　　题

1. 验证数据库的目标是什么？给出验证数据库、CDB 数据库和 PDB 的方法步骤。
2. 在自己的数据库中实验完全数据库恢复、表空间完全恢复和 CDB 完全恢复。
3. 查找自己数据库中坏块及对应的数据文件，如果有坏块，执行块介质恢复。
4. 简述还原服务器参数文件的步骤。
5. 如何用控制文件备份进行数据库修复？
6. TSPITR 的含义是什么？如何用 RMAN 完成 TSPITR？
7. 简述恢复表和表分区的方法步骤。

# 第 6 章

# 闪回技术与数据库时间点恢复 «‹

学习目标：

- 了解闪回技术的基础知识；
- 掌握闪回数据库、闪回表、闪回查询和闪回数据归档的作用及使用方法；
- 掌握数据库时间点恢复方法。

数据库可能会由于多种原因出现故障，但多数故障是由操作员的失误而引起。在传统的方法中，要恢复这些故障需要专业的技术，同时也需要较长时间，有时甚至是不可能的事情。从 Oracle 9i 开始提出了闪回查询以缓解数据库恢复的技术，但闪回查询完全依赖于自动撤销（UNDO），同时受撤销空间的限制也使闪回的数据很有限。在 Oracle 10g 数据库以后对闪回技术进行了全面扩展，使其功能更加强大。

闪回技术是 Oracle 数据库独有的特性，它从根本上改变了数据恢复的方法，使得数据的恢复操作更加简单快速。

## 6.1 闪回技术概述

闪回技术（Oracle Flashback Technology）是 Oracle 数据库的新特性，在大多数可用的情况下，Oracle 数据库的闪回功能比介质恢复更高效。

闪回技术是一组保护 Oracle 数据库数据的功能，包括闪回查询（Flashback Query）、闪回版本查询（Flashback Version Query）、闪回事务查询（Flashback Transaction Query）、闪回表（Flashback Table）、闪回删除（Flashback Drop）和闪回数据库（Flashback Database）。

可以使用闪回技术查看过去的数据状态和倒回部分或全部数据库。一般来说，闪回技术比大多数情况下的介质恢复更有效也破坏性更少。利用闪回技术可以实现以下功能：查询模式对象的以前版本；查询数据库详细历史的元数据；恢复表或行到前一个时间点；自动跟踪和归档事务数据的变化；当数据库从脱机回到联机状态时回滚事务；可将数据库闪回到指定的时间点。

闪回技术从根本上改变了数据恢复的方法。以前的数据库在几分钟内就可能损坏，但需要几小时才能恢复。利用闪回技术，更正错误的时间与错误发生时间几乎相

同，而且非常易用，使用一条命令便可恢复整个数据库，而不必执行复杂的程序。

Oracle 闪回技术使用自动撤销管理（AUM）系统来得到事务的元数据和历史数据，它依赖撤销数据。撤销数据在数据库关闭前都可用。利用闪回功能就可以从撤销数据中查询以前的数据，也可从逻辑损坏中进行数据恢复。

### 6.1.1 闪回技术配置

Oracle 12c 的闪回技术是对传统数据库恢复技术的重要扩充。充分和正确地利用各种闪回技术是管理员必备的技能。Oracle 12c 的闪回技术可以完成行级、表级或数据库级的恢复工作，同时可以完成删除表的恢复工作。

在正确使用闪回技术前，管理员要进行必要的数据库配置才能使用闪回技术。

#### 1. 自动撤销管理配置

几乎所有闪回技术都使用自动撤销管理（Automatic Undo Management），所以在使用闪回技术之前，要配置数据库的自动撤销管理 AUM。配置 AUM 要完成以下任务：

① 建立撤销表空间以存放闪回操作所需要的数据。更新数据的用户越多，所需空间就越大。创建撤销表空间的步骤参见数据库管理的内容。

② 配置下面 3 个初始化参数来激活自动撤销管理：

UNDO_MANAGEMENT = { AUTO | MANUAL }

该参数指定系统使用撤销表空间的管理方式，AUTO 表示实例以自动撤销管理方式启动。默认为 AUTO，它的值不能用命令进行修改。MANUAL 表示手工管理。

UNDO_TABLESPACE = 表空间名称

该参数指定实例启动时要用的第一个撤销表空间名称，此时初始化参数 UNDO_MANAGEMENT 必须设置为 AUTO。如果省略该参数同时数据库中有撤销表空间，系统将自动进行选择；否则将使用 SYSTEM 表空间的回滚段。

数据库实例运行时可以使用 ALTER SYSTEM 语句来修改使用的撤销表空间。一般来说应避免使用 SYSTEM 表空间的回滚段来存储回滚数据。

UNDO_RETENTION = n

该参数指定撤销表空间中撤销数据保存的时间，n 取值为 $1 \sim 2^{31}-1$ s。设置该参数时要考虑到所有闪回操作。如果活动事务需要撤销空间，而撤销表空间没有可用空间时，系统将重用过期的空间，这样做的结果可能导致某些闪回操作因为数据被重写而得不到所要的数据。可以在实例运行时用 ALTER SYSTEM 语句动态修改该参数的值。

③ 创建撤销表空间时指定 RETENTION GUARANTEE 子句，以保证过期的撤销数据不会被重写。

#### 2. 闪回事务查询配置

如果要使数据库具有闪回事务查询的功能，那么首先要保证数据库是 10.0 以上的版本，同时还要用下面语句激活补充日志功能：

```
SQL> ALTER DATABASE ADD SUPPLEMENTAL LOG DATA;
```

#### 3. 闪回事务配置

如果要使数据库具有闪回事务功能，要完成以下配置：

① 数据库处于加载状态（没有打开），同时激活归档功能：

```
SQL> ALTER DATABASE ARCHIVELOG;
```

② 至少打开一个归档日志：

```
SQL> ALTER SYSTEM ARCHIVE LOG CURRENT;
```

③ 如果没有打开归档日志，要激活最小和主码补充日志：

```
SQL> ALTER DATABASE ADD SUPPLEMENTAL LOG DATA;
SQL> ALTER DATABASE ADD SUPPLEMENTAL LOG
  2  DATA (PRIMARY KEY) COLUMNS;
```

④ 如果要跟踪外键依赖性，就要激活外键补充日志：

```
SQL> ALTER DATABASE ADD SUPPLEMENTAL LOG
  2  DATA (FOREIGN KEY) COLUMNS;
```

如果有许多外键约束，那么激活外键补充日志不一定能提高性能。

### 6.1.2 闪回查询

Oracle 闪回查询是 Oracle 9i 数据库就有的一个特性，使管理员或用户能够查询过去某个时间点的任何数据，即可用于查看和重建因意外被删除或更改而丢失的数据。闪回查询利用时间戳或系统变更号 SCN 来标识过去的时间。

用户使用带有 AS OF 子句的 SELECT 语句来进行闪回查询。闪回查询可以恢复丢失的数据或撤销不正确的提交数据，如错误删除或更新行，接着提交数据；把当前数据与前一时间同一数据进行比较；检查特定时间事务数据的状态；也可在应用程序中进行自动错误更正。

如果只对选定的表进行闪回查询，对该表要有 FLASHBACK 和 SELECT 权限；如果对所有表进行闪回查询，要有 FLASHBACK ANY TABLE 权限。

**【例 6.1】**假定在 12:30 时发现某员工的记录从 employees 表中删除，但在 9.30 时该记录还存在，那么就可用闪回查询语句查询丢失的记录：

```
SQL> SELECT  *  FROM  employees  AS  OF  TIMESTAMP
2  TO_TIMESTAMP('2017-04-04 09:30:00', 'YYYY-MM-DD HH:MI:SS')
3  WHERE last_name = 'Chung';
```

**【例 6.2】**将例 6.1 中查询的记录插入表中。

```
SQL>  INSERT  INTO  employees  (
  2  SELECT  *  FROM employees  AS OF TIMESTAMP
  3  TO_TIMESTAMP('2017-04-04 09:30:00', 'YYYY-MM-DD HH:MI:SS')
  4  WHERE last_name = 'Chung'  );
```

**【例 6.3】**利用相对时间和 AS OF 子句建立闪回查询视图。

```
SQL> CREATE VIEW hour_ago AS  SELECT  *  FROM employees
   AS OF TIMESTAMP (SYSTIMESTAMP - INTERVAL '60' MINUTE);
```

**【例 6.4】**把两个不同时间的数据进行集合运算，如 MINUS、INTERSECT。

```
SQL> INSERT INTO employees  ( SELECT  *  FROM  employees
  2  AS OF TIMESTAMP ( SYSTIMESTAMP - INTERVAL '60' MINUTE) )
  3  MINUS SELECT * FROM employees );
```

例 6.4 将一小时前的数据与当前数据进行集合操作。SYSTIMESTAMP 是指服务器的时区的时间。

### 6.1.3 闪回版本查询

有些应用程序可能要了解一段时间内数值数据的变化，而不仅仅是两个时间点的值，但闪回查询只提供某一时刻的数据值，而不能在两个时间点之间查询数据变化。利用闪回版本查询可以查看行级数据的变化。

闪回版本查询是 SQL 语句的扩展，支持以特定时间间隔查询出所有不同版本的行。如在时间 $t_1$ 插入一个记录，在时间 $t_2$ 删除这条记录，在时间 $t_3$ 时可通过闪回版本查询得到所有的操作记录。每当执行 COMMIT 语句时将建立一个行的新版本。

闪回版本查询同样依赖于 AUM，它使用 SELECT 语句的 VERSIONS BETWEEN 子句进行查询。VERSIONS　BETWEEN 子句的语法格式为：

```
VERSIONS  BETWEEN {SCN | TIMESTAMPS}  start  AND  end
```

其中，SCN 表示指定开始系统变更号（start）和终止系统变更号 end，TIMESTAMP 以时间来指定开始 start 和结束 end。

闪回版本查询返回一个表，表中的行是在指定时间间隔内的每个行的不同版本。表中的每行也包括关于行版本的元数据的伪列。常用的伪列有：

VERSIONS_STARTSCN　　行版本开始时的 SCN 号
VERSIONS_ENDSCN　　行开始结束时的 SCN 号
VERSIONS_STARTTIME　　行版本开始的时间
VERSIONS_ENDTIME　　行版本结束的时间
VERSIONS_XID　　建立行版本的事务标识符。
VERSIONS_OPERATION　　事务完成的操作，更新为 U，删除为 D

进行闪回版本查询的权限与闪回查询的权限一样。利用闪回版本查询可以分析什么时间执行什么操作，也可进行审计记录。

**【例 6.5】**查询 John 一段时间内工资的变化情况，同时使用伪列显示变化的时间等。

```
SQL> SELECT versions_startscn, versions_starttime, versions_endscn,
versions_endtime,
  2  versions_xid, versions_operation, last_name, salary  FROM
employees
  3 VERSIONS BETWEEN TIMESTAMP
  4 TO_TIMESTAMP('2016-12-10 14:00:00', 'YYYY-MM-DD HH24:MI:SS')
  5 AND TO_TIMESTAMP('2016-12-18 17:00:00', 'YYYY-MM-DD HH24:MI:SS')
  6 WHERE first_name = 'John';
```

例 6.5 中将查询出从 2016 年 12 月 10 日 14 点到 2016 年 12 月 18 日 17 点对 John 所在行的不同版本，即这个时间段内对这些行进行的所有修改的不同版本。

### 6.1.4 闪回事务查询

闪回版本查询可以审计一段时间内表的所有变化，但它只能发现问题，不能解决问题。闪回事务查询可以查询给定事务或所有事务在指定时间内的历史数据，用它可以审计事务、进行性能分析和诊断问题，即审计一个事务做了什么或回滚一个已提交的事务。

闪回事务查询是通过查询静态数据视图 FLASHBACK_TRANSACTION_QUERY 来得到所需的数据，该视图的主要列有 XID（事务标识）、START_SCN（事务起始 SCN）、

START_TIMESTAMP（开始时间）、COMMIT_SCN（提交 SCN）、COMMIT_TIMESTAMP（事务提交时间）、LOGON_USER（执行操作的用户）、OPERATION（事务执行的 DML 操作）等。

【例 6.6】查询视图得到事务有关信息。

```
SQL> SELECT xid, operation, start_scn, commit_scn, logon_user, undo_sql
  2  FROM flashback_transaction_query
  3  WHERE xid = HEXTORAW('000200030000002D');
```

【例 6.7】把闪回事务查询作为子查询。

```
SQL>  SELECT xid, logon_user  FROM flashback_transaction_query
  2   WHERE xid IN (
  3   SELECT versions_xid FROM employees VERSIONS BETWEEN TIMESTAMP
  4   TO_TIMESTAMP('2017-07-18 14:00:00', 'YYYY-MM-DD HH24:MI:SS') AND
  5   TO_TIMESTAMP('2017-07-18 17:00:00', 'YYYY-MM-DD HH24:MI:SS') );
```

闪回事务能够回滚一个已经提交的事务。如果能够确定出错的事务是最后一个事务，可以用闪回表或闪回查询就可进行闪回操作。如果在出错的事务后又执行一系列正确的事务，那么只能用闪回事务查询才能闪回出错的事务。

## 6.2 闪 回 表

闪回表操作可将一个或多个表在故障之后恢复到指定的时间点，并且闪回到什么时间点与数据库系统中回滚数据的数量有关。在许多情况下，闪回表可减少执行更复杂的时间点恢复操作。闪回表在恢复表的同时自动维护关联属性，如当前索引、触发器和约束，也不需要查找和恢复与应用相关的属性。

在用数据定义语言修改表的结构后，不能再进行闪回表操作。FLASHBACK TABLE 语句不能回滚，但可以指定当前时间之前的某个时间来调用 FLASHBACK TABLE 以达到回滚的目的。

### 6.2.1 用闪回表倒回表数据

闪回表使用撤销表空间中的信息，而不是使用还原的备份来恢复表。当执行闪回表操作时，将删除新的行并重新插入旧的行。在执行闪回表操作时，数据库的其余部分仍然可用。

#### 1. 闪回表的先决条件

如果要对一个或多个表执行闪回表操作，那么必须使用指定目标时间或 SCN 选项的 SQL 语句 FLASHBACK TABLE。

执行闪回表的用户必须具有以下权限才能使用闪回表功能：必须授予 FLASHBACK ANY TABLE 系统权限或必须对指定表具有 FLASHBACK 对象权限；必须对指定表具有 READ 或 SELECT、INSERT、DELETE 和 ALTER 权限。如果要将表闪回到恢复点，用户必须具有 SELECT ANY DICTIONARY 或 FLASHBACK ANY TABLE 系统权限或 SELECT_CATALOG_ROLE 角色。

可闪回的数据库对象必须满足以下先决条件：

① 对象不能包括属于簇的表、物化视图的表、高级排队（AQ）表、静态数据字典表、系统表、远程表、对象表、嵌套表或单个表分区或子分区。

② 表的结构在当前时间和闪回目标时间之间一定不能更改。

③ 必须在表上启用行移动，这表示执行闪回操作后 ROWID 可能发生更改。存在此限制是因为如果闪回前的 ROWID 存储在应用程序，那么不能保证闪回操作后同一 ROWID 对应于相同的行。如果程序依赖于 ROWID，那么就不能使用闪回表。

④ 撤销表空间中的撤销数据必须存储到满足闪回目标时间或 SCN 时间。要确保撤销信息保留到闪回表操作完成后，Oracle 建议将撤销表空间的 UNDO_RETENTION 参数设置为 86 400 s（24 小时）或更大。

FLASHBACK TABLE ... TO BEFORE DROP 应用的是闪回删除功能，而不是闪回表功能，因此不受上面这些先决条件限制。

可用三种不同格式使用 FLASHBACK TABLE 命令进行闪回表操作，必要时可在表名前加入模式名。

格式 1：

```
FLASHBACK TABLE 表名 TO [SCN | TIMESTAMP] 表达式;
```

该格式将闪回指定表到某个 SCN 或某个时间点前，SCN 或时间点由表达式指定。

格式 2：

```
FLASHBACK TABLE 表名 TO RESTORE POINT 恢复点;
```

该格式将指定表闪回到指定的恢复点。恢复点是与 SCN 或时间点相关联的别名，必须是用 CREATE RESTORE POINT 语句建立的。利用恢复点可以将表或数据库闪回到指定的 SCN 或时间点，而不用记住 SCN 号或一个时间点。恢复点的管理参见本章 6.3.2 节。

格式 3：

```
FLASHBACK TABLE 表名 1 TO BEFORE DROP [RENAME TO 表名 2];
```

用这种格式可以将删除的表从回收站中恢复，包括可能的依赖对象。表必须存放在本地管理的表空间，而不是存放在 SYSTEM 表空间。

### 2. 执行闪回表操作

假设用户对表 hr.temp_employees 做了不正确的更新，要对表 hr.temp_employees 进行闪回的步骤如下：

① 确保表 hr.temp_employees 满足闪回表的先决条件。

② 用 SQL * Plus 连接到目标数据库并确定当前的 SCN。通过查询 V$DATABASE 视图获取当前 SCN：

```
SQL> SELECT current_scn FROM v$database;
```

③ 确定闪回表的目标时间、SCN 或恢复点。如果已创建恢复点，那么可以执行下面查询列出可用的恢复点：

```
SQL> SELECT name, scn, time FROM  v$restore_point;
```

④ 确保存在足够的撤销数据能将表返回到到指定的目标时间。

如果设置了 UNDO_RETENTION 初始化参数，并且启用撤销保留，那么可以使用下面查询来确定撤销数据可以保留多少时间：

```
SQL> SELECT name, value/60 minutes_retained FROM v$parameter
  2 WHERE name = 'undo_retention';
```

⑤ 确保要闪回表的所有对象启用行移动。可以使用下面 SQL 语句启用表的行移动，其中 table 是要闪回表的名称：

```
SQL> ALTER TABLE table ENABLE ROW MOVEMENT;
```

⑥ 确定要闪回的表是否依赖其他表。如果存在依赖关系，那么确定是否将这些表闪回。可以执行下面的 SQL 语句查询依赖关系，其中 schema_name 是要闪回的表的模式，table_name 是表名：

```
SELECT other.owner, other.table_name
FROM sys.all_constraints this, sys.all_constraints other
WHERE this.owner = schema_name
AND this.table_name = table_name
AND this.r_owner = other.owner
AND this.r_constraint_name = other.constraint_name
AND this.constraint_type='R';
```

⑦ 对要闪回的对象执行 FLASHBACK TABLE 语句。下面 SQL 语句将表 hr.temp_employees 倒回到名为 temp_employees_update 的恢复点：

```
SQL> FLASHBACK TABLE hr.temp_employees
  2  TO RESTORE POINT temp_employees_update;
```

下面 SQL 语句将 hr.temp_employees 表倒回到指定 SCN 时间：

```
SQL> FLASHBACK TABLE hr.temp_employees TO SCN 123456;
```

下面语句可以用 TO_TIMESTAMP 指定具体目标时间点：

```
SQL> FLASHBACK TABLE hr.temp_employees
  2 TO TIMESTAMP TO_TIMESTAMP
  3 ('2017-5-17 09:30:00', 'YYYY-MM-DD HH:MI:SS');
```

在这里要注意的是时间戳到 SCN 的映射并不总是精确的。当在 FLASHBACK TABLE 语句中使用时间戳时，表闪回的时间与 TO_TIMESTAMP 指定时间可能有最多 3 秒的误差。如果需要准确的时间点，则使用 SCN 而不是指定时间。

⑧ 如果要检查数据的变化，可用 SELECT 进行查询。

### 3. 在闪回期间保持触发器可用

默认情况下，在完成 FLASHBACK TABLE 操作之前，数据库将禁用受影响表上的触发器。操作完成后，数据库将触发器返回到操作之前的状态（启用或禁用）。如果要保留触发器在表的闪回期间启用，在上面步骤⑦中的 FLASHBACK TABLE 语句中使用 ENABLE TRIGGERS 子句。

**【例 6.8】**假设 HR 管理员在 17:00 发现 hr.temp_employees 表中丢失员工信息，但在 14:00 生成报表时还有这个员工信息。由此可确定有人不小心在 14:00 和 17:00 之间删除了此员工的记录。现在要求人力资源管理员将表返回到在 14:00 时状态，并考虑 hr.temp_employees 表中任何触发器的设置：

```
SQL>  FLASHBACK TABLE hr.temp_employees
    2  TO TIMESTAMP TO_TIMESTAMP
    3  ('2017-03-03 14:00:00', 'YYYY-MM-DD HH: MI: SS')
    4  ENABLE TRIGGERS;
```

## 6.2.2 用闪回删除倒回 DROP TABLE 操作

使用 FLASHBACK TABLE ... TO BEFORE DROP 语句可从回收站中检索出对象。

1. 关于闪回删除

闪回删除（Flashback Drop）与 DROP TABLE 操作的作用相反。在这种情况下，闪回删除比其他可用的恢复机制（如时间点恢复）更快，并且不会导致最近事务的停机或损失。

当在数据库中删除表时，数据库不会立即删除该表所占用的空间，而是将该表重命名，并与关联对象一起放置到回收站（Recycle Bin）中。系统生成的回收站对象名称是唯一的。可以像查询其他对象一样查询回收站中的对象。当闪回操作从回收站中检索被删除的表时，可以指定原始表名或系统生成的表名称。

在删除表时，表及其所有依赖的对象都将一起存入回收站。同样，当执行闪回删除时，表及依赖的对象通常也是一起恢复。从回收站还原表时，从属的对象（例如索引）不会得到它们原来的名字，只是保留系统生成的回收站中的名称。Oracle 数据库将恢复在表上定义的所有索引（除了位图连接索引）以及在表上定义的所有触发器和约束（除了引用其他表的引用完整性约束）。如果依赖对象（如索引）因为空间原因已被回收，那么此时回收的依赖对象不能从回收站中恢复。

2. 闪回删除的先决条件

完成闪回删除相关操作所需的用户权限：

① DROP 权限。对某个对象具有 DROP 权限的任何用户都可以删除该对象，并将其放在回收站。

② FLASHBACK TABLE ... TO BEFORE DROP。执行此语句的权限与 DROP 权限相关，即任何可以删除一个对象的用户可以执行闪回删除以从回收站中恢复被删除的对象。

③ PURGE 权限。清空回收站的权限与 DROP 权限相关联。任何具有 DROP TABLE、DROP ANY TABLE 或 PURGE DBA_RECYCLE_BIN 权限的用户可以从回收站中清除对象。

④ 对回收站中的对象执行 READ 或 SELECT 和 FLASHBACK。用户必须对回收站中的对象具有 READ 或 SELECT 和 FLASHBACK 权限才能查询回收站中的对象。对某个对象有 READ 或 SELECT 权限的用户，在对象被删除之前继续在回收站中的拥有该对象的 READ 权限或 SELECT 权限。用户必须有 FLASHBACK 权限才能查询回收站中的任何对象，因为这些都是从数据库的过去状态的对象。

对象必须满足以下先决条件才能从回收站中恢复：

① 回收站仅适用于本地管理的非 SYSTEM 表空间。如果一个表位于非 SYSTEM 的本地管理的表空间中，但其中的一个或多个依赖段（对象）在字典管理的表空间中，那么这些对象由回收站保护。

② 具有细粒度审计（FGA）和虚拟专用数据库（VPD）策略的表不受回收站保护。

③ 按分区的索引组织的表不受回收站保护。

④ 表不能在空间回收操作期间由用户或 Oracle 数据库进程清除。

3. 单个表的闪回删除操作

使用 FLASHBACK TABLE ... TO BEFORE DROP 语句从回收站中恢复对象，此时

可以指定回收站中表名或原始表名。

假设错误删除表 hr.employee_demo，现在确定使用 FLASHBACK TABLE 来恢复已删除的对象。恢复已删除对象的步骤如下：

① 确保满足闪回删除的先决条件。

② 用 SQL * Plus 连接到目标数据库，执行 SHOW  RECYCLEBIN 获取已删除表在回收站的名称。

```
SQL> SHOW  RECYCLEBIN;
ORIGINAL NAME RECYCLEBIN NAME TYPE DROP TIME
------------- ------------------------------ ---------- -----------
EMPLOYEE_DEMO BIN$gk3lsj/3akk5hg3j2lkl5j3d==$0 TABLE 2017-04-11:17:08:54
```

ORIGINAL NAME 列显示对象的原始名称，而 RECYCLEBIN NAME 列显示对象在回收站中的名称。还可以查询 USER_RECYCLEBIN 或 DBA_RECYCLEBIN 来获取表名。下面查询 RECYCLEBIN 视图以确定删除对象的原始名称：

```
SQL> SELECT object_name AS recycle_name, original_name, type FROM recyclebin;
RECYCLE_NAME ORIGINAL_NAME TYPE
------------------------------ -------------------- ----------
BIN$gk3lsj/3akk5hg3j2lkl5j3d==$0 EMPLOYEE_DEMO TABLE
BIN$JKS983293M1dsab4gsz/I249==$0 I_EMP_DEMO INDEX
```

如果要手工还原从属对象的原始名称，那么在还原表之前记下每个从属对象的系统生成的回收站名称。

③ 如果需要，可查询回收站中的表。此时必须在查询中使用对象的回收站名称，而不是对象的原始名称。

下面的示例在回收站中查询名为 BIN$gk3lsj/3akk5hg3j2lkl5j3d==$0 的表，由于回收站名称有特殊字符，因此需要的双引号括起名称：

```
SQL> SELECT  *  FROM  "BIN$gk3lsj/3akk5hg3j2lkl5j3d==$0";
```

如果有必要的权限，那么也可以对回收站中的表使用闪回查询，但只能使用回收站名称而不是原始表名。不能对回收站中的对象使用 DML 或 DDL 语句。

④ 恢复已删除的表。

下面用命令 FLASHBACK TABLE ... TO BEFORE DROP 恢复回收站中对象名称为 BIN$gk3lsj/3akk5hg3j2lkl5j3d==$0 的表，然后将其名称改回为 hr.employee_demo，并从回收站中清除其条目：

```
SQL> FLASHBACK TABLE "BIN$gk3lsj/3akk5hg3j2lkl5j3d==$0" TO DROP;
```

或者使用表的原始名称：

```
SQL> FLASHBACK TABLE HR.EMPLOYEE_DEMO TO BEFORE DROP;
```

还可以通过指定 RENAME TO 子句为已恢复的表分配一个新名称：

```
SQL> FLASHBACK TABLE "BIN$gk3lsj/3akk5hg3j2lkl5j3d==$0" TO DROP
  2 RENAME TO hr.emp_demo;
```

⑤ 如果需要，验证所有依赖对象是否保留其系统生成的回收站名称。以下查询确定已恢复表 hr.employee_demo 表的索引名称：

```
SQL> SELECT index_name FROM user_indexes
  2 WHERE table_name = 'EMPLOYEE_DEMO';
```

```
INDEX_NAME
--------------------------------
BIN$JKS983293M1dsab4gsz/I249==$0
```

⑥ 如果需要可将已恢复的索引重命名为其原始名称，以下语句将索引重命名为其原始名称 i_emp_demo:

```
SQL> ALTER INDEX "BIN$JKS983293M1dsab4gsz/I249==$0"
  2 RENAME TO I_EMP_DEMO;
```

⑦（可选的）如果恢复的表在被放入回收站之前具有引用约束，那么要重新创建它们。此步骤必须手动执行，因为回收站不保留对表的引用约束。

### 4. 用闪回删除操作恢复多个原名相同的对象

如果一个对象被多次删除，那么每次删除的对象存储在回收站中并且它们在回收站中具有相同原始名称。用闪回删除可恢复原始名称相同的多个对象。例 6.9 中三次建立表 temp_employees，然后删除该表。

**【例 6.9】**假设三次建立表 temp_employees 后又三次删除它。显示从回收站恢复 temp_employees 表的三次删除，每个删除的表分配一个新名称。

```
SQL> CREATE TABLE temp_employees ( ...columns ); # temp_employees version 1
SQL> DROP TABLE temp_employees;
SQL> CREATE TABLE temp_employees ( ...columns ); # temp_employees version 2
SQL> DROP TABLE temp_employees;
SQL> CREATE TABLE temp_employees ( ...columns ); # temp_employees version 3
SQL> DROP TABLE temp_employees;
```

在例 6.9 中，每次删除表 temp_employees 时都在回收站中分配了唯一的名称。如果用表的原始名称执行 FLASHBACK TABLE ...DROP 语句，只能从回收站中恢复该原始名称的表的最后删除的表。

下面执行闪回表操作：

```
SQL> FLASHBACK TABLE temp_employees TO BEFORE DROP
  2 RENAME TO temp_employees_VERSION_3;
SQL> FLASHBACK TABLE temp_employees TO BEFORE DROP
  2 RENAME TO temp_employees_VERSION_2;
SQL> FLASHBACK TABLE temp_employees TO BEFORE DROP
  2 RENAME TO temp_employees_VERSION_1;
```

因为 FLASHBACK TABLE 中的原始名称指的是最近删除的表使用此名称，最后删除的表是第一次检索。通过使用唯一的回收站表名称，可以从回收站中检索任何表，无论其中是否存在原始名称冲突。

下面命令查询回收站内容：

```
SQL> SELECT object_name, original_name, createtime FROM recyclebin;
OBJECT_NAME ORIGINAL_NAME CREATETIME
------------------------------ -------------- -------------------
BIN$yrMKlZaLMhfgNAgAIMenRA==$0 TEMP_EMPLOYEES 2017-02-05:21:05:52
BIN$yrMKlZaVMhfgNAgAIMenRA==$0 TEMP_EMPLOYEES 2017-02-05:21:25:13
BIN$yrMKlZaQMhfgNAgAIMenRA==$0 TEMP_EMPLOYEES 2017-02-05:22:05:53
```

可以使用以下命令恢复同名的中间表：

```
SQL> FLASHBACK TABLE BIN$yrMKlZaVMhfgNAgAIMenRA==$0
  2  TO BEFORE DROP;
```

## 6.3 闪回数据库

Oracle 闪回数据库和恢复点是相关联的数据保护功能，它们能够倒回数据到过去的时间点，以纠正在指定时间窗口内由逻辑数据损坏或用户错误引起的任何问题。这些功能是一种替代时间点恢复的更有效的数据保护方法。闪回数据库和恢复点在数据库升级、应用程序部署和测试应用等情况下比传统的数据库恢复更有效。

### 6.3.1 基本概念

#### 1. 闪回数据库概述

闪回数据库类似于常规的时间点恢复的效果，即能够将数据库倒回到最近过去的状态。因为闪回数据库不需要从备份还原数据文件，并且只需要应用较少的归档重做日志，所以闪回数据库比时间点恢复要快得多。

如果数据文件是完整的，那么可以使用闪回数据库来倒回大多数不必要的数据库更改，即可以将数据库返回到以前化身中的状态，并撤销 ALTER DATABASE OPEN RESETLOGS 语句的影响。

#### 2. 闪回日志

闪回日志（Flashback Logs）是 Oracle 生成的用于执行闪回数据库操作的日志。闪回数据库使用自己的日志记录机制，它在快速恢复区域创建闪回日志。只有闪回日志可用才能使用闪回数据库。在正常操作期间，数据库周期性地按顺序批量写入数据文件块的旧映像到闪回日志。数据库自动在快速恢复区中创建和删除闪回日志并调整其大小。闪回日志不会归档也不能备份到磁盘，只需在监控性能和确定快速恢复区磁盘空间分配时才用考虑闪回日志。

要启用闪回数据库，必须配置快速恢复区域并设置闪回保留目标。闪回保留目标（Flashback Retention Target）指定闪回数据库可倒回到数据库的最远时间或 SCN。从那时起，数据库会定期将每个数据文件中变化数据块的映像复制到闪回日志。这些块映像以后可以用于重建数据文件内容。

执行闪回数据库操作时，数据库使用闪回日志访问过去版本的数据块，并使用归档重做日志中的一些数据。因此，在发现故障后，无法启用闪回数据库，也不能使用闪回数据库通过此故障后退。可以使用保证恢复点的相关功能，以保护数据库的内容在固定的时间点上，例如在危险的数据库改变之前。

当使用闪回数据库将数据库倒回到过去的目标时间时，执行的命令将确定在目标时间之后更改的块并从闪回日志中还原它们。数据库还原在目标时间之前的最近块版本，然后数据库把在这些块写入闪回日志之后的重做日志中的更改重新应用到数据库。

在整个闪回日志延续的时间段内，磁盘或磁带上的重做日志必须可用。例如，如果闪回保留目标是一周，那么必须确保包含过去一周所有更改的联机和归档重做日志

可以访问。在实践中，为了支持时间点恢复，重做日志通常需要比闪回保留目标保留更长的时间。

3. 闪回数据库窗口

闪回数据库窗口（Flashback Database Window）是一个 SCN 的范围，在这个范围内有足够的闪回日志数据支持 FLASHBACK DATABASE 命令的正确执行。闪回数据库窗口不能超过可用闪回日志中最早的 SCN。

如果要保留足够的闪回日志以满足闪回数据库窗口的需求，那么可以增加快速恢复区的空间。如果快速恢复区不能容纳闪回日志、归档重做日志和保留策略所需的其他备份文件，那么数据库可能会删除最早 SCN 的闪回日志以腾出空间。因此，闪回数据库窗口可以比闪回保留目标的要求短。闪回保留目标只是一个时间目标，不是闪回数据库可用的保证。

如果由于闪回数据库窗口不够大而不能使用 FLASHBACK DATABASE，那么可以使用数据库时间点恢复（DBPITR）达到类似的效果。保证恢复点是确保闪回数据库倒回到特定的时间点或保证闪回窗口有足够空间的唯一方法。

### 6.3.2 管理恢复点和保证恢复点

1. 恢复点

正常恢复点（Normal Restore Point，简称恢复点）是 SCN 或时间的标签或别名。对于支持 SCN 或时间的命令，可以经常使用恢复点。恢复点以循环列表保存在控制文件中，它们可能被覆盖。但是，如果恢复点属于归档备份，那么就永久保存在恢复目录中。

恢复点提供与闪回数据库和其他介质恢复操作相关的功能。特别是在系统变更号（SCN）点创建的保证恢复点能确保可以用闪回数据库把数据库倒回到这个 SCN。可以独立或一起使用恢复点和闪回数据库。通过 RMAN 和 SQL 的 FLASHBACK DATABASE 命令可访问闪回数据库。可以使用 RMAN 或 SQL 语句从逻辑损坏或用户错误中快速恢复数据库。

如果使用闪回功能或时间点恢复，那么可以使用恢复点名称而不是时间或 SCN。RMAN 中的 RECOVER DATABASE、FLASHBACK TABLE 和 FLASHBACK DATABASE 命令或 SQL 中的 FLASHBACK TABLE 和 FLASHBACK DATABASE 语句都使用恢复点。

2. 保证恢复点

像恢复点一样，保证恢复点（Guaranteed Restore Points）也是在恢复操作中用作为 SCN 的别名，它们的主要区别是保证恢复点永远不会因时间久而在控制文件中被覆盖，并且必须明显被删除。一般来说，使用恢复点的命令一样可以使用保证恢复点作为 SCN 的别名。除此之外，关于使用恢复点的信息也适用于保证恢复点。

保证恢复点确保可以使用闪回数据库来把数据库倒回到恢复点对应的 SCN 时间，即使生成闪回日志被禁用也是如此。如果启用闪回日志记录，那么保证恢复点会强制将闪回数据库所需的闪回日志保留到最早保证恢复点对应的 SCN 之后。因此，如果启用闪回日志记录，那么可以倒回数据库到连续的任何 SCN，而不是单个 SCN。

如果闪回日志记录被禁用，那么不能使用 FLASHBACK DATABASE 直接倒回到保证恢复点与当前时间之间的 SCN。但是，可以先闪回保留恢复点，然后恢复到保证恢复点和当前时间之间的 SCN。

如果快速恢复区有足够的磁盘空间来存储所需的日志，那么可以使用保证恢复点将整个数据库倒回到几天或几周前的良好状态。与闪回数据库一样，即使是像直接插入这样的 NOLOGGING 操作的效果可以用保证恢复点倒回。

### 3. CDB 恢复点

CDB 恢复点用作多租户容器数据库 CDB 的 SCN 或时间点的别名，它可以是正常恢复点或保证恢复点。CDB 恢复点与非 CDB 中的恢复点相似，除了创建它们时需要具有 SYSDBA 或 SYSBACKUP 权限的公共用户连接到根以外。CDB 内的每个可插拔数据库（PDB）可以访问 CDB 恢复点。CDB 恢复点主要用于将整个 CDB 恢复到特定的时间点或将 CDB 中的多个 PDB 恢复到特定的时间点。

### 4. PDB 恢复点

PDB 恢复点是特定的可插拔数据库（PDB）的一个时间点或 SCN 的别名，它只用于创建它的 PDB 中的操作。

PDB 恢复点可以是正常恢复点或保证恢复点。PDB 保证恢复点可以保证执行指定 PDB 的闪回操作倒回到该恢复点。PDB 恢复点可用于执行该 PDB 中的闪回数据库操作或时间点恢复。

### 5. 干净 PDB 恢复点

干净 PDB 恢复点（Clean PDB Restore Points）是在 PDB 关闭并且没有该 PDB 未完成的事务时创建的 PDB 恢复点。干净 PDB 恢复点仅适用于使用共享撤销的 CDB。

干净 PDB 恢复点可以是正常恢复点或保证恢复点。对于一个使用共享撤销的 CDB，如果 PDB 关闭并且没有未完成的事务，任何创建的 PDB 恢复点都记为是干净 PDB 恢复点。

如果预计可能需要将 PDB 倒回到特定时间点（如应用程序升级之前的状态），那么建议创建一个干净 PDB 保证恢复点。

对于使用共享撤销的 CDB，闪回数据库到干净 PDB 恢复点比闪回数据库到 SCN 或其他恢复点要快，这是因为 RMAN 执行闪回操作到干净 PDB 恢复点时不需要还原任何备份。

### 6. 查询恢复点和保证恢复点

可以利用 LIST 命令和 V$RESTORE_POINT 视图查询恢复点的有关信息。要查看或使用恢复点，用户必须具有 SELECT ANY DICTIONARY、FLASHBACK ANY TABLE、SYSBACKUP 或 SYSDG 系统权限或 SELECT_CATALOG_ROLE 角色。

（1）使用 LIST 命令

可以用 LIST 命令可列出 RMAN 资料库中指定的恢复点或所有恢复点，包括正常恢复点和保证恢复点。

下面命令列出名为 my_restore_point 的恢复点：

```
RMAN> LIST RESTORE POINT my_restore_point;
```

下面的命令列出所有恢复点，包括保证恢复点：

```
RMAN> LIST RESTORE POINT ALL;
```

上面的命令显示出包括恢复点的 SCN 和时间、恢复点类型和恢复点名称等内容。

（2）查询 V$RESTORE_POINT 视图

LIST 命令不能显示 PDB 化身号、是否为 PDB 恢复点等内容。如果要在多租户环境中查看有关恢复点的更多详细信息，可以查询 V$RESTORE_POINT 视图获取当前定义的所有恢复点信息，包括正常恢复点、保证恢复点、CDB 恢复点和 PDB 恢复点。

要查询 V$RESTORE_POINT 视图，首先在 SQL * Plus 中连接到目标数据库。如果目标数据库是多租户容器数据库（CDB），那么要连接到 CDB 根。如果要查看所有 PDB 的恢复点，必须用具有 SYSDBA 或 SYSBACKUP 权限的用户连接到根。如果要查看特定 PDB 中的恢复点，可以用具有 SYSDBA 或 SYSBACKUP 权限的公共用户或本地用户连接到该 PDB。

按照上面的要求连接到数据库后，执行下面的查询即可查询恢复点详细信息：

```
SQL> SELECT name, guarantee_flashback_database, pdb_restore_point,
  2  clean_pdb_restore_point, pdb_incarnation#, storage_size
  3  FROM v$restore_point;
```

视图的输出包括每个恢复点名称、创建恢复点的时间和数据库化身号、恢复点类型（正常、保证）和是否是 PDB 恢复点等内容。对于正常恢复点，STORAGE_SIZE 为零。对于保证恢复点，STORAGE_SIZE 的值是表示快速恢复区中的磁盘空间大小，即用于保证 FLASHBACK DATABASE 能闪回到该恢复点所需的保留日志空间的大小。

**7. 在非 CDB 中建立恢复点和保证恢复点**

在执行任何可能需要闪回操作之前都可以创建一个恢复点。创建恢复点就是给特定的 SCN 或时间点分配恢复点名称。恢复点名称和 SCN 存储在控制文件中。创建一个正常的恢复点可以省去手动记录 SCN。如果没有手动删除，正常恢复点最终会在控制文件中因老化而被覆盖，所以它们不需要后续的维护。

用 SQL 语句 CREATE RESTORE POINT 创建正常恢复点的步骤如下：

① 启动 SQL * Plus 并连接到目标数据库。

② 确保数据库已打开或已加载。如果数据库是加载状态，那么它必须已经完全关闭（除非是物理备用数据库）。

③ 运行 CREATE RESTORE POINT 语句创建正常恢复点。用户必须具有 SELECT ANY DICTIONARY、FLASHBACK ANY TABLE、SYSBACKUP 或 SYSDG 系统权限。可以在主数据库或备用数据库上创建恢复点：

```
SQL> CREATE RESTORE POINT before_upgrade;
```

创建一个保证恢复点前必须先创建一个快速恢复区。在创建恢复点之前，不需要启用闪回数据库。如果要创建保证恢复点，数据库必须处于 ARCHIVELOG 模式。如果要创建保证恢复点，用户必须具有 SYSDBA、SYSBACKUP 或 SYSDG 系统权限，然后执行下面命令：

```
SQL> CREATE RESTORE POINT before_upgrade
  2  GUARANTEE FLASHBACK DATABASE;
```

**【例 6.10】**使用恢复点的闪回表操作。

建立恢复点 good_data：

```
SQL> CREATE RESTORE POINT good_data;
```

查询员工编号为 108 的员工的工资：

```
SQL> SELECT salary FROM employees WHERE employee_id = 108;
SALARY
----------
12000
```

更新员工编号为 108 的员工的工资：

```
SQL> UPDATE employees SET salary = salary*10 WHERE employee_id = 108;
SQL> SELECT salary FROM employees WHERE employee_id = 108;
SALARY
----------
120000
SQL> COMMIT;
```

闪回表 employees 到 good_data 恢复点：

```
SQL> FLASHBACK TABLE employees TO RESTORE POINT good_data;
```

查询员工编号 108 的工资又返回到修改前的值：

```
SQL> SELECT salary FROM employees WHERE employee_id = 108;
SALARY
----------
12000
```

#### 8. 在 CDB 中建立恢复点和保证恢复点

除了要用具有 SYSDBA 或 SYSBACKUP 权限的公共用户连接到 CDB 根以外，在 CDB 中创建恢复点的步骤与在非 CDB 中步骤是一样的。参见上面的步骤即可。

#### 9. 在 PDB 中建立恢复点和保证恢复点

可以使用 CREATE RESTORE POINT SQL 语句在可插拔数据库（PDB）中创建正常 PDB 恢复点、保证 PDB 恢复点或干净 PDB 恢复点。创建 PDB 恢复点时可以连接到特定的 PDB 或 CDB 根。当 PDB 使用共享撤销时，只要 PDB 中没有任何未完成的事务，那么就可创建一个干净 PDB 恢复点。

（1）当连接到 PDB 时创建恢复点的步骤

① 在 SQL * Plus 中用具有 SYSDBA 或 SYSBACKUP 权限的公共用户或本地用户连接到 PDB。如果要在使用共享撤销的 CDB 中创建一个干净 PDB 恢复点，那么必须关闭 PDB。

以下命令显示 PDB 的状态：

```
SQL> SELECT name, open_mode  FROM  V$PDBS;
```

使用以下命令关闭 PDB：

```
SQL> ALTER PLUGGABLE DATABASE CLOSE;
```

② 如果多租户容器数据库（CDB）处于加载状态，那么必须将其一致性的关闭（除非是物理备用数据库）。

③ 执行下面的命令将当前容器设置为名为 my_pdb 的 PDB。

```
SQL> ALTER SESSION SET CONTAINER = my_pdb;
```

④ 使用 CREATE RESTORE POINT 命令创建一个 PDB 恢复点。

```
SQL> CREATE RESTORE POINT before_patching;
```

下面的命令创建一个保证 PDB 恢复点：

```
SQL> CREATE RESTORE POINT before_upgrade
   2 GUARENTEE FLASHBACK DATABASE;
```

下面的命令显式创建一个干净 PDB 恢复点。如果干净恢复点无法创建，则返回错误。

```
SQL> CREATE CLEAN RESTORE POINT before_patching;
```

（2）连接到 CDB 根时创建恢复点的步骤

① 启动 SQL * Plus 并用具有 SYSDBA 或 SYSBACKUP 权限的公共用户连接到 CDB 根。

② 如果要在使用共享撤销的 CDB 中创建一个干净的 PDB 恢复点，那么必须关闭 PDB。下面的命令关闭名为 my_pdb 的 PDB：

```
SQL> ALTER PLUGGABLE DATABASE my_pdb CLOSE
```

③ 如果在包含 PDB 的 CDB 是打开或加载状态，那么必须将 CDB 一致性的关闭（除非是物理备用数据库）。下面的命令将 CDB 置于加载状态：

```
SQL> SHUTDOWN IMMEDIATE;
SQL> STARTUP MOUNT;
```

④ 执行下面的命令将当前容器设置为 CDB 根。

```
SQL> ALTER SESSION SET CONTAINER = CDB$ROOT;
```

⑤ 执行带有 FOR PLUGGABLE DATABASE 子句的 CREATE RESTORE POINT 命令创建 PDB 恢复点。

```
SQL> CREATE RESTORE POINT mypdb_before_patching
   2  FOR PLUGGABLE DATABASE my_pdb;
```

下面的命令创建一个保证 PDB 恢复点：

```
SQL> CREATE RESTORE POINT mypdb_grp_before_upgrade
   2  FOR PLUGGABLE DATABASE my_pdb;
```

如果 PDB 已关闭并且没有待处理的事务时，用下面的命令可显式地在使用共享撤销的 CDB 中创建一个干净 PDB 恢复点。

```
SQL> ALTER PLUGGABLE DATABASE my_pdb CLOSE;
SQL>CREATE CLEAN RESTORE POINT mypdb_crp_before_patching
    2  FOR PLUGGABLE DATABASE my_pdb
```

**10．删除恢复点**

当确信不需要现有的恢复点时，或要创建一个与现有恢复点同名称的恢复点时，可以使用 SQL * Plus 的 DROP RESTORE POINT 语句删除原来的恢复点：

```
SQL> DROP RESTORE POINT before_app_upgrade;
```

上面的语句可以删除正常恢复点和保证恢复点。正常恢复点即使没有明确删除也会因在控制文件太久被覆盖而删除。控制文件始终保留最近的 2048 个恢复点；或者保留恢复点的时间比 CONTROL_FILE_RECORD_KEEP_TIME 的值还新的恢复点，而不管定义了多少个恢复点。不符合上面条件的正常恢复点可能会因老化而被删除或覆盖。保证恢复点不会因老化而删除，它们必须显式地执行删除命令。

**11．闪回数据库命令**

从 Oracle 12c 开始，在 SQL * Plus 和 RMAN 中都可使用 FLASHBACK DATABASE 进行闪回数据库操作。调用该语句后，数据库先验证所有归档日志和联机重做日志是否可用。闪回数据库的语句格式为：

```
FLASHBACK DATABASE 数据库名 TO  [BEFORE] SCN SCN号
FLASHBACK DATABASE 数据库名 TO  [BEFORE] TIMESTAMP 时间点
```

```
FLASHBACK DATABASE 数据库名 TO RESTORE POINT 恢复点
```

上面的语句可将数据库闪回到指定的 SCN 号、时间点或恢复点上。如果使用 BEFORE 选项，可将数据库闪回到指定 SCN 的前一个 SCN 或时间点之前。如果不指定数据库名，就是闪回当前数据库。

### 6.3.3 闪回数据库的限制和先决条件

闪回数据库是一种替代数据库时间点恢复的有效方法，但要完成闪回数据库功能有一些条件限制，同时也要满足一些先决条件。

#### 1. 闪回数据库的限制

因为闪回数据库是通过撤销对数据文件的更改，因此它有以下限制：

（1）闪回数据库只能撤销由 Oracle 数据库生成对数据文件的更改，它不能用于修复介质故障或从意外删除中恢复数据文件。

（2）不能使用闪回数据库来撤销收缩的数据文件（Shrink Data File），然而可以将收缩过的文件脱机，对其余部分执行闪回数据库，最后还原并修复收缩过的数据文件。

（3）不能单独使用闪回数据库来检索删除的数据文件。如果要将数据库闪回到被删除数据文件还存在的那个时间点，只有将该数据文件条目添加到控制文件。使用 RMAN 完全还原和修复数据文件方法只能修复删除的数据文件。

（4）如果从备份中恢复或是重新创建数据库控制文件，那么在此之前的所有闪回日志信息被丢弃，因此不能使用 FLASHBACK DATABASE 将数据库倒回到控制文件恢复或重建之前的时间点。

（5）当闪回数据库的目标时间是 NOLOGGING 正在运行的时间点时，那么在受 NOLOGGING 操作影响的数据文件和数据库对象可能发生块破坏。例如，如果在 NOLOGGING 模式执行直接路径 INSERT 操作，并且该操作从 2016 年 4 月 3 日 9:00 至 9:15，稍后使用闪回数据库倒回在该日期目标时间 09:07。在闪回数据库操作完成后，由直接路径 INSERT 更新的对象和数据文件可能会有块损坏。

如果可能，避免用与 NOLOGGING 操作一致的目标时间或 SCN 来执行闪回数据库。此外，在任何 NOLOGGING 操作后立即对受影响的数据文件执行完全备份或增量备份以确保可恢复到操作后的时间点。如果想使用闪回数据库返回到诸如直接路径 INSERT 操作期间的一个时间点，可考虑在 LOGGING 模式下执行该操作。

#### 2. 闪回数据库的先决条件

如果要用 FLASHBACK DATABASE 命令将数据库内容返回到在闪回窗口内的时间点，那么数据库必须已经配置闪回日志记录。要将数据库返回到保证恢复点，必须定义了保证恢复点。为了确保闪回数据库和保证恢复点的成功运行，在启用闪回数据库前必须先设置一些关键的数据库选项：

① 数据库必须运行在 ARCHIVELOG 模式，因为闪回数据库操作要用到归档日志。

② 因为闪回日志只能是存储在快速恢复区，所以必须启用快速恢复区。

③ 对于 Oracle Real Application Clusters（Oracle RAC）数据库，快速恢复区必须在群集文件系统或 ASM 中。

④ 为了在 CDB 中创建恢复点，COMPATIBLE 初始化参数必须设置为 12.1.0 或更高。

### 6.3.4 启用和禁用闪回数据库

按照以下步骤启用闪回数据库：

① 确保数据库实例已打开或已加载。如果加载了实例，那么除非是物理备用数据库否则必须正常关闭数据库。其他 Oracle RAC 实例可以处于任何模式。

② 按照第 3 章 3.4 节中的步骤配置快速恢复区。

③ 如果需要，以分钟为单位设置 DB_FLASHBACK_RETENTION_TARGET 闪回窗口：

```
SQL> ALTER SYSTEM SET DB_FLASHBACK_RETENTION_TARGET = 4320; # 3天
```

默认情况下，DB_FLASHBACK_RETENTION_TARGET 设置为 1 天（1440 分钟）。

④ 启用整个数据库的闪回数据库功能：

```
SQL> ALTER DATABASE FLASHBACK ON;
```

⑤ 如果需要，可禁用特定表空间的闪回日志。默认情况下，所有永久表空间会生成闪回日志。禁用特定表空间的闪回日志记录可以减少开销。

```
SQL> ALTER TABLESPACE tbs_3 FLASHBACK OFF;
```

可以使用以下命令重新启用表空间的闪回日志记录：

```
SQL> ALTER TABLESPACE tbs_3 FLASHBACK ON;
```

如果禁用表空间的闪回数据库功能，那么必须在运行 FLASHBACK DATABASE 之前将表空间的数据文件脱机。如果命令因为内存原因而失败，那么可先关闭实例再重启实例。

在加载或打开状态的数据库实例上，执行以下操作命令可禁用闪回数据库日志记录：

```
SQL> ALTER DATABASE FLASHBACK OFF;
```

### 6.3.5 执行闪回数据库操作

在执行闪回数据库时可以用时间表达式、正常恢复点或保证恢复点名称或 SCN 指定目标时间点。本节假定正在将数据库倒回到当前数据库化身的某个时间点。如果要将数据库返回到最近的 OPEN RESETLOGS 操作之前的时间点，参见本章 6.4.5 节。

默认情况下，在 FLASHBACK DATABASE 命令中使用的 SCN 是指数据库化身的直接祖先路径中的 SCN。如果数据库化身在数据库用 RESETLOGS 选项打开后没有被放弃，那么该化身是在直接祖先路径上。如果要检索废弃化身中的更改，参见本章 6.4.6 节。

在确保满足闪回数据库的先决条件后，执行闪回数据库步骤如下：

① 在 SQL * Plus 中连接到目标数据库，并确定 FLASHBACK DATABASE 命令所需的 SCN、恢复点名称或时间点。下面语句可获取闪回数据库窗口中最早的 SCN：

```
SQL> SELECT oldest_flashback_scn, oldest_flashback_time
  2 FROM v$flashback_database_log;
```

使用闪回数据库可以访问的最新 SCN 是数据库的当前 SCN。以下查询返回当前 SCN：

```
SQL> SELECT current_scn FROM v$database;
```

可以下面的命令将查询可用的保证恢复点：

```
SELECT name, scn, time, database_incarnation#,guarantee_flashback_
database
```

```
FROM v$restore_point
WHERE guarantee_flashback_database='yes';
```

如果闪回窗口没有达到所需的目标时间，并且在所需的时间点没有保证恢复点，那么可以执行数据库时间点恢复可达到类似的结果。

② 一致性关闭数据库，确保数据库没有被任何实例打开，然后加载数据库：

```
SQL> SHUTDOWN IMMEDIATE;
SQL> STARTUP MOUNT;
```

③ 重复步骤①，查询当前 SCN 等信息。

当数据库关闭时，会生成一些闪回日志数据记录。如果由于快速恢复区中的空间限制，闪回日志被删除，那么目标 SCN 可能无法访问。

如果运行 FLASHBACK DATABASE 时目标 SCN 在闪回窗口之外，那么 FLASHBACK DATABASE 导致失败并报 ORA-38729 错误，此时数据库不会变化。

④ 启动 RMAN 并连接到目标数据库。

⑤ 运行 SHOW 命令以查看已预配置的通道。

在闪回操作期间，RMAN 可能需要从备份中还原归档重做日志。下面的命令可以查看是否配置了通道：

```
RMAN> SHOW ALL;
```

如果配置了必要的设备和通道，那么无须执行任何操作；否则要用 CONFIGURE 命令配置自动通道或在 RUN 块中包括 ALLOCATE CHANNEL 命令。

⑥ 运行 RMAN 的 FLASHBACK DATABASE 命令。可以按 SCN、恢复点或具体时间点等几种方式指定目标时间：

```
RMAN> FLASHBACK DATABASE TO SCN 46963;
RMAN> FLASHBACK DATABASE TO RESTORE POINT before_changes;
RMAN> FLASHBACK DATABASE TO TIME "TO_DATE('09/20/16','MM/DD/YY')";
```

当 FLASHBACK DATABASE 命令完成时，数据库将保留加载状态并修复到指定的目标时间。

⑦ 在 SQL * Plus 中只读方式打开数据库，并运行查询以验证数据库内容：

```
SQL> ALTER DATABASE OPEN READ ONLY
```

如果对数据库的状态满意，那么执行步骤⑧。如果对数据库的状态不满意，那么跳至步骤⑨。

⑧ 如果对闪回数据库结果满意，可以选择下面操作之一：

一是用 RESETLOGS 选项打开数据库使数据库可用于更新。如果数据库当前以只读方式打开，那么在 SQL * Plus 中执行以下命令：

```
SQL> SHUTDOWN IMMEDIATE;
SQL> STARTUP MOUNT;
SQL> ALTER DATABASE OPEN RESETLOGS;
```

执行此 OPEN RESETLOGS 操作后，对 FLASHBACK DATABASE 的目标 SCN 后的所有数据库更改都被放弃。

二是使用 Oracle 数据泵导出损坏对象的逻辑备份，然后使用 RMAN 修复数据库到当前时间：

```
RMAN> RECOVER DATABASE;
```

此步骤通过重新应用重做日志中的所有变化到数据库中来撤销闪回数据库的影响，从而将数据库返回到最近的 SCN。在以读/写方式重新打开数据库后，可以用数据泵导入原导出的对象。

⑨ 如果闪回使用了错误的恢复点或 SCN，那么可加载数据库并执行以下操作之一：

如果选择目标时间不够久，那么执行 FLASHBACK DATABASE 命令倒回数据库到更早的时间：

```
RMAN> FLASHBACK DATABASE TO SCN 42963; #比当前SCN早
```

如果选择的目标 SCN 已过去太久，那么用 RECOVER DATABASE UNTIL 将数据库倒回到所需的 SCN：

```
RMAN> RECOVER DATABASE UNTIL SCN 56963; #比当前SCN晚
```

如果要完全撤销 FLASHBACK DATABASE 命令的效果，那么可以用没有 UNTIL 子句的 RECOVER DATABASE 命令或 SET UNTIL 命令来执行数据库的完全恢复：

```
RMAN> RECOVER DATABASE;
```

RECOVER DATABASE 命令将重新应用所有数据库更改将其返回到最近的 SCN。

### 6.3.6 对整个 CDB 执行闪回数据库操作

使用 FLASHBACK DATABASE 命令可以对整个多租户容器数据库（CDB）执行闪回数据库操作。在 CDB 上执行闪回数据库操作的步骤与用于非 CDB 的闪回数据库相似，具体步骤如下：

① 执行 6.3.5 节中的步骤①～③。

② 用具有 SYSDBA 或 SYSBACKUP 权限的公共用户连接到 CDB 根。

③ 执行 6.3.5 节中的步骤⑤。

④ 运行 FLASHBACK DATABASE 命令闪回整个 CDB 到指定的时间点。可以使用 SCN、时间表达式或 CDB 恢复点来指定目标时间：

```
RMAN> FLASHBACK DATABASE TO SCN 345588;
RMAN> FLASHBACK DATABASE TO RESTORE POINT cdb_before_upgrade;
```

⑤ 执行 6.3.5 节中的步骤⑦～⑩。

⑥ 由于打开 CDB 时不会自动打开 PDB，所以要打开 PDBS。

如果连接到 CDB 根时，那么执行下面的命令打开所有 PDB：

```
SQL> ALTER PLUGGABLE DATABASE ALL OPEN;
```

如果只打开部分 PDB，那么连接到 CDB 根后打开指定 PDB，如 my_pdb：

```
SQL> ALTER PLUGGABLE DATABASE my_pdb OPEN;
```

### 6.3.7 对 PDB 执行闪回数据库操作

使用 FLASHBACK DATABASE 命令可以对多租户容器数据库（CDB）中的单个可插拔数据库（PDB）执行闪回数据库操作。在特定 PDB 上执行闪回数据库操作仅修改与该 PDB 相关的数据文件。CDB 中的其他 PDB 不影响使用。

当使用恢复点时，可以执行闪回数据库到 CDB 恢复点、PDB 恢复点、干净 PDB 恢复点或 PDB 保证恢复点。

对 PDB 执行闪回数据库操作的步骤如下：

① 用具有 SYSDBA 或 SYSBACKUP 权限的公共用户连接到 CDB 根。

② 确保 CDB 是打开状态。下面的命令连接到 CDB 根查看打开模式：

```
SQL> SELECT open_mode from V$DATABASE;
```

③ 确定闪回数据库所需的 SCN、恢复点或时间点。查询 V$RESTORE_POINT 视图以获取 PDB 恢复点列表。V$FLASHBACK_DATABASE_LOG 显示可以闪回操作的最早的 SCN。

④ 确保执行闪回数据库操作的 PDB 必须关闭。其他 PDB 可以是打开的和可操作的。当连接到根时，可以执行 ALTER PLUGGABLE DATABASE 命令关闭 my_pdb：

```
SQL> ALTER PLUGGABLE DATABASE my_pdb CLOSE;
```

⑤ 对指定 PDB 执行闪回数据库到所需的时间点。下面是 PDB 的闪回数据库操作的一些示例：

如果使用本地撤销的 PDB，可执行下面的闪回数据库操作：

```
RMAN> FLASHBACK PLUGGABLE DATABASE my_pdb TO SCN 24368;
RMAN>FLASHBACK PLUGGABLE DATABASE my_pdb
  2 TO RESTORE POINT guar_rp;
RMAN> FLASHBACK PLUGGABLE DATABASE my_pdb
  2 TO CLEAN RESTORE POINT clean_rp;
```

如果使用共享撤销的 PDB，可以选择性地包括 AUXILIARY DESTINATION 子句指定存储数据文件的辅助实例的位置。如果省略该子句，那么在快速恢复区中创建辅助实例。

```
RMAN> FLASHBACK PLUGGABLE DATABASE my_pdb
  2 TO SCN 24368 AUXILIARY DESTINATION '+data';
RMAN> FLASHBACK PLUGGABLE DATABASE my_pdb
  2 TO RESTORE POINT before_appl_changes
  3 AUXILIARY DESTINATION 'd:\temp\aux_dest';
RMAN>FLASHBACK PLUGGABLE DATABASE my_pdb
  2 TO TIME "TO_DATE('03/20/17','MM/DD/YY')";
```

⑥ 执行用 RESETLOGS 选项打开 PDB。

```
RMAN> ALTER PLUGGABLE DATABASE my_pdb OPEN RESETLOGS;
```

### 6.3.8 监视闪回数据库

当使用闪回数据库将数据库倒回到过去的目标时间时，闪回数据库确定在目标时间之后更改的块并从闪回日志中还原它们，这称为还原阶段（Restore Phase）。还原阶段完成后，闪回数据库把重做日志重新应用到在块写入闪回日志之后所做的更改，这称为修复阶段（Recovery Phase）。通过查询 V$SESSION_LONGOPS 视图可监视恢复期间闪回数据库的进度。其中 opname 列为闪回数据库，列 totalwork 是必须读取的闪回日志兆字节数，列 sofar 列是已读取的兆字节数。

下面的查询语句跟踪闪回数据库还原阶段的进度：

```
SQL> SELECT sofar, totalwork, units FROM v$session_longops
  2 WHERE opname = 'Flashback Database';
SOFAR TOTALWORK UNITS
----- ---------- --------------------------------
17    60         Megabytes
```

可以通过查询 V$RECOVERY_PROGRESS 视图监视修复阶段闪回数据库的进度。

# 6.4 数据库时间点恢复

DBPITR 在物理级别工作以将数据文件返回到过去时间的状态。但是完成数据库时间点恢复（DBPITR）必须满足下面的先决条件：

① 数据库必须运行在归档（ARCHIVELOG）模式。

② 必须拥有在 DBPITR 目标 SCN 之前的所有数据文件的备份，并且要有在备份时的 SCN 与目标 SCN 之间的所有归档日志。

③ 如果备份是使用透明加密模式加密，并且用基于软件密钥库的密码，那么在执行还原操作之前必须提供密钥库密码。使用 SET 命令 DECRYPTION WALLET OPEN IDENTIFIED BY 选项指定打开密钥库的密码。如果使用自动登录软件密钥库就不需要上面的命令。

## 6.4.1 执行数据库时间点恢复

### 1. 非 CDB 的数据库时间点恢复基本概念

RMAN DBPITR（DataBase Point-In-Time Recovery）从备份中将数据库还原到修复目标时间之前的时间点，然后使用增量备份和重做日志将数据库前滚到目标时间。在 RMAN 中执行 DBPITR 操作时可指定目标 SCN、日志序列号、恢复点或具体时间。当结束时间点指定为 SCN 时，那么数据库应用重做日志并在每个日志重做线程或指定的 SCN 后停止。当指定时间终点为具体时间时，数据库在内部确定与指定时间对应的 SCN，然后修复到该 SCN。

为了便于时间点恢复的管理，Oracle 建议在重要时刻创建恢复点。如果可能，Oracle 建议执行闪回数据库而不是数据库时间点恢复。只有闪回技术无法用于撤销最近的变化时，用备份进行介质恢复才是最后的选择。

如果备份策略设计正确并且数据库运行在 ARCHIVELOG 模式，那么 DBPITR 几乎适应各类情况。与用户管理的 DBPITR 相比，RMAN 简化了 DBPITR。给定目标 SCN，就可从备份还原数据文件，并进行有效恢复，而不需要用户的干预。

当然 RMAN 执行 DBPITR 也有一些不足：不能把所选对象返回到其较早状态，而只能是返回整个数据库；执行 DBPITR 期间整个数据库不可用；因为 RMAN 必须还原所有数据文件，所以 DBPITR 可能很耗时；RMAN 可能需要还原重做日志和增量备份以修复数据文件，这些操作可能需要更长时间。

### 2. 非 CDB 的数据库时间点恢复步骤

本节介绍 DBPITR 的基本步骤有如下的假设环境：

① 在当前数据库化身中执行 DBPITR。如果目标时间不在当前的化身，那么参见本章 6.4.7 中介绍的将数据库恢复到祖先化身。

② 控制文件是当前。如果必须还原备份控制文件，那么参见第 5 章 5.5.3 节的内容。

③ 数据库正在使用当前的服务器参数文件。如果必须恢复备份的服务器参数文

件，那么参见第 5 章 5.5.2 节的内容。

为了避免在执行 DBPITR 时出错，可以使用 SET UNTIL 命令在过程开始时设置目标时间，而不是单独在 RESTORE 和 RECOVER 命令中指定 UNTIL 子句，这样也确保了还原数据文件的时间足够早从而可用于 RECOVER 操作中。

在满足上面执行 DBPITR 操作的先决条件的情况下，进行 DBPITR 的步骤：

① 确定结束恢复的时间、SCN、恢复点或日志序列号。可以使用闪回查询功能确定逻辑损坏发生的时间。如果启用了表的闪回数据归档（Flashback Data Archive），那么可以查询过去存在的数据；还可以使用警告日志来确定必须恢复事件的时间；或者用 SQL 查询来确定包含目标 SCN 的日志序列号，然后从此日志开始恢复。

② 运行以下查询列出当前数据库化身中的日志：

```
SQL> SELECT recid, stamp, thread#, sequence#, first_change#,first_time,
next_change#
  2  FROM v$archived_log
  3  WHERE resetlogs_change# =
  4  ( SELECT resetlogs_change# FROM v$database_incarnation
  5  WHERE status = 'CURRENT');
```

假设从查询结果中发现用户在上午 9:02 意外删除了表空间，那么可以恢复到误删发生之前的上午 9 点，9 点以后的修改将会丢失。

③ 如果使用目标时间表达式而不是目标 SCN，那么确保在调用 RMAN 之前，时间格式环境变量是适当的。如设置全球时间：

```
NLS_LANG = american_america.us7ascii
NLS_DATE_FORMAT="Mon DD YYYY HH24:MI:SS"
```

④ 将 RMAN 连接到目标数据库，并将数据库处于加载状态。如果使用恢复目录，也要连接到恢复目录数据库。

```
RMAN> SHUTDOWN IMMEDIATE;
RMAN> STARTUP MOUNT;
```

⑤ 在 RUN 块中执行以下操作：用 SET UNTIL 指定 DBPITR 操作的目标时间、SCN 或日志序列号，或使用 SET TO 命令指定恢复点；如果指定时间，那么使用在 NLS_LANG 和 NLS_DATE_FORMAT 环境变量中指定的日期格式。如果未配置自动通道，则手工分配磁盘或磁带通道；最后还原并恢复数据库。

```
RUN
{
   SET UNTIL SCN 1000;
   RESTORE DATABASE;
   RECOVER DATABASE;
}
```

可以用 SET UNTIL 指定时间表达式、恢复点或日志序列号：

```
SET UNTIL TIME 'Nov 15 2017 09:00:00';
SET UNTIL SEQUENCE 9923;
SET TO RESTORE POINT before_update;
```

如果操作完成没有错误，DBPITR 就成功了。

⑥ 为了让数据库可以读写，先关闭数据库，然后加载数据库，最后执行下面的命令打开数据库进行读/写，此时放弃目标 SCN 后的所有更改：

```
RMAN> ALTER DATABASE OPEN RESETLOGS;
```

如果数据文件是在脱机状态，那么 OPEN RESETLOGS 操作会失败，除非数据文件正常脱机或是只读。可以将文件设置为只读或脱机状态，在 RESETLOGS 之后将它们联机，因为它们没有需要重做日志。

在步骤⑥中另一个选择是用数据泵从数据库导出一个或多个对象。可以将数据库恢复到当前时间点后再重新导入刚导出的对象，从而将这些对象返回到不想要的修改之前的状态，而不是放弃所有其他变化。

### 6.4.2 完成 CDB 和 PDB 的时间点恢复

RMAN 能够执行 CDB 和 PDB 的时间点恢复（PITR）。 对于 PDB 的 PITR，只能使用 RMAN 执行。如果没有使用恢复目录，建议启用控制文件自动备份。否则在 RMAN 需要撤销数据文件的添加或删除时，PDB 的 PITR 可能无法有效工作。

#### 1. 关于 PDB 的 DBPITR 和快速恢复区

当执行 PDB 的 DBPITR 时，此 PDB 的所有数据文件都将在现场修复。但是，为了将 PDB 恢复到指定的目标时间，RMAN 也需要存在于目标时间的 UNDO 表空间。因为 UNDO 表空间是被所有的 PDB 共享的，所以它不能在现场恢复。 RMAN 还原根的 UNDO、SYSTEM 和 SYSAUX 表空间到一个辅助数据库，然后使用撤销信息把 PDB 修复到目标时间。

如果配置了快速恢复区，Oracle 数据库将其用作辅助目标。如果没有配置快速恢复区，那么必须使用 AUXILIARY DESTINATION 子句来指定用于辅助数据库文件的位置。确保快速恢复区有足够的空间以修复根表空间和撤销表空间。如果快恢复区没有所需的空间，通过指定 AUXILIARY DESTINATION 子句来使用备用位置。

上面关于 PITR 的内容适用于 CDB，只是在执行时稍有差异。

#### 2. 执行整个 CDB 的时间点恢复

执行整个 CDB 的 PITR 的步骤类似于用于非 CDB 的 PITR：

① 用具有 SYSBACKUP 或 SYSDBA 权限的公共用户连接到根。

② 按本章 6.4.1 节中描述的步骤执行整个 CDB 的时间点恢复。

③ 打开所有的 PDB。由于打开 CDB 时不会打开 PDB，所以在连接到根时执行下面命令打开所有的 PDB：

```
RMAN>  ALTER PLUGGABLE DATABASE ALL OPEN;
```

#### 3. 执行 PDB 的时间点恢复

执行 PDB 的时间点恢复的步骤类似于执行 DBPITR。当恢复一个或多个 PDB 到指定的时间点，CDB 中的其余 PDB 不受影响，它们可以打开正常运行。PDB 的旧备份在恢复后仍然有效并可用于介质故障恢复。不需要创建新的备份。

当对使用共享撤销的 CDB 中的一个或多个 PDB 上执行 DBPITR 时，需要有包含该 PDB 的 CDB 的根和种子数据库（PDB＄SEED）的备份。

在 PDB 上执行 DBPITR：

① 启动 RMAN 并用具有 SYSDBA 或 SYSBACKUP 权限的用户身份连接到 CDB 根。

② 按照6.4.1 节中的步骤进行操作，只是在 RMAN 中执行 RESTORE 和 RECOVER

命令时使用 PLUGGABLE DATABASE 选项；同时用 ALTER PLUGGABLE DATABASE 命令代替 ALTER DATABASE 命令；关闭正在执行 PITR 的 PDB，但根仍然是打开的。

连接到根后执行下面命令将修复名为 PDB5 的 PDB 到 SCN 为 1066 的时间点，然后打开用于读/写访问：

```
RMAN> ALTER PLUGGABLE DATABASE pdb5 CLOSE;
RMAN> RUN
{
   SET UNTIL SCN 1066;
   RESTORE PLUGGABLE DATABASE pdb5;
   RECOVER PLUGGABLE DATABASE pdb5;
}
RMAN> ALTER PLUGGABLE DATABASE pdb5 OPEN RESETLOGS;
```

上面的示例假定正在使用快速恢复区域。如果不使用快速恢复区，那么必须用 AUXILIARY DESTINATION 子句指定辅助集文件的临时位置。

使用 RESETLOGS 选项将创建一个新的 PDB 化身。可以查询 V$PDB_INCARNATION 得到新 PDB 化身号码。

### 6.4.3 闪回技术和数据库时间点恢复的比较

通常出现下面的情况时，可以使用闪回功能或时间点恢复将数据库或数据库对象返回到先前的时间点：

① 由于用户操作错误删除了所需的数据或导致数据损坏。例如，用户或 DBA 可能会错误地删除或更新一个或多个表的内容，或删除在更新期间仍然需要的数据库对象，或批量更新时中途运行失败等。

② 数据库升级失败或升级脚本运行失败。

③ 因为没有所有需要的重做日志或增量备份，导致介质故障后无法成功进行数据库完全恢复。

#### 1. 闪回功能与时间点恢复

数据库时间点恢复（Database Point-Intime Recovery，DBPITR）是将整个数据库恢复到指定的过去时间、SCN 或日志序列数号，它是修复不想要的数据库更改的最基本的解决方案。DBPITR 有时称为不完全恢复（Incomplete Recovery），因为它不使用所有可用的重做日志或不修复数据库的所有更改。数据库时间点恢复是先还原整个数据库备份，然后应用重做日志或增量备份来将重建不想要变化之前的所有更改直到某个时间点。

如果不需要的数据库更改是限制到特定的表空间，那么可以使用表空间时间点恢复（TSPITR）将这些表空间返回到较早的系统更改号（SCN），而未受影响的表空间保留可用。如果不需要的数据库更改限于特定的表或表分区，那么利用第 5 章 5.6 节介绍的方法。

正如本章所述，Oracle 数据库还提供了一组称为闪回功能的技术可以查看数据的过去状态并能倒回数据，而不需要从备份恢复数据库。根据对数据库更改的多少，闪回技术通常可以更快倒回不必要的更改，并且对数据库可用性的影响更小。

2．物理闪回功能

Oracle 闪回数据库是 DBPITR 的最有效的替代方法。不像其他闪回功能，闪回数据库在物理级别运行，并将当前数据文件内容还原到过去的时间，其结果类似于 DBPITR 的结果，包括 OPEN RESETLOGS，但是闪回数据库通常更快，因为它不需要还原数据文件，并且与介质恢复相比只需要应用有限的重做日志。

3．逻辑闪回特性

除了闪回数据库功能外，闪回表和闪回删除功能在逻辑级运行。

闪回表可以将一个表或一组表恢复到指定的早期时间点而不需使数据库的任何部分脱机。在许多情况下，闪回表可减少执行更复杂的时间点恢复操作。闪回表恢复表的同时自动维护关联属性，如当前索引、触发器和约束，也不需要查找和恢复应用相关的属性。

闪回删除可以返回 DROP TABLE 语句的效果。除闪回删除之外的所有逻辑闪回功能都依赖于撤销 UNDO 数据。撤销记录主要用于 SQL 查询读一致性和回滚事务，撤销记录包含重建数据所需过去的时间的信息，并检查自指定时间以来的变化记录。

闪回删除依赖于回收站的机制，数据库使用回收站来管理丢弃的数据库对象，直到它们占用的空间要存储新的数据。回收站是包含已删除对象信息的数据字典表。删除（DROPED）的表和任何关联对象（如索引，约束，嵌套表等）并不真正删除，仍然占用空间。 闪回删除功能就是使用回收站恢复删除的对象。没有固定的空间分配给回收站，并且不保证丢弃的对象在回收站中保留多长时间。根据系统活动，丢弃的对象可能在回收站中保留数秒或数月。

### 6.4.4 在 PDB 执行 DBPITR 后闪回 CDB 数据库

为了在 Oracle Database 12c 保持向后兼容性，如果已经在其任何 PDB 上执行时间点恢复，那么就不允许对多租户容器数据库（CDB）执行闪回数据库。当在 PDB 上执行时间点恢复后，不能直接把 CDB 倒回到早于执行 PDB 的 DBPITR 的时间点，否则将显示错误信息。

要将 CDB 闪回到超过在 PDB 执行 DBPITR 操作之前的时间点，可执行下面操作：

① 启动 RMAN 并以具有 SYSBACKUP 或 SYSDBA 权限的用户连接到 CDB 根。

② 确定必须修复 CDB 的目标时间。

③ 用 ALTER PLUGGABLE DATABASE 命令将已执行过 DBPITR 的 PDB 对应的所有文件设置为脱机状态。

④ 用 FLASHBACK DATABASE 命令将 CDB 倒回到目标时间，此操作不会影响 PDB 的脱机文件。

⑤ 用 RESTORE PLUGGABLE DATABASE 和 RECOVER PLUGGABLE DATABASE 命令恢复执行 DBPITR 的 PDB。

【例 6.11】将 CDB 倒回到超过恢复 PDB 的时间点。

假设 CDB 包含以下 PDB：pdb1、pdb2、pdb3 和 pdb4。对 pdb2 执行 DBPITR，并在 SCN 为 128756 时用 RESETLOGS 选项打开 pdb2。一般情况下，可以将整个 CDB 闪回到 SCN 大于 128756 的时间点，但不能直接将整个 CDB 闪回到 SCN 低于 128756 的时间点。

下面的步骤将整个 CDB 闪回到 SCN 为 128048（SCN 低于 128756）时间点：

① 启动 RMAN 并用具有 SYSDBA 或 SYSBACKUP 权限的用户身份连接到 CDB 根。

② 确定在 CDB 上执行的闪回数据库必须到达的目标时间，即 SCN 为 128048 时间。

③ 使用下面命令将 pdb2 对应的所有数据文件设置为脱机状态。

```
RMAN> ALTER PLUGGABLE DATABASE PDB2 DATAFILE ALL OFFLINE;
```

④ 关闭 CDB 并将其置于已加载状态：

```
RMAN> SHUTDOWN;
RMAN> STARTUP MOUNT;
```

⑤ 将 CDB 倒回到指定的时间点，即 SCN 为 128048 的时间点。

```
RMAN> FLASHBACK DATABASE TO SCN 128048;
```

⑥ 使用 RESETLOGS 选项打开 CDB。

```
RMAN> ALTER DATABASE OPEN RESETLOGS;
```

⑦ 执行下面命令还原并修复 pdb2，并使其文件联机，然后执行 PDB 的完全恢复。

```
RMAN> RESTORE PLUGGABLE DATABASE pdb2;
RMAN> ALTER PLUGGABLE DATABASE pdb2 DATAFILE ALL ONLINE;
RMAN> RECOVER PLUGGABLE DATABASE pdb2;
RMAN> ALTER PLUGGABLE DATABASE pdb2 OPEN;
```

### 6.4.5 用闪回数据库撤销 OPEN RESETLOGS 操作

用闪回数据库来撤销不想要的 ALTER DATABASE OPEN RESETLOGS 语句的过程与 6.3.5 节的执行闪回数据库操作的步骤类似。不同的是在执行 FLASHBACK DATABASE 命令时不是指定特定 SCN 或时间点，而是使用命令 FLASHBACK DATABASE TO BEFORE RESETLOGS。

撤销 OPEN RESETLOGS 操作的步骤如下：

① 在 SQL * Plus 中连接到目标数据库，并验证闪回窗口的开始时间早于最近的 OPEN RESETLOGS 的时间。可以运行下列查询进行验证：

```
SQL> SELECT resetlogs_change#  FROM v$database;
SQL> SELECT oldest_flashback_scn  FROM  v$flashback_database_log;
```

如果视图 V$FLASHBACK_DATABASE_LOG 中的 oldest_flashback_scn 列的值不小于视图 V$DATABASE 的 resetlogs_change# 列的值，那么就可以使用闪回数据库来撤销 OPEN RESETLOGS 操作。

② 关闭数据库，然后加载数据库，重新检查闪回窗口。如果重新设置日志 SCN 仍然在闪回窗口内，那么可以继续下一步操作。

③ 启动 RMAN 并连接到目标数据库。

④ 使用 FLASHBACK DATABASE 命令闪回到在 RESETLOGS 操作之前最近的 SCN：

```
RMAN> FLASHBACK  DATABASE  TO  BEFORE  RESETLOGS;
```

与 FLASHBACK DATABASE 的其他用途一样，如果目标 SCN 在闪回数据库窗口的开头时间之前，返回一个错误并且不会修改数据库。如果上面的命令成功完成，那么数据库仍在加载状态，并可恢复到在前一个化身的 OPEN RESETLOGS 操作之前最近的 SCN 时间点。

⑤ 在 SQL * Plus 中只读方式打开数据库，并根据需要执行查询以确保逻辑损坏的影响已经撤销。

```
SQL> ALTER DATABASE OPEN READ ONLY;
```

⑥ 为了让数据库重新可用于更新，先关闭数据库然后加载它，最后执行以下命令：

```
SQL> ALTER DATABASE OPEN RESETLOGS;
```

### 6.4.6 将数据库倒回到被遗弃的化身分支的 SCN

在 OPEN RESETLOGS 后执行闪回数据库或 DBPITR 操作的效果是将数据库返回到先前的 SCN，并放弃这个时间点后的更改。因此，在这时间点之后的一些 SCN 可能引用的是已放弃的变化或在数据库的当前历史中已变化。此时在 FLASHBACK DATABASE 中将这些 SCN 指定为目标 SCN 可能是二义的。

但是与 SCN 不同，时间表达式和恢复点没有二义性。时间表达式总是与当时的当前化身相关联。恢复点总是与它创建时的当前化身相关联。因此，与遗弃数据库化身相对应的时间和恢复点也是准确的。数据库化身将被自动重置到指定时间的当前化身或恢复点创建时的当前化身。

如果要倒回数据库到直接祖先路径中的 SCN，或者要将数据库倒回到恢复点，那么对闪回数据库来说不需要显式执行 RESET DATABASE 命令。但是，当用 FLASHBACK ATABASE 将数据库倒回到一个废弃的数据库化身的 SCN 时，就需要显式执行 RESET DATABASE TO INCARNATION 命令。

将数据库倒回到废弃化身分支中的 SCN 的步骤如下：

① 启动 SQL * Plus 并连接到目标数据库，然后执行以下查询验证闪回日志是否包含有足够闪回到指定 SCN 的信息：

```
SQL> SELECT oldest_flashback_scn  FROM  v$flashback_database_log;
```

② 执行以下查询确定闪回数据库的目标化身号，即父化身的化身主键。

```
SQL> SELECT prior_incarnation# FROM v$database_incarnation
  2 WHERE status ='CURRENT';
```

③ 启动 RMAN 并连接到目标数据库。

④ 关闭目标数据库，然后加载数据库：

```
RMAN> SHUTDOWN IMMEDIATE;
RMAN> STARTUP MOUNT;
```

⑤ 将数据库化身设置为父化身。下面的命令返回到化身 1：

```
RMAN> RESET DATABASE TO INCARNATION 1;
```

⑥ 运行 FLASHBACK DATABASE 命令将数据库倒回到指定目标 SCN 1500：

```
RMAN> FLASHBACK DATABASE TO SCN 1500;
```

⑦ 在 SQL * Plus 中执行下面命令以只读方式打开数据库，并根据需要执行查询以确保逻辑损坏的影响已经纠正：

```
SQL> ALTER DATABASE OPEN READ ONLY;
```

⑧ 要使数据库再次可用于更新，关闭数据库并加载它，然后执行以下命令：

```
SQL> ALTER DATABASE OPEN RESETLOGS;
```

### 6.4.7 将数据库恢复到祖先化身

在当前化身中执行 DBPITR 的过程与在非当前化身用 DBPITR 恢复到指定 SCN 的过程不同。在后一种情况下，必须显式执行 RESET DATABASE 语句将数据库重置到目标 SCN 所在的当前化身。此外，必须从包含目标 SCN 的数据库化身中还原控制文件。

当 RMAN 连接到恢复目录时，RESTORE CONTROLFILE 命令只从当前数据库化身中搜索与 UNTIL 子句指定时间最接近的时间。要从非当前化身还原控制文件，必须执行 LIST INCARNATION 以确定目标数据库化身，并在 RESET DATABASE TO INCARNATION 命令中指定这个化身。

当 RMAN 连接到恢复目录时，不能在数据库加载前执行 RESET DATABASE TO INCARNATION 命令。因此，必须执行 SET UNTIL 从自动备份中还原控制文件，然后加载控制文件。

**【例 6.12】**假设 RMAN 连接到恢复目录，并且目标数据库 ORADEMO 在 2016 年 10 月 2 日进行备份；在 2016 年 10 月 10 日对此数据库执行 DBPITR 以更正先前的错误，然后在 DBPITR 后执行 OPEN RESETLOGS 开始新的化身；10 月 25 日发现需要的关键数据在 2016 年 10 月 8 日上午 8 时从数据库中被删除，这个时间（10 月 8 日）是在当前化身的开始时间（10 月 10 日）之前。此时要恢复 10 月 8 日的误删除就是要从非当前化身中进行恢复，即执行 DBPITR 将数据库恢复到非当前化身的指定时间。

执行 DBPITR 将数据库恢复到非当前化身的指定时间步骤如下：

① 启动 RMAN 并连接到目标数据库和恢复目录。

② 执行 LIST INCARNATION 命令确定在备份时的当前数据库化身的主键。

```
RMAN> LIST INCARNATION OF DATABASE orademo;
```

查看 Reset SCN 和 Reset Time 列以识别正确的化身，并记录 Inc Key 列中的化身主键。 本例中备份是在 2016 年 10 月 2 日，当前的当前化身的主键值是 2。

③ 确保数据库已启动但未加载，即将数据库启动到非加载状态。

```
RMAN> STARTUP FORCE NOMOUNT;
```

④ 将目标数据库重置为步骤②中获得的化身，即指定 10 月 2 日备份时的化身为当前化身，对应化身主键 Inc Key 为 2：

```
RMAN> RESET  DATABASE  TO  INCARNATION  2;
```

⑤ 在 RUN 命令块中执行以下操作还原和修复数据库。RUN 命令块中的命令包括将修复的结束时间设置为丢失数据之前最近的时间；分配所有未配置的通道；从 10 月 2 日的备份中还原控制文件并加载它；还原数据文件并修复数据库，用 RECOVER DATABASE ... UNTIL 命令执行 DBPITR 将数据库恢复到目标时间是 10 月 8 日上午 7:55，这个时间就在数据丢失之前。

```
RUN
{
   SET UNTIL TIME 'Oct 8 2016 07:55:00';
   RESTORE CONTROLFILE;
   # 如果没有恢复目录，使用 RESTORE CONTROLFILE FROM AUTOBACKUP
   ALTER DATABASE MOUNT;
   RESTORE DATABASE;
   RECOVER DATABASE;
}
ALTER DATABASE OPEN RESETLOGS;
```

# 6.5 闪回数据归档

Oracle 公司从 Oracle 9i 数据库开始引入闪回技术，该技术使得一些逻辑错误不再需要利用归档日志和数据库备份进行时间点恢复。在 Oracle 10g 中，引入闪回版本查询、闪回事务查询、闪回数据库和闪回表等特性，大大简化了闪回查询的使用和效果。

在上面的诸多闪回技术当中，除了闪回数据库依赖于闪回日志之外，其他的闪回技术都是依赖于撤销数据，都与数据库初始化参数 UNDO_RETENTION 密切相关（该参数决定了撤销数据在数据库中的保存时间），它们是从撤销数据中读取信息来构造旧数据的，要求撤销表空间中的信息不能被覆盖，而撤销段是循环使用的，只要事务提交，之前的撤销信息就可能被覆盖。虽然可以通过 UNDO_RETENTION 等参数来延长撤销数据的存活期，但这个参数会影响所有的事务，可能导致撤销表空间快速膨胀。

Oracle 11g 引入了新的闪回技术，即闪回数据归档。闪回数据归档技术将变化数据存储到创建的闪回归档区（Flashback Archive）中，以和撤销数据区别开来，这样就可以为闪回归档区单独设置存储策略，使之可以闪回到指定时间之前的旧数据而不影响撤销策略；并且可以根据需要指定哪些数据库对象需要保存历史变化数据，而不是将数据库中所有对象的变化数据都保存下来，这样可以极大地减少空间需求。

闪回数据归档并不是记录数据库的所有变化，而只是记录了指定表的数据变化，即闪回数据归档是针对对象的保护。通过闪回数据归档，可以查询指定对象的任何时间点的数据，而且不需要用到撤销数据，这在有审计需要的环境，或者是安全性特别重要的高可用数据库中，是一个非常好的特性。其缺点就是如果该表变化很频繁，对空间的要求可能很高。

默认情况下，所有表的闪回归档是关闭状态。当满足下面条件时可激活闪回归档：对要进行闪回归档的表具有 FLASHBACK ARVHIVE 对象权限；表不能是簇、临时表、或远程表；表不能包括 LONG 列或嵌套列。以 SYSDBA 登录的用户或具有系统权限 FLASHBACK ARCHIVE ADMINISTER 的用户可以中止闪回数据归档功能。

## 6.5.1 创建闪回数据归档

闪回数据归档由一个或多个表空间组成，也可以是表空间的部分空间。可以建立多个闪回数据归档。闪回数据归档中的数据在 RETENTION 时间内是保护的。创建闪回数据归档必须有 FLASHBACK ARCHIVE ADMINISTER，同时要有 CREATE TABLESPACE 的系统权限。

使用 CREATE FLASHBACK 语句来建立闪回数据归档，即指定闪回数据归档的名称，使用的第一个表空间名称，也可以选择性设置闪回数据占用第一个表空间的大小，默认不限制大小。如果要指定闪回数据归档保存的时间，可以用 RETENTION 子句来指定 N 天（day）、N 月（month）或 N 年（year）。

【例 6.13】建立默认的闪回数据归档，数据归档保留 30 天。

```
SQL> CREATE FLASHBACK ARCHIVE DEFAULT test_archive1
  2 TABLESPACE example QUOTA 10M RETENTION 30 DAY;
```

### 6.5.2 管理闪回数据归档

#### 1. 修改闪回数据归档

如果用户有 FLASHBACK ARCHIVE ADMINISTER 系统权限，那么就可以用修改闪回数据归档；同时也要对涉及的表空间有增加、修改、删除数据的权限。

如果要完成以下任务就可以用 ALTER FLASHBACK ARCHIVE 语句：指定系统的默认闪回数据归档；为当前的闪回数据归档增加表空间；改变闪回数据归档使用表空间的配额；删除闪回数据归档的表空间；删除闪回数据归档中不用的数据。

【例 6.14】修改闪回数据归档的例子。

```
-- 将闪回数据归档 fla1 设置为系统默认闪回数据归档
SQL> ALTER FLASHBACK ARCHIVE fla1 SET DEFAULT;
-- 将闪回数据归档 fla1 的 tbs3 表空间设置为 5 GB
SQL> ALTER FLASHBACK ARCHIVE fla1 ADD TABLESPACE tbs3 QUOTA 5G;
-- 为闪回数据归档添加表空间 tbs4
SQL> ALTER FLASHBACK ARCHIVE fla1 ADD TABLESPACE tbs4;
--把 fla1 中的闪回数据归档保留时间改为 2 年
SQL> ALTER FLASHBACK ARCHIVE fla1 MODIFY RETENTION 2 YEAR;
-- 从闪回数据归档 fla1 中删除表空间 tbs2，但不删除表空间本身
SQL> ALTER FLASHBACK ARCHIVE fla1 REMOVE TABLESPACE tbs2;
-- 永久删除闪回数据归档 fla1 中的数据
SQL> ALTER FLASHBACK ARCHIVE fla1 PURGE ALL;
-- 永久删除闪回数据归档 fla1 中一天前的数据
SQL> ALTER FLASHBACK ARCHIVE fla1
  2  PURGE BEFORE TIMESTAMP (SYSTIMESTAMP - INTERVAL '1' DAY);
-- 永久删除闪回数据归档 fla1 中比 728969 更早的数据
SQL> ALTER FLASHBACK ARCHIVE fla1 PURGE BEFORE SCN 728969;
```

#### 2. 删除闪回数据归档

如果有 FLASHBACK ARCHIVE ADMINISTER 系统权限，那么就可以删除闪回数据归档。使用 DROP FLASHBACK ARCHIVE 语句可从系统中删除闪回数据归档及其中的所有数据，但不删除闪回数据归档使用的表空间。

【例 6.15】删除闪回数据归档 fla1。

```
SQL> DROP FLASHBACK ARCHIVE fla1;
```

#### 3. 激活或禁止闪回数据归档

在默认情况下，所有表的闪回归档都被禁止。如果用户对要闪回数据归档的表有对象权限 FLASHBACK ARCHIVE，就可以激活表的闪回数据归档功能。

使用 CREATE TABLE 或 ALTER TABLE 语句的 FLASHBACK ARCHIVE 子句可激活表的闪回数据归档功能，在该子句中可以指定闪回数据归档存储的位置。

【例 6.16】激活或禁止闪回数据归档。

```
-- 建立表 employee 并把历史数据存储在默认闪回数据归档
SQL> CREATE TABLE employee (empno NUMBER(4) NOT NULL,
  2  enamE VARCHAR2(10),  job VARCHAR2(9), mgr NUMBER(4))
  3  FLASHBACK ARCHIVE;
-- 建立表 employee 并把历史数据存储在闪回数据归档 fla1
SQL> CREATE TABLE employee (empno NUMBER(4) NOT NULL,
  2  enamE VARCHAR2(10),  job VARCHAR2(9), mgr NUMBER(4))
```

```
  3  FLASHBACK ARCHIVE  fla1;
-- 激活表 employee 闪回归档，并把历史数据存储在闪回数据归档 fla1
SQL> ALTER TABLE employee FLASHBACK ARCHIVE fla1;
-- 禁止表 employee 闪回归档
SQL> ALTER TABLE employee NO FLASHBACK ARCHIVE;
```

4. 闪回数据归档的视图

通过下面的静态视图可以查看闪回数据归档文件的信息。

（1）DBA_FLASHBACK_ARCHIVE

显示所有用户的闪回数据归档文件的信息，主要列有：

| | |
|---|---|
| OWNER_NAME | 闪回归档创建者的名称 |
| FLASHBACK_ARCHIVES_NAME | 闪回归档的名称 |
| FLASHBACK_ARCHIVE# | 闪回归档的编号 |
| RETENTION_IN_DAYS | 闪回归档中的数据保存的最大天数 |
| CREATE_TIME | 闪回数据归档建立的时间 |
| LAST_PURGE_TIME | 闪回归档中的数据最近一次被删除的时间 |
| STATUS | 是默认闪回归档为 DEFAULT，否则为 NULL |

（2）USER_FLASHBACK_ARCHIVE

这个视图描述闪回数据归档的信息，即由多个表空间和跟踪表的所有事务操作的历史数据组成。如果用户有 FLASHBACK ARCHIVE ADMINISTER 系统权限，本视图将显示出具有 FLASHBACK ARCHIVE 对象权限的所有用户中的闪回归档信息；否则将显示具有 FLASHBACK ARCHIVE 对象权限的当前用户的闪回归档信息。

USER_FLASHBACK_ARCHIVE 与 DBA_FLASHBACK_ARCHIVE 有相同的列。

（3）DBA_FLASHBACK_ARCHIVE_TABLES

本视图显示所有激活闪回归档的表的信息，主要列有：

| | |
|---|---|
| TABLE_NAME | 激活闪回归档的表名 |
| OWNER_NAME | 激活闪回归档表的所有者名称 |
| FLASHBACK_ARCHIVES_NAME | 闪回归档的名称 |
| ARCHIVE_TABLE_NAME | 包含用户表历史数据的归档表名称 |

（4）USER_FLASHBACK_ARCHIVE_TABLES

USER_FLASHBACK_ARCHIVE_TABLES 显示当前用户所有激活闪回归档的表的信息，它与视图 DBA_FLASHBACK_ARCHIVE_TABLES 有相同的列。

（5）DBA_FLASHBACK_ARCHIVE_TS

DBA_FLASHBACK_ARCHIVE_TS 视图显示可用的闪回归档中的所有表空间信息，主要列有：

| | |
|---|---|
| FLASHBACK_ARCHIVES_NAME | 闪回归档的名称 |
| FLASHBACK_ARCHIVE# | 闪回归档的编号 |
| TABLESPACE_NAME | 闪回归档所用表空间的名称 |
| QUOTA_IN_MB | 闪回归档在表空间可用的最大空间（以 MB 为单位，为 NULL 时表示没有空间限制） |

#### 5. 闪回数据归档应用事例

在一般利用备份进行的恢复操作中，数据一旦提交，不管提交的事务操作是否正确都不能将数据恢复回到前一种状态，因为错误事务的回滚数据已不存在。闪回数据归档可以将已提交的错误事务恢复到提交前的状态，因为它利用的是闪回数据归档中的历史信息，闪回查询可以无缝地得到所要的信息。

【例 6.17】假如表 employee 的闪回数据归档功能激活，用户对部门经理（MANAGER）为 LISA 的员工工资进行了错误的修改，并且已提交。那么在确认提交操作后，没有其他事务修改 employee 表，可以用下面语句恢复已修改的数据：

```
SQL> DELETE employee WHERE manager = 'LISA JOHNSON';
SQL> INSERT INTO employee  SELECT  *  FROM  employee
  2   AS OF TIMESTAMP (SYSTIMESTAMP - INTERVAL '4' DAY)
  3   WHERE manager = 'LISA JOHNSON';
```

## 小　结

闪回技术是 Oracle 11g 中方便快捷的数据恢复技术，它们使用自动撤销数据来完成相应的恢复功能，而不是利用备份数据。

闪回查询能够查询过去某个时间点的任何数据；闪回版本查询可以按特定时间间隔查询出同一行的不同版本，即不同时间该行的内容；闪回事务通过查询静态数据视图可以审计一个事务做了什么或回滚一个已提交的事务；闪回表可将一个或多个表在故障之后恢复到指定的时间点；闪回数据库技术可以将整个数据库恢复到以前的某个状态；闪回数据归档是针对对象的保护，它可以查询指定对象的任何时间点的数据。

DBPITR 在物理级别工作以将数据文件返回到过去时间的状态。可以对非 CDB、CDB 和 PDB 执行 DBPITR 操作，在执行时可以指定 SCN、恢复点、日志序列号和具体时间作为恢复的目标时间。

## 习　题

1. 闪回技术与传统数据库恢复技术的主要区别是什么？闪回技术的优点是什么？
2. 比较闪回查询、闪回版本查询、闪回表、闪回数据、闪回删除的差别。
3. 举例说明闪回查询的作用。
4. 举例说明闪回版本查询的作用。
5. 举例说明闪回表的作用。
6. 举例说明闪回数据归档的作用，并说明它与传统数据恢复的区别。
7. 在所使用的数据库中执行 DBPITR。
8. 在所使用的 CDB 和 PDB 中执行执行 DBPITR。

# 第7章 用户管理的数据库备份与恢复

学习目标：

- 掌握手工方式备份数据库、控制文件、数据文件、表空间和归档重做日志方法；
- 掌握手工方式数据库恢复的方法；
- 掌握修复命令的使用方法。

用户管理的数据库备份和恢复技术是指不使用 RMAN 所进行的数据库备份或恢复方法，它利用操作系统命令、专业工具或 SQL 语句等对数据库进行备份操作和恢复操作。

## 7.1 用户管理的数据库备份

用户管理的备份既可以是物理备份，也可以是逻辑备份；既可以进行数据库完全备份，也可以对数据库进行部分备份。

### 7.1.1 用户管理数据库备份概述

用户管理的备份通常按照如下步骤进行：

① 通过查询动态性能视图或数据字典视图来获得所有数据文件、控制文件以及归档重做日志文件的位置与名称。常用的动态性能视图和数据字典：V$DATAFILE（数据文件信息）、V$TABLESPACE（表空间信息）、V$CONTROLFILE（控制文件信息）、V$ARCHIVE_DEST（归档重做日志文件信息）、DBA_DATAFILES（数据文件的字典视图）、DBA_TABLESPACES（表空间的字典视图）。

要查询数据文件的列表，在 SQL * Plus 环境执行下面的命令：

```
SQL> SELECT NAME FROM V$DATAFILE;
```

查查询数据文件列表及其所对应表空间，可以执行下面的 SQL 语句：

```
SELECT t.NAME "Tablespace", f.NAME "Data File"
FROM V$TABLESPACE t, V$DATAFILE f
WHERE t.TS# = f.TS#
ORDER BY t.NAME;
```

② 使用操作系统命令或工具将数据文件和归档重做日志文件复制到指定的位置上，如 Windows 的 COPY 命令或资源管理器。

③ 在 SQL * Plus 中用 SQL 语句对控制文件进行备份。

④ 对备份文件进行验证。可以利用这个备份在另一个数据库中完整地执行一遍数据库的恢复与修复工作或使用 DBVERIFY 工具对备份的数据文件物理结构的完整性进行检查和验证。

### 7.1.2 备份整个数据库

如果数据库已经用 SHUTDOWN 命令的 NORMAL、IMMEDIATE 或 TRANSACTIONAL 选项关闭，那么可以对数据库中的所有文件进行整个数据库的一致备份。如果数据库处于打开状态或实例失败或执行 SHUTDOWN ABORT 命令，那么此时所进行的整个数据库备份是不一致。在这种情况下，这些文件与数据库检查点 SCN 是不一致。

如果数据库运行在非归档模式，那么只能在关闭状态下对数据库进行一致的完全备份。如果数据库运行在归档模式，可以对数据库进行一致或不一致的完全备份，或者对某个表空间或数据文件进行单独的备份。

整个数据库一致备份的所有数据文件是一致的，因为它们都相同的检查点 SCN。可以还原一致的数据库备份而无须进一步修复。如果数据库运行在 ARCHIVELOG 模式下，那么在还原备份文件后，可以执行其他修复步骤将数据库恢复到更新的状态。

控制文件在数据库还原和修复操作非常关键。如果数据库以归档模式（ARCHIVELOG）运行，Oracle 建议备份控制文件使用 ALTER DATABASE BACKUP CONTROLFILE TO 'filename' 语句。

无论是数据库运行在非归档模式还是归档模式下，用户管理方式下进行整个数据库一致备份的步骤如下：

① 关闭数据库。在 SQL * Plus 中用命令 SHUTDOWN NORMAL 或 SHUTDOWN IMMEDIATE 或 SHUTDOWN TRANSACTIONAL 来关闭数据库以保持数据的一致性，不能用 SHUTDOWN ABORT 来关闭数据库。

如果实例是以 Force 方式关闭的或者是由于故障而意外关闭的，不要在此时对数据库进行完全备份。如果可能，重新启动数据库并将数据库以干净的方式关闭后再进行备份。

② 复制数据库。用操作系统命令 COPY 或 Windows 中的资源管理器将所有数据库文件复制到目标位置，复制的内容包括所有数据文件、所有多路的控制文件、归档重做日志文件、初始化参数文件等。

③ 重新打开数据库。

```
SQL>STARTUP OPEN;
```

### 7.1.3 备份表空间或数据文件

如果数据库运行在归档模式下，可以对打开状态下的数据库中的表空间或数据文件进行备份，即热备份。此时可以对一个或多个表空间或数据文件进行备份。

### 1. 表空间脱机备份

表空间处于脱机状态下进行的热备份称之为脱机备份，此时在备份期间脱机的表空间不能被用户访问，但数据库中其他表空间或数据文件仍然可以被用户使用。进行脱机备份的步骤如下：

① 查看要备份内容的位置。

在 SQL * Plus 环境下查看动态性能视图 V$DATAFILE 或 V$TABLESPACE 的内容以决定表空间中的数据文件名称及其位置，也可以查询 DBA_DATA_FILES 视图：

```
SELECT TABLESPACE_NAME, FILE_NAME FROM SYS.DBA_DATA_FILES
WHERE TABLESPACE_NAME = 'USERS';
TABLESPACE_NAME FILE_NAME
------------------------------ --------------------------------
USERS  d:\oracle\oradata\orademo\users01.dbf
```

② 设置表空间为脱机状态。使用 ALTER TABLESPACE...NORMAL 将要备份的表空间置为脱机状态，这样可以保证在将表空间恢复为联机状态时，不需要对表空间进行修复。如果以 TEMPORARY 和 IMMEDIATE 方式将表空间设置为脱机状态，那么在将表空间恢复为联机状态之前，必须首先对表空间进行修复。不能将 SYSTEM 表空间或具有活动撤销段的表空间进行脱机。

```
SQL> ALTER TABLESPACE example OFFLIE NORMAL;
```

③ 利用操作系统命令将表空间中所有的数据文件备份到指定位置。

```
E:\>COPY e:\oracle\oradata\student\example01.dbf  d:\backup
```

④ 将表空间恢复为联机状态，使表空间处于可用状态。

```
SQL> ALTER TABLESPACE example ONLINE;
```

⑤ 将联机重做日志进行手工归档，以保证在利用备份进行数据修复时所需的重做日志都已经全部被归档。归档的语句如下：

```
SQL> ALTER SYSTEM ARCHIVE LOG CURRENT;
```

对每个表空间重复上面步骤，可以对整个数据库进行脱机备份。

如果在归档模式下对指定数据文件进行脱机备份，那么只要在上面步骤②将一个或多个数据文件设置为脱机状态，在步骤③只复制指定的数据文件即可。

### 2. 联机备份表空间或数据文件

表空间处于联机状态下进行的备份称之为联机备份，此时所有的表空间（包括要备份的表空间）都继续可以被用户使用。在备份期间，Oracle 是将备份表空间中的脏缓冲块全部写入联机重做日志文件，而在结束备份时 Oracle 应用重做日志文件将备份期间对备份表空间所做的修改写入数据文件中。

表空间或数据文件的联机备份的步骤如下：

① 查看 DBA_DATA_FILES 视图，找到要备份表空间或数据文件的位置和名称信息。

```
SQL> SELECT TABLESPACE_NAME, FILE_NAME
  2> FROM SYS.DBA_DATA_FILES WHERE TABLESPACE_NAME = 'USERS';
```

② 将读写状态的表空间设置为备份模式。如果是设置多个表空间为备份状态，那么要对每个表空间执行下面的语句：

```
SQL>ALTER TABLESPACE example BEGIN BACKUP;
```

③ 用操作系统复制要备份表空间的所有数据文件，方法同脱机备份一样。

④ 结束表空间的备份状态。如果是结束多个表空间备份状态，那么要对每个表空间执行下面的语句：

```
SQL> ALTER TABLESPACE example END BACKUP;
```

⑤ 对所有未归档的联机重做日志进行手工归档，以保证在利用备份进行数据库修复时所需的重做日志都已经全部被归档。手工归档命令：

```
SQL> ALTER SYSTEM ARCHIVE LOG CURRENT;
```

对数据库的所有表空间重复执行上述步骤，即可完成整个数据库的联机备份。通常在备份一个表空间后，将立即结束该表空间的备份状态，否则该表空间的脏缓存块一直被写入联机重做日志文件。

如果要备份所有表空间，那么也可以使用 ALTER DATABASE BEGIN BACKUP 和语句 ALTER DATABASE END BACKUP 来设置备份状态或结束备份状态。

3．联机备份只读表空间

如果备份联机只读表空间，可以简单地备份联机数据文件，而不必将表空间置于备份模式，因为数据库不允许更改数据文件。

如果只读表空间的集合是独立的（自包含的），那么除了用操作系统命令备份表空间外，还可以用可传输表空间功能的导出表空间元数据。如果是发生介质故障或用户故障，可以将表空间传输回数据库。

在打开的数据库中备份联机只读表空间的步骤如下：

① 查询 DBA_TABLESPACES 视图以确定哪些表空间是只读的。

```
SELECT TABLESPACE_NAME, STATUS FROM DBA_TABLESPACES
WHERE STATUS = 'READ ONLY';
```

② 在开始备份只读表空间之前，通过查询 DBA_DATA_FILES 视图确定表空间的所有数据文件。假设要备份只读表空间 HISTORY：

```
SELECT TABLESPACE_NAME, FILE_NAME FROM SYS.DBA_DATA_FILES
WHERE TABLESPACE_NAME = 'HISTORY';
TABLESPACE_NAME FILE_NAME
------------------------------ --------------------
HISTORY d:\oracle\oradata\orademo\history01.dbf
HISTORY d:\oracle\oradata\orademo\history02.dbf
```

③ 使用操作系统命令备份只读表空间的联机数据文件。不必将表空间脱机或将表空间设置为备份模式，因为用户不能更改只读表空间。

```
C:\> copy d:\oracle\oradata\orademo\history*.dbf  e:\backup
```

④ 如果需要，可从只读表空间中导出表空间元数据。通过使用可移植表空间功能，在介质故障或用户错误的情况下可以快速还原数据文件并导入元数据。导出 HISTORY 表空间的元数据的命令如下：

```
expdp DIRECTORY = dpump_dir1
DUMPFILE = hs.dmp TRANSPORT_TABLESPACES =HISTORY  LOGFILE = tts.log
```

当要恢复只读表空间的备份时，首先将表空间脱机，然后还原数据文件，最后将表空间联机。如果只读表空间在备份后设置为可读写的，则表空间备份仍然可用于还原，只是在还原的备份后需要修复。

### 7.1.4 备份控制文件

数据库实例没有控制文件将无法加载，所以必须始终要有一个正确的控制文件可用。通常在数据库的结构变化时都应立即备份控制文件。

在用户管理的备份方式下可将控制文件备份为二进制文件，也可将控制文件备份到跟踪文件中。二进制形式备份的控制文件比文本形式备份的控制文件包含更多的信息，比如归档日志的历史信息、脱机表空间的信息以及备份集的信息等。因此，将控制文件备份为二进制文件是对控制文件进行备份的主要方法。

**1. 备份控制文件到二进制文件**

将控制文件备份为二进制文件的命令如下：

```
SQL> ALTER DATABASE BACKUP CONTROLFILE
  2  TO  'f:\oracle\backup\mycfile.cbk' REUSE;
```

在上面命令中指定 REUSE 选项将用新的控制文件重写原有的控制文件。

**2. 备份控制文件到跟踪文件**

可以将控制文件备份到包含 CREATE CONTROLFILE 语句的跟踪文件中，然后编辑跟踪文件以创建生成新控制文件的脚本。如果数据库是加载或打开状态，那么备份控制文件到跟踪文件的语句如下：

```
SQL> ALTER DATABASE BACKUP CONTROLFILE TO TRACE;
```

执行上面的语句将生成包含 CREATE CONTROLFILE 语句的跟踪文件，并将其存放在由初始化参数 DIAGNOSTIC_DEST 指定的文件夹，默认位置在 Oracle 主目录下的 admin\数据库 SID\udump 目录。跟踪文件中列出数据文件、联机重做日志文件等数据库结构的信息，在进行数据库恢复时，可以利用该文件中的 CREATE CONTROLFILE 来重建一个新的控制文件。

### 7.1.5 归档重做日志文件的备份

在用户管理的备份方式下，备份归档重做日志文件只需用操作系统命令，将归档日志文件复制到磁带或磁盘。如果数据库同时归档到多个归档目标，那么只需要对其中一个归档目标下的归档重做日志文件进行备份。

用户管理方式下备份归档重做日志文件的步骤：

① 查询 V$ARCHIVE_LOG 动态性能视图，可以了解归档重做日志文件的位置和名称，例如：

```
SQL> SELECT  thread#,sequence#,name FROM v$archived_log;
```

② 利用操作系统命令将所有的归档重做日志文件都复制到指定的位置。

```
E:\>COPY  e:\oracle\rdbms\ar*.001  d:\arc_back
```

### 7.1.6 挂起数据库的备份

**1. 挂起/恢复（SUSPEND/RESUME）**

有些第三方工具可以对一组磁盘或逻辑设备进行镜像，即在另一个位置保持主数据库的完全副本，然后拆分镜像。拆分镜像就是分离副本，以便可以独立地使用它们。

使用 SUSPEND/RESUME 功能，可以挂起数据库的 I/O，然后拆分镜像并备份分割的镜像。挂起数据库 I/O 表示不能执行新的 I/O。可以访问挂起的数据库在没有 I/O 干扰的情况下进行备份。

ALTER SYSTEM SUSPEND 语句通过暂停对数据文件头、数据文件和控制文件的读写操作来挂起数据库。当数据库被挂起时，所有预先存在的 I/O 操作可以完成；然而，任何新的数据库 I/O 访问将进行排队。

ALTER SYSTEM SUSPEND 和 ALTER SYSTEM RESUME 语句是对数据库操作而不仅是实例。如果在一个 Oracle RAC 配置的系统中执行了 ALTER SYSTEM SUSPEND 语句，那么内部锁机制在实例间传播挂起请求，从而挂起给定集群中的所有活动实例的 I/O 操作。

### 2. 在挂起数据库中进行备份

数据库成功挂起后，可以将数据库备份到磁盘或分割镜像。因为挂起数据库并不能保证立即终止 I/O，Oracle 建议在 ALTER SYSTEM SUSPEND 语句之前先执行 BEGIN BACKUP 语句以便将表空间设置为备份模式。

必须使用传统的用户管理的备份方法备份拆分的镜像。由于数据库备份或建立镜像副本数据文件头，RMAN 无法进行这些操作。在数据库备份完成或镜像恢复后可以使用 ALTER SYSTEM RESUME 语句恢复正常的数据库操作。

备份挂起的数据库而不分割镜像可能会导致数据库中断，因为数据库在这段时间内无法访问。中断时间取决于要刷新的缓存的大小、数据文件的数量和分割镜像所需的时间。要在挂起模式下进行分割镜像备份的步骤如下：

① 将数据库表空间置于备份模式。

```
ALTER TABLESPACE 用户 BEGIN BACKUP;
```

如果要备份数据库的所有表空间，可以执行下面语句：

```
ALTER DATABASE BEGIN BACKUP;
```

② 如果镜像系统在磁盘写入时分裂镜像出现问题，那么要挂起数据库。

```
ALTER SYSTEM SUSPEND;
```

③ 通过查询 V$INSTANCE 视图来验证数据库是否被挂起。

```
SELECT DATABASE_STATUS FROM V$INSTANCE;
DATABASE_STATUS
-----------------
SUSPENDED
```

④ 在操作系统或硬件级别拆分镜像。

⑤ 结束数据库挂起。

```
ALTER SYSTEM RESUME;
```

⑥ 通过查询 V$INSTANCE 视图来确定数据库是否处于活动状态。

```
SELECT DATABASE_STATUS FROM V $ INSTANCE;
DATABASE_STATUS
-----------------
ACTIVE
```

⑦ 结束指定表空间的备份模式。

```
ALTER TABLESPACE users END BACKUP;
```

⑧ 按照正常备份方式，复制控制文件并将联机重做日志文件归档。

### 7.1.7 备份 CDB 和 PDB

备份 CDB 和 PDB 的过程与备份非 CDB 的过程基于一致，只是有稍微的变化。

如果在备份 CDB，在启动 SQL * Plus 后，用具有 SYSDBA 或 SYSBACKUP 系统权限用户连接到 CDB 根，然后按照备份整个数据库的步骤进行即可。

按照下面步骤可备份一个 PDB：

① 启动 SQL * Plus，用具有 SYSDBA 或 SYSBACKUP 系统权限的用户连接到指定的 PDB。

② 使用 ALTER DATABASE 命令将 PDB 设置为备份状态。

```
SQL> ALTER DATABASE BEGIN BACKUP;
```

③ 用操作系统工具将属于 PDB 的数据文件复制到备份设备。

④ 复制完成后结束数据库的备份状态。

```
SQL> ALTER DATABASE END BACKUP;
```

### 7.1.8 验证用户管理的备份

作为备份管理员，通常必须定期验证备份以确保它们可用于恢复。实际上，测试数据文件备份可用性的最佳方法是将它们还原到单独的主机，然后尝试打开数据库，如有必要，执行介质恢复，这里要求有一个单独的主机可用于恢复过程。

验证备份的最简单方法是执行 Oracle 的实用工具 DBVERIFY。DBVERIFY 是一个执行物理数据结构的一致性检查的外部命令行实用程序。DBVERIFY 可用于脱机或联机数据库文件和备份文件。

使用 DBVERIFY 可以验证数据库备份或数据文件备份在还原前是否有效，或者在遇到数据损坏问题时提供诊断帮助。因为 DBVERIFY 可以针对离线数据库运行，完整性检查明显更快。

DBVERIFY 检查仅限于缓存管理块（即数据块）。因为 DBVERIFY 仅用于数据文件，所以它不适用于控制文件或重做日志。

DBVERIFY 有两个命令行接口。第一个接口指定单个数据文件的磁盘块进行检查。第二个接口指定要检查的段。这两个接口都是使用 dbv 命令启动的。

要验证数据文件，在操作系统提示符下执行下面的命令：

```
C:\> DBV FILE=users01.dbf
```

## 7.2 用户管理的数据库恢复

用户管理方式的数据库备份，必须通过用户管理方式的数据库恢复才可将数据库恢复到当前时刻或指定时刻。实际上，正确的数据库恢复和修复过程可能相当复杂，它与数据库归档模式、被损坏的文件类型以及介质故障的程度有关。

如果数据库运行在非归档模式下，不论介质故障损坏的是一个还是多个数据文件，都必须利用最近的一致性完全备份对数据库进行恢复，然后以 RESETLOG 方式重新打开数据库，此时不需要对数据库进行修复。但是，从最近一次备份以后到故障发生时刻对数据库所做的修改都将丢失。

如果数据库运行在归档模式下，那么可以选择只恢复损坏的一个或多个数据文件，并仅对恢复后的数据文件用 RECOVER 命令进行修复。由于保留所有的归档重做日志文件，从备份时刻开始到当前时刻的所有数据修改都可以得到修复。

### 7.2.1 修复命令

在 SQL * Plus 中执行 RECOVER 命令可以对恢复后的数据库文件进行修复，既可以修复整个数据库，也可以修复单个表空间或数据文件。

RECOVER 命令的格式如下：

```
RECOVER [AUTOMATIC] [FROM location]
    [full_database_recovery | partial_database_recovery]
```

其中：

① AUTOMATIC 子句自动查找在修复时所需要的下一个归档重做日志文件名。

② FROM location 从指定的归档重做日志文件位置 location 查找文件。如果省略此子句，SQL * Plus 假定由初始化参数 LOG_ARCHIVE_DEST 或 LOG_ARCHIVE_DEST_1 指定归档重做日志文件的位置。如果使用 SET LOGSOURCE 命令指定了位置，就不需要使用该子句。

③ full_database_recovery 子句的语法为：

```
DATABASE [ UNTIL CANCEL | TIME date | CHANGE integer]
         | USING BACKUP CONTROLFILE]
```

其中：

UNTIL CANCEL 子句指定一个不完全的基于撤销的修复。修复过程中不断提示输入归档重做日志文件名和位置，直到输入 CANCEL 时修复工作结束。

UNTIL TIME 子句指定不完全的基于时间的修复。使用单引号括起时间。时间格式为'YYYY-MM-DD:HH24:MI:SS'，即将数据库修复到指定时间。

UNTIL CHANGE integer 子句指定不完全的基于系统变更号的修复，integer 是要修复的最后一个系统变更号（SCN）的下一个 SCN。例如，如果要修复数据库到具有 SCN 为 9 的事务，就要指定 UNTIL CHANGE 10。

USING BACKUP CONTROLFILE 是指使用备份的控制文件进行修复，而不是使用当前控制文件。

④ partial_database_recovery 子句语法为：

```
TABLESPACE tablespace [, tablespace]... |
DATAFILE datafilename [, datafilename]
```

其中：

TABLESPACE 子句用于修复指定的表空间，表空间名之间用逗号分开。一个语句最多可以修复 16 个表空间。

DATAFILE 子句用于指定要修复的控制文件，可以是任何多个数据文件。

**【例 7.1】** 修复数据库例子。

修复整个数据库的命令：

```
SQL> RECOVER  DATABASE;
```

修复数据库到指定时间用下面的命令：

```
SQL> RECOVER DATABASE UNTIL TIME  '01-JAN-2017:04:32:00';
```

修复 ts_one 和 ts_two 两个表空间用下面的命令：

```
SQL>RECOVER TABLESPACE  ts_one, ts_two;
```

修复数据文件 data1.db 用下面的命令：

```
SQL>RECOVER DATAFILE   'data1.db';
```

### 7.2.2 非归档模式下数据库的恢复

在非归档模式下，只能利用最近一次的完全备份进行整个数据库的恢复。如果在启动数据库实例时，出现无法找到数据文件或数据文件打不开等错误，就需要对整个数据库进行介质恢复。在非归档模式下，可以将数据库恢复到原来的位置，也可以将数据库恢复到新的位置。

**1. 恢复到原位置**

将数据库恢复到原位置的步骤如下：

① 关闭数据库。

```
SQL> SHUTDOWN  IMMEDIATE;
```

② 利用操作系统命令把完全备份（所有数据文件和控制文件）复制到它们的原位置。

③ 启动数据库到加载状态。

```
SQL> STARTUP MOUNT;
```

④ 让 Oracle 重建联机重做日志文件，必须模拟一次不完全介质恢复。

```
SQL> RECOVER DATABASE  UNTIL CANCEL;
```

出现提示时“指定日志: {<RET>=suggested | filename | AUTO | CANCEL}”时输入 CANCEL。

⑤ 带 RESETLOGS 选项打开数据库，此时将清空联机重做日志文件并将日志序列号置为 1。

```
SQL> ALTER DATABASE OPEN RESETLOGS;
```

在上面的步骤⑤中打开数据库时，如果自从最近一次完全备份以来，所有的联机重做日志文件都没有被覆盖，那么不必对全部的数据文件进行修复，可以仅修复损坏的数据文件，并可直接打开数据库，Oracle 会自动进行修复；但是，这一点通常很难保证。所以在非归档模式下，只能将数据库恢复到备份时刻。

**2. 恢复到新的位置**

如果在非归档模式下丢失的数据库文件不能恢复到原来的位置，那么就必须恢复相应数据文件和控制文件到新的位置。恢复数据文件到新的位置的步骤如下：

① 关闭数据库。

```
SQL> SHUTDOWN IMMEDIATE;
```

② 用操作系统命令将完全备份的数据文件和控制文件复制到新的位置。

③ 修改初始化文件中的 CONTROL_FILES 参数使其指向新的控制文件：

```
control_files=("d:\student\control01.ctl", \
  "d:\student\control02.ctl", "d:\student\control03.ctl")
```

④ 启动实例到装载状态：

```
SQL> STARTUP  MOUNT  PFILE=e:\oracle\database\initstudent.ora;
```

⑤ 使用 ALTER DATABASE RENAME FILE 语句修改控制文件中的数据文件的位置，使它们指向数据文件的新的位置。

```
SQL> ALTER DATABASE RENAME FILE
  2   'e:\oracle\oradata\student\system01.dbf'
  3  TO  'd:\student\system01.dbf';
```

对原位置的每个数据文件执行步骤⑤的语句使它们在数据库中指向新位置。如果重做日志文件也存放在新的位置，同样用上面的命令将每个重做日志文件指向新的位置。

⑥ 后面两个步骤同“恢复到原位置”中的步骤④和⑤一样。

### 7.2.3 归档模式下完全介质修复

完全介质修复是指将数据库恢复到故障发生时的状态，这样在完全介质恢复后不会丢失任何已有的数据。只有在归档模式下才可以实现完全介质修复。

在归档模式下对数据库进行完全介质修复，必须保证备份是在数据库进入归档模式后建立的，并且备份后生成的所有归档重做日志文件都可以使用，同时联机重做日志文件也没有丢失或损坏。如果不能保证上面的要求，那么只能对数据库进行不完全介质修复。

归档模式下进行的数据库完全介质修复，可以只对丢失或损坏的部分数据文件进行修复，也可以对整个数据库进行修复。管理员可以在数据库关闭状态下完成完全介质修复，也可在数据库打开状态下完成完全介质恢复。

如果数据库运行在归档模式下，在进行数据库恢复时通常要对恢复后的数据文件进行修复，即应用归档重做日志文件或联机重做日志文件将数据库修复到故障时刻或指定时刻。Oracle 建议使用 SQL * Plus 的 RECOVER 命令来完成修复工作。

#### 1. 指定修复时归档文件的位置

如果在执行 RECOVER 命令前启用重做日志自动应用功能（SET AUTORECOVERY ON），它将自动寻找并应用所需的归档重做日志文件，此时归档重做日志文件的名称必须与 LOG_ARCHIVE_FORMAT 参数所设置的一致，归档重做日志文件的位置必须与 LOG_ARCHIVE_DEST_n 参数所设置的一致。

如果修复过程中所需的归档重做日志文件并不在由初始化参数所指定的默认位置，必须修改初始化参数 LOG_ARCHIVE_DEST_n 使其指向归档重做日志文件所保存的位置；或者在执行 RECOVER 命令前用 SET LOGSOURCE 指定归档日志文件的位置；或者直接执行“RECOVER…FROM 归档日志文件位置”。

如果在执行 RECOVER 时没有指定自动应用重做日志功能，Oracle 将提示手工应用重做日志功能。

#### 2. 关闭状态下的完全介质修复

在数据库关闭状态下，可以完成所有数据文件的介质恢复，也可以完成部分被损坏数据文件的介质恢复，具体步骤如下：

① 查询要修复的数据文件和可用的归档日志文件。

如果数据库是在打开状态，可用下面的语句查询要修复文件的名称、状态和出错原因：

```
SQL> SELECT  file#, error, online_status, change#, time
  2  FROM  V$RECOVER_FILE;
```

② 查询归档日志文件和可用于修复的归档日志文件。

V$ARCHIVED_LOG 列出所有归档日志文件名，V$RECOVERY_LOG 只列出完成介质修复时需要归档日志文件名。为了进行自动修复功能，要将修复时需要的归档日志文件存放在默认位置或初始化参数指定的位置。

③ 关闭数据库。

如果数据库是在打开状态并且当前可以关闭数据库时，使用 SHUTDOWN IMMEDIATE 命令来关闭数据库。

④ 恢复全部或部分数据文件。

用操作系统命令将破坏的或丢失的数据文件复制到原来位置或新的位置，通常是在原来位置不可用时（如原来的磁盘坏了）将数据文件恢复到新的位置。

⑤ 启动实例到装载状态（MOUNT）。

```
SQL> STARTUP  MOUNT;
```

如果在步骤④中将数据文件复制到新的位置，此时要使用 ALTER DATABASE RENAME FILE ... TO ... 命令将控制文件中记录的原位置进行更新。参见 7.2.4 节。

⑥ 修复数据库、表空间或数据文件。

根据步骤④复制的内容，可以执行下面的 RECOVER 命令：

```
SQL> RECOVER  AUTOMATIC  DATABASE;
SQL> RECOVER  AUTOMATIC  TABLESPACE example;
SQL> RECOVER AUTOMATIC DATAFILE 'e:\oracle\oradata\student\example01.dbf';
```

在执行 RECOVER 命令之前，要保证所有数据文件都处于 ONLINE 状态。通过查询 V$DATAFILE 来了解数据文件的状态，用 ALTER DATABASE DATAFILE 来修改它们的状态。要保证上面的修复语句正确执行，必须将归档日志文件存放在正确位置。

⑦ 打开数据库。

```
SQL> ALTER DATABASE OPEN;
```

### 3. 打开状态下的完全介质恢复

如果介质故障发生在数据库运行期间，这时数据库中未损坏的数据文件仍然可以使用，Oracle 会自动将不能写入的坏数据文件设置为脱机状态，但不会将包含损坏数据文件的表空间自动设置为脱机状态。如果是从损坏的数据文件读数据，那么不会将数据文件设置为脱机状态。如果介质故障损坏的是 SYSTEM 表空间的数据文件，那么数据库将自动关闭。

如果出现上述情况并且数据库又不能关闭，那么只能在数据库打开的情况下对损坏的数据文件进行恢复。在打开状态下数据库步骤如下：

① 确定要恢复的数据文件。

通过查询 V$RECOVER_FILE、V$DATAFILE、V$DATAFILE_HEADER 和 V$TABLESPACE 等动态性能视图可以确定被损坏的数据文件及它们所在的表空间。

② 将包括被损坏数据文件的表空间设置为脱机状态。

```
SQL> ALTER TABLESPACE example OFFLINE TEMPORARY;
```

③ 复制数据文件。

将破坏的或丢失的数据文件复制到原来位置或新的位置。如果数据文件复制到新的位置，那么要用 ALTER DATABASE RENAME FILE ... TO ... 语句将控制文件中记录的原位置进行更新。参见 7.2.4 节。

```
E:\>COPY  d:\back\exa.dbf   f:\oracle\oradata\student\example01.dbf
SQL> ALTER DATABASE RENAME
  2    'e:\oracle\oradata\student\example01.dbf '
   TO  'f:\oracle\oradata\student\example01.dbf '
```

④ 修复包含损坏的数据文件的表空间。

```
SQL> RECOVER AUTOMATIC TABLESPACE example;
```

⑤ 当表空间修复到故障时刻后，将表空间设置为联机状态。

```
SQL> ALTER TABLESPACE  example ONLINE;
```

### 7.2.4 归档模式下的不完全介质修复

如果归档重做日志文件被损坏、控制文件全部丢失或者用户错误等原因，致使归档模式下的数据库不能恢复到故障发生的时刻，此时只能进行不完全介质修复。要对数据库进行不完全介质修复，必须保证保存有指定时刻前建立的数据文件备份和指定时刻后生成的所有归档重做日志文件。

管理员可以完成三种不完全介质恢复，即基于时间的修复（Time Based）、基于撤销的修复（Cancel-Based）和基于 SCN 的修复（SCN Based）。

由于不完全介质修复的操作比较复杂，操作不当可能破坏数据。因此，在进行不完全介质修复时，最好先对数据库进行完全备份，并且在完成不完全介质恢复后，尽量将归档目标中的归档重做日志文件移动到其他位置保存。

#### 1. 基于时间的不完全修复

如果某个时间的归档日志文件被破坏，那么这时只能将数据库恢复到这个时间之前。在进行基于时间的不完全恢复时，Oracle 会在应用了指定时刻之前所生成的所有重做记录后终止恢复过程，那么该时间之后所做的数据修改将丢失。

在进行基于时间的不完全恢复时，可以从 V$LOG_HISTORY 动态性能视图中查询丢失的归档日志文件的确切时间，或者根据估计时间进行恢复。时间的格式通过查询视图 NLS_DATABASE_PARAMETERS 来确定。

基于时间的不完全恢复的步骤如下：

① 按照“关闭状态下的完全介质修复”中的步骤①～⑤进行操作。

② 执行 RECOVER 命令，并指定 UNTILE TIME 子句：

```
SQL> RECOVER DATABASE UNTIL TIME  '2016-8-24:12:30:33';
```

可以在执行 RECOVER 命令时指定自动修复选项（AUTOMATIC），数据库将自动应用重做日志以修复刚恢复过来的数据库，到 RECOVER 命令指定的时间将自动结束。如果没有指定自动修复，那么 RECOVER 命令将提示中止修复或输入归档日志文件的名称。

③ 带 RESETLOGS 选项打开数据库。

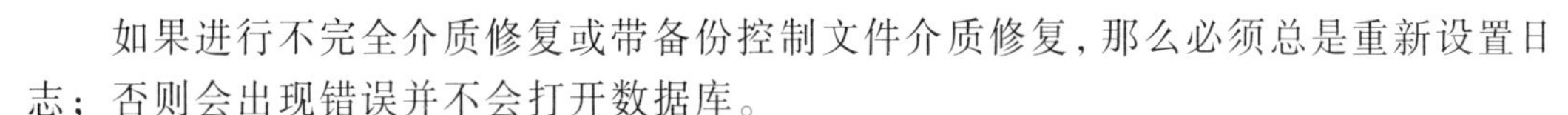

如果进行不完全介质修复或带备份控制文件介质修复，那么必须总是重新设置日志；否则会出现错误并不会打开数据库。

```
SQL> ALTER DATABASE OPEN RESETLOGS;
```

④ 检查警告文件。

用 RESETLOGS 选项打开数据库时，数据库会根据是不是完全修复将返回不同的信息。如果是完全修复，那么将在警告文件中返回下面的信息：

```
RESETLOGS after complete recovery through change scn
```

如果是不完全修复，那么将在警告文件中返回下面的信息：

```
RESETLOGS after incomplete recovery UNTIL CHANGE scn
```

### 2. 基于 CANCEL 的不完全修复

基于 CANCEL 的不完全介质修复是指修复操作在输入 CANCEL 命令后中止，即当 Oracle 提示给出建议的归档重做日志文件名时，输入 CANCEL 则停止修复操作。基于 CANCEL 的修复步骤与基于时间的不完全介质修复类似，只是在步骤②时使用下面的命令：

```
SQL> RECOVER DATABASE UNTILE CANCEL;
```

或者：

```
SQL> RECOVER DATABASE UNTILE CANCEL
  2 USING BACKUP CONTROLFILE;
```

最后也用 ALTER DATABASE OPEN RESETLOGS 来打开数据库。

### 3. 基于变化的修复

为执行基于变化的修复，先要确定丢失日志之前系统写入归档日志的最大变更号（SCN 号）。可以通过查询 V$LOG_HISTORY 视图来得到这个数据。通常归档日志文件是以序列号命名，根据序列号可以了解第一个变更号 FIRST_CHANGE#。

基于变化的修复同基于时间的修复类似，只要在步骤②修复数据库时使用下面的命令：

```
SQL> RECOVER DATABASE UNTILE 4566663; -- "4566663"是系统变更号
```

## 7.2.5 修复控制文件

如果介质故障导致了数据库控制文件的损坏，不管是损坏控制文件中的任何一个还是全部，那么数据库可能暂时还能继续运行下去，但是当 Oracle 后台进程需要访问控制文件时，数据库实例就会自动关闭。此时需要对控制文件进行恢复。

### 1. 多路控制文件的部分文件损坏

如果损坏的是多路控制文件中的一个成员，但至少有一个多路控制文件可用，可采用下面方法恢复控制文件：

① 强行终止数据库实例。

```
SQL> SHUTDOWN ABORT;
```

② 复制文件。

如果控制文件可以恢复到原来位置，用操作系统命令将一个没有损坏的多路控制文件复制到原位置上。

```
C:\>COPY d:\bak\control01.ctl e:\oracle\oradata\student;
```

如果控制文件不能恢复到原来位置，那么将一个没有损坏的控制文件复制到新位置，然后修改初始化参数文件中的 CONTROL_ FILES 参数，使它指向新位置的多路控制文件。

```
C:\>COPY d:\bak\control01.ctl f:\oracle\oradata\student;
```

③ 启动数据库实例。

```
SQL> STARTUP NORMAL;
```

2．当前多路控制文件全部损坏

如果在介质故障损坏或丢失所有的多路控制文件，但还有其他备份控制文件，那么可以使用备份的控制文件来进行修复。步骤如下：

① 强行终止数据库实例。

```
SQL> SHUTDOWN ABORT;
```

② 复制备份的控制文件。

可以将备份控制文件复制到原来位置（不用修改 CONTROL_FILES 参数）或新位置（要修改初始化参数文件中的 CONTROL_FILES 参数以指向新位置）。

③ 启动实例到加载（MOUNT）状态。

```
SQL> STARTUP MOUNT;
```

④ 修复数据库。

利用带 USING BACKUP CONTROLFILE 子句的 RECOVER 命令进行数据库的完全介质修复。如果进行不完全介质修复，还可以指定 UNTIL CANCEL 等子句。

```
SQL> RECOVER DATABASE USING BACKUP CONTROLFILE;
```

或者：

```
SQL> RECOVER DATABASE USING BACKUP CONTROLFILE UNTIL CANCEL;
```

⑤ 以 RESETLOGS 方式打开数据库。

在使用备份控制文件时，由于控制文件并不处于当前状态，所以必须使用 RESETLOGS 方式来打开数据库。

```
SQL> ALTER DATABASE OPEN RESETLOGS;
```

3．多路控制文件全部损坏且无备份

如果介质故障中丢失了所有的多路控制文件，并且没有任何合适的控制文件备份，此时必须首先重建一个控制文件，然后再对数据库进行恢复。

### 7.2.6 修复归档重做日志文件

在对数据库进行修复时，Oracle 要使用从备份创建时刻开始到修复目标时刻结束一段时间内生成的所有归档重做日志文件。所需的归档重做日志文件必须在硬盘中，并且 Oracle 修复期间能够访问到这些归档重做日志文件。

修复归档日志文件通常是将所有要用的归档重做日志文件用操作系统命令复制到指定的位置。通过查看 V$ARCHIVED_LOG 动态性能视图可以查询到数据库进入归档状态后生成的所有归档重做日志文件，通过查询 V$RECOVERY_LOG 视图可了解完成当前的数据库修复操作所需的归档重做日志文件。

如果归档重做日志文件被复制到初始化参数 LOG_ARCHIVE_ DEST_n 所指定的归

档目标中，Oracle 进行修复时首先在这个归档目标中寻找所需的归档重做日志文件。

如果将归档重做日志文件复制到其他的位置，在进行数据库修复之前，必须在 SQL * Plus 中使用 SET 命令对 LOGSOURCE 参数进行设置，或者在 RECOVER 命令中使用 FROM 子句来指定归档重做日志文件保存位置。例如：

```
SQL> SET LOGSOURCE e:\orac9i\rdbms;
```

或

```
SQL> RECOVER DATABASE FROM 'f:\oracle\rdbms';
```

### 7.2.7 用 SQL * Plus 执行闪回数据库

SQL * Plus 中 FLASHBACK DATABASE 命令与执行 RMAN 的 FLASHBACK DATABASE 命令有相同的功能，即将数据库返回到先前的状态。

在满足闪回数据库操作的先决条件的情况下，可以对非 CDB 数据库、CDB 数据库或 PDB 执行闪回数据库操作。关于闪回数据库的先决条件参见第 6 章 6.3.3 节。

#### 1. 用 SQL * Plus 执行非 CDB 的闪回数据库

① 查询目标数据库以确定可能的闪回 SCN 的范围，即在 SQL * Plus 中查询闪回窗口中最新的 SCN 和最早的 SCN：

```
SQL> SELECT current_scn FROM V$DATABASE;
SQL> SELECT oldest_flashback_scn, oldest_flashback_time
  2  FROM  V$FLASHBACK_DATABASE_LOG;
```

② 如有必要，可使用其他闪回功能来指定要闪回到的 SCN 或时间。

③ 将目标数据库启动到加载模式。

```
SQL> SHUTDOWN IMMEDIATE;
SQL> STARTUP MOUNT;
```

④ 以管理员权限启动 SQL * Plus。即启动 SQL * Plus，以管理员权限的用户连接到目标数据库。

⑤ 运行 FLASHBACK DATABASE 语句将数据库返回到指定的 TIMESTAMP 或 SCN 之前。

```
SQL> FLASHBACK DATABASE TO SCN 46963;
SQL> FLASHBACK DATABASE TO TIMESTAMP '2016-11-05 14:00:00';
SQL> FLASHBACK DATABASE TO TIMESTAMP
   2  to_timestamp('2016-11-11 16:00:00', 'YYYY-MM-DD HH24:MI:SS');
```

⑥ 闪回数据库完成后，只读方式打开数据库，查询来验证是否已经恢复了所需的数据。如果选择的目标时间不够，那么执行另一个 FLASHBACK DATABASE 语句。否则，可以使用 RECOVER DATABASE 命令将数据库返回到当前时间，然后再尝试执行 FLASHBACK DATABASE 语句。

⑦ 如果对结果满意，那么用 RESETLOGS 选项打开数据库。如果合适，还可以使用数据泵导出来保存丢失的数据，使用 RECOVER DATABASE 将数据库返回到当前时间，并重新导入丢失的对象。

#### 2. 用 SQL * Plus 执行 CDB 的闪回数据库

用 SQL * Plus FLASHBACK DATABASE 命令可以将整个多租户容器数据库（CDB）返回到先前状态。

① 启动 SQL * Plus，并用具有 SYSDBA 权限的公共用户连接到 CDB 根。

② 执行本节“1. 执行非 CDB 的闪回数据库”中的步骤①～③。

③ 运行 FLASHBACK DATABASE 命令将 CDB 返回到先前的时间戳、SCN 或恢复点。

闪回到指定的恢复点 cdb_grp：

```
SQL> FLASHBACK DATABASE TO RESTORE POINT cdb_grp;
```

闪回到指定的 SCN 34468：

```
SQL> FLASHBACK DATABASE TO SCN 34468;
```

④ 执行本节“1. 执行非 CDB 的闪回数据库”中的步骤⑤～⑥。

⑤ 由于打开 CDB 时插拔式数据库（PDB）不会自动打开，所以要打开 PDB。

在连接到根时，执行下面命令将打开所有 PDB：

```
SQL> ALTER PLUGGABLE DATABASE ALL OPEN;
```

在连接到根时，可以单独打开指定的 PDB my_pdb：

```
SQL> ALTER PLUGGABLE DATABASE my_pdb OPEN;
```

### 3. 用 SQL * Plus 执行 PDB 的闪回数据库

使用 SQL * Plus 的 FLASHBACK DATABASE 命令返回特定的插拔式数据库（PDB）到先前状态。多租户容器数据库（CDB）中的其他 PDB 不受单个 PDB 上的闪回操作的影响。

使用 SQL * Plus 执行 PDB 的闪回数据库操作的步骤如下：

① 启动 SQL * Plus，并用具有 SYSDBA 权限的公共用户连接到 CDB 根。

② 确保 CDB 打开。

当用户连接到根时，执行下面命令可显示 CDB 的模式：

```
SQL> SELECT open_mode from V$DATABASE;
```

③ 确定 FLASHBACK DATABASE 命令要闪回到的 SCN、恢复点或时间点。

查询 V$RESTORE_POINT 视图以获取 PDB 恢复点列表。如果要显示可以进行闪回操作的最早的 SCN，那么可以查询 V$FLASHBACK_DATABASE_LOG 视图。

④ 确保执行闪回数据库操作的 PDB 必须关闭，其他 PDB 可以是打开和可操作的。

当连接到根时，可以使用以下命令关闭 PDB my_pdb：

```
SQL> ALTER PLUGGABLE DATABASE my_pdb CLOSE;
```

⑤ 将指定的 PDB 闪回到所需的时间点位置。

对于使用本地撤销的 PDB，执行下面命令闪回到指定的 SCN 或恢复点：

```
SQL> FLASHBACK PLUGGABLE DATABASE my_pdb TO SCN 24368;
SQL> FLASHBACK PLUGGABLE DATABASE my_pdb
  2  TO RESTORE POINT guar_rp;
```

对于使用共享撤销的 PDB，如果要将 PDB 闪回到干净 PDB 恢复点，只能使用 SQL * Plus 执行下面操作：

```
SQL> FLASHBACK PLUGGABLE DATABASE my_pdb
  2  TO RESTORE POINT before_appl_changes;
```

⑥ 用 RESETLOGS 选项打开 PDB。使用 RESETLOGS 打开名为 my_pdb 的 PDB：

```
SQL> ALTER PLUGGABLE DATABASE my_pdb OPEN RESETLOGS
```

## 小　结

用户管理的数据库备份和恢复技术是指不使用 RMAN 所进行的数据库备份或恢复方法，它利用操作系统命令、专业工具或 SQL 语句等对数据库进行备份操作和恢复操作。用户管理的备份可以对整个数据库、表空间、控制文件、归档重做日志进行备份。利用 SQL * Plus 的 RECOVER 命令可以完成各类数据库恢复操作。利用 SQL * Plus 的闪回数据库操作可以对整个非 CDB、整个 CDB 和 PDB 执行闪回操作。

## 习　题

1. 在自己的数据库中完成用户管理的联机数据库备份。
2. 给出归档模式下完全介质修复的步骤。
3. 写出归档模式下将数据文件 data1.dat 恢复复到另一个位置的步骤。
4. 给出在 SQL * Plus 中执行闪回数据库的步骤。

第8章

# 逻辑备份与恢复

学习目标：

- 理解逻辑备份和恢复的概念；
- 掌握 Export/Import 导入导出方法；
- 掌握数据泵的导入导出方法。

逻辑备份是指将数据库中的数据导出到一个二进制文件中。利用 Oracle Export 和 Import 工具或数据泵工具，可以将 Oracle 数据库中的数据在同一个数据库或多个数据库之间进行导出（相当于备份）或导入（相当于恢复）操作。

## 8.1 用 Export 和 Import 的逻辑备份与恢复

Oracle 服务器或客户端提供两个独立的命令行工具 Export 和 Import，利用它们可以在 Oracle 数据库之间进行数据的导出/导入操作，从而实现在跨平台不同 Oracle 数据库之间迁移数据的目的。

Oracle 数据库管理员利用 Export/Import 来对数据库进行逻辑备份，以此作为物理备份的有利补充，即利用 Oracle Export 将数据库中的对象或整个数据库导出到二进制文件中，然后在需要的时候利用 Import 工具将二进制文件中的对象重新导入到数据库中。

通常使用 Export/Import 可以完成如下几项工作：对数据库中表的定义（表的结构等）进行备份；对表中的数据进行备份；在不同的计算机、不同的 Oracle 数据库或不同的版本的 Oracle 数据库之间迁移数据；在不同数据库之间迁移表空间。

### 8.1.1 EXPROT 导出命令

导出数据是指将数据库中的数据导出到一个操作系统文件（即转储文件）中。Export 工具提供了在不同 Oracle 数据库之间迁移数据的简单方法。它将 Oracle 数据库或对象导出到一个专用格式的二进制文件中，然后再利用 IMPORT 将文件的内容导入到另一个 Oracle 数据库中。

在使用 Export 工具之前，必须先运行 catexp.sql 脚本或 catalog.sql 脚本，它们将在数据库中建立 Export 工具所需的数据字典视图和角色 EXP_FULL_DATABASE，并为该角色分配权限，然后将该角色授予数据库管理员。一个数据库只需运行一次 catexp.sql 和 catalog.sql 脚本程序。如果数据库是利用 Oracle Database Configuration Assistant 创建的，那么 DBCA 自动调用 catalog.sql 脚本来完成这些工作；如果数据库是用 CREATE DATABASE 语句手工创建的，那么管理员必须手工执行 catexp.sql 或 catalog.sql 脚本。

如果要使用 Export 工具导出自己模式中的对象，用户必须对数据库具有 CREATE SESSION 权限。如果要导出其他用户模式中的对象，则用户必须被授予角色 EXP_FULL_DATABASE，该角色被赋予给所有的管理员。EXPORT 导出的默认文件扩展名为 DMP。

### 1. EXPORT 启动方式

可以通过命令行参数、交互提示、参数文件等三种方式启动 EXPORT。

① 命令行参数方式。

```
EXP 用户名/口令@网络服务名 参数 1=值 1 参数 2=值 2 ...
```

或

```
EXP 用户名/口令@网络服务名 参数 1=(值 1, 值 2, ...)
```

**【例 8.1】** 导出 hr 模式下的表 employees 和 jobs，导出文件名 exp1.dmp。

```
E:\>EXP  hr/hr@student TABLES=(employees,jobs) ROWS=y FILE=exp1.dmp
```

如果在导出过程中没有警告信息，那么表示导出成功。

```
EXP system/manager@hr OWNER=hr  FILE=exp2.dmp
```

命令行方式中参数个数有限，因为书写的命令行字符数不能超过操作系统规定的长度。参数较多时，应使用交互提示方式或参数文件方式。

② 交互提示方式。

如果希望 EXPORT 提示输入每个参数的值，可使用交互提示方式启动 EXPORT。此时对每个参数，EXPORT 提示等待用户输入相应的值。

用下面的形式启动交互提示方式：

```
C:\>EXP
```

或者

```
C:\>EXP username/password
```

或者

```
C:\>EXP username/password@net_service_name
```

根据提示为参数选择适当的值，然后将导出数据库中的数据。

③ 参数文件方式。

参数文件是指定义了有效参数名和参数值的文本文件。不同的数据库可能有不同的参数文件。可以使用任何文本编辑器来生成参数文件。把参数及参数值存储在一个文件中使得修改更容易，也可以多次使用。参数文件中每个参数和它的值占一行，参数文件中也可以有以#开头的注释行。

**注意：** 这里的参数文件不是指数据库的初始化参数文件。

参数文件中参数行可以有下面三种形式：

```
参数名=值
参数名=(值)
参数名=(值 1, 值 2, ...)
```

如下面的参数文件 EXPAR.DAT：

```
FULL=y
FILE=dba.imp
```

```
GRANTS=y
INDEXES=y
CONSISTENT=y
```

参数文件建立后，可用下面的命令启动 EXPORT：

```
EXP username/password@netservicename PARFILE=参数文件名
```

或者

```
EXP  PARFILE=参数文件名
```

在使用参数文件的同时可以指定参数的值：

```
EXP username/password PARFILE=params.dat INDEXES=n
```

### 2．EXPORT 的导出模式

EXPORT 工具提供了四种导出模式：

① 表模式（Table Mode），可以导出自己模式中的一个或多个表。具有权限 EXP_FULL_DATABASE 的用户可以导出其他用户模式中的一个或多个表。

② 用户模式或所有者模式（User Mode or Owner Mode），可以导出自己模式中所有的对象或在用户间移动数据。有相应权限用户可以导出其他用户模式中所有的对象。

③ 表空间模式（Tablespace Mode），用于执行迁移表空间的操作。

④ 完全模式（Full Mode），只有具有 EXP_FULL_DATABASE 权限的用户才能执行完全模式的导出操作。在完全模式下，可以导出数据库中除 SYS 模式外其他模式中的所有对象、概要文件、角色、回滚段定义、表空间定义、用户定义、系统级触发器、系统权限等系统对象。

在导出时，使用参数 FULL（完全模式）、OWNER（用户模式）、TABLES（表模式）和 TABLESPACES（表空间模式）来指定导出模式。

### 3．EXPORT 的导出方式

EXPORT 提供了两种导出表中数据的方式：直接路径方式和传统路径方式。

传统路径方式是用 SQL SELECT 语句从表中选取数据，然后把从磁盘中读出的数据存放在缓冲区，在命令处理层生成一行行记录，然后传给 Export 客户端并写入到导出文件中。

直接路径方式要比传统路径方式快得多，因为数据读到缓冲区后，行记录被直接传给 EXPORT 客户端并把数据写入导出文件中。这种方式省略了命令处理层。

EXPORT 的导出方式由参数 DIRECT 来控制。如果要使用直接路径方式导出，必须使用命令行方式或参数文件形式启动 EXPORT，而不能使用交互式启动方式。

### 4．EXPORT 参数说明

通过 EXP HELP=Y 可以显示 EXPORT 的所有参数的说明。下面描述常用的 EXPORT 参数。

| | |
|---|---|
| CONSISTENT=y\|n | 指定导出时目标数据的内容是否可以修改，默认为 N。 |
| CONSTRAINTS=y\|n | 是否导出表的约束条件，默认为 Y。 |
| DIRECT=y\|n | 指定导出方式，默认为 N（传统路径方式）。 |
| FILE=文件名 | 导出文件名，默认为 expdata.dmp。可指定多个文件。 |
| FILESIZE=数字[KB\|MB] | 指定导出文件的最大值。与 FILE 联合使用。 |

FULL=y|n　　指定完全模式导出。
GRANTS=y|n　　是否导出对象权限，默认值为Y。
INDEXS=y|n　　是否导出索引，默认值为Y。
LOG=文件名　　指定存储信息或错误信息的文件名，默认时没有。
OWNER=用户名　　指定为用户模式。
PARFILE=文件名　　指定参数文件名。
QUERY=WHERE 条件　　在表模式中导出满足条件的记录。
ROWS=y|n　　是否导出表中的记录，默认值为Y。
TABLES=表名列表　　指定要导出的表名，可有多个表名。
TABLESPACES=表空间　　导出指定表空间的所有表。
TRIGGERS=y|n　　是否导出触发器。
USERID=username/password 指定用户名和口令，可以使用：

```
USERID=username/password AS SYSDBA
```

或者

```
USERID=username/password@net_service_name AS SYSDBA
```

5. EXPORT 应用示例

【例 8.2】以完全模式导出整个数据库，导入文件为 dba.dmp。

如果使用命令行方式，执行下面的命令：

```
C:\>exp SYSTEM/manager FULL=y FILE=dba.dmp GRANTS=y ROWS=y
```

如果使用参数文件方式，那么应先建立参数文件 para.dat，文件内容如下：

```
FILE=dba.dmp
GRANTS=y
FULL=y
ROWS=y
```

参数文件建立后，执行下面的命令：

```
C:\>EXP system/manager PARFILE=para.dat
```

【例 8.3】导出用户 hr 的所有对象，即用户模式导出。

如果使用参数文件形式，那么先建立如下内容的参数文件 para.dat：

```
FILE=hr.dmp
OWNER=hr
GRANTS=y
ROWS=y
COMPRESS=y
```

参数文件建立后，执行下面的命令：

```
C:\>exp hr/口令 PARFILE=para.dat
```

【例 8.4】按参数文件方式导出不同模式的表，即表模式导出。

建立参数文件 PARA.DAT，内容如下：

```
FILE=expdat.dmp
TABLES=(scott.emp,hr.employees)
ROWS=y
GRANTS=y
INDEX=y
```

执行命令：

```
C:\>exp system/manager PARFILE=para.dat
```

在表模式中可以用%来匹配表名的零个或任意多个字符，如：%S%是指表名中含有 S 字符的所有表。

【例 8.5】导出 scott 模式中所有表名中含有字符 p 的表和所有表名中含有 s 的表，同时导出 blake 模式中所有的表。

```
C:\>exp SYSTEM/password PARFILE=params.dat
```

参数文件 params.dat 的内容如下：

```
FILE=misc.dmp
TABLES=(scott.%P%,blake.%,scott.%S%)
```

【例 8.6】用户导出自己模式中的表

建立参数文件 para.dat，内容如下：

```
FILE=hrexp.dmp
TABLES=(employees,departments)
ROWS=y
GRANTS=y
INDEX=y
C:\>exp hr/口令 PARFILE=para.dat
```

### 8.1.2 IMPORT 导入命令

导入数据是指将转储文件（由 EXPORT 工具生成）中的数据导入到数据库中。Import 的作用是从 Export 导出的二进制文件中读取对象的定义和表的数据，然后将它们重新导入到数据库中。

Import 在进行导入操作时，先在数据库中创建新表并向表中插入记录，然后创建表的索引、导入触发器、存储过程等对象、激活在表上定义的完整性约束。

Import 并不是必须将导出文件中包含的所有内容全部导入到数据库中，可以从导出文件中有选择地提取出对象或数据，然后将它们导入到数据库中，也可以仅导入表的结构定义。

与 Export 类似，在使用 Import 之前，必须在数据库中建立 Import 工具所需的数据字典视图和有关的角色 IMP_FULL_DATABASE。如果用 DBCA 创建数据库，那么 DBCA 会自动调用 catalog.sql 脚本来完成这些工作；如果数据库是利用 CREATE DATABASE 语句手工创建的，那么必须手工执行 catexp.sql 或 catalog.sql 脚本。

在使用 Import 工具时，要有 CREATE SESSION 系统权限建立数据库连接，在操作系统级别具有导出文件的读权限。

如果不是管理员，那么导入用户的权限也会因导入对象的不同而不同。例如，如果导入的对象中有序列，那么执行导入的用户必须有 CREATE SEQUENCE 系统权限。

#### 1. IMPORT 启动方式

与 EXPORT 类似，IMPORT 也有下面三种不同的启动方式，它们分别与 EXPORT 同一类型一样，这里就不再详述了。

① 命令行方式。

```
imp 用户名/口令 参数名 1=值 1  参数名 2=值 2 ...
imp 用户名/口令 参数名 1=(值 1, 值 2, ...)
```

② 交互命令方式。

```
C:\>IMP
```

或者

```
C:\>IMP username/password
```

或者

```
C:\>IMP username/password@net_service_name
```

③ 参数文件方式。

```
imp PARFILE=参数文件名
```

或者

```
imp 用户名/口令 PARFILE=参数文件名
```

参数文件的内容与格式要求与 EXPORT 命令的参数文件类似。

### 2. IMPORT 导入模式

IMPORT 提供了完全模式、表空间模式、用户模式和表模式等四种导入模式。

（1）完全模式（FULL MODE）

只有被赋予角色 IMP_FULL_DATABASE 的用户才可以处于该模式。它把 EXPORT 完全模式生成的整个数据库的导出文件导入到数据库中。用参数 FULL=Y 来指定完全模式。

（2）表空间模式

只有具有相应权限的用户才能执行表空间模式，它可以将一个或多个表空间从一个数据库迁移到另一个数据库。使用参数 TRANSPORT_TABLESPACE 来指定该模式。

（3）用户模式（所有者模式）

用户模式下用户可以将一个用户模式中的所有对象全部导入到自己的模式中，而特权用户则可以将一个或多个用户模式中的所有对象全部导入到其他用户的模式中。用 FROMUSER 参数指定用户模式。

（4）表模式

在表模式下，用户将一个或多个表导入到自己的模式中，而有权限的用户则可以将一个或多个表导入到其他用户的模式中。用参数 TABLES 指定表模式。

### 3. IMPORT 参数

使用 IMP HELP=Y 命令形式可以显示出所有 IMPORT 命令的参数说明，这里详细介绍常用的一些参数。

```
COMMIT=Y|N
```

指定是否每行插入后都提交，默认值为 N，即在装入每个表后提交。

```
COMPILE=Y|N
```

指定 IMPORT 建立包、存储过程和存储函数时，是否编译。默认值为 Y。

```
CONSTRAINTS=Y|N
```

指定是否导入表中定义的约束，默认值为 Y。

```
DATAFILES=数据文件列表
```

当 TRANSPORT_TABLESPACE=Y 时，指定是导入到数据库的数据文件。

```
FILE=文件名
```

指定导入操作要使用的导出文件名，默认值为 expdat.dmp。由于 Export 可以一次导出操作生成多个导出文件，此时必须在 FILE 参数中指定多个导出文件；

```
FILESIZE=整数[B|KB|MB|GB]
```

如果导出文件时指定了 FILESIZE 参数，那么使用这些导出文件进行的导入操作必须指定相同的FILESIZE参数,同时还需要在 FILE 参数中指定所有导出文件的名称。

```
FROMUSER=模式名列表
```

用于指定从包含多个模式的导出文件中要导入哪些模式中的对象。本参数只适用于有 IMP_FULL_DATABASE 角色的用户。它通常与 TOUSER 参数一起使用。

```
FULL=Y|N
```

指定是否导入整个导出文件的内容，默认值为 N。

```
GRANTS=Y|N
```

指定是否导入对象的权限，默认值为 Y。

```
IGNORES=Y|N
```

指定对导入过程中产生的对象创建错误如何进行处理。如果取默认值 N，在导入数据库中已经存在表时，import 将返回错误信息，并跳过对这个表的导入操作；如果设置为 y，import 将忽略这个错误，并且将记录导入到已经存在的表中。

```
INDEXS=Y|N
```

指定是否导入表的索引，默认值为 Y。

```
LOG=文件名
```

记录导入过程生成的信息或错误信息的导入日志文件名。

```
PARFILE=文件名
```

指定包含有导入参数列表的参数文件名。

```
ROWS=Y|N
```

指定是否导入表的记录，默认值为 Y。

```
SHOW=Y|N
```

如果 SHOW=Y，那么导出文件的内容将显示出来，但不将内容导入到数据库中。SHOW 参数只与 FULL=Y、FROMUSER、TOUSER 和 TABLES 参数一起使用。

```
TABLES=表名列表
```

指定在表模式下，要导入的表的名称列表。

```
TABLESPACES=表空间列表
```

当在表空间模式时，即参数 TRANSPORT_TABLESPACE=Y 时，用 TABLESPCES 参数指定要导入的表空间名称列表。

```
TOUSER=模式名列表
```

指定要导入的目标模式名称列表。例如：

```
imp SYSTEM/password FROMUSER=scott TOUSER=joe TABLES=emp
imp SYSTEM/password FROMUSER=scott,fred TOUSER=joe,ted
TRANSPORT_TABLESPACE=Y|N
```

执行迁移表空间操作时，该参数取值为 Y。

```
USERID=用户名/口令或 USERID=用户名/口令@网络服务名
```

指定完成 IMPORT 操作的用户的连接描述符。USERID 可取值：

```
username/password
username/password AS SYSDBA
username/password@instance
username/password@instance AS SYSDBA
```

4. IMPORT 导入示例

【例 8.7】用整个数据库的导出文件，将表 dept 和 emp 导入到用户 scott 模式中。

```
C:\>imp SYSTEM/password PARFILE=params.dat
```

参数文件 PARAMS.DAT 的内容如下：

```
FILE=dba.dmp
SHOW=n
IGNORE=n
GRANTS=y
FROMUSER=scott
TABLES=(dept,emp)
```

也可使用命令行方式：

```
C:\>imp SYSTEM/password FILE=dba.dmp FROMUSER=scott TABLES=(dept,emp)
```

【例 8.8】导入由另一个用户导出的表。即将由 blake 导出的文件中的表 unit 和 manager 导入到模式 scott 中。

使用参数文件方式：

```
C:\>imp SYSTEM/password PARFILE=params.dat
```

参数文件内容如下：

```
FILE=blake.dmp
SHOW=n
IGNORE=n
GRANTS=y
ROWS=y
FROMUSER=blake
TOUSER=scott
TABLES=(unit,manager)
```

命令行方式如下：

```
C:\>imp SYSTEM/password FROMUSER=blake TOUSER=scott FILE=blake.dmp
   TABLES=(unit,manager)
```

【例 8.9】把一个用户的表导入到另一个用户模式中。本例 dba 将属于 scott 的所有表导入到用户 blake 模式中。

参数文件方式：

```
C:\>imp SYSTEM/password PARFILE=params.dat
```

参数文件的内容如下：

```
FILE=scott.dmp
FROMUSER=scott
TOUSER=blake
TABLES=(*)
```

命令行方式：

```
C:\>imp SYSTEM/password FILE=scott.dmp FROMUSER=scott TOUSER=blake
TABLES=(*)
```

## 8.2 用数据泵的逻辑备份与恢复

从 Oracle Database 10g 开始，Oracle 不仅保留了原有的 EXP 和 IMP 工具，还提供了数据泵（Data Dump，也叫数据转储）导出导入工具 EXPDP 和 IMPDP。数据泵的导出/导入工具可以实现逻辑备份和逻辑恢复、在数据库用户之间移动对象、在数据库之间移动对象和实现表空间迁移。

实际上有人认为数据泵是 exp/imp 工具的升级版本，但是数据泵不仅拥有这些原工具的功能，而且还增加了在环境之间移动数据的全新功能。例如，可对整个数据库或数据子集进行实时逻辑备份；复制整个数据库或数据子集；快速生成用于重建对象的 DDL 代码；通过从旧版本导出数据，然后向新版本导入数据的方式来升级数据库；可以用交互式命令行实用程序先断开连接，然后恢复连接活动的数据泵作业；在不创建数据泵文件的情况下，可从远程数据库导出大量数据，并将这些数据直接导入本地数据库；通过导出和导入操作，可在运行时更改方案、表空间、数据文件和存储设置；精细过滤对象和数据；对目录对象应用受控安全模式（通过数据库）；压缩和加密等高级功能。

在使用数据泵 EXPDP/IMPDP 与 EXP/IMP 时要注意以下几点：EXP/IMP 是可以在客户端和服务端运行的客户端工具；EXPDP 和 IMPDP 是只能在 Oracle 服务端运行的服务端工具；IMP 只适用于 EXP 导出文件，不适用于 EXPDP 导出文件，同样，IMPDP 只适用于 EXPDP 导出文件，而不适用于 EXP 导出文件。

仅从使用方法来说，数据泵 EXPDP/IMPDP 与 EXP/IMP 非常相似，所以本节通过实例重点介绍数据泵 EXPDP/IMPDP 每个参数的应用。

### 8.2.1 EXPDP 导出数据命令

#### 1. expdp 命令格式

数据泵导出实用程序提供了一种用于在 Oracle 数据库之间传输数据对象的机制。使用 EXPDP 命令格式如下：

```
expdp username/password [参数1, 参数2, …]
```

其中，username 和 password 表示用户名和口令。可通过 expdp help=y 查看 expdp 工具所提供的参数。指定各参数形式为：

```
参数=值 或 参数=(值1,值2,...,值n)
```

#### 2. expdp 主要参数说明

（1）ATTACH

```
ATTACH=[schema_name.]job_name
```

表示将导出操作附加在已存在导出作业中。schema_name 用于指定模式名，job_name 用于指定导出作业名。如果使用 ATTACH 选项，那么在命令行除了连接字符串和 ATTACH 选项外，不能指定任何其他选项，并且用户必须具有 EXP_FULL_DATABASE 角色或 DBA 角色。例如：

```
e:\> expdp scott/tiger ATTACH=scott.export_job
```

（2）COMPRESSION

```
COMPRESSION=[ALL | DATA_ONLY | METADATA_ONLY | NONE]
```

指定数据导出到转储文件之前是否要进行压缩。ALL 表示所有内容都要压缩；DATA_ONLY 表示只对数据进行压缩；METADATA_ONLY 表示只对元数据进行压缩，这是默认值。

（3）CONTENT

```
CONTENT={ALL | DATA_ONLY | METADATA_ONLY}
```

用于指定要导出的内容。当设置 CONTENT 为 ALL 时，将导出对象定义及其所有数据，默认值为 ALL；取值为 DATA_ONLY 时，只导出对象数据；为 METADATA_ONLY 时，只导出对象定义。

```
e:\> expdp scott/tiger DIRECTORY=dump DUMPFILE=a.dump CONTENT=
METADATA_ONLY
```

（4）DIRECTORY

```
DIRECTORY=directory_object
```

指定转储文件和日志文件所在的目录对象。directory_object 用于指定数据库目录对象名。目录对象是用 CREATE DIRECTORY 语句建立的对象，而不是操作系统目录，但是它指向操作系统目录。用户必须具有对目录对象的读（read）和写（write）的权限。例如：

```
SQL> create directory dump_dir as 'd:\dump';
SQL> grant read,write on directory dump_dir to scott;
e:\> expdp scott/tiger DIRECTORY=dump_dir DUMPFILE=a.dump
```

（5）DUMPFILE

```
DUMPFILE=[directory_object:] file_name [,…]
```

指定转储文件的名称。directory_object 用于指定目录对象名，如果不指定目录对象 directory_object，导出工具会自动使用 DIRECTORY 参数中指定的目录对象；file_name 用于指定转储文件名，默认名称为 expdat.dmp。

（6）ESTIMATE

```
EXTIMATE={BLOCKS | STATISTICS}
```

指定估算被导出表所占用磁盘空间分方法。默认值是 BLOCKS。设置为 BLOCKS 时，Oracle 会按照目标对象所占用的数据块个数乘以数据块尺寸估算对象占用的空间，设置为 STATISTICS 时，根据最近统计值估算对象占用空间

```
e:\>expdp scott/tiger TABLES=emp ESTIMATE=STATISTICS DIRECTORY=dump
DUMPFILE=a.dump
```

（7）EXCLUDE

```
EXCLUDE=object_type[:name_clause] [,…]
```

用于指定执行操作时要排除的对象类型或相关对象。object_type 用于指定要排除的对象类型，name_clause 用于指定要排除的具体对象。EXCLUDE 和 INCLUDE 不能同时使用。

EXCLUDE=CONSTRAINT，排除对象的所有约束条件。

EXCLUDE=GRANT，排除对象的所有权限。

EXCLUDE=USER，排除用户的定义，不排除用户的模式。

下面的命令将导出除 HR 模式以外的所有数据：

```
e:\> expdp FULL=YES DUMPFILE=expfull.dmp EXCLUDE=SCHEMA:"='HR'"
```

下面的命令将导出 HR 模式中除视图（view）、包（package）和函数（FUNCTION）以外的所有数据：

```
e:\> expdp hr DIRECTORY=dpump_dir1 DUMPFILE=hr_exclude.dmp
EXCLUDE=VIEW,PACKAGE, FUNCTION
```

（8）FILESIZE

```
FILESIZE=整数 [B | KB | MB | GB | TB]
```

指定导出文件的最大尺寸，默认为 0，表示文件尺寸没有限制。

（9）FLASHBACK_SCN

```
FLASHBACK_SCN=scn_value
```

指定导出特定 SCN 号以前的表数据。scn_value 用于标识 SCN 值。FLASHBACK_SCN 和 FLASHBACK_TIME 不能同时使用。这种导出要使用数据库闪回功能。

下面的命令导出 hr 模式中 SCN=384632 以前的数据：

```
e:\> expdp hr DIRECTORY=dpump_dir1 DUMPFILE=hr_scn.dmp FLASHBACK_
SCN=384632
```

（10）FLASHBACK_TIME

```
FLASHBACK_TIME = "TO_TIMESTAMP(time_value)"
```

指定导出特定时间点的表数据，这种导出要使用数据库闪回功能。

假设参数文件 flashback.par 有如下内容：

```
DIRECTORY=dpump_dir1
DUMPFILE=hr_time.dmp
FLASHBACK_TIME="TO_TIMESTAMP('5-1-2015 13:16:00', 'DD-MM-YYYY
HH24:MI:SS')"
```

下面的命令将导出 HR 模式中指定时间 5-1-2015 13:16:00 以前的数据：

```
e:\> expdp hr PARFILE=flashback.par
"TO_TIMESTAMP('05-01-2015 13:16:00','DD-MM-YYYY HH24:MI:SS')"
```

（11）FULL

```
FULL={YES | NO}
```

指定数据库模式导出，默认值为 NO。FULL=YES 导出数据库中的所有数据和元数据，此时用户必须有 DATAPUMP_EXP_FULL_DATABASE 角色。

下面的命令完成数据库的导出：

```
e:\> expdp hr DIRECTORY=dpump_dir2 DUMPFILE=expfull.dmp FULL=YES
NOLOGFILE=YES
```

（12）INCLUDE

```
INCLUDE = object_type[:name_clause] [,… ]
```

指定导出时要包含的对象类型及相关对象名。

假设建立了参数文件 hr.par：

```
SCHEMAS=HR
DUMPFILE=expinclude.dmp
DIRECTORY=dpump_dir1
LOGFILE=expinclude.log
INCLUDE=TABLE:"IN ('EMPLOYEES', 'DEPARTMENTS')"
INCLUDE=PROCEDURE
INCLUDE=INDEX:"LIKE 'EMP%'"
```

执行下面的命令将导出 HR 模式中的 EMPLOYEES 和 DEPARTMENTS 两个表（TABLE）、所有过程（PROCEDURE）和所有以 EMP 开头的索引（INDEX）：

```
e:\> expdp hr PARFILE=hr.par
```

（13）LOGFILE

```
LOGFILE=[directory_object:]file_name
```

指定导出日志文件的名称。directory_object 用于指定目录对象名称，file_name 用于指定导出日志文件名，默认名称为 export.log。如果不指定 directory_ object，那么导出自动使用 DIRECTORY 参数指定的目录对象。

```
e:\>expdp hr DIRECTORY=dpump_dir1 DUMPFILE=hr.dmp LOGFILE=hr_
export.log
```

（14）NOLOGFILE

```
NOLOGFILE=[YES | NO]
```

NOLOGFILE=YES 用于指定禁止生成导出日志文件，NOLOGFILE=NO 表示禁止建立日志文件，默认值为 NO。

（15）PARFILE

```
PARFILE=[directory_path] file_name
```

指定导出参数文件的路径和文件名称。参数文件与 exp 的参数文件类似。本节（12）中的例子使用了参数文件。

（16）QUERY

```
QUERY=[schema.] [table_name:] query_clause
```

用于指定过滤导出数据表的 where 条件。schema 用于指定模式名，table_name 用于指定表名，query_clause 用于指定条件限制子句，可以是任何 SQL 语句 WHERE 条件中的内容。

**注意：**QUERY 选项不能与 EXTIMATE_ONLY，CONNECT=METADATA_ONLY，TRANSPORT_TABLESPACES 等选项同时使用；同时 QUERY 选项只用于表数据导出。

假设建立如下的参数文件 emp_query.par：

```
QUERY=employees:"WHERE department_id > 10 AND salary > 10000"
NOLOGFILE=YES
DIRECTORY=dpump_dir1
DUMPFILE=exp1.dmp
```

下面命令将导出表 employees 中的部门号大于 10 并且工资大于 10 000 的记录数据：

```
e:\> expdp hr PARFILE=emp_query.par
```

（17）SCHEMAS

```
SCHEMAS=schema_name [, ...]
```

用于指定模式数据的导出。不指定 SCHEMAS 时默认为当前用户模式。如果有 DATAPUMP_EXP_FULL_DATABASE 角色，可以导出多个模式，也可导出非模式对象。

下面命令将导出 hr、sh 和 oe 三个模式的数据：

```
e:\>expdp hr DIRECTORY=dpump_dir1 DUMPFILE=expdat.dmp SCHEMAS=hr,sh,oe
```

（18）TABLES

```
TABLES=[schema_name.]table_name[:partition_name][,…]
```

指定表模式导出。schema_name 用于指定模式名，table_name 指定导出的表名，partition_name 用于指定要导出的分区名。

下面命令导出 hr 模式下的三个表 employees、jobs 和 departments：

```
e:\>expdp hr DIRECTORY=dpump_dir1 DUMPFILE=tables.dmp
TABLES=employees,jobs,departments
```

如果用户有 DATAPUMP_EXP_FULL_DATABASE 角色，可以导出其他模式的表：

```
e:\> expdp hr DIRECTORY=dpump_dir1 DUMPFILE=tables_part.dmp
```

```
TABLES=sh.sales:sales_Q1_2012, sh.sales:sales_Q2_2012
```

（19）TABLESPACES

```
TABLESPACES=tablespace_name [, ...]
```

tablespace_name 是表空间名。指定表空间的所有对象都将导出。

下面命令将导出表空间 tbs_4、tbs_5 和 tbs_6 中的数据：

```
e:\> expdp hr DIRECTORY=dpump_dir1 DUMPFILE=tbs.dmp
TABLESPACES=tbs_4, tbs_5, tbs_6
```

### 3. expdpd 综合应用例子

使用 EXPDP 工具时，其转储文件只能存放在 DIRECTORY 对象对应的操作系统目录中，而不能直接指定转储文件所在的操作系统目录。因此，使用 EXPDP 工具时，必须首先建立 DIRECTORY 对象，并且需要为数据库用户授予使用 DIRECTORY 对象权限。

下面例子建立一个指向操作系统目录 c:\emp 的目录对象，并将该目录对象读写赋予用户 scott：

```
SQL> CREATE DIRECTORY dump_dir AS 'c:\emp';
SQL> GRANT READ, WRITE ON DIRECTORY dump_dir TO scott;
```

（1）导出表

```
e:\> expdp scott/tiger DIRECTORY=dump_dir DUMPFILE=dept.dmpTABLES=dept
```

注意：在 UNIX 下要注意 directory 目录的读写权限问题。例如：

查看 dump_dir 所在的目录：用 sys 用户查看数据字典 dba_directories

更改该文件夹的权限：chown　R oracle:dba /exp，问题解决。

（2）导出方案

```
e:\> expdp scott/tiger directory=dump_dirdumpfile=schema.dmp logfile=
schema.log schemas=system
```

（3）导出表空间

```
e:\> expdp scott/tiger directory=dump_dirdumpfile=tb.dmp logfile=tb.
log tablespaces=users
```

（4）导出数据库

```
e:\>expdp system/manager DIRECTORY=dump_dirDUMPFILE=full.dmp FULL=Y
```

如果 scott 用户没有相应的权限，那么可以给 scott 赋予相应的权限或使用 system 用户进行全库导出。如下面的步骤：

```
SQL> grant exp_full_database to scott;
```

然后再做全库的导出：

```
e:\>expdp scott/tiger DIRECTORY=dump_dirDUMPFILE=full.dmp FULL=Y
```

## 8.2.2 IMPDP 导入数据命令

IMPDP 的使用方法与 IMP 类似，IMPDP 命令行选项与 EXPDP 的选项多相同的。下面主要介绍一些不同于 IMPDP 的参数，并通过例子来说明其应用。

### 1. 不同于 expdpd 参数的 IMPDP 参数

（1）REMAP_DATAFILE

```
REMAP_DATAFIEL=source_datafie:target_datafile
```

该选项用于在导入时，将所有 SQL 的 DDL 语句（如 CREATE TABLES 等）涉及的源数据文件名转变为目标数据文件名，在不同平台之间转移表空间时可能需要该选项。

下面例子在导入时将 VMS 系统的文件描述（DR1$:[HRDATA.PAYROLL]tbs6.dbf）映射为 Windows 系统中的文件描述（e:\db1\hrdata\payroll\tbs6.dbf）。

```
e:\> impdp hr PARFILE=payroll.par
```

参数文件内容如下：

```
DIRECTORY=dpump_dir1
FULL=YES
DUMPFILE=db_full.dmp
REMAP_DATAFILE="'DB1$:[HRDATA.PAYROLL]tbs6.dbf':' e:\db1\tbs6.dbf' "
```

（2）REMAP_SCHEMA

```
REMAP_SCHEMA=source_schema:target_schema
```

该选项用于将源模式的所有对象装载到目标模式中。

```
e:\> expdp system SCHEMAS=hr DIRECTORY=dpump_dir1 DUMPFILE=hr.dmp
e:\> impdp system DIRECTORY=dpump_dir1 DUMPFILE=hr.dmp REMAP_SCHEMA=
hr:scott
```

上面例子中，如果在导入前 SCOTT 模式已经存在，导入时将 HR 模式中的所有对象添加到 SCOTT 模式中；否则在导入时将自动创建 SCOTT 模式，此时必须重新设置 SCOTT 模式的口令才可连接 SCOTT 模式。

（3）REMAP_TABLESPACE

```
REMAP_TABLESPACE=source_tablespace:target_tablespace
```

在导入时将源表空间的所有对象导入到目标表空间中。

（4）REUSE_DATAFILES

```
REUSE_DATAFIELS={YES | NO}
```

该选项指定建立表空间时是否覆盖已存在的数据文件，默认值为 NO。

（5）SKIP_UNUSABLE_INDEXES

```
SKIP_UNUSABLE_INDEXES=[YES | NO]
```

如果 SKIP_UNUSABLE_INDEXES 设置为 YES，导入时将跳过不可使用的表索引；如果设置为 NO，那些有不可用索引的表数据不能导入，其他表的数据正常导入。如果没有设置 SKIP_UNUSABLE_INDEXES 参数的值，将由同名的初始化参数值决定如何处理有不可用索引的表。

（6）STREAMS_CONFIGURATION

```
STREAMS_CONFIGURATION=[YES | NO]
```

指定是否导入流数据的元数据（StreamMatadata），默认值为 YES。

（7）TABLE_EXISTS_ACTION

```
TABBLE_EXISTS_ACTION={SKIP | APPEND |TRUNCATE | FRPLACE }
```

该选项用于指定当表已经存在时导入作业要执行的操作，默认为 SKIP。当设置该选项为 SKIP 时，导入作业会跳过已存在表而处理下一个对象；当设置为 APPEND 时，将源中的数据追加到现有表中；当设置为 TRUNCATE 时，导入作业会删除原表中现有的行，然后为其追加新数据；当设置为 REPLACE 时，导入作业会删除已存在表，重建表并追加数据。

（8）TRANSFORM

```
TRANSFORM=transform_name:value[:object_type]
```

该选项用于指定是否修改建立对象的 DDL 语句。Transform_name 用于指定转换名，其中 SEGMENT_ATTRIBUTES 用于标识段属性（物理属性、存储属性、表空间、日志等信息）；STORAGE 用于标识段存储性，VALUE 用于指定是否包含段属性或段存储属性，object_type 用于指定对象类型。

### 2. IMPDP 应用例子

（1）导入表

```
impdp hsiufo/hsiufo directory=dump_dirdumpfile=full.dmp tables=scott.
emp remap_schema=scott:scott
```

上例为有一个全库的逻辑备份 full.dmp，然后删除用户 scott 的 emp 表，在 full.dmp 中导入 emp 到用户 scott。

```
impdp hsiufo/hsiufo directory=dump_dirdumpfile=full.dmp tables=scott.
test remap_schema=scott:system
```

上面的命令表示将 test 表导入的 SYSTEM 方案中。

**注意：**如果要将表导入到其他方案中，必须指定 REMAP SCHEMA 选项。

（2）导入方案

```
impdp hsiufo/hsiufodirectory=dump_dir dumpfile=full.dmp schemas=scott
Impdp system/manager DIRECTORY=dump_dirDUMPFILE=schema.dmp
SCHEMAS=scott REMAP_SCHEMA=scott:system
```

（3）导入表空间

```
Impdp system/manager DIRECTORY=dump_dirDUMPFILE=tablespace.dmp
TABLESPACES=user01
```

（4）导入数据库

```
Impdp system/manager DIRECTORY=dump_dirDUMPFILE=full.dmp FULL=y
```

## 小　结

Oracle 服务器或客户端提供两个独立的命令行工具 Export 和 Import，利用它们可以在 Oracle 数据库之间进行数据的导出/导入操作，从而实现在跨平台不同 Oracle 数据库之间迁移数据的目的，同时还能实现逻辑数据库的备份与恢复操作。数据泵的导出导入工具可以实现逻辑备份和逻辑恢复、在数据库用户之间移动对象、在数据库之间移动对象和实现表空间迁移。

## 习　题

1. 逻辑备份和恢复的概念。
2. 将用户 user1 的所有表导出到 user.dat 文件中，分别写出两种方法的步骤。
3. 写出将表 student 和 teacher 中的内容从数据库 DBT 复制到数据库 DBS 的步骤，要求用逻辑备份来完成。

# 第 9 章 用 RMAN 迁移数据 «

学习目标：

- 理解数据库复制的基本原理；
- 掌握复制整个数据库、表空间和 PDB 的方法；
- 理解传输表空间集的作用；
- 掌握利用传输表空间集迁移数据库的方法。

迁移数据是比导入/导出或装载/卸载更快的数据传输方式。用 RMAN 可以可完成整个数据库、表空间、表、分区和子分区的数据传输，即数据迁移；也可以将数据从一台计算机迁移到另一台计算机，甚至可以完成跨平台的数据迁移。

Oracle 数据库提供多种方法迁移不同类型的数据。本节将介绍利用 RMAN 迁移数据的方法，如数据库复制技术、传输表空间和传输表空间集等。

## 9.1 数据库复制概述

数据库复制（Database Duplication）是用 DUPLICATE 命令复制源数据库中的所有或部分数据。复制后的数据库（The Copied Database，称为复制数据库）与被复制的数据库（The Database Being Copied，称为源数据库）功能上完全独立。

数据库复制的目的大部分都是用于系统或应用测试。在复制数据库中可以执行以下任务：测试备份和恢复过程；测试 Oracle 数据库新版本的升级；测试数据库性能的应用效果；创建备用数据库（Standby Database）并生成相应的报告，例如，可以将 host1 主机上的数据库复制到主机 host2，然后在 host2 上使用复制数据库进行还原和修复数据库的操作，而原来在 host1 上的数据库正常运行。

如果用操作系统工具复制数据库，而不是用 DUPLICATE 命令，那么复制数据库的 DBID 与源数据库相同。如果要将复制数据库注册到与源数据库相同的恢复目录，那么必须用 DBNEWID 工具更改复制数据库的 DBID。相反，DUPLICATE 命令自动为复制数据库分配不同的 DBID，以便它和源数据库可以注册到同一个恢复目录中。

DUPLICATE 命令可以创建数据库的全功能副本或创建物理备用数据库。备用数据库是主数据库的副本，可不断使用主数据库的归档日志文件来更新备用数据库。如果主数据库无法访问，那么可以转移到备用数据库，使其成为新的主数据库。数据库副本不能用于故障转移场景，也不支持各种备用数据库的恢复和故障转移选项。

### 9.1.1 数据库复制的基本概念

#### 1. 源主机和目标主机

源主机是源数据库运行的计算机。源数据库实例是与源数据库相关联的实例。目标主机是运行复制数据库的计算机。源主机和目标主机可以是同一台计算机，也可以是不同的计算机。

#### 2. 辅助实例

辅助实例（Auxiliary Instance）是一个备用数据库相关联的 Oracle 实例，或者是传输表空间和进行表空间时间点恢复（TSPITR）时的临时实例，即复制数据库相关联的数据库实例。

#### 3. 复制数据库

复制数据库（Duplicate Database）是指利用 DUPLICATE 命令生成的目标数据库，它可能是与源数据库相同，也可能是源数据库的表空间子集。

#### 4. 复制数据库的内容

复制数据库可以包含与源数据库相同的内容，也可以包含一个源数据库中的表空间子集。通常并不总是需要复制数据库的所有表空间，可用 DUPLICATE 命令的 TABLESPACE 选项仅复制指定表空间或用 SKIP 选项来排除指定表空间。

使用 DUPLICATE 命令的 SKIP READONLY 选项可从复制数据库中排除只读表空间的数据文件，即复制数据库中没有源数据库中只读表空间的数据文件。使用 DUPLICATE 命令的 SKIP TABLESPACE'表空间列表'可从复制数据库中排除指定的表空间，但不能排除 SYSTEM 和 SYSAUX 表空间、具有 SYS 对象的表空间、撤销表空间、具有撤销段的表空间、具有物化视图的表空间或不是自包含的表空间。

使用 DUPLICATE 命令 TABLESPACE'表空间列表'将复制指定的表空间，并自动包括 SYSTEM 表空间、SYSAUX 表空间和撤销表空间。指定要复制的表空间必须是独立的（自包含的），并且跳过的表空间不能包含 SYS 对象或物化视图。

#### 5. 复制数据库的位置

RMAN 在指定的目标主机上创建复制数据库。当源主机和目标主机在同一台计算机时，复制数据库称为本地复制。当将数据库复制到本地主机时，必须将复制数据库的文件存储到不同于源数据库的目录结构中，即如果源数据库文件存储在 d:\oracle 文件夹中，那么复制数据库文件就可以存储 e:\oracle 中，也可以是同磁盘的不同目录结构。复制数据库的文件名可以与源数据库文件名相同，也可以不同。

当源主机和目标主机是不同计算机，称为远程复制数据库。当把数据库复制到远程主机时，复制数据库文件可以使用与源数据库相同的目录结构和文件名，也可以使用不同的目录结构和文件名。如果选择复制数据库不同的名称，那么必须指定复制数据库文件命名方法。

将数据库复制到远程主机需要密码文件和 Oracle Net 服务名连接到辅助实例。

#### 6. 复制数据库文件名

根据所用的目标主机和复制方案，复制数据库的文件名可以使用与源数据库相同的名称或不同的名称。数据库文件包括数据文件、控制文件、联机重做日志文件和临时文件。如果选择以不同的方式命名复制数据库的文件，那么必须指定文件命名策略。

#### 7. RMAN 支持的复制数据库技术

RMAN 支持两种类型的数据库复制：活动数据库复制（Active Database Duplication）和基于备份的复制（Backup-Based Duplication）。RMAN 通过连接到目标数据库或恢复目录之一就能完成基于备份的数据库复制，而活动数据库复制需要同时连接到目标数据库和恢复目录。

### 9.1.2 基于备份的数据库复制原理

#### 1. 基于备份的数据库复制概述

基于备份的数据库复制是指 RMAN 用已存在的源数据库的 RMAN 备份，通过还原和修复数据库备份的方法来完成源数据库复制。

在基于备份复制中，复制数据库的主要工作是由辅助通道完成，也可以按照第 9 章 9.5 节所述配置用于复制的 RMAN 通道。

如果源数据库连接不可用但有可用的源数据库备份，或者源主机和目标主机之间的网络带宽有限，那么就可以使用基于备份的数据库复制。当源主机和目的主机之间的网络带宽有限时，使用活动数据库复制可能会导致性能下降。如果源主机和目标主机位于不同的地理位置通过 WAN 连接，那么最好使用基于备份的数据库复制方法。

#### 2. 有目标数据库连接的基于备份的数据库复制

在这种方法中，RMAN 必须以 TARGET 选项连接到源数据库，并以 AUXILIARY 选项连接辅助实例。

图 9-1 说明了具有目标数据库连接的基于备份的数据库复制。可以连接到恢复目录，但不是必需的（在图中未标出恢复目录）。RMAN 用源数据库控制文件中的元数据来确定必须用来完成数据库复制的备份或副本。目标主机必须有权限访问复制数据库时所需的 RMAN 备份。

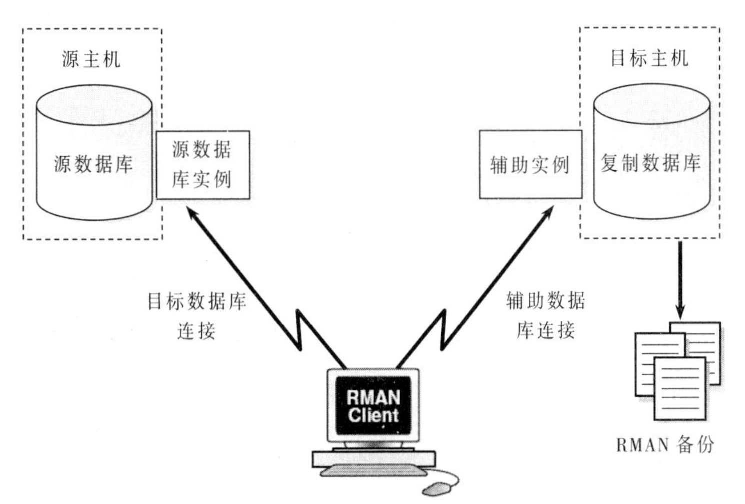


图 9-1 有目标数据库连接的基于备份的数据库复制

#### 3. 没有目标数据库连接的基于备份的数据库复制

在这种方法中，RMAN 必须以 CATALOG 连接到恢复目录数据库，并以 AUXILIARY 选项连接辅助实例。

图 9-2 所示没有目标数据库连接时的基于备份的数据库复制。RMAN 使用恢复目录中的元数据来确定用来完成数据库复制的备份或副本。目标主机必须能够访问复制数据库所需的 RMAN 备份。

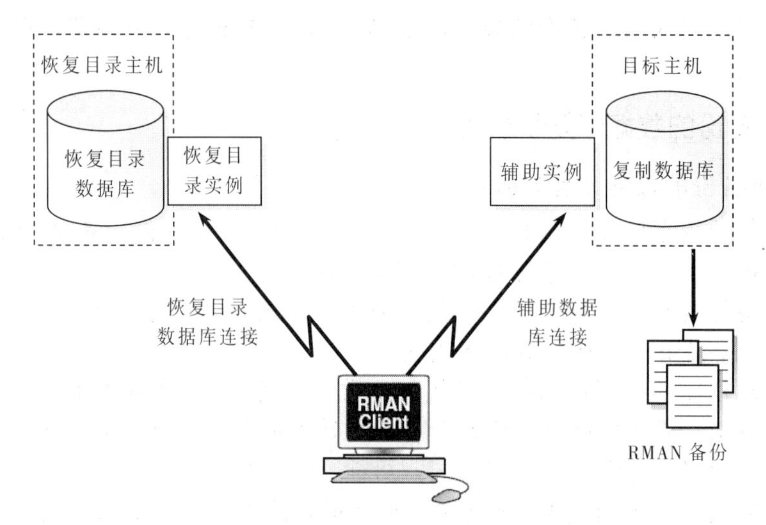


图 9-2 没有目标数据库连接的基于备份的数据库复制

4．没有目标数据库和恢复目录连接的基于备份的数据库复制

在这种方法中，不需要连接到源数据库和恢复目录。图 9-3 所示无目标数据库连接也无恢复目录数据库实例连接的基于备份的数据库复制。通过连接到辅助实例并使用存储在目标主机磁盘上的源数据库备份或副本来完成数据库复制。为了获得关于备份和副本位置的元数据，RMAN 使用 DUPLICATE 命令的 BACKUP LOCATION 子句。目标主机必须可以访问包含所有备份或副本的磁盘位置。这个方法不支持存储在磁带设备上的备份。

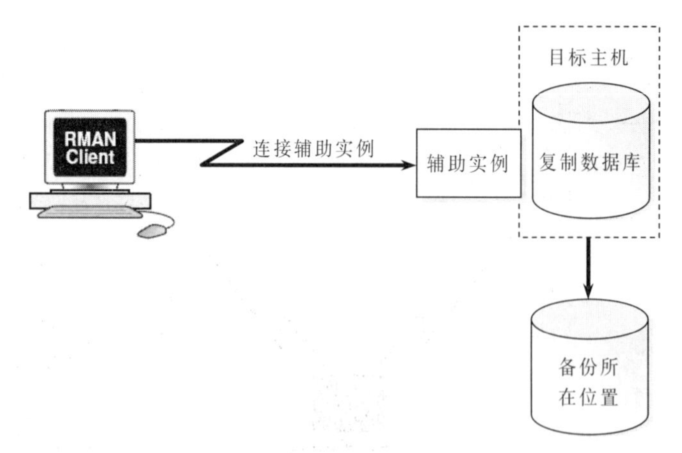


图 9-3 没有目标数据库和恢复目录连接的基于备份的数据库复制

## 9.1.3 活动数据库复制的原理

### 1．活动数据库复制概述

活动数据库复制通过将活动数据库文件复制到辅助实例来实现实时源数据库复制到

目标主机，它不需要源数据库的备份。RMAN 可以将所需的文件复制为镜像副本或备份集。

对于活动数据库复制，所用的复制技术决定了执行主要任务的通道。当使用备份集进行活动数据库复制时，复制的主要工作由辅助通道来完成。当使用镜像副本时，主要工作由目标通道来完成。

要执行活动数据库复制，必须建立目标数据库的连接。除非源主机和目标主机之间的网络带宽有限，否则 Oracle 一般建议使用活动数据库复制。活动数据库复制需要最少的设置，执行更简单。对于活动数据库复制，源数据库必须使用服务器参数文件。

在下面几种情况下，使用备份集进行活动数据库复制会比使用镜像副本更好：一是在复制数据库时使用多区段、压缩或加密备份功能；二是源数据库没有足够的网络资源来传输所需数据库文件到复制数据库；三是要使复制过程所用资源最小化。用备份集的活动数据库复制使用最少的源数据库资源。

有多种技术可用于执行活动数据库复制。RMAN 使用两个互斥的方法来执行活动数据库复制：一是用镜像副本完成活动数据库复制，即将数据库复制为镜像副本；二是用备份集完成活动数据库复制，即将数据库复制成备份集。

### 2. 用镜像副本完成活动数据库复制

在这种活动数据库复制中，RMAN 将以 TARGET 选项连接到源数据库实例，以 AUXILIARY 选项连接到辅助实例，然后源数据库通过网络传输所需的数据库文件到辅助实例。这种方法被称为活动数据库复制的推方法（Push Based Method），此时不需要源数据库的任何备份。

图 9-4 解释了使用镜像副本的活动数据库复制。使用镜像副本进行活动数据库复制可能需要源数据库上额外的资源。可以配置其他目标通道来改善复制性能，参见本章 9.5 节。

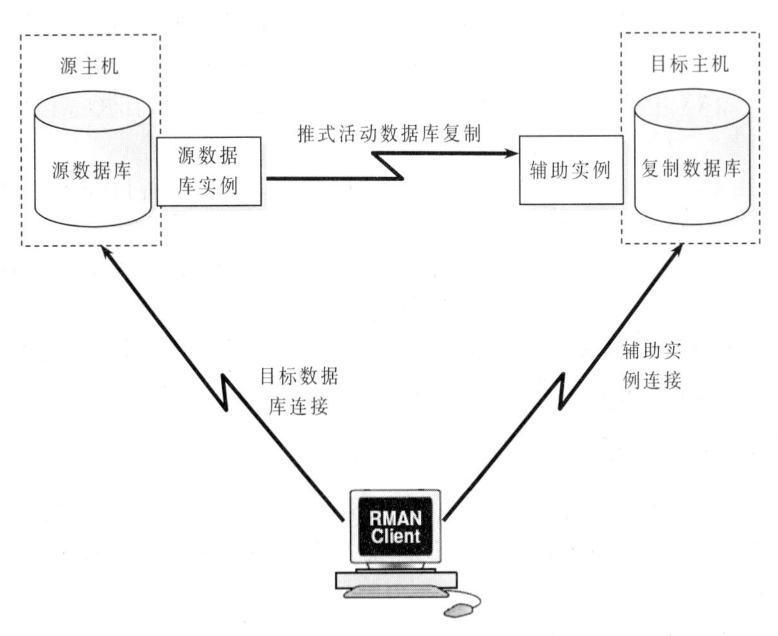


图 9-4　用镜像副本的活动数据库复制

#### 3. 用备份集完成活动数据库复制

在这种方法中，RMAN 将以 TARGET 连接到源数据库和以 AUXILIARY 连接到辅助实例，然后辅助数据库通过 Oracle 网络服务连接到源数据库并从源数据库检索所需的数据库文件。这种活动数据库复制方法称为拉方法（Pull Based Method）。

除了将两个实例间的箭头方向由辅助实例指向源数据库实例外，拉方法活动数据库复制文件如图 9-4 所示的一样。

使用备份集完成活动数据库复制有以下好处：RMAN 创建的备份集可以对未用的块进行压缩，从而降低网络传输备份的大小；通过使用多段备份，在源数据库上并行的创建备份集；还可以对源数据库上创建的备份集进行加密。

#### 4. 选择活动数据库复制方法

当用网络服务名建立与目标数据库的连接并且满足下面任一条件时，RMAN 使用备份集进行活动数据库复制：

① DUPLICATE ... FROM ACTIVE DATABASE 命令包含 USINGBACKUPSET、USING COMPRESSED BACKUPSET 或 SECTION SIZE 任一子句。

② 分配的辅助通道数目大于或等于分配的目标通道数。

除了上面情况外，RMAN 只能用镜像副本完成活动数据库复制。一般情况下，Oracle 建议使用备份集进行活动数据库的复制。

### 9.1.4 复制数据库时 RMAN 的自动操作

作为数据库复制操作的一部分，RMAN 自动完成以下操作：

① 如果复制不涉及备用数据库，也不复制服务器参数文件，同时辅助实例没有用服务器参数文件启动，那么 RMAN 将为辅助实例创建默认的服务器参数文件。

② 从活动数据库备份或副本中还原满足 UNTIL 子句要求的最新控制文件。

③ 用还原的控制文件或从活动数据库复制的控件文件备份来加载辅助实例。

④ 用 RMAN 资料库的元数据来选择要还原数据文件到辅助实例的备份，此步骤只针对基于备份数据库的复制。

⑤ 将要复制的数据库文件复制到目标主机，并用增量备份和归档重做日志文件把数据文件修复到某个非当前时间点。

⑥ 关闭目标主机上的辅助数据库实例，然后将其重新启动到 NOMOUNT 模式。

⑦ 创建一个新的控制文件，然后创建新的 DBID 并存储到数据文件中。

⑧ 用 RESETLOGS 选项打开复制数据库，并为新数据库创建联机重做日志文件。如果不想打开复制数据库，那么在 DUPLICATE 命令中用 NOOPEN 子句。

### 9.1.5 复制数据库过程

完成数据库复制是一个复杂的过程，要做好规则和配置，最后执行 DUPLICATE 命令复制数据库。本节将列出复制数据库的基本步骤，每个步骤的详细介绍将在后面各节中介绍。

#### 1. 复制整个非 CDB 的步骤

① 在开始复制数据库之前，要完成所需的规划任务。参见本章 9.2 节。

② 确保满足所选复制技术的先决条件，这些前提条件取决于执行数据库复制的类型。有些条件对于所有复制类型都是一样的，而有些是针对特定复制类型。

③ 准备用于创建复制数据库的辅助实例。参见本章 9.3 节。

④ 启动 RMAN 并连接到所需的数据库。根据所用的复制技术，可能需要连接到目标数据库、辅助实例或恢复目录。参见本章 9.4 节。

⑤ 如果必要将源数据库置于正确的状态。

如果 RMAN 用 TARGET 选项连接到源数据库，那么源数据库必须处于加载或打开状态。如果执行活动数据库复制，那么在源数据库已打开时必须启用归档或者源数据库未打开时不需要实例修复。

⑥ 在必要时配置 RMAN 通道。复制数据库的主要任务是由 RMAN 通道执行。配置附加通道可以提高重复性能。参见本章 9.5 节。

⑦ 执行 DUPLICATE 命令复制源数据库。参见本章 9.6 节。执行活动数据库复制时，可以加密或压缩从源数据库传输到复制数据库的备份集，也可以通过使用多段备份并行地在源数据库上创建备份集。

复制非 CDB 和 CDB 数据库时可以用 DUPLICATE DATABASE 或 DUPLICATE ... ACTIVE DATABASE 命令。使用 DUPLICATE DATABASE ... FOR STANDBY 命令通过复制源数据库来创建备用数据库。使用 DUPLICATEPLUGGABLE DATABASE 命令在连接到根时可复制一个或多个 PDB。

当使用 SET NEWNAME 命令指定复制数据库文件名时，要确保 RUN 块内包含 DUPLICATE 命令和 SETNEWNAME 命令。

**2. 复制数据库的部分表空间的步骤**

如果要复制源数据库的一个或多个指定表空间，那么按照 9.1.5 节中“复制整个数据库”中介绍的完成步骤①～⑥，然后执行有一个或多个选项的 DUPLICATE 复制命令即可。

影响表空间复制的其他因素还有 OFFLINE NORMAL 选项。当表空间在复制前用 OFFLINE NORMAL 选项进入脱机状态时，RMAN 不复制这些表空间的数据文件，并且在复制数据库中会执行 DROP TABLESPACE 语句删除脱机的表空间。因此，不必指定选项来排除这些表空间。

RMAN 会复制 NORMAL 方式以外的其他脱机表空间，除非它们在 SKIP TABLESPACE 选项的表空间列表中指定。换言之，只有 OFFLINE NORMAL 方式脱机的表空间才会自动跳过。至于联机的表空间，在使用基于备份的复制时 RMAN 要求这些表空间要有可用的有效备份。

## 9.2 规划数据库复制

在对数据库进行复制之前，必须对数据库复制过程进行规划，包括选择数据库复制技术、选择复制数据库文件命名策略、在目标主机上安装 Oracle 数据库软件和复制数据库实例访问备份等内容。

### 9.2.1 选择复制数据库的技术

根据业务需求和数据库环境确定最适合的数据库复制技术，在做决策时要考虑以下几个问题：

**1. 熟悉每个数据库复制技术的先决条件**

不同的数据库复制技术有不同的先决条件。活动数据库复制需要源实例和辅助实例使用源数据库中相同的密码；对于没有连接目标数据库和恢复目录的基于备份的复制，只要求所有备份和数据库副本存储在同一个位置。

**2. 源数据库的备份存在与否**

活动数据库复制的主要优点是不需要源数据库备份，但它的缺点是对网络性能带来影响，另一个缺点是源数据库要运行将文件传输到辅助主机的进程，从而影响源数据库的工作负载。

如果存在源数据库的备份，并且网络性能不能受到影响，那么基于备份的数据库复制是更好的选择。此时可以把备份复制到临时存储位置，然后手工将其传输到目的主机。如果连接到目标数据库或恢复目录，那么目标主机上的备份文件必须与在源主机上具有相同的文件说明。

**3. 恢复目录是否可用**

如果恢复目录存在，那么执行基于备份数据库复制时不用连接到源目标数据库。当辅助主机到源数据库的网络连接受限制或容易出现间歇性中断时，使用恢复目录是有利的。当没有 TARGET 连接源数据库进行数据库复制时，源数据库不受复制过程的影响。

**4. 目标主机上可用的磁盘空间**

当使用磁盘备份进行复制时，在目标主机上必须有足够的磁盘空间可用。

**5. 源主机和目标主机是通过局域网或广域网连接**

一般来说，在广域网（WAN）中的活动数据库复制性能比在局域网（LAN）中要低一些。如果在广域网上的性能降低是不可接受的，那么只能进行基于备份的数据库复制。

**6. 复制数据库的时间**

如果必须在高峰期复制数据库，那么活动数据库复制会引起网络吞吐量的损失，此时进行基于备份的复制可能是一个更好的选择。此外，在活动数据库复制时，复制文件到辅助主机所需的 RMAN 通道可能会影响性能。

### 9.2.2 选择复制数据库文件的命名方法

当复制数据库时，RMAN 将生成复制数据库中的控制文件、数据文件、临时文件和联机重做日志文件的名字。因此，必须确定这些复制数据库文件的命名策略。

**1. 在源数据库和复制数据库中使用相同的数据库文件名称**

如果是复制到远程主机，那么最简单的复制命名策略就是配置复制数据库与源数据库使用相同的目录结构和文件名称。如果没有指定复制数据库文件名称生成的策略，那么 RMAN 在复制数据库中使用与源数据库相同的文件名和目录结构。在这种情况下，必须使用 NOFILENAMECHECK 子句指示在文件名称相同时 RMAN 不会显示错误信息。

在源数据库和复制数据库中用相同的目录结构和文件名称对环境有以下要求：

① 如果源数据库使用 ASM 磁盘组，那么复制数据库必须使用具有相同名称的 ASM 磁盘组。

② 如果源数据库文件是 Oracle 管理文件，那么辅助实例必须设置初始化参数 DB_FILE_CREATE_DEST 到与源数据库同一目录位置。虽然目录在源主机和目标主机上是相同的，但 Oracle 数据库选择的复制数据库文件的相对路径。

③ 如果在源数据库中数据库文件名称包含有路径，那么这个路径必须与复制数据库中的路径相同。

当按照上面建议配置源数据库和目标数据库环境时，不再需要对复制数据库文件的命名进行额外的配置。

**2. 在源数据库和复制数据库中使用不同的数据库文件名称**

如果源主机和目标主机使用不同的目录结构，或者如果它们使用相同的目录结构，但是要以不同的方式命名数据库文件，那么必须指定生成复制数据库文件名称的方法。

可以使用 SET NEWNAME 或 CONFIGURE AUXNAME 命令指定复制数据库文件名称可与源数据库中文件名相同或不同，此时要注意指定复制数据库的文件名称，否则可能会错误地覆盖源数据库文件。

**3. 生成复制数据库的数据库文件名的方法**

根据选择的复制方法，RMAN 可以自动生成复制数据库的文件名或使用特定的文件名称。数据库文件包括数据文件、控制文件、联机重做日志文件和临时文件。

按照使用的优先级顺序生成复制数据库文件的主要方法有以下几种：SET NEWNAME 命令、CONFIGURE AUXNAME 命令、DUPLICATE 命令的 SPFILE 子句和 DUPLICATE 命令的 LOGFILE 子句（仅对联机重做日志文件），也可以使用初始化参数 DB_FILE_NAME_CONVERT、LOG_FILE_NAME_CONVERT

如果使用多个方法来指定复制数据库文件的名称，那么就按照上面的顺序决定所用的文件命名方法。任何未被特定方法重命名的文件将按照其后的方法重命名，例如，如果两个数据文件未包含在命令 SET NEWNAME 中，那么这些数据文件将使用 DB_FILE_NAME_CONVERT 参数重命名。

使用 CONFIGURE AUXNAME、SET NEWNAME 或 DB_FILE_NAME_CONVERT 方法可能会生成目标数据库中已经使用的名称，此时要用 NOFILENAMECHECK 选项以避免出现错误信息。

**4. 生成复制数据库中控制文件的名称**

默认情况下，RMAN 会在复制数据库的默认位置创建控制文件，也可以指定复制数据库控制文件存储到其他文件名和目录名。在选择控制文件的名称时，要确保不会错误地覆盖源数据库的控制文件。最常用的方法是在辅助实例中设置 CONTROL_FILES 初始化参数。

### 9.2.3 使复制实例可访问备份

如果源主机和目标主机不同，那么必须在目标主机安装 Oracle 数据库软件，这样就可以创建辅助实例。

执行 RMAN 的 DUPLICATE 命令将创建复制数据库，然后以 RESETLOGS 模式打开。可以使用 DUPLICATE 命令的 NOOPEN 子句指定不能打开复制数据库。

如果打开复制数据库可能会导致错误，或者需要修改复制数据库的初始化参数，或者正在升级过程中创建新数据库，那么就不要在创建后立即打开复制数据库。

当使用目标数据库和恢复目录进行复制或仅有目标数据库连接时，RMAN 使用 RMAN 资料库中的元数据来查找需要复制的备份和归档重做日志文件。如果 RMAN 连接到恢复目录，那么 RMAN 从恢复目录获得备份元数据，否则 RMAN 从控制文件中获取元数据

除非复制时没有连接到目标数据库但连接到恢复目录，记录在 RMAN 资料库中的备份名称必须可用。确保目标主机上的辅助通道可以访问所有数据文件备份和归档重做日志文件，这样可将复制数据库还原和修复到指定时间点，否则数据库复制失败。归档重做日志文件可以是作为镜像副本或备份集。

在复制数据库时不需要用 BACKUP DATABASE 生成整个数据库备份，可以使用单个数据文件的完全备份和增量备份，但是每个数据文件的完全备份是必需的。

**1. 辅助实例访问 SBT 中的备份**

如果要使用磁带 SBT 备份，就要在目标主机上安装介质管理软件；然后让目标主机可以访问磁带上的备份，或直接将磁带上的备份先复制到目标主机磁盘上，或使用网络访问磁带服务器，或物理移动磁带将其连接到远程主机的驱动器上。

**2. 辅助实例访问磁盘中的备份**

当辅助实例可以访问磁盘备份时，所用策略取决于复制数据库时是连接到目标数据库还是连接到恢复目录。如果即不连接到目标数据库也不连接到恢复目录，那么必须用 DUPLICATE 命令的 BACKUP LOCATION 子句指定要复制备份的位置。

当要使用备份位置时，备份和副本可以在共享位置或将其移动到目标主机上的位置。在后一种情况下，不需要保留备份或副本的名称和原始路径。在 BACKUP LOCATION 选项指定的备份位置中必须包含足够的备份集、镜像副本和归档日志以还原所有被复制的文件，并能将它们修复到指定的时间点。

这种情况下并不要求所有备份都来自同一个时间点，它们可以是备份集或镜像副本。数据文件备份可以是镜像副本或备份集的形式。归档日志可以是正常格式的归档日志文件，也可以是归档日志的备份集。

当使用不同时间点的备份数据时，备份位置必须包含所有归档日志，即从最旧备份到期望修复时间点的所有归档日志备份。如果备份位置包含多个数据库的备份文件，那么必须用 DATABASE 子句来指定要复制数据库的名称。如果备份位置包含具有多个同名数据库的备份文件，那么必须用 DATABASE 子句指定要复制数据库的名称和 DBID。

源数据库的快速恢复区特别适合用作备份位置，因为它几乎总是包含复制所需的

所有文件。要使用快速恢复区作为备份位置，可以从目标主机系统远程访问它，或者将其内容复制到目标主机系统。

如果不使用备份的位置，并且源主机和目标主机是相同的文件系统，那么可以手工将源主机的备份（如源数据库的备份存储在 D:\BKP）传输到目标主机的相同路径中（如目标主机的 D:\BKP 位置），也可用共享磁盘的方式以确保目标主机可访问相同路径。

如果不使用备份的位置，但是源主机和目标主机是不同的文件系统，此时不能在目标主机使用源主机上同一个目录名，可以选择使用共享磁盘来访问源主机上的备份。

假设有两台主机 srchost 和 dsthos 可访问共享磁盘。在 srchost 主机上的数据库是 srcdb，它的备份在主机 srchost 的 D:\BKP 目录。在目标主机上的 D:\ BKP 目录正在使用，但目录 E:\DUP 目录可以使用。

使备份在目标主机上的新位置可用的方法有两个：

① 将 RMAN 以 TARGET 连接到源数据库，然后用 BACKUP 命令备份原备份。例如，使用 BACKUP COPY OF DATABASE 可将源主机 D:\BKP 中的备份复制到源主机上 E:\DUP。在这种情况下，RMAN 自动将备份新的位置记录在恢复目录中。

② 用操作系统实用程序将备份传输到新的位置。例如，使用 FTP 将备份从源主机的 D:\BKP 传输到目标主机的 E:\DUP 上，或者使用操作系统复制命令将备份从源主机 D:\BKP 中的备份复制到源主机上 E:\DUP。RMAN 连接到源数据库，使用 CATALOG 命令将手工传输备份的位置记录在 RMAN 资料库中。

## 9.3 准备辅助实例

RMAN 使用辅助实例创建复制数据库，所以在开始复制之前必须准备好辅助实例。在准备辅助实例之前，必须在目标主机上创建用于存储复制数据库文件的目录，在这个目录中存储的文件包括数据文件、控制文件、联机重做日志文件和临时文件。

### 9.3.1 为辅助实例创建初始化参数文件

启动辅助实例需要初始化参数文件。可以通过手动方式或者复制源数据库的服务器参数文件等方式来创建辅助实例的初始化参数文件。

#### 1. 手动创建初始化参数文件

如果源数据库不使用服务器参数文件，那么必须在基于文本的初始化参数文件中设置所有辅助实例的必要参数。

初始化参数文件必须至少包含 DB_NAME 和 DB_DOMAIN 初始化参数。如果需要，可以指定附加参数。确保初始化参数文件与执行数据库复制的 RMAN 客户端在相同的主机上。

假设辅助实例的初始化参数存储在目标主机的 D:\DUPDB 文件夹。手工创建辅助实例的初始化参数文件的步骤如下：

① 建立初始化参数文件。

将源主机的初始化参数文件复制到目标主机的 D\DUPDB 文件夹或将其放置在操作系统特定的默认位置，然后修改 DB_NAME 和 DB_DOMAIN。

```
DB_NAME=dupdb
DB_DOMAIN=''
```

可以使用文本编辑器创建一个用作基于文本的空的初始化参数文件，并将其保存在特定于操作系统中默认位置，然后在参数文件中设置 DB_NAME 和 DB_DOMAIN（这两参数是必须的）。如果辅助实例为 CDB，那么设置以下参数：

```
ENABLE_PLUGGABLE_DATABASE=TRUE
```

② 设置 CONTROL_FILES 和 DB_RECOVERY_FILE_DEST 等各种位置参数。

```
CONTROL_FILES=('d:\dupdb\control01.ctl','d:\dupdb\control02.ctl')
DB_RECOVERY_FILE_DEST='d:\dupdb\fast_recovery_area'
DB_RECOVERY_FILE_DEST_SIZE=4G
```

CONTROL_FILES 参数指定每个控制文件位置和名称，DB_RECOVERY_FILE_DEST 指定快速恢复区的默认位置，DB_RECOVERY_FILE_DEST_SIZE 指定快速恢复区的大小。

③ 如有必要，设置其他初始化参数。参考 Oracle 数据库管理员手册之类的书。

④ 设置所需的环境变量，如 ORACLE_HOME 和 ORACLE_SID。

⑤ 设置指定复制数据库文件位置的初始化参数。

如果要指定 Oracle 管理的数据文件的默认位置，可以设置 DB_CREATE_FILE_DEST；如果要将主数据库上的新数据文件名转换为备用数据库上的文件名，那么就可设置 DB_FILE_NAME_CONVERT 参数；如果要将主数据库日志文件名转换到备用数据库上的日志文件名，那么就设置 LOG_FILE_NAME_CONVERT 参数；如果要指定 Oracle 管理的控制文件和联机重做日志的位置，那么就要设置 DB_CREATE_ONLINE_FILE_DEST_n 等参数。

⑥ 启动 SQL * Plus，并以具有 SYSDBA 或者 SYSBACKUP 权限的用户连接到辅助实例。启动辅助实例到 NOMOUNT 模式。如果初始化参数文件不是默认位置，那么 STARTUP 命令需要 PFILE 参数指定初始化参数文件位置。

如果安装的是单实例数据库，必须先关闭运行着的数据库实例，然后执行下面的命令：

```
SQL> CONNECT  /AS SYSDBA;
SQL> STARTUP NOMOUNT  PFILE='d:\dupdb\init.ora';
```

**2. 复制源数据库服务器参数文件来创建初始化参数文件**

如果源数据库使用服务器参数文件，那么在 DUPLICATE 命令中使用 SPFILE 子句指示辅助实例使用源数据库服务器参数文件。

对于基于备份的数据库复制，服务器参数文件从备份还原。对于活动数据库复制，服务器参数文件从源数据库复制到辅助实例。

使用 SPFILE 的 PARAMETER_VALUE_CONVERT 选项或 DUPLICATE 的 SET 子句可以修改从源数据库服务器参数文件中复制或还原的值。

如果源数据库不使用服务器参数文件或 RMAN 无法还原服务器参数文件备份，那么必须手动创建一个基于文本的初始化参数文件。

建议在进行数据库复制时使用服务器参数文件而不是基于文本的初始化参数文件，并且在辅助实例的默认位置创建初始化参数文件。在 Windows 系统中默认服务器

参数文件是%ORACLE_HOME%\DATABASE\SPIFE%ORACLE_SID%.ora。辅助实例的客户端参数文件必须与执行复制的 RMAN 客户端位于同一主机上。

### 9.3.2 为辅助实例创建密码文件

对于基于备份的数据库复制，可以创建密码文件或使用操作系统身份验证连接到辅助实例。对于活动数据库复制，必须使用密码文件认证。

要使用密码文件身份验证连接到数据库，必须创建一个数据库密码文件。复制到远程主机时也必须建立密码文件。

用 RMAN 复制功能创建备用数据库时始终会复制密码文件。在所有其他情况下，仅当在 DUPLICATE 命令中指定 PASSWORD FILE 才会复制密码文件。

使用下面几种方法可在目标主机创建辅助实例的密码文件：

① 如果源主机和目标主机位于同一平台上，那么可以用操作系统实用程序将源数据库密码文件复制到目标主机，然后重命名口令文件以匹配辅助实例名称。在 Windows 平台中，密码文件在%ORACLE_HOME%\database 文件夹，文件名为 PWD%ORACLE_SID%.ora，如 e:\app\orauser\product\12.2.0\dbhome_2\database\pwdorademo.ora。

假设辅助实例的名称为 dupdb，那么对应的密码文件名就改为 pwddupdb.ora。

② 按照数据库管理员手册的步骤手动创建密码文件。确保 SYSDBA 和 SYSBACKUP 用户的密码在源数据库和辅助实例中是相同的。

③ 在 DUPLICATE ... FROM ACTIVEDATABASE 命令中指定 PASSWORD FILE 选项。此时 RMAN 将源数据库密码文件复制到目标主机并覆盖辅助实例的现有密码文件。采用这种方法适用于源数据库密码文件中具有多个密码可以用在复制数据库。

④ 用 orapwd 实用程序创建密码文件。用 SYSBACKUP 选项在新密码文件中创建一个 SYSBACKUP 条目。

当使用活动数据库复制时，密码文件必须至少包含 SYS 用户和 SYSBACKUP 用户的两个密码。这些密码必须匹配源数据库中的密码。如果用 FROM ACTIVE DATABASE 选项创建备用数据库（Standby Database），那么 RMAN 始终会将密码文件复制到备用主机。

### 9.3.3 在源数据库和辅助实例之间建立连接

如果 RMAN 客户端从目标主机以外的主机运行，或者采用活动数据库复制技术，或者目标主机与源主机不同，那么必须通过 Oracle 网络服务（Net Services）访问辅助实例。

要执行活动的数据库复制，必须具有 SYSDBA 或 SYSBACKUP 权限并使用网络服务名连接到辅助实例，即 RMAN 以 TARGET 选项连接到源数据库，并用网络服务名称直接连接到辅助数据库实例。

关于建立 Oracle 网络服务名及网络连接的方法参考 Oracle 管理员手册或教程。

【例 9.1】假设源数据库的 DB_NAME 是 src，源主机名 src.example.com。辅助实例的 DB_NAME 是 dup，辅助实例在主机 dup.example.com 上创建。要求建立源数据和辅助实例之间的 Oracle Net 连接。

① 在源数据库的 tnanames.ora 文件中添加对应于复制数据库的条目：

```
dupdb=(DESCRIPTION=(ADDRESS=(PROTOCOL=TCP)
(HOST=dup.example.com)(PORT=1521))
(CONNECT_DATA=(SERVICE_NAME=dup)))
```

② 在目标主机的%ORACLE_HOME%\admin\network 文件夹创建 tnsnames.ora 文件，并添加与源数据库对应的以下条目：

```
srcdb=(DESCRIPTION=(ADDRESS=(PROTOCOL=TCP)
(HOST=src.example.com)(PORT=1521))
(CONNECT_DATA=(SERVICE_NAME=src)))
```

建立或修改 tnsnames.ora 文件内容的方法可以用网络配置助手或手工编辑该文件。

### 9.3.4 启动辅助实例

作为数据库复制操作的一部分，RMAN 要先关闭辅助实例，然后用在第 9 章 9.3.1 节中创建的初始化参数文件启动辅助实例。通常在默认位置创建辅助实例的服务器端初始化参数文件。如果默认位置没有服务器端的初始化参数文件，那么必须用命令 DUPLICATE 的 PFILE 参数指定客户端初始化参数文件。

因为此时辅助实例还没有控制文件，所以只能启动实例到 NOMOUNT 模式下，即不能创建控制文件或尝试加载或打开辅助实例。

启动辅助实例的步骤如下：

① 启动 RMAN。

```
C:\> RMAN
```

② 用具有 SYSDBA 或 SYSBACKUP 权限的用户连接到辅助实例。下面示例使用密码文件身份验证来连接辅助实例：

```
RMAN> CONNECT  TARGET  'sys/Oracle12c@dupdb AS SYSDBA';
```

如果要用操作系统身份验证连接到辅助实例，那么使用 SYSBACKUP 权限：

```
RMAN> CONNECT /AS SYSBACKUP;
```

③ 启动辅助实例到 NOMOUNT 模式。

```
RMAN> STARTUP FORCE NOMOUNT;
```

## 9.4 启动 RMAN 并连接数据库

根据所选的复制数据库技术，必须启动 RMAN 客户端并连接到复制技术需要的数据库实例。RMAN 客户端可以位于任何主机上，只要该主机可以通过网络连接到必要的数据库。

在可连接到所需的数据库实例的任何主机上启动 RMAN 客户端，然后在 RMAN 提示符下运行 CONNECT 命令连接到复制数据库时所需的数据库实例。当复制整个 CDB 或一个或多个 PDB 时，可以连接到两个实例的根。

对于使用镜像副本（基于推送的方法）的活动数据库复制，必须以 TARGET 选项连接到源数据库，以 AUXILIARY 选项连接到辅助实例，并且必须提供网络服务名连接到辅助实例。恢复目录连接是可选的。在两个实例中，完成复制的用户密码必须相同。任何具有 SYSDBA 或 SYSBACKUP 权限的用户都可以完成复制操作。

对于使用备份集（基于拉的方法）的活动数据库复制，必须用网络服务名作为 TARGET 参数连接到源数据库。辅助实例用该网络服务名连接到源数据库并检索复制所需的备份集。用 AUXILIARY 选项连接到辅助实例。如果要通过远程或使用 DUPLICATE 命令的 PASSWORD FILE 选项连接辅助实例，那么就要用网络服务名。在两个实例中执行复制的用户密码必须一样。具有 SYSDBA 或 SYSBACKUP 权限的任何用户都可以执行复制。恢复目录连接是可选的。

对于基于备份的无目标连接数据库复制，必须以 AUXILIARY 选项连接到辅助实例和以 CATALOG 选项连接到恢复目录。

对于具有目标连接基于备份的复制，必须以 TARGET 选项连接到源数据库，以 AUXILIARY 选项连接辅助实例。恢复目录是可选的。

对于无目标数据库连接和恢复目录连接的基于备份的复制，必须以 AUXILIARY 连接到辅助实例。

在下面的活动数据库复制示例中，使用网络服务名建立三个数据库实例连接。RMAN 用具有 SYSBACKUP 权限的用户连接到目标数据库和辅助实例。以恢复目录所有者 RCO 用户连接到恢复目录。RMAN 提示输入这些用户密码：

```
RMAN> CONNECT TARGET "sbu@prod AS SYSBACKUP";      #连接源数据库
RMAN> CONNECT AUXILIARY "sbu@dupdb AS SYSBACKUP"; #复制数据库实例
RMAN> CONNECT CATALOG rco@catdb;                   #连接恢复目录数据库
```

## 9.5 配置复制数据库所需的通道

数据库复制的主要任务是由 RMAN 通道执行。每个通道对应于完成复制任务的 Oracle 数据库服务器会话。根据不同的复制技术，RMAN 可以使用辅助通道或目标通道。

与一般的通道配置一样，可以用 CONFIGURE 命令自动分配通道或者用 ALLOCATE 命令手动分配通道。如果没有配置自动配置通道，那么复制之前必须手动分配至少一个通道。分配通道的 ALLOCATE 命令必须与 DUPLICATE 命令处于相同的 RUN 命令块。

即使源数据库通道没有指定 AUXILIARY 选项，RMAN 可以在目标主机使用与源数据库用于数据库复制的相同通道配置。

### 9.5.1 基于备份的复制数据库通道配置

对于基于备份的数据库复制，复制的主要工作由辅助通道。辅助通道对应于目标主机上的辅助实例的服务器会话。在辅助实例中 RMAN 使用通道还原备份。

在复制过程中还可以配置其他辅助通道以提高复制操作的性能。如果没有显式配置辅助通道，那么 RMAN 会在目标主机上使用与源数据库相同的通道配置来进行复制。即使源数据库通道没有指定 AUXILIARY 选项，RMAN 也会使用源数据库的通道配置。

在数据库复制时还要注意以下几点：

① 对于使用基于磁盘的备份，可以分配额外的通道来提高复制的速度。对于用基于磁带的副本，只能分配与磁带设备数量相同的通道数。

② 辅助通道的通道类型（DISK 或 SBT）必须与备份介质相匹配。通常，为磁盘

备份分配的通道越多，复制速度越快。当磁盘到达最大读/写速率后不能再提高复制速度。

③ 如果辅助通道需要特殊参数（如指向不同的介质管理器），那么可以用命令 CONFIGURE 的 AUXILIARY 选项来配置一个自动通道。

④ 在没有连接目标数据库和恢复目录时，数据库复制只能使用磁盘通道。如果没有用户分配的通道可以使用，那么只有一个通道还原控制文件。在加载控制文件后，分配的通道数量取决于还原控制文件中的通道配置。

⑤ 如果 DUPLICATE 命令没有 USING BACKUPSET 子句并且分配的辅助通道数大于或等于目标通道数，那么 RMAN 仍然使用备份集进行活动数据库备份。

⑥ 如果辅助通道无法访问所需数据文件的备份和归档重做日志文件，那么数据库复制会失败。

下面的 RUN 命令块分配三个基于磁盘备份辅助通道来复制数据库。其中的省略号表示还可以有其他命令或选项。

```
RUN
{
   ALLOCATE AUXILIARY CHANNEL c1 DEVICE TYPE disk;
   ALLOCATE AUXILIARY CHANNEL c2 DEVICE TYPE disk;
   ALLOCATE AUXILIARY CHANNEL c3 DEVICE TYPE disk;
   . . .
   DUPLICATE DATABASE . . .;
}
```

### 9.5.2 活动数据库复制的通道配置

在活动数据库复制中，不需要更改源数据库通道配置或配置辅助通道。但是，可能希望增加源数据库磁盘通道的并行设置，以便 RMAN 可以通过网络并行复制文件。

在 9.1.3 节介绍了几种活动数据库复制方法，这些方法决定了执行数据库复制的通道。当使用镜像副本进行活动数据库复制时，复制的主要工作由目标通道执行，此时可在源数据库上配置多个目标通道以改善复制性能。

当使用备份集进行活动数据库复制时，辅助通道完成复制工作，因此建议分配其他辅助通道。辅助通道数必须大于或等于目标通道数。使用备份集进行活动数据库复制能够实现并行性，从而提高速度复制速度。

## 9.6 复制数据库

在本章的 9.1.5 节中介绍了复制数据库的主要步骤，在后继各节中分别详细介绍了每步完成的主要工作及具体方法。本节将介绍复制数据库、复制数据库子集及复制 CDB 和 PDB 的应用场景和例子。

### 9.6.1 复制整个数据库

复制整个数据库可以采用基于备份的数据库复制技术和活动数据库复制技术。本节将用具体应用场景和案例介绍不同情况的数据库复制过程。

### 1. 用镜像副本的活动数据库复制

本例的应用场景是：源主机和目标主机不是同一计算机；复制数据库文件用与源数据库不同的目录结构；源数据库和复制数据库都用 Oracle 管理文件（OMF）创建数据库文件；源数据库在复制过程中必须可用；复制过程完成后必须打开复制数据库。

① 按照本章 9.1.5 节中的一般过程中的步骤①～⑥操作。只是在对应步骤中将下面几项内容具体化。

使用初始化参数 DB_FILE_NAME_CONVERT 和 LOG_FILE_NAME_CONVERT 指定源数据库文件名称转换为复制数据库文件名的方法。

用镜像副本完成活动数据库复制时，如果没有配置辅助通道或者辅助通道数量小于目标通道数，那么 RMAN 使用镜像副本，此时不需要配置其他通道执行活动数据库复制。

在目标主机上创建 d:\app\db_home2\database 目录来存储数据文件、控制文件和服务器参数文件，建立 d:\app\db_home2\logfiles 目录来存储联机重做日志文件，在目标主机的 e:\app\db_home1 文件夹创建辅助实例的初始化参数文件 initdup.ora 包含以下条目：

```
DB_NAME=DUP
DB_DOMAIN=dup.example.com
```

② 启动 RMAN 并以 TARGET 选项连接到源数据库，以 AUXILIARY 选项连接辅助实例：

```
D:\>RMAN
RMAN> CONNECT TARGET sys@srcdb as SYSDBA;
RMAN> CONNECT AUXILIARY sys@dupdb AS SYSBACKUP;
```

**注意：** *对于活动数据库复制，必须连接到辅助实例也必须进行密码文件认证。*

③ 执行 DUPLICATE 命令复制数据库，并使用 SPFILE 子句的两个参数 DB_FILE_NAME_CONVERT 和 LOG_FILE_NAME_CONVERT 指定用于辅助实例的源数据库中的服务器参数文件。

复制数据库文件用 OMF 生成的文件名存储在复制数据库中。用 SPFILE 子句的 PARAMETER_VALUE_CONVERT 参数指定路径名 d:\app\db_home1 应转换为 d:\app\db_home2。

```
    DUPLICATE DATABASE TO dupdbFROM ACTIVE DATABASE
    PASSWORD FILE
    SPFILE PARAMETER_VALUE_CONVERT='d:\app\db_home1','d:\app\db_home2'
    SET db_file_name_convert='d:\app\db_home1\dbs','d:\app\db_home2\
database/dbs'
    SET log_file_name_convert='d:\app\db_home1\log','d:\app\db_home2\
logfiles';
```

### 2. 无目标数据库和恢复目录连接的基于备份的数据库复制

数据库复制环境：在目标主机的 e:\backups\db_files 目录中有源数据库的完整备份，包括控制文件、数据文件和归档重做日志文件；与目标数据库或恢复目录的连接都不可用；源主机和目标主机是不同的主机；存储复制数据库的文件目录结构不同于源数据库。复制数据库的数据文件和控件文件存储在 e:\oracle2\database 目录中，联机重做日志文件存储在 e:\oracle2\database\logs 目录中；源数据库的 DB_NAME 是 db12，复制数据库的 DB_NAME 是 DUP；复制完成后，必须打开复制数据库。

基于备份的数据库复制方法将复制数据库到远程主机的步骤如下：

① 按照本章 9.2 节中的描述规划数据库复制。

由于基于备份的复制没有目标数据库连接或恢复目录连接。因此，用 BACKUP 命令的 LOCATION 子句指定源数据库备份的位置。

因为复制数据库用不同于源数据库的目录结构，所以必须选择一个策略来生成复制数据库文件名。用 SET NEWNAME FOR DATABASE 命令指定数据文件和控制文件的位置。DUPLICATE 命令的 LOGFILE 子句指定联机重做日志文件的位置。

将所需的备份复制到目标主机。数据文件和归档重做日志文件的备份必须存储在 e:\backups\db_files，控制文件备份和服务器参数文件备份存储在目标主机上的 e:\backups\cf 位置。

② 确保满足所选复制技术的先决条件。

③ 按照本章 9.3 节介绍的方法准备辅助实例。

在目标主机创建目录 e:\oracle2\database 存储复制数据库的数据文件、控制文件和服务器参数文件，创建 e:\oracle2\database\logs 目录来存储联机重做日志文件；为辅助实例创建包括下面内容的最小的初始化参数文件 initdup.ora 存储在 d:\oracle2\database 目录中：

```
DB_NAME=dup
DB_DOMAIN=dupdb.example.com
```

④ 启动 RMAN 并用 TARGET 选项连接到源数据库，用 AUXILIARY 选项连接到辅助数据库实例：

```
RMAN> CONNECT TARGET /
RMAN> CONNECT AUXILIARY sys@dup AS SYSBACKUP;
```

⑤ 使用 DUPLICATE 命令复制数据库。

在复制命令中用 BACKUP 命令的 LOCATION 子句以指定源数据库备份的位置。在 RUN 块内包括 SET NEWNAME FOR DATABASE 和 DUPLICATE 命令，用 LOGFILE 子句指定联机重做日志文件的名称和位置。

```
RUN
{
   SET NEWNAME FOR DATABASE TO 'e:\oracle2\database\%b';
   DUPLICATE DATABASE 'db12' TO 'dup'
   LOGFILE GROUP 1 ('e:\oracle2\database\logs\r1.f','e:\oracle2\
database\logs\r2.f')
   SIZE 4M REUSE,
   GROUP 2 ('e:\oracle2\database\logs\r3.f','e:\oracle2\database\
logs\r4.f')
   SIZE 4M REUSE
   BACKUP LOCATION 'e:\backups\db_files';
}
```

### 3．用恢复目录连接的基于备份的数据库复制

数据库复制环境：源主机上有源数据库的完整备份，数据文件和归档重做日志文件的备份存储在 e:\bkups\DB_FILES，控制文件和服务器参数文件的备份存储在

e:\bkups\cf；与源数据库的连接不可用，可用与恢复目录的连接；源主机和目标主机不同，目标主机使用 OMF 并安装 Oracle 数据库软件；复制数据库存储文件的目录结构不同源数据库，复制数据库将数据库文件存储 d:\app\oracle2\dbs 目录；源数据库的 DB_NAME 是 ora，网络服务名是 oradb，复制数据库的 DB_NAME 为 dup，网络服务名为 dupdb；源数据库中的只读表空间必须从复制数据库中排除；在复制完成后不得打开复制数据库。

① 按照本章 9.2 节中的描述规划数据库复制。

由于用恢复目录连接实现基于备份的复制操作，所以要建立恢复目录的连接。由于重复数据库使用 OMF，所以在辅助实例的初始化参数文件中用初始化参数 DB_CREATE_FILE_DEST 指定存储复制数据库文件的目录。

由于要求复制完成后不得使用 RESETLOGS 打开复制数据库，所以用 DUPLICATE 命令的 NOOPEN 子句。

在目标主机上，数据文件和归档重做日志文件的备份必须存储在 e:\scratch\db_files，控制文件和服务器参数文件的备份存储在 e:\scratch\cf 中。

② 确保满足所选复制技术的先决条件。

③ 按照本章 9.3 节介绍的方法准备辅助实例。

在目标主机中创建 e:\app\oracle2\dbs 目录存储复制数据库的数据文件、控制文件、联机重做日志文件和服务器参数文件。

在目标主机的 e:\app\oracle2\dbs 目录中为辅助实例创建初始化参数文件 initdup.ora，必须包含以下条目：

```
DB_NAME=dup
DB_DOMAIN=dupdb.example.com
DB_CREATE_FILE_DEST=e:\app\oracle2\dbs
```

④ 启动 RMAN 并用 TARGET 选项连接到源数据库，用 AUXILIARY 选项连接到辅助数据库实例：

```
RMAN> CONNECT TARGET sys@oradb;
RMAN> CONNECT AUXILIARY sys@dupdb;
```

⑤ 使用 DUPLICATE 命令复制数据库。

使用 SKIP READONLY 子句从复制数据库中排除只读表空间。因为没有与目标数据库的连接，必须指定正在复制的目标数据库的名称。

```
DUPLICATE DATABASE db12 TO dup
SKIP READONLY NOOPEN;
```

### 9.6.2 复制源数据库表空间的子集

实际应用中并不总是必须复制数据库的所有表，有时可能只需要复制源数据库部分表空间的数据。在复制数据库时可以用下面选项排除要复制的表空间：

（1）SKIP READONLY

从复制的数据库排除只读表空间的数据文件。

（2）SKIP TABLESPACE'表空间名', ...

从复制的数据库中排除指定的一个或多个表空间。不能排除的表空间有 SYSTEM、

SYSAUX、具有SYS对象的表空间、撤销表空间、具有撤销段的表空间、有物化视图的表空间以及不是自包含的表空间。

（3）TABLESPACE '表空间名', ...

复制指定的表空间，同时会自动包括表空间SYSTEM、SYSAUX及撤销表空间。指定的表空间必须是自包含的，所要跳过的表空间不能包含SYS对象或物化视图。

影响表空间复制的其他因素包括OFFLINE NORMAL选项。当在复制数据库之前用OFFLINE NORMAL选项使表空间脱机时，RMAN不会复制脱机的相关数据文件，以及在复制数据库中会对这些表空间执行DROP TABLESPACE。因此，不必指定要排除这些脱机选项的表空间。

RMAN不会复制用除NORMAL外的任何其他选项而脱机表空间，除非它们在SKIP TABLESPACE选项中命名。只有OFFLINE NORMAL表空间会自动跳过。在使用基于备份的复制时，当RMAN需要任何联机表空间的有效备份。

复制表空间子集的步骤与复制整个数据库的步骤类似，只是在最后执行复制数据库命令时使用不同的选项。

【例 9.2】复制数据库时排除只读表空间。

```
RMAN> DUPLICATE TARGET DATABASE TO dupdbFROM ACTIVE DATABASE
   2> SKIP READONLY NOFILENAMECHECK;
```

【例 9.3】复制数据库时排除指定的表空间tools。

```
RMAN> DUPLICATE TARGET DATABASETO dupdbFROM ACTIVE DATABASE
   2> SKIP TABLESPACE tools NOFILENAMECHECK;
```

可以使用TABLESPACE选项来指定复制时要包括的表空间。SKIP TABLESPACE选项指定副本数据库中要排除的表空间，此选项指定复制数据库中要包括的表空间，跳过其余的表空间。要复制的表空间子集必须是自包含的，而跳过的表空间集必须没有撤销段或物化视图。

【例 9.4】只复制自包含的USERS表空间，所有其他的表空间排除在外，除了SYSTEM和SYSAUX表空间和具有撤销段的表空间。

```
RMAN> DUPLICATE TARGET DATABASETO dupdbFROM ACTIVE DATABASE
   2> TABLESPACE users NOFILENAMECHECK;
```

【例 9.5】假设要完成基于备份的复制，同时连接目标数据库，但没有连接恢复目录，并且只复制表空间的一个子集。

```
RMAN> DUPLICATE TARGET DATABASE TO dupdbTABLESPACE users
   2> UNDO TABLESPACE undotbs NOFILENAMECHECK;
```

例9.5中如果目标数据库没有打开，那么RMAN没有办法获得具有撤销段表空间的名称，因此，必须使用UNDO TABLESPACE选项指定撤销表空间名称。

### 9.6.3 复制整个 CDB

使用DUPLICATE命令可以复制多租户容器数据库（CDB）、一个或多个插拔式数据库（PDB）。复制CDB和PDB的步骤类似于复制非CDB的过程，只是有稍微的变化。

复制整个CDB的步骤如下：

① 按照本章 9.2 节的介绍规划数据库复制。

这里要注意一些变化。用 BACKUP 命令的 PLUGGABLE DATABASE 子句只复制特定 PDB 的备份。传输整个 CDB 备份文件使用 BACKUP COPY OF DATABASE 命令。

如果仅传输名为 pdb3 的 PDB 备份文件，执行下面的命令：

```
BACKUP COPY OF PLUGGABLE DATABASE pdb3;
```

② 确保满足所先复制数据库的先决条件。

③ 按照本章 9.3 节介绍的方法准备辅助实例。

必须创建辅助实例为 CDB。为此，启动实例时初始化参数文件中要有下面的参数：

```
enable_pluggable_database=TRUE
```

在确保了辅助实例是 CDB 时，可复制源数据库的初始化参数文件到辅助实例，并修改 DB_NAME 参数和各种位置参数。

④ 启动 RMAN 并用具有 SYSDBA 或 SYSBACKUP 权限的用户连接到根。在辅助实例和目标数据库上，执行复制的用户密码必须相同。

⑤ 在必要时将数据库启动到正确的状态并配置完成复制的通道。

⑥ 执行 DUPLICATE 命令复制源 CDB。

### 9.6.4 复制 PDB

用 RMAN 的 DUPLICATE 命令可以复制单个 PDB、多个 PDB 或 PDB 的表空间。此时，必须用具有 SYSDBA 或者 SYSBACKUP 权限的用户登录到 CDB 根。

要复制 PDB，必须将辅助实例创建为 CDB，即在启动辅助实例的初始化参数文件中包括 enable_pluggable_database = TRUE。

当复制一个或多个 PDB 时，RMAN 也复制根（CDB$ROOT）和种子数据库（PDB$SEED）。复制数据库是一个功能齐全的 CDB，包含根、种子数据库和复制的 PDB。

除了要用 DUPLICATE ... PLUGGABLE DATABASE 命令复制 PDB 外，其他步骤与复制整个 CDB 一样，这里不再重复。

要将名为 pdb1 的 PDB 复制到名为 cdb1 的 CDB 中，需执行下面的命令：

```
DUPLICATE DATABASE TO cdb1 PLUGGABLE DATABASE pdb1;
```

要将名为 pdb1、pdb3 和 pdb4 三个 PDB 复制到名为 cdb1 的 CDB 中，需执行下面的命令：

```
DUPLICATE DATABASE TO cdb1 PLUGGABLE DATABASE pdb1,pdb3,pdb4;
```

要将除 pdb3 以外的所有 PDB 复制到名为 cdb1 的 CDB 中，需执行下面的命令：

```
DUPLICATE DATABASE TO cdb1 SKIP PLUGGABLE DATABASE pdb3;
```

### 9.6.5 复制 PDB 中的表空间

可以使用 DUPLICATE 命令复制 PDB 中的一个或多个表空间。要复制 PDB 中的表空间，前 4 个步骤与复制整个 CDB 中的步骤一样，然后执行带有 TABLESPACE 选项的 DUPLICATE 命令。

TABLESPACE pdb_name:tablespace_name 选项指定要复制 PDB 的表空间。表空间名称必须用包含要复制表空间的 PDB 作为前缀。如果省略了 PDB 的名称，那么将把根作为默认值，即要复制根的表空间。

要复制名为 pdb1 的 PDB 中的 users 表空间，需执行下面的命令：

```
DUPLICATE DATABASE to cdb1 TABLESPACE pdb1:users;
```

要复制名为 pdb1 的 PDB 和名为 pdb2 的 PDB 中的 users 表空间，需执行下面的命令：

```
DUPLICATE DATABASE TO cdb1 PLUGGABLE DATABASE pdb1
TABLESPACE pdb2:users;
```

### 9.6.6 故障后重新启动 DUPLICATE

如果重复执行先前失败的 DUPLICATE 命令，那么 RMAN 会自动优化 DUPLICATE 命令，此时 RMAN 会了解成功复制的数据文件或未成功复制的文件，重复执行时不会复制已成功复制的文件。这种优化适用于所有形式的复制命令，无论它们基于备份复制（有没有目标连接）还是活动数据库复制。DUPLICATE 命令自动优化功能主要用于复制非常大的数据库发生故障的情况。

重新启动失败的 DUPLICATE 操作的步骤如下：

① 退出 RMAN。

② 启动 SQL * Plus 并用具有 SYSDBA 或 SYSBACKUP 权限的用户连接到辅助实例。用最初使用的 PFILE 或 SPFILE 参数文件启动辅助实例到 NOMOUNT 模式。如果最初启动时省略此子句，那么此时也要省略它们。

用初始化参数文件 d:\home\my_pfile.ora 启动辅助实例的命令如下：

```
SQL> STARTUP FORCE PFILE=d:\home\my_pfile.ora
```

③ 退出 SQL * Plus，然后启动 RMAN。

④ 连接到与复制失败时相同的数据库。

⑤ 重新运行 DUPLICATE 命令。

重新运行 DUPLICATE 命令先找到第一次失败时 DUPLICATE 命令已成功复制的数据文件。对于每个不需要再次复制数据文件，显示使用先前复制文件的提示信息。只恢复丢失或不完整的数据文件，从而避免重复复制和修复所有的数据文件。

如果不希望 RMAN 自动从失败的 DUPLICATE 命令中恢复，那么可指定 NORESUME 选项禁用此功能。

## 9.7 建立传输表空间集

传输表空间（Transportable Tablespace）是数据迁移的另一种方法，它可以将一组表空间从一个数据库传输到另一个数据库，或在同一数据库内传输。将表空间传输到数据库就像用加载数据创建表空间。传输表空间集（Transportable Tablespace Set）包含有表空间的数据文件及表空间结构的元数据导出文件。导出文件可以通过数据泵导出生成。

可以在 SQL * Plus 环境或 RMAN 环境中实现传输表空间（集）的功能。

### 9.7.1 传输表空间集的目标和限制

#### 1. 用 RMAN 创建传输表空间集的目的

传输表空间集的用途之一是创建一个表空间资源库，例如，如果要用数据库的部

分表空间生成季度报告，那么用传输表空间集创建表空间资源库，随后表空间资源库可以连接到另一个数据库用于生成季度报告，或者建立面向分析型数据处理的数据仓库系统，即将 OLTP 数据库中的历史数据以迁移表空间的方式装载到数据仓库系统中；对历史数据进行归档备份或者对外部发布数据。

传输表空间的另一个用途是用在 Oracle 数据流（Oracle Streams）的环境。当准备使用 Oracle 数据流保持源数据库与目标数据库同步时，必须执行 Oracle 流初始化并将目标数据库更新到给定的 SCN，此时两个数据库是同步的。可以从备份中创建传输表空间集作为 Oracle 流实例初始化的一部分。

2. 传输表空间的限制

在实现传输表空间功能时，必须注意传输表空间的限制条件，否则不能成功创建传输表空间集。

① 源数据库和目标数据库必须用兼容的数据库字符集和国家字符集。

② 在导出传输表空间时，执行导出的用户默认表空间不能是将要传输的表空间并且是可写的。

③ 在非 CDB 中，不能将表空间传输到另一个包含同名表空间的目标数据库。在 CDB 中，不能将表空间传输到包含同名表空间的目标容器。但是，不同容器可以有同名称表空间。

④ 在 CDB 中，默认的数据泵（Data Pump）目录对象 DATA_PUMP_DIR 不能用在 PDB 中。在使用数据泵导出/导入时必须在 PDB 内显式定义一个目录对象。

⑤ 在传输表空间集时，具有基础对象的对象（如物化视图）或包含的对象（如分区表）是不能传输的，除非所有基础对象或包含的对象都在同一表空间集。

⑥ 传输表空间不能传输加密的表空间，也不能传输包含加密列的表的表空间。

⑦ SYSTEM 和 SYSAUX 等管理表空间不能包含在传输表空间集中。

### 9.7.2 用 SQL * Plus 命令建立传输表空间

Oracle 数据库是由若干表空间组成。如果表空间具备特定的条件，就会成为可迁移的表空间，即可将表空间从一个数据库“摘”下来，然后再将其“插接”到另一个数据库中。

在 Oracle 12c 数据库之间移动数据有很多种方式，利用 Export/Import 工具或数据泵工具或 SQL * Loader 等工具都可以在数据库之间迁移数据，但是传输表空间是最快的数据迁移方式。

在传输表空间时，首先利用 Export 等工具将表空间的结构信息从源数据库中导出（仅仅是表空间的结构信息），然后直接复制这个表空间的数据文件，最后将表空间的结构信息导入到目标数据库中。由于不需要导出/导入任何实际的数据，实际的数据是通过复制数据文件来进行迁移的，因此传输表空间要比通过导出/导入或卸载/装载的方式传输数据快得多。在传输表空间的过程中，表空间是作为一个整体进行移动的，因此，索引会原封不动地保留下来，这样就避免了在迁移数据之后进行重建索引的操作，这也是迁移表空间优于导入/导出或卸载/装载的方式的地方。

假设表空间集由 sales_1 和 sales_2 两个表空集，那么在 SQL * Plus 环境中传输该表空间集的基本步骤如下：

① 判断要迁移的一个或多个表空间是否满足自包含的条件。

如果在一个表空间（或表空间集）中，不存在任何引用该表空间（或表空间集）外部对象的对象，那么称这个表空间（或表空间集）是自包含的。

要传输的表空间必须是自包含的，就是说表空间（集）中的对象不能引用表空间（集）外部的对象。如果在表空间中包含有在其他表空间中的表上所定义的索引，或包含引用其他表空间中的表的参照完整性引用，或包含一个分区表的部分分区，那么这个表空间就不满足自包含条件。

可调用 DBMS_TTS 包的 TRANSPORT_SET_CHECK 存储过程来确定表空间是否为自包含的。执行该存储过程用户必须要有 EXECUTE_CATALOG_ROLE 角色的权限。

```
RMAN> EXECUTE DBMS_TTS.TRANSPORT_SET_CHECK('sales_1,sales_2', TRUE);
```

执行上面的存储过程后，如果视图 TRANSPORT_SET_VIOLATIONS 为空则说明它们是自包含的，否则说明 sales_1 和 sales_2 不是自包含的。

② 启动 SQL * Plus，并以管理员或者具有 ALTER TABLESPACE 或 MANAGE TABLESPACE 系统权限的用户连接到数据库。

③ 将传输表空间集的所有表空间设置为只读。

```
SQL> ALTER TABLESPACE sales_1 READ ONLY;
SQL> ALTER TABLESPACE sales_2 READ ONLY;
```

④ 用拥有 DATAPUMP_EXP_FULL_DATABASE 角色的用户在主机操作系统提示符下执行导出功能生成传输表空间集。

```
SQL> HOST
D:\>EXPDP user_name DUMPFILE=expdat.dmp DIRECTORY=data_pump_dir
TRANSPORT_TABLESPACES=sales_1,sales_2 LOGFILE=tts_export.log
```

其中，user_name 是完成导出的用户名称。导出时用 TRANSPORT_TABLESPACES 选项指定传输表空间或表空间集。用 DUMPFILE 参数指定要创建的转储文件名称 expdat.dmp，用 DIRECTORY 参数指定在调用数据泵之前必须创建的目录对象，并且必须导出用户对该目录授予 READ 和 WRITE 对象权限。

在非 CDB 中，自动创建目录对象 DATA_PUMP_DIR。对该目录的 READ 和 WRITE 权限将自动授予 DBA 角色（包括用户 SYS 和 SYSTEM）。

但是，在 PDB 中目录对象 DATA_PUMP_DIR 不会自动创建。因此，当导入到 PDB 时，在运行 Data Pump 时要在 PDB 中创建一个目录对象并在导入时指定该目录对象。

LOGFILE 参数指定导出程序要写入的日志文件名。本例中日志文件与转储文件写入同一个目录，也可以将其写入不同的位置。默认情况下，导出操作中包含触发器和索引。

如果在传输数据库时进行自包含检查，就要将 TRANSPORT_FULL_CHECK 参数设置为 TRUE，如下面的命令：

```
EXPDP user_name DUMPFILE=expdat.dmp DIRECTORY=data_pump_dir
TRANSPORT_TABLESPACES=sales_1,sales_2 TRANSPORT_FULL_CHECK=y
LOGFILE=tts_export.log
```

在这种情况下，数据泵导出程序验证传输表空间集内的对象和外部对象之间是否

有依赖关系。如果正在传输的表空间集不是独立的，表示表空间集不是自包含的，那么导出失败，此时必须重新生成传输表空间集。

⑤ 复制表空间结构信息的导出文件。

将转储文件复制到 DATA_PUMP_DIR 目录对象指向的目录或选其他目标数据库可以访问的目录。在目标数据库中运行下面查询来确定其目录对象对应的位置：

```
SQL> SELECT * FROM dba_directories
  2  WHERE directory_name = 'DATA_PUMP_DIR';
```

从查询结果可知道 DATA_PUMP_DIR 指向 d:\app\orauser\admin\orawin\dpdump 目录。

⑥ 将表空间的数据文件复制到目标数据库可访问的位置。

如果源平台和目标平台不同，那么它们可能会有不同的字节顺序或结束符格式（Endian Format），即整数在内存中保存的顺序不同。通常有小端格式（Little-Endian，将低序字节存储在起始地址）和大端格式（Big-Endian，将高序字节存储在起始地址）。

在源平台和目标平台中查询视图 V$TRANSPORTABLE_PLATFORM 可以检查每个平台的结束符格式。如果查询结果返回一行，那么表示平台支持跨平台的传输表空间。

```
SQL> SELECT d.platform_name, endian_format
  2  FROM v$transportable_platform tp, v$databased
  3  WHERE tp.platform_name = d.platform_name;
```

如果源平台与目标平台结束符格式不同，那么可以用包 DBMS_FILE_TRANSFER 的 GET_FILE 或 PUT_FILE 存储过程转换数据文件。这些程序自动将数据文件转换为目标平台结束符格式，也可用 RMAN 的 CONVERT 命令将数据文件转换为目标平台的结束符格式。

如果不需要表空间的字节顺序转换，那么可以用任何文件传输方式将表空间对应的数据文件传输目标平台。

⑦ 如果需要，可将源数据库中的表空间设置为读/写模式。

```
SQL> ALTER TABLESPACE sales_1 READ WRITE;
SQL> ALTER TABLESPACE sales_2 READ WRITE;
```

⑧ 在目标数据库中导入表空间集。

具有角色 DATAPUMP_IMP_FULL_DATABASE 的用户执行调用 Data Pump 实用程序导入表空间集的元数据到目标数据库中：

```
IMPDP user_name DUMPFILE=expdat.dmp DIRECTORY=data_pump_dir
TRANSPORT_DATAFILES='c:\app\orauser\oradata\orawin\sales_101.dbf',
'c:\app\orauser\oradata\orawin\sales_201.dbf'
REMAP_SCHEMA=sales1:crm1 REMAP_SCHEMA=sales2:crm2
LOGFILE=tts_import.log
```

关于上面参数的说明参见步骤④中的内容。sales_101.dbf 和 sales_201.dbf 是复制或转换后到目标主机后的表空间数据文件名。

TRANSPORT_DATAFILES 参数标识包含要导入的表空间的所有数据文件。如果有多个数据文件，可以在参数文件中多次指定 TRANSPORT_DATAFILES 参数。

REMAP_SCHEMA 参数更改数据库对象的所有者。如果不指定 REMAP_SCHEMA，那么所有数据库对象（如表和索引）都是在源数据库中相同的用户模式中创建，这些用户必须已存在于目标数据库中。如果用户不存在，那么导入实用程序将返回一个错误。

在上例中，源数据库中 sales1 拥有的表空间集在导入表空间集后将由目标数据库中的用户 crm1 拥有，源数据库中由 sales2 拥有的对象将由目标数据库的 crm2 所拥有。此时，目标数据库不需要有用户 sales1 和 sales2，但必须有用户 crm1 和 crm2。从 Oracle 12c 版本 2(12.2)开始，RMAN 的 RECOVER 命令可以将表移动到不同的模式。

在导入命令执行成功后，目标主机中复制的所有表空间处于只读模式，同时检查导入日志文件以确保没有错误发生。

当处理大量的数据文件时，在命令行中指定数据文件名列表可能比较麻烦，甚至可能超过命令行限制。此时可以使用导入参数文件，可先生成导入参数文件 par.f，执行再执行导入命令：

```
IMPDP user_name PARFILE='par.f'
```

par.f 参数文件包含以下内容：

```
DUMPFILE=expdat.dmp
DIRECTORY=data_pump_dir
TRANSPORT_DATAFILES=
'C:\app\orauser\oradata\orawin\sales_101.dbf',
'C:\app\orauser\oradata\orawin\sales_201.dbf'
REMAP_SCHEMA=sales1:crm1 REMAP_SCHEMA=sales2:crm2
LOGFILE=tts_import.log
```

关于数据泵导入导出的使用方法参见第 8 章 8.2 节。

### 9.7.3 建立传输表空间集时 RMAN 完成的任务

虽然可以利用 SQL *Plus 环境来实现传输表空间集，但 RMAN 更加方便。RMAN 的 TRANSPORT TABLESPACE 命令不需要访问传输表空间实时数据文件，但用 SQL * Plus 执行可传输表空间时要求传输表空间在传输期间必须只读打开。因此，从备份中传输表空间可提高数据库的可用性，特别是对于大表空间，因为在传输表空间时可以同时保持打开并可以进行写操作。另外，根据当前的数据库活动，将表空间设置为只读模式下可以会花很长一段时间。

通过 RMAN 连接到源数据库，然后执行 TRANSPORT TABLESPACE 命令可创建一个传输表空间集。源数据库包含被传输的表空间。

如果要用 TRANSPORTTABLESPACE 命令恢复到目标时间点，那么必须拥有需要的所有表空间可用备份和归档重做日志文件。图 9-5 显示了从备份中创建传输表空间的基本流程。

图 9-5 说明了执行 TRANSPORTTABLESPACE 时，RMAN 自动完成以下任务：

① RMAN 启动辅助实例。

辅助实例是由 RMAN 在源数据库主机上创建的，以完成表空间的还原和修复。RMAN 会自动创建辅助实例的初始化参数文件，并启动辅助实例到 NOMOUNT 模式。

② RMAN 还原源数据库控制文件备份作为辅助实例控制文件，并加载该控制文件。

③ RMAN 从源数据库备份中还原辅助集和传输表空间集的数据文件。

RMAN 把辅助数据文件存储在选择的辅助目标，即 RMAN 可以存储辅助集文件的磁盘位置。辅助目标在传输期间存储辅助实例的参数文件、传输集以外的数据文件、联机重做日志和控制文件。如果传输成功，那么 RMAN 会删除这些文件。

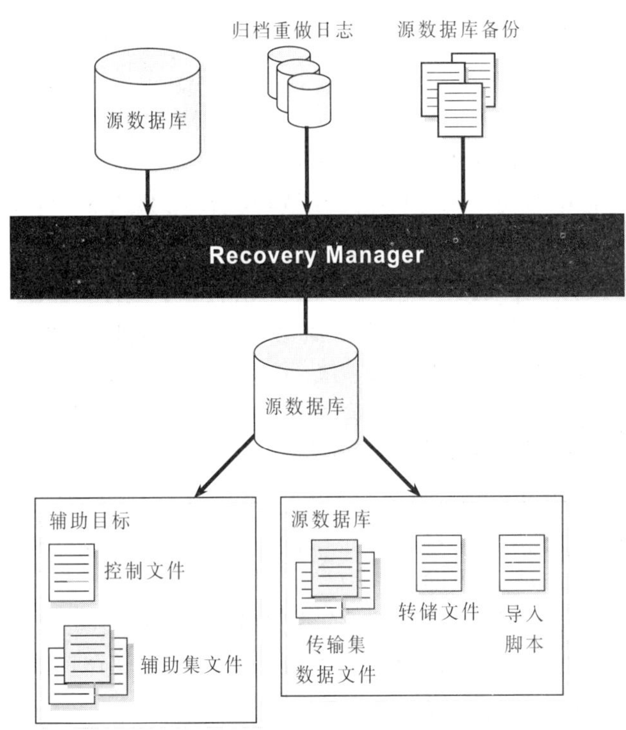


图 9-5 用备份传输表空间的流程

RMAN 将传输表空间集文件存储在表空间目标位置，即默认情况下，表空间集文件位置包含有数据文件副本和表空间传输命令完成后的其他输出文件的磁盘位置。

④ RMAN 在辅助实例中执行数据库时间点恢复。

数据库时间点恢复（DBPITR）操作将把辅助集和传输集数据文件更新到 TRANSPORT TABLESPACE 命令指定的目标时间。如果不指定目标时间，那么 RMAN 用所有可用的重做日志进行修复。RMAN 在必要时从备份中还原归档重做日志到辅助位置或其他位置，并在应用后删除它们。

⑤ RMAN 用 RESETLOGS 选项打开辅助数据库。此时，数据文件内容能反映表空间传输时指定的目标 SCN 或时间点的表空间内容。

⑥ RMAN 将辅助实例的传输表空间集中的表空间设置为只读模式。RMAN 还调用数据泵以创建传输集的导出转储文件。默认情况下，转储文件位于表空间的目的地，也可在数据泵命令中指定转储文件位置。当传输表空间插入到目标数据库时，RMAN 也生成样例数据泵导入脚本，脚本的内容写入到表空间目的位置的 impscript.sql 文件，脚本命令也包含在 RMAN 命令输出中。

⑦ 如果前面的步骤都成功了，那么 RMAN 关闭辅助实例，并删除在 TRANSPORT TABLESPACE 运行期间创建的所有文件，除了传输集文件、数据泵导出文件和导入示例脚本文件以外。

### 9.7.4 定制辅助实例的初始化参数

当 RMAN 创建辅助实例时会创建一个初始化参数文件。初始化参数文件的默认值适用于大多数 TRANSPORT TABLESPACE 情况，特别是如果在 TRANSPORT TABLESPACE 命令指定 AUXILIARY DESTINATION 选项。但有时可能需要在辅助实例参数文件增加初始化参数，或者为辅助实例参数指定不同的值。例如，为了数据泵导出需要可能要增加 STREAMS_POOL_SIZE 和 SHARED_POOL_SIZE 的值，需要管理辅助实例数据文件的位置，或者要用 LOG_FILE_NAME_CONVERT 指定联机重做日志名称。

**1．辅助实例缺省初始化参数**

辅助实例参数文件不会包含辅助实例的所有初始化参数。指定的任何参数只是添加或覆盖辅助实例的默认参数。没有必要指定不打算覆盖的初始化文件的参数。

RMAN 自动为辅助实例定义的基本初始化参数：DB_NAME（与源数据 DB_NAME 相同）、COMPATIBLE（与源数据库的兼容设置）、DB_UNIQUE_NAME（基于 DB_NAME 生成的唯一值）、DB_BLOCK_SIZE（与源数据库的 DB_BLOCK_SIZE 相同）、DB_FILES（与源数据库的 DB_FILES 值相同）、SGA_TARGET（推荐值 280M）、DB_CREATE_FILE_DEST（辅助目的地，仅当在 TRANSPORT TABLESPACE 中设置 AUXILIARY DESTINATION 选项时）。

如果用不适当的值覆盖辅助实例参数文件中的初始化参数，可能导致 TRANSPORT TABLESPACE 失败，此时可将初始化参数恢复到默认值。

**2．设置辅助实例参数文件的位置**

默认情况下，RMAN 在 RMAN 客户端的主机的指定位置查找辅助初始化参数文件。这个磁盘位置可能不是在运行辅助实例的主机上。如果在默认位置没有找到文件，RMAN 也不会产生错误。如果使用辅助实例的默认初始化参数，那么在执行 TRANSPORT TABLESPACE 之前检查辅助实例参数文件是否存在。

如果要指定辅助实例参数文件的不同位置，可以在 RUN 块中先执行 SET AUXILIARY INSTANCE PARAMETER FILE 设置辅助实例参数文件位置，然后执行 TRANSPORT TABLESPACE 命令。与使用辅助实例参数文件默认位置一样，使用 SET AUXILIARY INSTANCE PARAMETER FILE 设置的一个客户端的路径。

【例 9.6】传输表空间时指定初始化参数文件位置。

假设在 RMAN 客户端的主机上创建一个名为 d:\tmp\auxinstparams.ora 初始化参数文件，它包含以下初始化参数：SHARED_POOL_SIZE=150M，此时文件中的 SHARED_POOL_SIZE 参数值覆盖 SHARED_POOL_SIZE 的默认值。

```
RUN
{
   SET AUXILIARY INSTANCE PARAMETER FILE TO 'd:\tmp\auxinstparams.ora';
   TRANSPORT TABLESPACE tbs_2
   TABLESPACE DESTINATION 'd:\transportdest'
   AUXILIARY DESTINATION 'd:\auxdest';
}
```

### 9.7.5 指定辅助文件位置

指定辅助文件位置的最简单方法是在执行 TRANSPORT TABLESPACE 命令时指定 AUXILIARY DESTINATION 子句，即让 RMAN 自动管理所有文件位置。如果要重新定

位部分或全部辅助实例文件，那么就可以使用 SET NEWNAME 等命令指定文件位置。

### 1. 用 SET NEWNAME 设置辅助数据文件名称

可以在 RUN 块中使用 SET NEWNAME 命令（SET NEWNAME FOR DATAFILE、SET NEWNAME FOR DATABASE 和 SET NEWNAME FOR TABLESPACE）来指定 TRANSPORT TABLESPACE 命令中的文件名称。

**【例 9.7】**用 SET NEWNAME FOR DATAFILE 命令重新命名辅助实例的数据文件。

```
RUN
{
    SET NEWNAME FOR DATAFILE 'd:\oracle\dbs\tbs_12.f'
    TO 'd:\bigdrive\auxdest\tbs_12.f';
    SET NEWNAME FOR DATAFILE 'd:\oracle\dbs\tbs_11.f'
    TO 'd:\bigdrive\auxdest\tbs_11.f';
    TRANSPORT TABLESPACE tbs_2TABLESPACE DESTINATION 'd:\transportdest'
    AUXILIARY DESTINATION 'd:\auxdest';
}
```

### 2. 用 CONFIGURE AUXNAME 设置辅助数据文件

SET NEWNAME 最好应用于一次性操作中。如果希望定期从备份中创建特定表空间的传输表空间，那么可以用 CONFIGURE AUXNAME 命令为传输表空间集或辅助集数据文件指定存储位置。RMAN 在恢复之前从 CONFIGURE AUXNAME 命令指定的位置还原每个数据文件。除非操作失败，否则操作完成后，RMAN 删除辅助集数据文件。可以通过执行 SHOW AUXNAME 命令查看当前 CONFIGURE AUXNAME 的设置。

**【例 9.8】**假设要传输表空间 tbs_11，包含数据文件 tbs_12.f 的表空间 tbs_12 是辅助集的一部分。要求用 RMAN 将数据文件辅助集副本 d:\oracle\dbs\tbs_12.f 还原到 d:\auxdest\tbs_12.f 的位置，而不是 AUXILIARY DESTINATION 指定的位置。

具体执行步骤如下：

① 用 CONFIGURE AUXNAME 命令指定辅助集数据文件 d:\oracle\dbs\tbs_12.f 的非默认位置。

```
RMAN> CONFIGURE AUXNAME FOR 'd:\oracle\dbs\tbs_12.f'
   2> TO 'd:\auxdest\tbs_12.f';
```

② 执行 TRANSPORT TABLESPACE 命令用 AUXILIARYDESTINATION 选项。

```
RMAN> TRANSPORT TABLESPACE tbs_11
   2> AUXILIARY DESTINATION 'd:\myauxdest';
```

从例 9.8 中可以看出，由于 CONFIGURE AUXNAME 的配置优先级高于 AUXILIARY DESTINATION 的设置，所以 CONFIGURE AUXNAME 命令的设置覆盖 TRANSPORT 命令的 AUXILIARY DESTINATION 选项。

### 3. 用 AUXILIARY DESTINATION 指定辅助文件的位置

如果执行 TRANSPORT TABLESPACE 命令时用 AUXILIARY DESTINATION 选项，那么在 TRANSPORT TABLESPACE 操作时没有用 SET NEWNAME 或 CONFIGURE AUXNAME 移动到另一个位置的辅助集文件将存储在该选项指定的辅助目的地。

如果不使用 AUXILIARY DESTINATION 选项，那么必须使用 LOG_FILE_NAME_CONVERT 为辅助实例的联机重做日志文件指定位置。无论 SET NEWNAME 和

CONFIGURE AUXNAME 都不会影响辅助实例联机重做日志文件的位置。因此，如果不使用 AUXILIARY DESTINATION 或 LOG_FILE_NAME_CONVERT，那么 RMAN 就没有创建联机重做日志的位置信息。

4. 用初始化参数命名辅助文件

可以在辅助实例的初始化参数文件中指定 LOG_FILE_NAME_CONVERT 和 DB_FILE_NAME_CONVERT 参数的值以决定联机重做日志和其他数据库文件的名字。如果在 TRANSPORT TABLESPACE 命令中不指定 AUXILIARY DESTINATION 子句，那么对于没有使用 CONFIGURE AUXNAME 或 SET NEWNAME 命令的文件，初始化参数决定这些文件的位置。

当原始文件是 Oracle 管理文件时，不能使用 LOG_FILE_NAME_CONVERT 或 DB_FILE_NAME_CONVERT 为辅助实例生成新的文件名。数据库在每个 OMF 目的地生成唯一文件名。必须用 AUXILIARY DESTINATION 子句控制联机重做日志文件的位置。必须使用 AUXILIARYDESTINATION 选项、SET NEWNAME 命令、CONFIGURE AUXNAME 命令或 DB_CREATE_FILE_DEST 初始化参数指定 OMF 数据文件的位置。

### 9.7.6 用 RMAN 建立传输表空间集

在 RMAN 中用 TRANSPORT TABLESPACE 命令创建传输表空间集。

1. TRANSPORT TABLESPACE 命令

在 RMAN 中执行 TRANSPORT TABLESPACE 命令将用备份而不是源数据库的实时数据文件来创建传输表空间集。不能用 TRANSPORT TABLESPACE 将已删除的表空间包含在传输表空间集中，即使 TRANSPORTTABLESPACE 的 SCN 早于删除表空间时的 SCN。如果要重命名一个表空间，那么不能用 TRANSPORT TABLESPACE 创建传输表空间包括重命名之前的表空间。

在执行 TRANSPORT TABLESPACE 之前，必须有所需表空间的备份（包括辅助集的表空间）和恢复到目标时间所需的归档重做日志文件。

因为 RMAN 使用数据泵导出和导入程序，如果在表空间目标位置存在导出转储同名文件名，那么在调用 Data Pump Export 时 TRANSPORT TABLESPACE 会失败。如果重复执行已执行过的 TRANSPORT TABLESPACE 任务，那么要确保已删除以前的导出转储文件等输出文件。

因为 RMAN 自动在与源实例相同的结点上创建用于还原和修复的辅助实例，在执行 TRANSPORT TABLESPACE 命令期间有一些性能开销。

如果没有用 RMAN 进行数据库备份，但是磁盘上有所需的数据文件副本和归档重做日志文件，那么仍然可以使用 TRANSPORT TABLESPACE。只要用 CATALOG 命令将数据文件副本和归档重做日志文件记录 RMAN 资料库中，然后可以使用该命令。

TRANSPORT TABLESPACE 命令的基本语法：

```
TRANSPORT TABLESPACE 表空间名列表 [选项表]
```

选项表中可以有下面主要内容：

① AUXILIARY DESTINATION 'location'。

指定辅助实例的文件位置。可以在单个文件中用 SET NEWNAME 和 CONFIGURE

AUXNAME 覆盖的此参数。如果使用自己的初始化参数文件来定制辅助实例，那么可以用 DB_FILE_NAME_CONVERT 和 LOG_FILE_NAME_CONVERT 初始化参数而不是 AUXILIARY DESTINATION。

② DATAPUMP DIRECTORY datapump_directory。

指定 Data Pump Export 导出时存储输出文件的目录对象。如果没有指定，那么 RMAN 将在 TABLESPACE DESTINATION 指定位置创建输出文件。

③ DUMP FILE 'filename'。

指定创建数据泵导出转储文件的名称。如果没有指定，导出转储文件名为 dmpfile.dmp 并存储在 DATAPUMP DIRECTORY 子句指定的位置或表空间目标位置。

④ EXPORT LOG 'filename'。

指定 Data Pump Export 生成的日志文件名。如果省略，导出日志名为 explog.log，并存储在 DATAPUMP DIRECTORY 子句指定的位置或表空间目的位置。

⑤ IMPORT SCRIPT 'filename'。

指定 RMAN 生成的示例输入脚本的文件名,用该脚本将传输表空间插入到目标数据库中。如果省略该选项，那么导入脚本名为 impscript.sql 并存储在表空间目的地。

⑥ TABLESPACE DESTINATION tablespace_destination。

在表空间传输操作完成之后，指定传输表空间的数据文件的位置。

⑦ UNTIL SCN n | UNTIL SEQUENCE n | UNTIL TIME 'date_string'。

指定过去时间、SCN 或日志序列号。如果指定该选项，那么 RMAN 将在辅助实例还原并恢复表空间到指定的时间点。

**2. 用 RMAN 建立传输表空间集**

假设数据库环境已满足创建传输表空间集限制条件，那么就可以执行 TRANSPORT TABLESPACE 创建传输表空间集。创建传输表空间集的基本步骤如下：

① 启动 RMAN 并连接到源数据库，如果必要也连接到恢复目录数据库。

② 在 RMAN 提示符下运行 TRANSPORT TABLESPACE 命令。

在最基本的情况下，可以指定一个 AUXILIARY DESTINATION 子句，这是可选的但不是推荐的。对于大多数情况下 RMAN 使用默认值。如果没有指定辅助位置，那么确保为所有辅助实例文件指定了位置。关于指定位置的方法参见本章 9.7.5 节。

③ 如有必要，编辑导入示例脚本。

示例导入脚本假定导入到目标数据库的表空间数据文件是存储在 TRANSPORT TABLESPACE 命令创建的位置。如果文件已被移动到新的磁盘位置，那么必须更新示例脚本的文件位置，然后再运行该脚本插入传输表空间到目标数据库。

④ 按照本章 9.7.2 节的步骤⑧将传输表空间导入到目标数据库。

**【例 9.9】** 创建包括表空间 tbs_2 和 tbs_3 的传输表空间集。

```
RMAN> TRANSPORT TABLESPACE tbs_2, tbs_3
   2> TABLESPACE DESTINATION 'd:\transportdest'
   3> AUXILIARY DESTINATION 'd:\auxdest';
```

在例 9.9 命令完成后，传输表空间集数据文件用其原名称存储在位置 d:\transportdest。TRANSPORT TABLESPACE 命令不会自动将传输表空间集的数据文件转换为目标数据库的格式。如有必要，在创建传输表空间集后使用 RMAN 的 CONVERT 命令将数据文件转换为目标数据库的格式。传输表空间集的数据泵导出转储文件被命名为 dmpfile.dmp，导出日志被命名 explog.log，导入样板脚本被命名为 impscrpt.sql。所有的文件都在 d:\transportdest 目录下创建。辅助集文件将从 d:\auxdest 中删除。

### 3. 使用 UNTIL 选项创建传输表空间集

可以在 TRANSPORT TABLESPACE 命令指定目标时间或 SCN。在表空间传输操作期间，RMAN 在辅助实例用目标时间之前的备份还原表空间，并可在辅助数据库执行时间点恢复到指定目标时间，此时执行时间点恢复所需的备份和归档重做日志必须可用。

【例 9.10】用当前化身或祖先化身的 SCN 指定目标时间。

```
RMAN> TRANSPORT TABLESPACE tbs_2
   2> TABLESPACE DESTINATION 'd:\transportdest'
   3> AUXILIARY DESTINATION 'd:\auxdest'UNTIL SCN 11379;
```

【例 9.11】在 TRANSPORT TABLESPACE 命令中指定结束恢复点。

```
RMAN> TRANSPORT TABLESPACE tbs_2
   2> TABLESPACE DESTINATION 'd:\transportdest'
   3> AUXILIARY DESTINATION 'd:\auxdest'
   4> TO RESTORE POINT 'before_upgrade';
```

【例 9.12】在 TRANSPORT TABLESPACE 命令中指定结束时间点。

```
RMAN> TRANSPORT TABLESPACE tbs_2
   2> TABLESPACE DESTINATION 'd:\transportdest'
   3> AUXILIARY DESTINATION 'd:\auxdest'
   4> UNTIL TIME 'SYSDATE-1';
```

### 4. 执行 TRANSPORT TABLESPACE 时指定文件位置和名称

在执行 TRANSPORT TABLESPACE 命令时，可以更改传输表空间集的导出转储文件名称、目标数据库中示例导入脚本名称、数据泵导出生成的日志文件名称及其写入的目录。默认情况下，这些文件存储在表空间目标中，数据泵导出转储文件名为 dmpfile.dmp，导出日志文件名为 explog.log 和样例导入脚本名为 impscrpt.sql。

可以使用 TRANSPORT TABLESPACE 命令的 DUMP FILE、EXPORT LOG 和 IMPORT SCRIPT 子句重命名这些文件。这些文件名不能包含完整的文件路径目录名称。如果 DUMP FILE 或 EXPORT LOG 文件名指定文件路径，那么当尝试生成导出转储文件时，TRANSPORT TABLESPACE 失败。

使用 DATAPUMP DIRECTORY 子句来指定数据库目录对象指定“数据泵导出”输出的位置：

```
CREATE OR REPLACE DIRECTORY mypumpdir as 'd:\datapumpdest';
```

【例 9.13】执行下面的命令时更改转储文件名称和位置。

```
RMAN> TRANSPORT TABLESPACE tbs_2
   2> TABLESPACE DESTINATION 'd:\transportdest'
   3> AUXILIARY DESTINATION ' d:\auxdest'
   4> DATAPUMP DIRECTORY mypumpdir
   5> DUMP FILE 'mydumpfile.dmp'
   6> IMPORT SCRIPT 'myimportscript.sql'
   7> EXPORT LOG 'myexportlog.log';
```

上面的命令成功运行后，RMAN 将清理辅助目标，然后创建导出转储文件 mydumpfile.dmp 和导出日志文件 myexportlog.log，并将它们存储在由目录对象 DATAPUMPDIRECTORY 指定的目录 d:\datapumpdest，同时将传输表空间集的数据文件存储在 d:\transportdest 目录。

5. 建立传输表空间集的问题

当 RMAN 的 TRANSPORT TABLESPACE 命令失败，失败的辅助实例文件继续保存在辅助实例目的地位置。如果 SET NEWNAME、CONFIGURE AUXNAME 和 DB_FILE_NAME_CONVERT 设置导致在辅助或传输表空间集的多个文件有相同的名称，那么 TRANSPORT TABLESPACE 命令运行时报告错误。要解决此问题，让以上参数使用不同的值，以确保不创建重复的文件名。

## 小结

用 RMAN 可以可完成整个数据库、表空间、表、分区和子分区的数据传输，即数据迁移；也可以将数据从一台计算机迁移到另一台计算机，甚至可以完成跨平台的数据迁移。数据库复制是用 DUPLICATE 命令复制源数据库中的所有或部分数据。数据库复制要经过规划、辅助实例准备、配置所需通道和执行 DUPLICATE 命令等过程。

传输表空间可将一组表空间从一个数据库传输到另一个数据库，或从一个数据库传输到数据库本身。可以在 SQL *Plus 和 RMAN 环境中建立传输表空间集。在 RMAN 中用 TRANSPORT TABLESPACE 命令创建传输表空间集。

## 习题

1. 什么是数据迁移？Oracle 可以有几种数据迁移方法？
2. 复制数据库的主要用途和优点是什么？
3. 复制数据库的主要技术。
4. 描述复制数据库的过程。
5. 假设有两台 hosta 和 hostb 主机通过网络连接，在主机 hosta 上有数据库 oracledb，要将 oracledb 从 hosta 复制到 hostb。请描述用 RMAN 的 DEPULICATE 命令的复制过程。数据库的物理结构自己定义。
6. 描述将主机 hosta 上 tbs1 和 tbs2 表空间传输到 hostb 主机的过程。每个表空间的数据文件名称及数量由自己指定。

# 参考文献

[1] Oracle Corporation. Oracle 12c Backup and Recovery User's Guide[Z]. January, 2017.
[2] Oracle Corporation. Oracle 12c Backup and Recovery Reference[Z]. January, 2017.
[3] 姚世军，沈建京. Oracle 12c 云数据库原理与应用技术[M]. 北京：中国铁道出版社，2016.1
[4] KUHN D. Pro Oracle Database 12c Administration[M]. 2nd ed. New York: Apress, 2013.
[5] Oracle Corporation. Oracle 12c Database Administrator's Guide[Z]. May, 2017.
[6] Oracle Corporation. Oracle 12c Database Concept[Z]. November, 2013.
[7] Oracle Corporation. Oracle 12c Database Reference[Z]. November, 2013.
[8] Oracle Corporation. Oracle 12c Database Utilities[Z]. September, 2013.
[9] Oracle Corporation. SQL * Plus User's Guide and Reference[Z]. January, 2014.